(Couteaux (a Couteaux)

ENCYCLOPÉDIE-RORET

VERRIER 26

GLACES ET CRISTAUX

TOME PREMIER *14959*

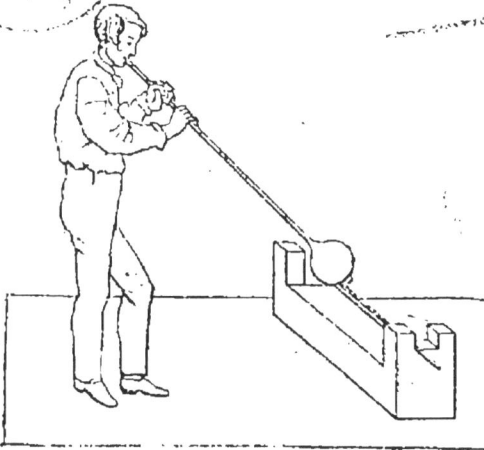

PARIS

ENCYCLOPÉDIE-RORET

L. MULO, LIBRAIRE-ÉDITEUR

12, RUE HAUTEFEUILLE, 12

ENCYCLOPÉDIE-RORET

VERRIER

GLACES ET CRISTAUX

TOME PREMIER

EN VENTE A LA MÊME LIBRAIRIE

— **Bronzage des Métaux et du Plâtre**, par MM. Deboulez, Malepeyre et Lacombe. 1 vol.   1 fr. 25

— **Dorure, Argenture, Nickelage, Platinage sur Métaux**, au feu, au trempé, à la feuille, au pinceau, au pouce et par la méthode électro-métallurgique, traitant de l'application à l'Horlogerie de la dorure et de l'argenture galvaniques, et de la coloration des Métaux par les oxydes métalliques et l'Électricité, par MM. Mathey, Maigne et A. Villon. 1 vol. orné de figures.   3 fr. 50

— **Dorure sur bois** à l'eau et à la mixtion, par les procédés anciens et nouveaux, traitant des peintures laquées sur Meubles et sur Sièges, par M. Saulo. 1 vol.   1 fr. 50

— **Galvanoplastie**, ou Traité complet des Manipulations électro-métallurgiques, contenant tous les procédés les plus récents et les plus usités, par M. A. Brandely, ingénieur. 2 vol. ornés de vignettes.   6 fr.

— **Peinture sur Verre, Porcelaine, Faïence et Email**, traitant de la décoration de ces matières, ainsi que de la fabrication des Emaux et des Couleurs vitrifiables et de l'Emaillage sur métaux précieux ou communs et sur terre cuite, par MM. Reboulleau, Magnier et Romain. 1 vol. avec figures.   3 fr. 50

— **Peinture et Vernissage des Métaux et du Bois**, traitant des Couleurs et des Vernis propres à décorer les Métaux et les Bois, de l'imitation sur métal des bois indigènes et exotiques, de l'ornementation des Articles de ménage et des Objets de fantaisie, suivi de l'imitation des Laques du Japon sur menus articles, par MM. Fink et Lacombe. 1 vol. orné de figures.   2 fr.

— **Porcelainier, Faïencier, Potier de Terre**, contenant des notions pratiques sur la fabrication des Grès cérames, des Pipes, des Boutons, des Fleurs en porcelaine et des diverses Porcelaines tendres, par D. Magnier, ingénieur civil. Nouvelle édition revue et augmentée par Bertran, Ingénieur des Arts et Manufactures. 1 vol. orné de 148 figures dans le texte.   4 fr.

— **Souffleur à la Lampe et au Chalumeau**, traitant de l'emploi de ces instruments au dosage des Métaux et à diverses opérations chimiques de laboratoire, par M. Pédroni, chimiste. 1 vol. orné de figures.   2 fr. 50

MANUELS-RORET

NOUVEAU MANUEL COMPLET

DU

VERRIER

ET DU

FABRICANT DE GLACES, CRISTAUX

PIERRES PRÉCIEUSES FACTICES

VERRES COLORÉS, YEUX ARTIFICIELS, ETC.

PAR

JULIA DE FONTENELLE et F. MALEPEYRE

OUVRAGE ENTIÈREMENT REFONDU

PAR

H. BERTRAN, Ingénieur des Arts et Manufactures

Orné de 239 figures dans le texte.

TOME PREMIER

PARIS

ENCYCLOPÉDIE-RORET

L. MULO, LIBRAIRE-ÉDITEUR

12, RUE HAUTEFEUILLE, 12

1900

AVIS

Le mérite des ouvrages de l'**Encyclopédie-Roret** leur a valu les honneurs de la traduction, de l'imitation et de la contrefaçon. Pour distinguer ce volume, il porte la signature de l'Éditeur, qui se réserve le droit de le faire traduire dans toutes les langues, et de poursuivre, en vertu des lois, décrets et traités internationaux, toutes contrefaçons et toutes traductions faites au mépris de ses droits.

AVERTISSEMENT

Un manuel pratique ne doit pas être seulement un résumé condensé de connaissances pratiques, il faut encore que le lecteur puisse s'en servir avec commodité, et trouver sans tâtonnements les renseignements dont il a besoin.

Dans ce but, nous avons cherché à classer les nombreuses matières traitées dans ce Manuel d'une façon rationnelle, en exposant d'abord, après quelques généralités, tout ce qui concerne la fabrication du verre brut, et ensuite les divers procédés pour travailler le verre à ses différents états physiques et pour le transformer en produits industriels. Ceci fait l'objet du premier tome.

Dans un second tome, nous avons décrit les diverses méthodes de décoration du verre et la fabrication de quelques-uns des innombrables produits artistiques que l'on obtient de cette merveilleuse matière.

Le premier tome est divisé en cinq parties qui concernent respectivement :

1º L'histoire et les propriétés générales du verre.

2º La fabrication du verre brut, les dosages des compositions, la disposition et le fonctionnement des fours, les opérations de la fusion.

3º Le travail du verre à l'état fluide et les procédés de coulage, de moulage et de laminage employés pour la fabrication des glaces, des dalles, des verres à reliefs, des verres grillagés, etc.

4º Le travail du verre à l'état pâteux, c'est-à-dire les procédés de soufflage, tant pour les petits objets façonnés à la lampe d'émailleur, tubes, pipettes, appareils divers de chimie et de physique, etc., que pour ceux de plus grandes dimensions, soufflés devant les ouvreaux, tels que bouteilles, vitres, globes, cylindres, etc.

5º Le travail du verre solidifié, comprenant le perçage, le découpage, la taille et le polissage du verre et du cristal, la fabrication des verres d'optique, etc. Cette partie renferme encore divers procédés pour coller et souder le verre, puis des observations sur l'emballage du verre, l'encadrement et la pose des glaces.

Le second tome comprend deux parties.

L'une renferme les différents procédés de décoration du verre par la gravure, l'application des métaux précieux, la peinture, les émaux, ainsi que la fabrication des pierres précieuses, des mosaïques, des perles, des yeux artificiels et de divers produits artistiques.

Enfin, dans une dernière partie sont réunies des notes concernant la fabrication de certains produits vitreux ou dérivant du verre, puis des notions pratiques sur la chimie du Verrier, les matières premières, les combustibles et divers moyens propres à élever la température des fours.

Ces indications sur les divisions du Manuel, jointes à une table de matières aussi détaillée que possible, permettront certainement au lecteur de trouver sans difficulté un grand nombre de renseignements qu'il eût été obligé de rechercher avec peine dans plusieurs ouvrages plus étendus et plus coûteux.

Nous tenons à faire observer que si le succès de cette édition atteint et dépasse celui des précédentes, comme nous le souhaitons, l'Editeur y aura contribué dans une large mesure en ne reculant devant aucun sacrifice pour illustrer le texte d'un nombre considérable de figures.

NOUVEAU MANUEL COMPLET

DU

VERRIER

ET DU

FABRICANT DE GLACES ET CRISTAUX

PREMIÈRE PARTIE

Généralités. — Propriétés du Verre.

CHAPITRE PREMIER

NOTICE HISTORIQUE

—

Sommaire. — I. Egypte, Phénicie, Grèce. — II. Italie. — III. France. — IV. Allemagne, Bohème.

I. ÉGYPTE, PHÉNICIE, GRÈCE

La découverte du verre est un des plus beaux présents que le hasard ait fait à l'homme, car tout nous porte à croire que cette découverte, comme un grand nombre d'autres, est plutôt le fruit du hasard que du génie. Il est impossible de remonter à son origine ; nous savons seulement qu'elle date de la

plus haute antiquité. Le verre fut connu des Hébreux, puisque *Moïse* en fait mention dans la *Bible*.
Le verre était alors classé parmi les objets les plus
précieux : *saint Jean* dit (1) qu'*au devant du trône de
Dieu, il y avait une mer de verre semblable à du
cristal*. Ailleurs, il annonce (2) que *le bâtiment de
la muraille de la cité céleste était de jaspe, mais que
la cité était d'or pur, semblable à du verre très pur*.
On trouve aussi dans le livre de *Job* (3), que l'or ni
le verre ne sont point égaux à la sagesse de Dieu.
Cette comparaison tend à démontrer non seulement
l'antiquité du verre, mais encore le prix qu'on y attachait.

Ces témoignages de l'antiquité du verre ne cons-
tatent pas l'époque de sa découverte. Quelques auteurs des temps reculés assurent qu'Hermès fit connaître la fabrication du verre aux Égyptiens, et que,
depuis, ces peuples se sont rendus très célèbres
dans cet art, au point que *Flavius Vopiscus*, en parlant d'Alexandrie, dit que *personne n'y vit dans l'oi-
siveté, les uns y faisant du verre*, etc. L'auteur de
l'*Essai sur les Merveilles de la Nature* assure que le
limon du lac Cendovia, situé au pied du mont Car-
mel, fut la première matière qui servit à faire le
verre. « Des mariniers, dit-il, voulant faire un tré-
pied à leur marmite, descendirent à la plage de ce
lac, prirent de ce sable, qu'ils mêlèrent avec du ni-
tre dont leur nef était chargée, et faisant feu sous la
marmite, ils virent couler *une noble liqueur* comme
cristal glissant, ou *pierreries fondues*, d'où ils appri-

---

(1) *Apocalypse*, chap. IV, v. 6.
(2) Chap. XX, v. 18 de la *Cité céleste*.
(3) Chap. XXVIII, v. 17.

rent à faire le verre. » L'anecdote, rapportée par
Pline, des marchands phéniciens jetés par la tem-
pête sur les bords du fleuve Bélus, etc., paraît une
répétition de la précédente, et ne mérite pas plus de
croyance.

La température très élevée qu'exige la production
du verre le plus fusible rend, en effet, ces récits trop
peu vraisemblables. Il supposerait d'ailleurs à ces
marchands une bien grande perspicacité, car cette
première formation ne se rattache par aucun lien ni
au travail ni aux usages nombreux qu'on a faits de
ce produit. Quoi qu'il en soit, l'invention du verre
remonte à une époque très ancienne, et c'est en
Egypte qu'on en trouve les premières traces.

Les briques du temple de Bélus sont recouvertes
d'une glaçure vitrifiée qui permet de supposer que
la découverte du verre n'a pas dû être de beaucoup
postérieure à l'époque où ce temple a été construit,
c'est-à-dire il y a environ 12,000 ans. Cependant il
faut arriver jusqu'au règne du premier Osirtasen, il
y a près de 3,900 ans, pour avoir une preuve certaine que la fabrication du verre était déjà pratiquée
en Egypte; les peintures de Beni-Hassan, qui datent de cette époque, représentent le procédé de
soufflage du verre à l'aide de tubes semblables aux
cannes des verriers actuels.

On possède une urne en verre bleue et blanche,
datant du xviie siècle avant J.-C., qui montre que
les Egyptiens connaissaient l'art de doubler le verre
et de le tailler à l'aide de la meule.

En 1643 avant J.-C., Sésostris fit couler une statue
en verre vert émeraude.

Du xve siècle avant J.-C., date une parure de

perles en verre dédiée à la reine Kamaka et portant des inscriptions gravées.

Une boule de verre, trouvée à Thèbes, porte le nom d'un roi qui vivait il y a 3,300 ans. Enfin une multitude d'autres objets ont été découverts dans les tombeaux de la Haute et de la Basse-Egypte, et quoiqu'on ne puisse assigner une date précise à toutes ces reliques, il est certain qu'elles remontent à une époque très reculée. Les recherches de MM. *Perrot* et *Chipiez* ont d'ailleurs démontré que les Egyptiens avaient connu le verre bien avant les Phéniciens.

« Ces derniers ont été dans l'antiquité de grands colporteurs et, dans les premiers âges de la Grèce, ils vendaient tout ce qui se consommait de verre dans la Méditerranée, sous forme de vases, de bijoux et d'objets divers.

« Les acheteurs, qui n'avaient de rapport qu'avec les Phéniciens, les regardèrent comme les producteurs, même jusqu'au moment où les Grecs commencèrent à fréquenter les marchés du Delta. Les véritables inventeurs du verre sont les Egyptiens qui connurent la fabrication peut-être dès le premier Empire et qui l'exploitèrent activement du temps des premiers Thébains, alors que les villes phéniciennes n'existaient pas encore ou qu'elles n'avaient aucune importance. C'est seulement à l'époque des Toutmès et des Ramsès que la Phénicie est devenue d'abord la courtière, puis l'élève de l'Egypte dont elle s'est approprié les industries et les secrets de fabrication. Les Phéniciens n'ont fait que perfectionner la fabrication et le travail du verre et il est certain qu'ils connaissaient les procédés employés pour sa coloration et sa décoration, comme le prouvent les échantillons qui sont parvenus à notre époque (1). »

C'est probablement pendant leur séjour en Egypte que les Hébreux connurent les objets de verre dont il est question dans les livres de Moïse.

D'Egypte et de Phénicie, l'art de fabriquer le verre fut introduit en Grèce, en Sicile et en Etrurie.

Il est difficile de savoir par quel auteur grec le verre a été mentionné pour la première fois, parce que le mot ὕαλος signifie non seulement un produit artificiel, mais aussi le cristal de roche et toute pierre transparente. Cependant quand *Hérodote* (484-406 av. J.-C.) dit, en parlant des crocodiles sacrés, qu'ils étaient ornés de pendants d'oreilles faits d'une « pierre fondue », on peut en conclure qu'il a voulu parler d'ornements de verre, et qu'il n'a pas connu d'expression propre à désigner cette matière.

II. — ITALIE

Chez les écrivains latins, *Lucrèce* (95-51 av. J.-C.) paraît être le premier qui ait fait usage du mot *vitrum* dans ses ouvrages, mais le verre peut avoir été connu des Romains longtemps auparavant, car *Cicéron* le désigne, en compagnie du papyrus et du lin, comme étant un article ordinaire du commerce avec l'Egypte. En 58 av. J.-C., Scaurus fit une application du verre qu'on ne renouvela plus après lui : il divisa la *Scena* de son fastueux théâtre en trois par-

(1) *Histoire de l'Art dans l'antiquité*, par Georges Perrot et Charles Chipiez.

ties dont l'inférieure était de marbre, la supérieure de bois doré et l'intermédiaire de verre (*Pline*).

Les poètes de l'âge d'Auguste parlent à chaque instant du verre soit d'une manière indirecte, soit en termes propres, de manière à prouver que c'était une matière avec laquelle chacun était familier.

Strabon déclare que de son temps une petite coupe à boire en verre se payait, à Rome, un demi-as, et le verre était si commun du temps de Juvénal et de Martial que des vieillards et des femmes gagnaient leur vie en achetant du verre cassé.

Pline écrit que des fabriques avaient été créées non seulement en Italie, mais encore en Gaule et en Espagne et que les coupes à boire en verre étaient de beaucoup préférées à celles d'or et d'argent. Sous le règne d'Alexandre Sévère, on voit les *vitrearii* classés avec les bijoutiers, les corroyeurs, les carrossiers et autres, parmi les artisans que ce prince mit à contribution pour ses thermes.

Les nombreux spécimens qui nous sont parvenus prouvent que les anciens étaient très familiarisés avec l'art de colorer artificiellement le verre. Ils étaient probablement moins heureux pour l'obtenir absolument incolore, puisque nous savons par Pline que, sous ce dernier état, le verre était considéré comme ayant la plus grande valeur. On travaillait le verre de la même manière qu'aujourd'hui : soufflage, coulage, taille. On a élevé des doutes sur l'existence de la taille, mais puisque les anciens se servaient du diamant pour graver les pierres fines, ils pouvaient aussi l'employer pour creuser la surface du verre.

Parmi les nombreux objets que l'on a retrouvés, il est intéressant de citer :

1° Des bouteilles, coupes, vases, urnes cinéraires ; le musée de Naples en renferme plus de 2,400 spécimens provenant des fouilles de Pompéï et d'Herculanum. Ce qu'on possède suffit pour montrer le goût, l'adresse et l'habileté des verriers anciens. Les vases obtenus par le soufflage se distinguent les uns par leur forme gracieuse et leurs brillantes couleurs, les autres par la délicatesse et la complication de leur travail. Un des derniers spécimens est une coupe ornée d'un réseau bleu et d'inscriptions en lettres vertes ; cette coupe est de couleur opale, nuancée de rouge, de blanc, de jaune et de bleu, celui-ci dominant aux points où tombe la lumière. On a cru d'abord que cet effet était le résultat d'un long séjour dans la terre, mais il est beaucoup plus probable qu'il a été produit par l'artiste pour imiter les deux coupes précieuses présentées à l'empereur Adrien par un prêtre égyptien et que l'on appelait *calices allassontes versicolores*. Les lettres n'ont pas été rapportées, mais taillées dans la masse ;

2° Des pièces de verre coulé représentant des imitations de pierres gravées en creux ou en relief. Les originaux de plusieurs de ces imitations ont été retrouvés. On a aussi retrouvé de grands médaillons et des bas-reliefs de grande étendue faits de la même manière ;

3° Des imitations de pierres précieuses, escarboucles, saphirs, améthystes, etc., et surtout d'émeraudes ; celles-ci étaient imitées avec une telle perfection qu'il était très difficile de les reconnaître et que les marchands malhonnêtes en retiraient des profits énormes ;

4° Des millefiori et des verres filigranés ;

5° Des plaques de verre de couleurs variées, employées en guise de pavés et pour orner les murs et les plafonds des appartements. Les chambres ainsi ornées se nommaient *vitreæ cameræ* et les panneaux de verre *vitreæ quadraturæ*. Telle était la décoration adoptée par Scaurus pour son théâtre ;

6° La question des fenêtres vitrées a été vidée, après beaucoup de discussions, par la découverte, faite à Pompéi (1), non seulement de morceaux de vitres, mais encore, dans le *tepidarium* des bains publics, d'un panneau vitré.

Les vitres du châssis, d'après la description de *Mazois* (2) avaient 0ᵐ54 de largeur, 0ᵐ72 de hauteur et 5 à 6 millimètres d'épaisseur. Leur teinte était d'un vert bleuâtre, comme celle du verre à vitres au siècle dernier. *Bontemps* a reconnu qu'elles avaient été obtenues par le procédé du coulage, mais l'irrégularité de leur épaisseur prouve qu'on ne s'était pas servi d'un rouleau métallique pour presser sur la matière pâteuse. « Il est vraisemblable, dit-il, que l'on posait un cadre métallique, de la grandeur de la vitre, sur une pierre polie saupoudrée d'un peu d'argile très fine ; on versait le verre fondu dans l'intérieur de ce cadre, puis avec un petit bloc de bois emmanché d'une tige de fer, on pressait sur le verre de manière à lui faire remplir le cadre. Les anciens étaient donc bien près de l'invention des glaces coulées, qui ne devait avoir lieu en France que 17 siè-

_____

(1) Pompéi est une ville de Campanie qu'un tremblement de terre détruisit à moitié en 63 av. J.-C.; en 79, le reste fut englouti sous les cendres du Vésuve. Pompéi fut retrouvée en 1755. On y a pratiqué des fouilles d'une manière suivie depuis 1799.

(2) *Les Ruines de Pompéi*, par Mazois.

cles plus tard ; car s'ils avaient passé un rouleau sur
ce cadre, ils auraient obtenu des vitres d'une épaisseur régulière, et il ne s'agissait plus ensuite que de
polir les surfaces, opération à laquelle ils n'étaient
pas étrangers, car Pline dit qu'on se servait d'obsidienne, pour en faire des miroirs qu'on attachait
contre les murs, et ce ne pouvait être évidemment
qu'après avoir poli cette obsidienne (1). »

Les verreries de Rome perdirent de leur importance à l'époque de la décadence de l'empire, et
après l'invasion des barbares, la verrerie de luxe
disparut en Occident. Sous Constantin Ier (330) les
verriers romains émigrèrent à Byzance ; leur industrie y fut florissante pendant plusieurs siècles, jusqu'à la chute de l'empire. Ils vinrent alors en Italie
et se fixèrent surtout à Venise. Ce n'est qu'à cette
époque que la verrerie de luxe se releva en Europe ;
jusqu'alors les Occidentaux ne savaient faire que le
verre commun et le verre à vitres ; il paraît même
que cette dernière fabrication ne fut d'abord connue
qu'en France et que les procédés en furent introduits
de ce pays en Angleterre, au viie siècle, par les évê-
ques saint Wilfrid et saint Benoît; trois autres prélats
anglais : Villebrod, Ouinfrid et Villehade les firent
ensuite connaître aux peuples allemands.

En 1290, les verreries vénitiennes furent reléguées
dans l'île de Murano, où elles formèrent un centre
de grande importance. Murano avait déjà au ne siècle une réputation étendue, qu'elle a conservée jusqu'à nos jours ; nos meilleurs verriers s'inspirent
très souvent des objets artistiques qui y ont été fa-

(1) *Le Guide du Verrier*, par Bontemps.

1.

briqués, notamment aux xvi° et xvii° siècles. Ce sont les artistes vénitiens qui firent revivre, à la fin du xv° siècle ou au commencement du xvi°, les verres filigranés ; ils eurent le monopole de la verrerie de luxe jusque dans les premières années du dernier siècle, quand la mode prit sous son patronage la verrerie de Bohème. D'un autre côté les progrès que l'art du verrier fit dans presque toute l'Europe et la perturbation que les évènements politiques amenèrent dans la constitution de leur pays, dépouillèrent peu à peu les verriers vénitiens de leur ancienne supériorité, et l'industrie verrière se créa, en France, en Angleterre et en Allemagne, de nouveaux centres d'approvisionnement.

III. — FRANCE

Vitres. — En ce qui concerne la France, il est certain qu'après la conquête des Gaules, les Romains avaient installé dans plusieurs provinces des verreries sur le modèle des verreries italiennes ; mais il est impossible de suivre le développement de la verrerie pendant les premiers siècles de l'ère chrétienne (1).

Les plus anciennes verreries connues en France se trouvaient dans l'ouest, par exemple celle de La Roche (1207); il est fait mention de verreries existant au xiii° siècle, en Normandie dans la forêt d'Eu. En 1330, un gentilhomme normand, *Philippe de*

---

(1) *Saint Jérôme* (331-420) parle de fenêtres fermées avec du verre en lames peu étendues et très minces, ce qui laisse à penser que le procédé du soufflage avait été appliqué à la fabrication des vitres. (On se souvient que les vitres de Pompéi étaient en verre coulé.)

Cacqueray, obtint du roi Philippe VI des concessions de droits d'usage pour la fabrication du *verre à vitres en plats* et le privilège d'établir une verrerie dans la forêt de Lyons. Plusieurs verreries s'élevèrent successivement dans les autres forêts de la province ; néanmoins le prix des vitres était tellement élevé que vers le milieu du XVIe siècle, elles n'étaient encore employées qu'à la décoration des églises, des palais et des habitations somptueuses. La verrerie de luxe était encore inconnue en France lorsque, en 1551, Henri II fit venir d'Italie un ouvrier, nommé *Theseo Mutio* et le chargea d'organiser à Saint-Germain-en-Laye, une fabrique sur le modèle de celles de Venise. Mais cet essai ne réussit pas.

Lorsqu'après l'apaisement des guerres civiles, Henri IV, qui peut à juste titre être considéré comme le créateur de l'industrie française, voulut généraliser l'usage du verre et en développer la fabrication, il choisit Rouen pour y établir une manufacture de verre, de cristal et d'émaux. En 1598, un premier essai n'aboutit pas ; mais en 1605, une verrerie fut établie, au faubourg Saint-Sever, par *François de Garsonnet*, d'Aix en Provence, qui en 1619, céda son privilège à *Jean et Pierre d'Azémar*, gentilshommes verriers du Languedoc, dont les ancêtres exerçaient l'art de la verrerie depuis deux cent cinquante ans, et avaient les premiers en France trouvé le procédé de fabriquer le cristal.

Afin de ménager les forêts affectées à l'approvisionnement de la ville de Rouen, le Parlement imposa aux frères d'Azémar la condition de ne se servir que de *charbon de terre* pour le chauffage de leurs fourneaux. Déjà, en 1616, de Garsonnet en avait fait venir d'Angleterre pour suppléer au bois qui lui manquait.

L'emploi du charbon de terre appliqué au chauffage des verreries, dès 1616 et 1619, est un fait industriel qui mérite d'être constaté. La verrerie de Rouen est très certainement une des premières qui aient tenté cette difficile épreuve et surtout qui l'aient faite avec succès. En Angleterre, où l'industrie a généralement fait usage de la houille longtemps avant nous, ce n'est qu'en 1635, dix-neuf ans après Rouen, que le charbon de terre a été substitué, pour la première fois, au bois, par sir *Robert Mansell*, dans sa verrerie de cristal de Savoy-House, à Londres.

En 1730, un sieur *Drolenvaux* importa la fabrication du verre à vitres, façon de Bohême et fonda à Saint-Quirin, en Lorraine, la première verrerie française de verres à vitres en *cylindres ou manchons*. Nous allons expliquer en peu de mots la différence qui existe entre les verres en plats et ceux en cylindres.

Les procédés de fabrication sont tout à fait distincts. Pour les verres en plats, le verre est d'abord soufflé en forme de boule un peu allongée, puis attaché à un pontil : après avoir réchauffé le verre et lorsqu'il le croit suffisamment ramolli, l'ouvrier imprime au pontil un mouvement de rotation très rapide qui, à l'aide de la chaleur et de la force centrifuge, développe la pièce en un plateau rond et plat. On le détache alors du pontil, mais sans pouvoir en faire disparaître l'empreinte, qui produit au centre du plateau la loupe ou *bouline* que nous rencontrons encore quelquefois dans de vieux carreaux fabriqués par ce procédé. Pour obtenir des vitres rectangulaires, l'équarissage et la boudine occasionnent un déchet considérable : le plus souvent aussi la feuille de verre a l'inconvénient d'être plus épaisse vers le centre qu'à la circonférence.

Pour les verres en manchons, le verrier souffle la pièce de manière à lui donner la forme d'un cylindre ou d'un long manchon, qui, après avoir été détaché de la canne, est fendu dans sa longueur, puis porté froid dans un four particulier, dit four à étendre, dans lequel il est ramolli par le feu et développé à l'aide d'un râteau de bois promené sur sa surface. Ce procédé est celui qu'employaient les verriers vénitiens : il est le seul décrit, au XIIIe siècle, par le moine *Théophile* dans son livre *Diversarum artium Schedula*, qu'on peut qualifier d'encyclopédie des arts au moyen-âge.

Les avantages des cylindres sont l'absence de déchet à la division des feuilles et surtout la plus grande dimension des carreaux. Mais, d'un autre côté, il faut reconnaître que l'éclat des verres en plats est toujours plus vif que celui des verres en cylindres, ces derniers, quelque bien fabriqués qu'ils soient, étant plus ou moins rayés par l'opération de l'étendage.

Le goût des grands carreaux fit prévaloir le verre en cylindres, dont l'emploi devint de plus en plus général en France, au détriment des verres en plats de Normandie, qui, vers 1770, étaient en grande partie exportés en Hollande et en Allemagne. La fabrication du verre en plats n'a cependant cessé qu'en 1806 et elle est restée, jusqu'à la fin, exclusivement entre les mains des gentilshommes verriers. Leur privilège avait été bien aboli par la Révolution ;

mais, de fait, il avait survécu, parce qu'ils avaient
toujours eu grand soin de ne pas former d'apprentis
en dehors de leurs familles. Tout à fait abandonné
en France, ce verre se fabriquait encore récemment
sous le nom de *crown-glass*, en Angleterre, où, grâce
au perfectionnement qu'ont su lui donner les verriers
anglais, il obtenait, il y a peu d'années encore, une
préférence marquée sur le verre en cylindres.

Cette dernière sorte de verre s'est aussi fabriquée
en Normandie. En 1776, *Jean-Baptiste Libaude* et
Catherine Dubisson, sa femme, obtinrent du duc de
Penthièvre le privilège d'établir à Romesnil, dans la
forêt d'Eu, une verrerie de verres à vitres blancs à
manchons; ils firent venir à grands frais des ouvriers
de la Bohême et, en 1780, leur établissement était
en pleine activité. Quelques années auparavant (en
1773), les époux de Libaude, associés avec de *Bon-
gars de Roquigny*, dans la verrerie du val d'Aulnoy,
avaient remporté le prix proposé par l'Académie des
Sciences en faveur de celui qui ferait connaître en
France le meilleur procédé de fabriquer un verre
pesant, exempt de défauts, ayant toutes les qualités
du *flint-glass* anglais, à l'usage des lunettes achromatiques.

Le mémoire de Libaude a été publié dans les *Annales* de l'Académie; toutefois il n'a rempli qu'imparfaitement le but, car, en 1786, l'Académie a ouvert un nouveau concours sur le même sujet.

Bouteilles. — Outre les verres à vitres, les grosses
verreries fabriquaient aussi des bouteilles, avec cette
différence, toutefois, que celles-ci n'étaient pas soufflées par des gentilshommes. L'usage des bouteilles
de verre n'est pas très ancien. Elles n'ont été con-

nues en Europe qu'au xve siècle. On ne trouve dans
les peintures de Pompéi et d'Herculanum aucun vase
à goulot étroit semblable à nos bouteilles, et quant
aux *amphoræ vitræ diligenter gypsatæ* dont parle Pé-
trone, et au col desquelles on suspendait des étiquettes portant le nom et l'âge des vins, il paraît
que c'étaient de grands vases que le voluptueux
Trimalcion exposait comme un objet d'ornement.

Il est d'autant plus singulier qu'on ait tardé si
longtemps à faire usage de vases dont l'emploi présente tant d'avantages, que l'on trouve plusieurs urnes lacrymatoires qui ressemblent beaucoup à nos
bouteilles. *Charpentier* cite les mots d'un manuscrit
de 1287 qui semblent désigner une bouteille de
verre; mais on voit qu'il n'est question que d'un
verre à boire. Le mot *boutiane* ou *boutille* n'a pas
été employé en France avant le xve siècle. Mais fût-
il encore plus ancien, il ne s'ensuivrait pas qu'il si-
gnifiât primitivement une bouteille de verre ; il pouvait désigner alors, ainsi que de nos jours, un vase
d'argile, de métal et même de cuir.

Les bouteilles que les voyageurs suspendaient à la
selle de leurs chevaux pouvaient se boucher avec
du bois ou avec une vis en bois ou en métal, comme
on en fait encore aujourd'hui. Les bouchons de liège
n'étaient pas en usage en 1553, époque à laquelle
Charles Etienne écrivait son *Prædium rusticum ;* car
cet écrivain n'aurait pas dit que, de son temps, les
Français employaient le liège principalement à faire
les semelles de souliers.

A l'époque où vivait *Letticius*, les particuliers aisés
avaient, il est vrai, des vases de verre, mais le goulot en était garni en étain et pouvait être exacte-

ment bouché sans liège. D'ailleurs, les bouteilles
qu'on faisait à cette époque étaient d'un verre si
mince, ainsi qu'on le voit par les bouteilles de Syra-
cuse, qu'on était obligé de les garnir avec des joncs
ou de la paille, ainsi que cela se pratique encore aujourd'hui dans presque toute l'Italie. Les bouchons
de liège n'ont été employés par les apothicaires d'Allemagne que vers la fin du xviie siècle; ils se servaient avant cette époque de bouchons de cire plus
coûteux et beaucoup moins commodes.

Les premières bouteilles de verre furent faites de
verre commun blanc, que l'on était obligé de recouvrir d'osier à cause de son peu d'épaisseur. Celles de
gros verre brun et épais prirent naissance en Angleterre. Ce verre était moins dispendieux et avait en
outre la propriété de dérober à la vue le dépôt que
les meilleurs vins forment à la longue. La fabrication en fut introduite en France vers le milieu du
xviie siècle et prit, dans le siècle suivant, un grand
développement. Au mois de mars 1735, le poids et
la contenance en furent réglés par une déclaration
du roi, le poids à 25 onces et la contenance à la
pinte, mesure de Paris, sous peine de 200 livres
d'amende par contravention. Nous croyons, d'ailleurs, que le règlement de 1735 n'a jamais été que
très imparfaitement exécuté.

Miroirs. — Les *miroirs* sont peut-être ce qu'il y a
de plus ancien parmi les ustensiles de l'homme ci-
vilisé. Aussi les trouve-t-on mentionnés dès les premiers âges de la civilisation. Il est plusieurs fois
question de miroirs dans les Livres saints, surtout
dans l'Exode (XXXVIII, 8) et le Livre de Job (XXXVIII,
18). On en voit aussi souvent figurer dans les pein-

tures les plus anciennes des tombeaux égyptiens.
Néanmoins, *Homère* ne parle pas de ces ustensiles,
même dans le passage où il décrit si minutieuse-
ment la toilette de Junon. Dans les temps historiques
de la Grèce, au contraire, il en est très fréquemment
question, et il est probable qu'ils étaient alors connus
depuis longtemps. Les miroirs des anciens étaient
tous de métal poli. Dans l'origine, on se servit d'un
alliage de cuivre et d'étain. Dans la suite, on se servit généralement de l'argent. *Pline* dit que les premiers miroirs de ce métal furent fabriqués par *Praxi-
tèle*, à l'époque du grand Pompée, mais il en est
déjà parlé par *Plaute*. Sous l'empire, leur usage devint si commun que les esclaves elles-mêmes s'en
servaient; ils sont mentionnés dans le Digeste toutes
les fois qu'il est question de vaisselle d'argent. Dans
le principe, on y employa l'argent le plus pur ; plus
tard, on se servit d'un métal de titre inférieur, probablement pour en rendre l'acquisition facile aux
petites bourses. *Euripide*, *Sénèque* le philosophe et
Élien parlent aussi de miroirs d'or, mais il est possible, comme on l'a fait remarquer, que ces auteurs
ont voulu plutôt parler de la bordure et des autres
ornements de ces objets que de leur matière elle-
même. Les anciens paraissent aussi avoir connu des
miroirs semblables aux nôtres, c'est-à-dire consistant
en une plaque de verre garnie par derrière d'une légère lame de métal; *Pline* dit même que les miroirs
de cette espèce se fabriquaient à Sidon ; mais on
ignore si ces ustensiles servaient réellement à la toilette ; dans tous les cas, leur usage ne devint jamais
général, peut-être à cause de leur imperfection qui leur
fit toujours préférer les miroirs de métal, car ils ne

sont jamais mentionnés parmi les meubles précieux, comme cela arrive fréquemment pour les autres. Outre les miroirs métalliques, les anciens en faisaient quelquefois aussi avec des pierres précieuses, mais c'était moins comme objets de toilette que comme objets de curiosité. Pline en cite un de cette espèce, qui appartenait à Néron et était fait avec une grosse émeraude. *Suétone* apprend aussi que *Domitien* avait fait garnir les murailles d'une galerie de plaques d'une pierre qu'il appelle *sphengites*, et que l'on croit être une variété de sélénite, ce qui lui permettait de voir ce qui se passait derrière lui. A défaut de miroirs, les anciens recouraient quelquefois aussi à divers procédés pour en tenir lieu. Ainsi, Artemidore rapporte qu'on se servait de bassins et de coupes à large fond, dont l'intérieur était disposé de telle sorte qu'il réfléchissait plusieurs fois l'image de celui qui y buvait.

Les miroirs des anciens étaient généralement petits, de forme ronde ou ovale, et munis d'un manche pour les tenir à la main. Il y en avait également de plus grandes dimensions et propres à réfléchir le corps tout entier. Les uns et les autres étaient le plus souvent tenus par des esclaves quand les maîtres ou les maîtresses voulaient s'en servir. Il résulte aussi de divers passages que les plus grands étaient quelquefois appliqués contre la muraille, qu'on en garnissait même des chambres tout entières, mais ces deux usages étaient une exception. Il en est question dans *Claudien* qui, décrivant la chambre de Vénus, la représente comme toute recouverte de miroirs, de façon que la déesse, de quelque côté qu'elle se tournât, pouvait voir partout son image.

Les miroirs employés au moyen-âge furent d'abord semblables à ceux de l'antiquité, On les faisait tantôt en argent, tantôt en acier, d'autres fois avec un alliage de cuivre et d'étain. Il y en avait de grande dimension qui étaient fixés à demeure dans les habitations, et de plus petits que l'on mettait dans les trousses de toilette ou que l'on portait à la poche. Au XIIIᵉ siècle, après avoir tout essayé, et alors que la fabrication du verre fut devenue moins imparfaite, on imagina de placer une feuille de métal derrière une lame de verre, et d'en faire un miroir. Cette invention qui, ainsi qu'on l'a vu plus haut, avait été connue des anciens, paraît avoir été faite à Venise. Elle était déjà connue en France dès 1250, car *Vincent de Beauvais* la consigna dans sa *Mer des histoires*. *Roger Bacon* en parla aussi en 1266. Il en est encore question, en 1279, dans la *Perspectiva* de *Jean de Pise*. Ce n'est donc pas, comme on l'a dit, au dominicain anglais, *Jean Pekham*, qui professait, vers 1280, la philosophie naturelle à Oxford, Paris et Rome, que l'on en doit la première mention.

Les nouveaux miroirs, qu'on appelait alors *verres à mirer* et *mirouers de cristallin*, consistaient en un morceau de verre doublé d'une mince lame de plomb ou d'étain, et il se passa de longues années avant qu'on découvrît la propriété que possède le mercure de s'amalgamer à l'étain et d'adhérer au cristal de roche et au verre, en leur transmettant toute sa limpidité et son éclat. Leur fabrication fut d'abord monopolisée par les verriers vénitiens qui, au moyen du biseau, réussirent à leur donner l'apparence des miroirs de métal, et les portèrent à un haut degré de perfection. Elle pénétra en Allemagne au XVIᵉ siècle, et au siècle suivant en France. Les premiers essais eurent lieu à Paris, en vertu d'un privilège accordé, le 1er août 1630 à *Eustache Grammond* et *Antoine d'Autonneuil*; ils ne réussirent pas. Enfin, en 1665, *Colbert* fit venir, à force d'argent, des ouvriers français qui travaillaient à Venise, et les réunit à la verrerie de Tourlaville, près de Cherbourg, où, sous la direction du sieur *Poquelin*, mercier à Paris, ils fondèrent l'industrie des glaces françaises. Cette usine exploita d'abord exclusivement les procédés vénitiens, mais, en 1684, des lettres-patentes accordèrent le même privilège à plusieurs autres verreries.

Ces procédés ne produisaient que des glaces soufflées, c'est-à-dire de petites proportions et obtenues à la manière du verre à vitres. Le procédé du coulage des glaces qui est aujourd'hui exclusivement usité pour les pièces de grandes dimensions, a été imaginé vers 1686 ou 1687, par un verrier normand, appelé *Lucas de Nehou*; or, dès 1688, une compagnie, représentée par *Abraham Thevard*, obtint un privilège d'exploitation. Une usine fut aussitôt montée à Paris, dans la rue de Reuilly, et c'est de cet établissement que sont sorties les premières glaces coulées. Enfin, les ateliers ayant été transportés à Saint-Gobain (Aisne), en 1692, y reçurent de si grands développements que cette manufacture, qui n'a jamais cessé d'exister, doit être considérée comme le type de toutes celles qui ont été ou qui sont encore florissantes en Europe. La première fabrique de ce genre qu'ait possédée l'Angleterre a été fondée à Revenhead (Lancashire), en 1773. C'est dans cette usine qu'a été imaginé, en 1778, le polissage des glaces à la mécanique, opération qui s'était exécutée jusqu'alors à la main.

IV. ALLEMAGNE, BOHÈME

Les origines de l'industrie du verre en Allemagne et en Bohème ne sont pas bien établies; elles remonteraient assez loin si l'on en croit un texte ancien citant une fabrique de verre, près Mayence, au viie siècle. Nous voyons cette industrie prospérer au xive siècle en Autriche; les Vénitiens venaient à Vienne même faire concurrence aux verriers de Bohème. Prague et Nuremberg devinrent les principaux centres, au xve siècle. C'est à Nuremberg qu'une élite d'artistes distingués furent groupés par *Albert Durer* le jeune, pour décorer les verres de luxe : peintres de vitraux, graveurs à la roue et au diamant unirent leurs efforts à ceux des verriers et produisirent, surtout au xviie siècle, des pièces remarquables par la richesse et le fini de leur exécution; ils excellaient principalement dans la fabrication des verres émaillés et gravés. La gravure à l'acide date de 1686 et fut employée pour la première fois à Nuremberg par *Schwankardt*.

La Bohème prit de l'importance vers la fin du xvie siècle. Déjà, en 1510, un verrier bohème avait trouvé, paraît-il, le verre bleu de cobalt. Prague devint le centre du développement artistique; un grand nombre d'artistes étrangers, des graveurs italiens notamment, y furent appelés et contribuèrent par le concours de leurs divers talents à créer un genre nouveau, qui eut longtemps un grand succès. Tandis que les verres de Venise étaient remarquables par leur légèreté, ceux de Bohême étaient au contraire épais, de formes lourdes, ornés de fortes tailles et de gravures profondes; leur matière était d'une blancheur et d'une pureté parfaites. La vogue en est tombée à l'apparition des cristaux anglais, vers la fin du XVIIᵉ siècle.

Depuis cette époque la Bohême est revenue au genre de verre coloré et gravé qu'elle fabriquait primitivement.

CHAPITRE II

PROPRIÉTÉS PHYSIQUES DU VERRE

SOMMAIRE. — I. Définition. — II. Densité. — III. Dureté. — IV. Résistance. Élasticité. — V. Imperméabilité. — VI. Fusibilité. — VII. Dilatabilité du verre. — VIII. Chaleur spécifique. — IX. Recuit. Trempe. — X. Dévitrification. — XI. Action de la lumière.

I. DÉFINITION

Le *verre* est une substance amorphe, dure et cassante à la température ordinaire, insoluble dans l'eau et dans les acides (1), qui est obtenue par la combinaison du silicate de soude ou du silicate de potasse avec un ou plusieurs silicates à bases terreuses ou métalliques, telles que la chaux, la magnésie, la baryte, l'alumine, le fer, etc.

On donne le nom de *cristal* au verre formé par la

(1) Sauf l'acide fluorhydrique.

combinaison du silicate de potasse et du silicate de plomb.

Le verre est généralement transparent. Il est quelquefois rendu plus ou moins translucide ou même opaque soit par la présence d'un corps en suspension dans sa masse (*émail*, *verre albâtre*, etc.), soit par un changement de structure moléculaire (*verre dévitrifié*, *porcelaine de Réaumur*).

II. DENSITÉ

La densité du verre varie avec sa composition. Elle oscille entre 2,4 et 2,7 dans les verres à base de chaux, tandis qu'elle atteint 3 à 3,8 dans le cristal. Elle s'élève même à 5,625 dans un verre à base de thallium obtenu par Lamy :

	DENSITÉ
Verre de Bohême	2,396
Crown-glass	2,487 à 2,355
Verre à glaces	2,488
Verre à vitres	2,642
Verre à bouteilles	2,732
Cristal	3,255
Flint-glass de Guinand	3,417
Flint-glass de Frauenhofer	3,723
Flint-glass de Faraday	5,440
Verre de thallium	5,625

Le recuit augmente la densité dans une minime proportion.

III. DURETÉ

Le verre est assez dur pour faire feu sous le briquet et n'être rayé que difficilement par l'acier. Le verre de Bohême est l'un des plus durs. Le cristal est plus tendre ; il se laisse rayer par le fer d'autant plus facilement qu'il contient plus de plomb.

IV. RÉSISTANCE, ÉLASTICITÉ

La fragilité du verre est proverbiale ; il faut cependant reconnaître qu'elle est bien moindre qu'on ne le croit généralement. On fabrique même aujourd'hui des verres spéciaux destinés à la couverture des bâtiments, par exemple, qui sont presque aussi résistants que la fonte.

Voici quelques résultats d'expériences donnés pour différents verres :

DÉSIGNATION	DENSITÉ	COEFFICIENT D'ÉLASTICITÉ (1) par millimètre carré	RÉSISTANCE À LA TENSION (2) par millimètre carré
Verre à vitres.	2,523	7.917	1ᵏ769
Verre à glaces.	2,467	7.015	1.400
Verre blanc.	2,450	6.890	1.002
Cristal	2,324	5.477	0.665

(1) Ces chiffres signifient que, pour obtenir un allongement de 1 millimètre, en exerçant sur une tige de verre une traction de 1 kilogramme par millimètre carré, la longueur de cette tige doit être dans le premier cas 7ᵐ917, dans le second cas 7ᵐ015, etc.

(2) Les chiffres de cette colonne indiquent les poids qu'il faudrait suspendre à une tige ayant 1 millimètre carré de section pour en produire la rupture.

Pour la résistance à la flexion des verres à reliefs coulés que l'on emploie fréquemment pour la couverture des bâtiments, *M. Henrivaux* recommande d'adopter le coefficient de 2,50 kilogrammes par millimètre carré de section transversale. Ces verres à reliefs présentent, par rapport aux verres ordinaires, unis ou dépolis, une résistance remarquable. Le tableau ci-joint donne le résultat d'expériences faites en laissant tomber d'une hauteur de 18 mètres sur des feuilles de verre des balles de plomb de divers poids :

Résistance des verres coulés, unis et à reliefs

NATURE DU VERRE	ÉPAISSEUR moyenne des feuilles	POIDS MOYEN des balles de plomb qui ont cassé les verres
Verre double ordinaire.	$3^m/^m5$	8 grammes
Verre double dépoli ...	3	2 —
Verre triple dépoli	6	6 —
Verre coulé strié......	5 à 6	16 à 20 —

Ces chiffres sont des moyennes données par 10 essais faits sur chaque espèce de verres. Ils montrent que le dépolissage fait perdre au verre une partie de sa force.

Résistance des tubes de verre. — Les tubes de verre entrant dans la construction de certains appareils de physique et de chimie sont souvent soumis à des

Verrier. Tome I.   2

pressions très élevées. Pour liquéfier les gaz dans l'appareil de M. Cailletet, on a porté la pression à 50 kilogrammes par centimètre carré, à la température de 180°. Dans l'analyse organique on emploie des tubes en verre vert, d'un diamètre de 10 millimètres et d'une épaisseur de 1,5 millimètre, qui résistent à une pression de 100 atmosphères.

On peut encore citer comme exemple les tubes de niveau d'eau des chaudières, qui supportent couramment des pressions de 12 et de 15 atmosphères.

V. IMPERMÉABILITÉ

L'imperméabilité du verre est si grande que, selon *Quinke*, il n'a pas laissé échapper, dans l'espace de 17 ans, des quantités pondérables d'acide carbonique ou d'hydrogène, qu'on y avait enfermé à la pression de 40 à 126 atmosphères.

Toutefois MM. *Warburg* et *Tegetmeier* ont fait plusieurs expériences intéressantes pour montrer que le verre, dans certaines conditions, est plus poreux qu'on ne l'a cru jusqu'à présent. Le professeur *W. Chandler Roberto-Austen* décrit ces expériences en signalant qu'elles démontrent la possibilité de produire à l'occasion, dans les corps vitreux, une porosité susceptible de donner passage à des éléments ayant relativement de faibles volumes atomiques ; tandis que d'autres éléments, ayant des volumes atomiques plus considérables, sont retenus et séparés ; il se produit ainsi un tamisage mécanique des éléments.

Un récipient avait été divisé en deux compartiments par une feuille de verre qui pouvait avoir plusieurs millimètres d'épaisseur. Un amalgame de sodium fut placé d'un côté du verre et du mercure pur de l'autre côté ; le tout fut ensuite chauffé jusqu'à la température modérée de 200° C., à laquelle le verre devient légèrement conducteur de l'électricité.

On mit alors les fils positif et négatif d'une batterie Ranti en communication respective avec le contenu des deux compartiments, et l'on trouva, au bout de trente heures, qu'une quantité considérable de sodium était passée dans le mercure à travers le verre, qui, cependant, avait conservé son poids et sa transparence primitifs.

D'autre part, tout le monde connaît les phénomènes de sudation qui se produisent dans les récipients en verre contenant certains liquides, et en particulier les essences minérales ; le pétrole destiné à l'éclairage est dans ce cas ; il n'est pas une ménagère qui n'ait à le constater journellement.

Cet effet, attribué pendant longtemps à un phénomène de capillarité, est réellement dû à cette propriété de porosité que possède le verre.

VI. FUSIBILITÉ

Le verre est fusible à une température assez variable suivant sa composition, et qui oscille généralement entre 1200 et 1300 degrés. La température nécessaire est d'autant plus élevée que la silice est plus pure et entre en plus grande quantité dans le mélange vitrifiable. Les verres les plus fusibles sont ceux qui, tout en renfermant peu de silice, contiennent le plus grand nombre de bases fondantes ; parmi celles-ci les plus fondantes sont les alcalis, puis l'oxyde de plomb, les oxydes de bismuth, de fer, de manganèse, de cuivre, etc. La magnésie donne moins de fusibilité que la chaux ; l'alumine moins que la magnésie. Une proportion d'alumine dépassant 30 0/0 dans un verre à base de chaux ou de magnésie rend la fusion complète du mélange pratiquement impossible (1).

VII. DILATABILITÉ

Sous l'action d'un brusque changement de température, le verre se brise facilement. Ce fait résulte de ce que le verre étant mauvais conducteur de la chaleur, les diverses parties de sa masse ne s'échauffent pas également en même temps : les plus proches de la source de chaleur, ou les plus voisines de la surface, se dilatent avant les autres parties, de sorte qu'il se produit des efforts intérieurs provoquant la rupture dès qu'ils dépassent la résistance mécanique du verre. Il est évident que cet effet est bien moins sensible dans les verres minces que dans les verres épais. C'est pourquoi on fait aussi minces que possible les ballons, cornues et autres vases en verre en usage dans les laboratoires, pour chauffer les liquides. C'est également pourquoi on a imaginé de constituer des verres de lampes au moyen d'une sorte de cage circulaire dont les barreaux sont formés de minces tiges ou tubes de verre, sur lesquels de grandes différences de dilatation ont moins d'influence que sur un manchon cylindrique continu.

Le *coefficient de dilatation linéaire* du verre est plus faible que celui de la plupart des métaux ; c'est

(1) Voir tome I, p. 52. Action de la chaleur sur les silicates.

le platine qui se rapproche le plus du verre sous ce
rapport :

Dilatation linéaire du verre

Verre contenant du plomb.   0,000.008.12 à 0,000.008.72
Verre sans plomb. . . . .   0,000.008.76 à 0,000.009.17
(Platine). . . . .   (0,000.008.57)

La détermination du coefficient de dilatation cubique a donné les chiffres suivants, entre 0° et 100° :

Dilatation cubique du verre

Verre blanc de soude.   0,000025839
     —   de potasse.   22850
     —   en tubes.   26480
     —   en boule de 5 cm.   25920
Verre vert en tubes.   22990
Verre à vitres ordinaire. . . . .   ⎰ 24310
                                ⎱ 27580
Cristal de Choisy-le-Roi   22800

Ces coefficients ne sont d'ailleurs pas d'une fixité
absolue pour une pièce de verre soumise, comme les
tubes de thermomètre par exemple, à des variations
de température. On a en effet depuis longtemps remarqué que la graduation des thermomètres cessait
d'être exacte après quelque temps d'usage. On a
constaté que cette irrégularité, due à l'instabilité moléculaire du verre sous l'effet de la trempe (voir plus
loin) était atténuée en soumettant les thermomètres,
vides de mercure, à une température élevée et à un
refroidissement très lent. Grâce à cette recuisson prolongée les molécules du verre prennent un état
d'équilibre assez stable. Malgré toute précaution, le
verre a une tendance constante à se contracter...

2.

VIII. CHALEUR SPÉCIFIQUE

La *chaleur spécifique* du verre, c'est-à-dire la quantité de chaleur que cette substance emmagasine dans sa masse, par kg, lorsqu'on élève sa température de 1 degré, est 0,177, environ le cinquième de celle de l'eau ; elle est double de celle du cuivre, par exemple. Grâce à sa chaleur spécifique élevée et à son faible pouvoir émissif, le verre peut conserver une haute température pendant un temps assez long, ce qui permet au verrier de le travailler utilement, lorsqu'il est à l'état pâteux, sans avoir besoin de le réchauffer trop souvent.

IX. RECUIT, TREMPE

Ordinairement, lorsque les pièces de verre encore rouges viennent d'être terminées par le verrier, on les porte dans un four spécial où elles se refroidissent très lentement afin d'éviter leur rupture sous l'effet de contractions inégales. C'est ce qu'on appelle le *recuit*.

Un procédé tout différent, imaginé par *M. de la Bastie*, consiste à refroidir les objets brusquement, en les faisant tomber, alors qu'ils sont portés au rouge, dans un bain de liquide presque froid. Ce procédé, appelé *trempe*, a pour but de donner au verre une résistance beaucoup plus grande que ne présente le verre recuit. Nous décrirons ce procédé en détail au chapitre XV ; mais il convient d'expliquer ici les causes du phénomène sur lequel il est basé.

Larmes bataviques. — On sait que, lorsqu'une goutte de verre fondu et légèrement surchauffé tombe dans l'eau froide, elle affecte la forme d'une larme (fig. 1); on sait aussi que, lorsqu'on brise l'extrémité de la queue de cette larme vitreuse ou *larme batavique*, comme on l'appelle, la masse totale éclate avec un petit bruit et se réduit en une poussière très fine. Ce phénomène a toujours été considéré comme un fait de trempe bizarre, et c'est à ce titre qu'on le reproduisait dans les cours de physique.

M. de Luynes, professeur de chimie au Conservatoire des Arts et Métiers, qui a étudié ce phénomène à l'aide de méthodes ingénieuses, a résumé ses intéressantes expériences en un mémoire paru, en 1873, dans les *Annales de Physique et de Chimie*, dont nous allons indiquer les passages essentiels :

« Les effets produits par les larmes bataviques sont dues principalement à l'état particulier des couches extérieures, et celles intérieures n'ont qu'un rôle à peu près nul. Pour éviter toute considération relative à l'influence de l'action mécanique mise en jeu pour rompre la larme batavique, M. de Luynes la suspend, par un fil, au-dessus d'un vase de platine qui contient de l'acide fluorhydrique ; on constate qu'on peut dissoudre toute la queue sans détruire la larme. Mais, lorsque l'acide touche l'origine du col, c'est-à-dire le point de divergence de la poire, l'équilibre est toujours rompu : la larme se sépare alors en un grand nombre de fragments et, dans la plupart des cas, sans produire d'explosion.

« Les expériences prouvent que la stabilité de la larme est liée à l'existence de l'origine du col, puisque toutes les fois qu'il est préservé, la désagrégation n'a pas lieu.

« On sait que le verre trempé reste plus dilaté que

s'il avait été lentement refroidi ; les couches extérieures de la larme, plus fortement trempées, sont
plus dilatées que celles intérieures qui ont mis plus
de temps à se refroidir. On peut donc considérer la
larme comme formée par la superposition de couches
de verre inégalement trempées et dilatées, et soudées les unes aux autres. Les couches extérieures,
maintenues par la résistance des couches intérieures,
ne peuvent céder à la force de ressort qui les solli-
cite que si, par une cause quelconque, elles sont rendues toutes à la fois libres de revenir à leur état de
dilatation normale. Il résulte de la forme de la larme
que toutes ces couches inégalement tendues viennent se réunir à l'origine du col, de sorte qu'en le
détruisant, il n'y a plus de point de résistance et ces
couches, dont les actions de ressort s'ajoutent, se
déplacent suivant les mêmes directions et produisent
la désagrégation du système. » En un mot, on peut
comparer la larme à une *série de poires de caoutchouc
superposées*, gonflées sous pression et soudées, se
réunissant toutes par leurs cols qui seraient assujet-
tis par une seule ligature. Il est clair qu'en détruisant la partie commune à tous les cols, l'équilibre
du système serait détruit, tandis qu'on pourrait couper successivement chaque poire sans détruire le
tout, les poires intérieures maintenant l'équilibre du
système.

M. de Loynes a vérifié toutes les conditions d'explosion des larmes bataviques en employant un procédé très ingénieux. On encastre les larmes dans du
plâtre en recouvrant seulement un peu plus de la
moitié de leur épaisseur ; la queue reste libre et
peut plonger dans l'acide fluorhydrique. Au mo-

ment où le col est attaqué, la larme se désagrège avec ou sans explosion, et les fragments constituent par leur groupement, une série d'assemblages coniques, emboîtés les uns dans les autres et ayant leurs

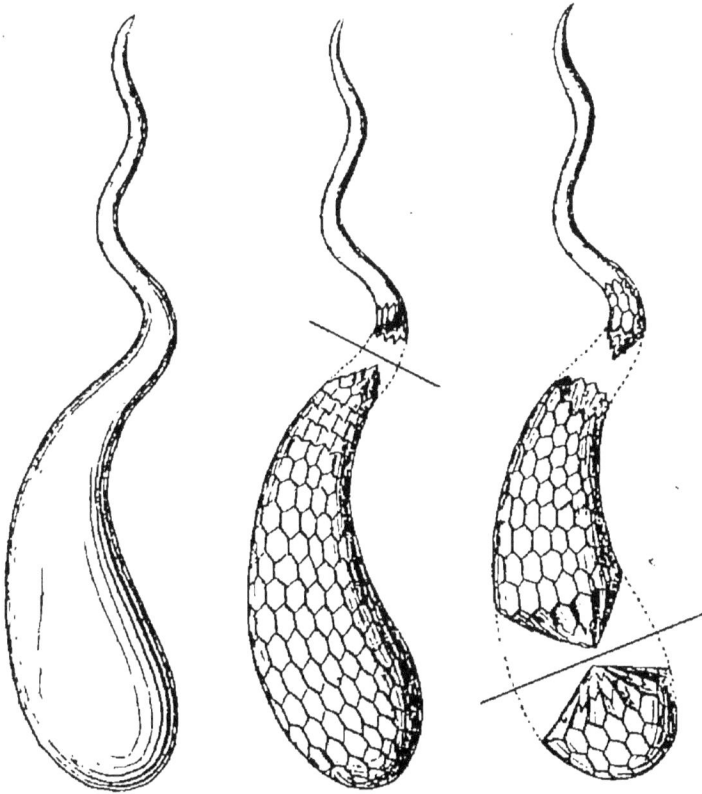

Fig. 1, 2, 3. — Larmes bataviques.

1. Vue extérieure d'une larme batavique.

2. Larme sciée au col. — Les couches externes, plus tendues que les couches internes, se retirent plus fortement.

3. Larme sciée au milieu. Retrait des couches externes de part et d'autre du trait de scie.

sommets tournés du côté de la queue (fig. 2). En
sciant la larme par le gros bout, les sommets sont
dirigés en sens inverse ; et si elle est sciée par le
milieu (fig. 3), on observe les deux dispositions inverses de chaque côté du trait de scie. En opérant au
moment où le plâtre est frais, on peut en détacher
facilement les fragments et constater les résultats
indiqués.

« Les observations qui ont trait aux larmes bataviques sont vérifiées dans tous les cas où une masse
quelconque de verre est subitement refroidie. C'est
ainsi que des baguettes de verre trempé se brisent
dans toute leur longueur en présentant la cassure
conique en aiguilles ; il en est de même pour n'importe quelle masse vitreuse qui a éprouvé la
trempe. »

Résistance du verre trempé. — Les effets de la
trempe sont purement physiques et ne modifient que
l'équilibre moléculaire du verre ; sa densité devient
un peu plus faible, et diminue depuis la surface jusqu'au centre. En même temps sa résistance au choc
est fortement accrue.

Il résulte d'expériences faites par *M. Thomasset*
que :

L'élasticité est plus que doublée dans le verre
trempé ;

La résistance d'un verre simple trempé est 2,5
fois plus grande que celle du verre double non
trempé ;

La résistance de glaces polies trempées, ayant des
épaisseurs variant de 6 à 13 millimètres, est 3,67 fois
plus grande que celle des glaces ordinaires de même
épaisseur ; .

Les glaces brutes trempées ont une résistance 5,33 fois plus grande que celles des glaces brutes ordinaires.

On peut laisser tomber sur le sol, d'une hauteur considérable, des verres, des capsules, des assiettes en verre trempé, sans qu'ils se brisent.

MM. Wagner et Fischer donnent dans leur *Traité de Chimie industrielle*, quelques renseignements intéressants sur ce sujet : « Une plaque de verre trempé de 16 centimètres de longueur, sur 12 de largeur et 5 millimètres d'épaisseur, supporta la chute d'un poids de 200 grammes tombant d'une hauteur de 4 mètres. Une plaque semblable de verre ordinaire se brisa avec un poids de 100 grammes et une hauteur de chute de 30 à 40 centimètres.

« Une autre plaque de verre trempé de 25 centimètres de long, sur 16 de large et 6 à 7 millimètres d'épaisseur, ne se brisa qu'avec un poids de 500 gr. tombant d'une hauteur de 2 mètres. Une plaque semblable non trempée se brisa avec 100 grammes et une hauteur de chute de 30 à 40 centimètres.

Le verre durci résiste de la même manière à la traction et à la pression. Pour briser des plaques de verre durcies en les chargeant, il fallut employer un poids quadruple de celui qu'exigeaient les mêmes plaques non trempées. »

X. DÉVITRIFICATION

Le verre perd sa transparence quand, après l'avoir fondu, on le laisse refroidir très lentement, ou lorsqu'on le soumet à un ramollissement prolongé. Il se change en une matière presque entièrement opaque, connue sous le nom de *porcelaine de Réaumur*.

La connaissance de la dévitrification du verre doit remonter à des temps très éloignés, car il est presque impossible de ne pas rencontrer du verre dévitrifié dans les creusets que les verriers retirent des vieux fours hors de service. Le refroidissement d'une aussi grande masse de maçonnerie argileuse est nécessairement très lent, de sorte que les restes de verre abandonnés dans les creusets se trouvent dans des conditions toujours favorables à la dévitrification.

La surface d'une masse de verre fondue dans un creuset de verrerie et soumise dans le four même à un refroidissement très lent se recouvre d'une croûte plus ou moins épaisse et opaque, tandis que dans les parties centrales on voit des groupes de cristaux aiguillés partant d'un centre commun et formant des sortes de boules ou mamelons suspendus dans une masse transparente.

Réaumur, qui, à diverses reprises, s'est occupé de la dévitrification, a dirigé plus particulièrement ses recherches vers les moyens de la produire d'une manière complète.

Voici le procédé qu'il a indiqué :

« On mettra dans de très grands creusets, tels que les gazettes des faïenciers, par exemple, les ouvrages de verre qu'on voudra convertir en porcelaine. On remplira les ouvrages et tous les vides qu'ils laissent entre eux de la poudre faite d'un mélange de sable blanc et fin et de gypse. Il faudra faire en sorte que cette poudre touche et presse les ouvrages de toutes parts, c'est-à-dire que ceux-ci ne se touchent pas immédiatement et qu'ils ne touchent pas non plus les parois du creuset.

« La poudre ayant été bien empilée, bien pressée,

on couvrira le creuset, on le lutera et on le portera dans un endroit où l'action du feu soit forte.

« Quand on retirera et qu'on ouvrira la gazette (Réaumur ne dit pas après combien de temps), on verra les objets qu'elle renferme transformés en une belle porcelaine blanche. »

Comme on le voit, le procédé de Réaumur n'était pas aussi simple que celui dont il a d'abord été question. Il lui fallait nécessairement prendre des dispositions et des précautions particulières pour conserver les formes des objets dont il voulait opérer la dévitrification.

Réaumur considérait le plâtre calciné comme une des matières les plus propres à changer le verre en une porcelaine blanche. Il attribuait au sable cette même propriété et il ajoutait que le sable très blanc, tel que celui d'Etampes, donne avec le gypse une poudre composée qui doit être employée de préférence au plâtre seul ou au sable seul.

Réaumur croyait que les arts tireraient bientôt un parti avantageux de la dévitrification ; que celle-ci était appelée à les doter d'une nouvelle porcelaine.

Les premiers travaux de ce célèbre physicien remontent à 1727, les derniers datent de 1739. Depuis lors on a essayé plusieurs fois d'introduire la porcelaine de Réaumur dans le domaine de l'industrie. On en a fait des bouteilles, des carreaux d'appartement, des porphyres, des mortiers de diverses formes, des capsules et des tubes destinés à certaines opérations de chimie. Je citerai particulièrement *M. d'Arcet* parmi ceux qui se sont occupés de cette question.

L'expérience n'a pas jusqu'à présent réalisé les espérances de Réaumur.

Deux circonstances rendent très difficile la fabrication industrielle, c'est-à-dire économique, des objets façonnés en verre dévitrifié : d'abord et surtout la nécessité de soumettre ces objets à un ramollissement prolongé, qui devient un obstacle considérable à la conservation de leurs formes, et en second lieu la longueur de l'opération, qui nécessite des dépenses très considérables de combustible et de main-d'œuvre.

Les phénomènes chimiques de la dévitrification ne paraissent pas avoir été l'objet d'une étude approfondie. Cependant, dans le cours de l'année 1830, *M. Dumas* ayant fait l'analyse comparative d'un verre cristallisé et d'un verre amorphe et transparent, retirés l'un et l'autre d'un même creuset de verrerie, considéra le premier comme une combinaison définie, plus riche en silice et moins chargée d'alcali que le second, et par conséquent moins fusible. Partant de cette analyse, dont le résultat n'était pas contestable, et qui d'ailleurs cadrait avec les idées émises par *Berthollet*, dans sa *Statique chimique*, sur les cristaux observés dans le verre par *Keir*, M. Dumas considéra la dévitrification comme une cristallisation du verre due à la formation de composés définis, infusibles à la température actuelle, au moment de la dévitrification. Il admit que cette infusibilité relative est le résultat tantôt de la volatilisation de la base alcaline, tantôt d'un simple partage dans les éléments du verre, les alcalis passant alors dans la portion qui conserve l'état vitreux.

Toutefois quelques chimistes, et à leur tête *Berze-*

lius, ont émis une opinion différente, partagée d'ailleurs par les verriers en général, et qui consiste à ne voir dans la porcelaine de Réaumur rien autre chose qu'une masse vitreuse cristallisée.

Le verre, en se dévitrifiant, ne subit aucune altération, ni dans la nature, ni dans la proportion des matières dont il est formé. Les cristaux agglomérés en forme de boules, isolées les unes des autres dans une masse de verre transparente, ne diffèrent pas de celle-ci quant à leur composition. Cela résulte de nombreuses analyses faites sur le verre cristallisé et le verre transparent.

Il est inutile de dire que la composition du verre variant sans cesse, non seulement dans les verreries différentes, mais encore dans la même fabrique, les analyses comparatives n'ont de signification que pour les verres provenant d'une même fonte.

L'analyse chimique est ici corroborée par une observation physique non moins certaine. Si un changement de composition se produisait dans une masse de verre lentement refroidie, il y laisserait des traces de son existence par des bulles, des stries, par un signe quelconque d'hétérogénéité, tandis que les parties non modifiées présentent un éclat, une transparence et surtout une homogénéité parfaites.

Mais de toutes les expériences, la plus simple comme la plus décisive pour démontrer que la dévitrification consiste uniquement en un simple changement physique du verre, consiste à maintenir des plaques de verre pesées sur la sole d'un four à recuire jusqu'à ce que la dévitrification soit complète, ce qui a lieu ordinairement après vingt-quatre heures ou au plus quarante-huit heures. Leur poids reste constamment le même, et si l'on opère sur un verre blanc de belle qualité, il est absolument impossible de distinguer autre chose que des cristaux dans la masse dévitrifiée.

Ces cristaux donnent, par la fusion, un verre transparent de composition identique avec celui dont ils proviennent. Coulé sur une table de fonte, roulé sous forme d'un morceau de glace, ce verre subit par un ramollissement prolongé une seconde dévitrification.

Des mêmes expériences de fusion et de cristallisation ont été répétées une troisième fois sans que la composition du verre opaque ou transparent ait subi le moindre changement. La seconde et la troisième dévitrification s'effectuent d'ailleurs, comme la première, sans aucun changement de poids dans les plaques vitreuses

La manière la plus facile et la plus simple de préparer le verre dévitrifié consiste à soumettre à un ramollissement prolongé une feuille de verre à vitre ou mieux un morceau de verre à glace. Au bout d'un temps qui varie selon la nature du verre et la température du lieu où se fait l'expérience, mais qui est en général compris entre 24 et 48 heures, la dévitrification est achevée. La plaque ressemble à un morceau de porcelaine, mais on l'en distingue facilement quand on la brise. On la voit formée d'aiguilles opaques, ténues et serrées, parallèles les unes aux autres et perpendiculaires à la surface du verre. Si l'on retire la plaque du four à recuire avant que la dévitrification soit complète, on observe constamment que la cristallisation commence par les surfaces, pour se prolonger lentement jusqu'au centre, de sorte qu'on retrouve encore une lame de verre transparent dans l'intérieur de la plaque.

Une ligne ordinairement très visible marque le point de réunion des cristaux dans les échantillons même complètement dévitrifiés : le long de cette ligne, on remarque quelquefois des noyaux cristallins.

Dans quelques cas rares, la texture fibreuse disparaît et le verre dévitrifié présente jusqu'à un certain point la cassure saccharoïde et l'aspect d'un beau marbre blanc : quelquefois aussi les cristaux disparaissent et sont remplacés par une matière qu'on prendrait pour de l'émail.

Le verre à vitres et surtout le verre à bouteilles dévitrifiés en grandes masses dans des creusets se présentent parfois en aiguilles d'un jaune verdâtre, tantôt petites et courtes, tantôt au contraire longues de plus de 1 centimètre, fortement adhérentes les unes aux autres, entrelacées dans tous les sens et laissant entre elles des vides ou géodes qui les font ressembler, jusqu'à un certain point, à des cristallisations de soufre.

Le verre dévitrifié est un peu moins dense que le verre transparent ; sa dureté est considérable, car il raye facilement ce dernier et fait feu au briquet. Quoique cassant, il l'est beaucoup moins que le verre ordinaire ; il est mauvais conducteur de la chaleur. Une plaque de verre dévitrifié conduit très notablement l'électricité des machines. Elle possède cette propriété à peu près au même degré que le marbre, et à un degré beaucoup plus prononcé que le verre et la porcelaine. Le verre dévitrifié ne pourrait donc être employé comme corps isolant.

On croyait que le verre dévitrifié était devenu presque infusible, que des tubes formés de cette matière se comporteraient presque comme ceux de porcelaine, sous l'influence des hautes températures. C'est une erreur, car le verre cristallisé fond presque aussi facilement que le verre amorphe dont il provient.

Tous les verres à glaces, à vitres et à bouteilles qu'on trouve dans le commerce, peuvent être dévitrifiés. Le cristal lui-même, malgré l'assertion contraire de Réaumur, ne fait pas exception, il se dévitrifie sans que l'oxyde de plomb qu'il contient s'en sépare. Il prend l'aspect de la porcelaine, mais sa cassure est lisse, homogène, et on n'y remarque plus la texture fibreuse. J'ai déjà dit que ce dernier changement se produit quelquefois dans les verres ordinaires à base de soude et de chaux.

Les verres à base de potasse, comme ceux de Bohême, subissent la dévitrification beaucoup plus difficilement que les verres de soude. On a pu exposer pendant quatre-vingt-seize heures, dans la partie la plus chaude d'une étenderie, le borosilicate de potasse et de chaux sans en déterminer la dévitrification. La température était cependant assez élevée pour ramollir ce verre.

Dans les mêmes conditions, le borosilicate de potasse et de zinc a donné quelques signes de dévitrification.

De tous les silicates, celui qui se dévitrifie le plus facilement est le trisilicate de soude.

Lorsqu'on recuit une masse transparente de trisilicate de soude, il prend, bien avant la température nécessaire à la dévitrification, un aspect opalin tout particulier. Ce verre ressemble en effet à de l'opale quand on le regarde par réflexion ; mais quand on l'interpose entre l'œil et la lumière, il paraît d'une transparence parfaite.

La dévitrification semble rendue beaucoup plus facile par l'introduction de matières réfractaires ou difficilement fusibles dans le verre pâteux, telles que les cendres du foyer, le sable, et, chose bien curieuse, par le verre lui-même réduit en poudre fine, ou par le mélange des matières avec lesquelles on le forme.

L'expérience suivante, faite sur plus de 100 kilos de verre, démontre l'exactitude de cette assertion.

On a laissé dans un four deux pots à moitié remplis de verre fondu, et on a cessé de chauffer ce four : lorsque la matière est devenue pâteuse, on a ajouté dans l'un des pots une *très petite quantité* de matière vitrifiable ; puis, le four s'étant refroidi lentement et de lui-même, on en a retiré les deux pots. Celui dans lequel rien n'avait été ajouté contenait un verre transparent ayant à peine subi un commencement de dévitrification, tandis que l'autre était presque entièrement opaque et rempli dans toute sa masse de noyaux cristallins.

Un ou deux centièmes de sable suffisent pour provoquer le même changement dans une masse vitreuse, pourvu que la température de celle-ci ne soit pas trop élevée, ce qu'on reconnaît facilement au peu de fluidité de la matière.

La théorie de la dévitrification est encore discutée. *Pelouze* considère ce phénomène comme une simple modification physique. *Dumas* ne partage pas cette opinion :

« S'il s'agit d'admettre qu'une masse transparente de verre puisse tout entière, sans rien perdre ou rien gagner de pondérable, se transformer en cristaux, les expériences de M. Pelouze le démontrent clairement. Mais s'il s'agit d'admettre que les cristaux formant la masse transparente de verre dévitrifié sont tous identiques, on peut en douter.

« Je comprends, en effet, lorsqu'on opère sur des corps homogènes, comme le sucre, le soufre ou l'acide arsénieux, qu'ils puissent passer de l'état vitreux à l'état cristallisé sans changement de composition chimique, par une simple modification de capacité calorifique.

« La même chose peut arriver, sans doute, à une masse vitreuse dont la composition serait définie et identique avec celle des cristaux qu'elle tendrait à constituer.

« Mais les verres du commerce sont des mélanges indéfinis de silicates définis. Quand ils cristallisent, les silicates les moins fusibles doivent se séparer les premiers, ainsi que cela se passe dans les alliages. C'est donc une véritable liquation inverse qui s'accomplit dans ces deux cas. Si les conditions sont favorables, la cristallisation envahit successivement toute la masse, qui peut être comparée à un granite.

« Bien entendu que les cristaux qui se forment les premiers peuvent déterminer, par leur présence comme solides, le dépôt de cristaux tout à fait différents produits par des composés qui n'auraient pas cristallisé s'ils n'y avaient été sollicités.

« De même que dans la masse vitreuse d'apparence homogène qui constitue les verres du commerce, il existe pourtant des silicates divers et distincts, fondus les uns dans les autres, de même dans les masses fibreuses de verres dévitrifiés, il peut exister, je pense, à côté les unes des autres, des aiguilles de silicates cristallisés, définis, parfaitement distincts entre eux.

« Je pense donc que, tandis que dans l'acide arsénieux opaque, le sucre d'orge fibreux, le soufre dur, tous les cristaux se ressemblent, dans la plupart des alliages et des verres dévitrifiés, les cristaux qui s'accolent au moment de la solidification ne se ressemblent pas.

« Les cristaux que j'avais séparés d'une masse de verre dévitrifié, cristaux bien distincts, différaient trop de la pâte vitreuse pour qu'on pût s'y méprendre.

« En effet, pour me borner ici à comparer celui des éléments du verre dont le dosage est le moins sujet à erreur, je remarque qu'il y a dans la silice des cristaux et de la pâte vitreuse des différences trop grandes pour qu'on ait pu s'y tromper. J'ai trouvé 64,7 de silice dans la partie vitreuse, et 68,2 dans la partie cristallisée. Il s'agit d'un verre à vitres.

« M. *Leblanc*, dans une masse de verre à glaces, a trouvé 66,2 de silice dans la partie transparente, et 69,3 dans la partie cristallisée.

« Le même observateur trouvait 57,9 de silice dans la partie transparente d'un verre à bouteilles dévitrifié, et 62,95 dans la partie cristallisée.

« Dans ce dernier verre, chose plus remarquable encore, la partie vitreuse contenait 1,57 de protoxyde de fer, tandis que dans la partie cristallisée il n'en

3.

restait que des traces trop faibles pour qu'on ait pu les doser.

« Je serais donc porté à considérer les masses de verre dévitrifié comme analogues, dans leur constitution, à ces masses produites par un mélange de plusieurs acides gras solides. Par la fusion, elles constituent un liquide homogène. Solidifiées, elles produisent des masses fibreuses où l'œil ne distingue rien de dissemblable, mais où néanmoins chaque acide s'est séparé des autres en constituant des cristaux distincts pour son propre compte. Enfin ces masses peuvent être fondues et solidifiées de nouveau, nombre de fois, en reproduisant les mêmes phénomènes ».

Différents chimistes ayant repris ces analyses ont trouvé beaucoup moins de différences entre la composition des cristaux et celle de la masse amorphe qui les entoure. Ce fait est d'ailleurs facilement explicable par le peu de fluidité du milieu dans lequel s'opère la cristallisation.

L'opinion la plus généralement admise est que la dévitrification résulte de la séparation d'un silicate déterminé en petits cristaux au milieu d'une caumère renfermant divers silicates à l'état amorphe. Dans le cas d'un verre de soude et de chaux, les cristaux formés seraient du monosilicate de chaux. Ceci conduit à admettre que le verre ordinaire est une solution de silicates cristallisés dans un mélange de silicates amorphes.

On a reconnu que la dévitrification est facilitée lorsque le verre contient beaucoup de chaux. L'alumine est dans le même cas que la chaux. D'après *Hock* ce sont surtout les verres riches en potasse qui se dévitrifient facilement.; selon *Stein*, ce sont les verres contenant un excès d'acide silicique.

Clémandot pense que la dévitrification peut être produite par les substances les plus diverses dès que celles-ci entrent en proportion excessive dans la composition du verre. Cette opinion nous semble la plus rationnelle. Toutefois les bases terreuses, telles que la chaux, la magnésie, l'alumine, ont relativement plus d'influence que les alcalis et les oxydes métalliques.

XI. ACTION DE LA LUMIÈRE

On sait depuis longtemps que certains verres ont la propriété de prendre, sous l'influence de la lumière, une couleur plus ou moins intense.

La coloration en violet a été signalée, dès 1824, par *Faraday*. M. *Pelouze* s'est occupé, en 1867, de la teinte jaune que prennent les glaces sous l'influence des rayons solaires; il attribue cette coloration au soufre qui proviendrait de la décomposition du sulfate de soude contenu dans presque tous les verres.

M. *Gaffield* a fait, depuis l'année 1863, des expériences nombreuses, longues et variées, sur le même sujet. Tous les verres à vitres ordinaires ayant une teinte verdâtre, quelle que soit leur origine, deviennent jaunes, puis roses ou violets, après une exposition d'un an aux rayons du soleil.

Les verres de teinte bleue azurée et les verres à base de plomb ne changent pas sensiblement de couleur.

Des lettres noires ont été peintes sur une bande de verre qui a été exposée au soleil pendant le temps nécessaire pour amener un changement sensible ; en effaçant alors ces lettres, on ne discernait plus leur trace sur la surface du verre ; mais en plaçant celui-ci sur un papier sensibilisé pour photographie, les parties insolées ont moins impressionné le papier que les parties protégées par la peinture, et les lettres se sont marquées sur le papier en teintes plus foncées.

M. *Gaffield* a fait une autre expérience intéressante : on a gravé une étoile sur du verre rouge (on sait que ce verre est toujours composé d'une couche très mince de verre rouge, recouverte de verre blanc) ; on avait ainsi une étoile blanche sur un fond rouge ; ce verre a été placé sur un carré de verre à vitre, et après deux ans d'exposition à la lumière, on a constaté qu'en plaçant ce carré sur un papier blanc, on aperçoit une étoile rose sur un fond blanc, par suite de l'action solaire exercée sur ce verre à vitre par l'étoile gravée sur le verre rouge.

M. *Gaffield* a coupé en douze parties une bande de glace de fabrication anglaise. Deux de ces parties ont été conservées à l'abri de la lumière ; les dix autres ont été insolées, la première pendant un jour, la deuxième pendant deux jours, la troisième pendant quatre jours, et ainsi de suite en doublant le temps d'exposition. En examinant tous ces verres par la tranche, les uns à côté des autres, on voit que la teinte verdâtre passe au jaune, puis au jaune pelure d'oignon, et enfin au violet franc, à mesure que l'exposition à la lumière est plus prolongée.

Une autre expérience a été faite sur la même pièce de verre pouvant être couverte à volonté par un tiroir en laiton, de manière que ce tiroir recouvrît seulement un tiers de la surface du verre ; quand les deux tiers ont eu pris au soleil une teinte jaune, il a repoussé sous le tiroir la bande du milieu ; le dernier tiers est devenu violet par suite d'une insolation plus prolongée.

La chaleur ne joue aucun rôle dans ces phénomènes ; des verres qui se colorent à la lumière ne subissent aucun changement par un séjour dans l'eau chaude ou dans un four (1).

Le verre bleu placé comme écran sur du verre blanc est celui qui entrave le moins l'action solaire ; puis vient le verre violet ; les verres orange, rouge, jaune et vert forment presque complètement écran.

M. *Bontemps* a vérifié avec succès une partie des curieuses expériences de M. Gaffield.

_____

(1) Suivant *M. Pelouze,* tous les échantillons de verre devenus violets au soleil possèdent la propriété de se décolorer par l'action de la chaleur. Une température de 350 degrés ne suffit pas ; il faut celle que l'on emploie pour le recuit du verre, et qui est voisine du rouge sombre. Les verres recuits peuvent changer de coloration comme les verres non recuits.

CHAPITRE III
PROPRIÉTÉS CHIMIQUES DU VERRE
—

SOMMAIRE. — I. Propriétés générales des silicates. — II. Action de la chaleur sur les silicates. — III. Action de l'eau sur le verre. — IV. Action des acides sur le verre. — V. Action des alcalis sur le verre. — VI. Action des boissons sur le verre. — VII. Action des agents atmosphériques. — VIII. Analyse des verres et des silicates.

I. PROPRIÉTÉS GÉNÉRALES DES SILICATES

Les silicates, corps formés par la combinaison de la silice avec les bases, sont très nombreux. Il faut distinguer ceux qui sont naturels de ceux qui sont le produit de l'art ou de l'industrie.

Parmi les premiers, il en est peu qui intéressent directement le verrier; nous dirons seulement qu'ils sont tous insolubles dans l'eau; cependant à la longue, ou bien en facilitant les réactions par pulvérisation ou frottement, on décompose quelques silicates d'alumine et d'alcalis, en enlevant le silicate alcalin; c'est ainsi que se forment les argiles.

Quelques silicates pulvérisés sont attaqués par les acides chlorhydrique et azotique (ceux hydratés surtout, ou ceux renfermant peu de silice); exceptionnellement quelques-uns se dissolvent dans l'acide chlorhydrique étendu, et font gelée avec les acides plus forts, alors que d'autres donnent de la silice pulvérulente. L'acide sulfurique étendu attaque quelques silicates; sous pression, et à 220-240°, il les attaque presque tous ; la calcination préalable facilite toujours l'action des acides.

Tous les silicates sont attaqués par l'acide fluorhydrique, ou, par les acides étendus, après fusion avec les carbonates alcalins, ou avec 3 à 5 fois leur poids de potasse ou de soude.

Les propriétés des silicates artificiels sont à peu près les mêmes que celles des silicates naturels : ils ne sont pas solubles dans l'eau, à l'exception de ceux de potasse et de soude, mais le deviennent si on les fond avec un carbonate alcalin, au rouge, dans un creuset de platine; ou avec 3 à 5 fois leur poids de potasse ou de soude dans un creuset d'argent.

Réduits en poudre et chauffés dans un tube à essais avec de l'acide sulfurique et du fluorure de calcium pulvérisé, ils dégagent du fluorure de silicium par suite de la production d'acide fluorhydrique :

$$\text{Si O}^2 + 4 \text{ H Fl} = \text{Si Fl}^4 + 2 \text{ H}^2\text{O}.$$

Le fluorure de silicium (Si Fl⁴) fume à l'air, et avec l'eau donne des flocons gélatineux d'acide silicique.

Un fragment de silicate introduit dans une perle de sel de phosphore y laisse un résidu d'acide silicique, conservant la forme du fragment et restant en suspension dans le sel de phosphore fondu.

Les silicates solubles dans l'eau, traités par les acides chlorhydrique ou sulfurique, voire même l'acide carbonique, donnent un précipité gélatineux d'acide silicique peu soluble, et, si la solution saline est évaporée à siccité dans une capsule, une poudre blanche qui est de l'anhydride silicique, insoluble dans les acides, excepté l'acide fluorhydrique. Cette silice arrosée d'acide fluorhydrique disparaît entièrement par évaporation.

II. ACTION DE LA CHALEUR SUR LES SILICATES

L'action de la chaleur sur les silicates, est un sujet qui intéresse au premier point le verrier ; nous croyons très utile de faire connaître ici une étude fort complète publiée sur cette importante question par *M. G. Foy.*

Lois générales. — « Les silicates simples sont en général moins fusibles que les silicates multiples.

Les silicates simples, à base alcaline ou terreuse sont d'autant plus fusibles que la base est plus énergique. Il est utile de remarquer ici qu'il en est de même des solubilités.

Toutefois cette dernière loi ne se vérifie pas lorsqu'on compare la fusibilité d'un silicate dont la base est alcaline ou terreuse avec celle d'un silicate dont la base serait métallique. »

On voit que ces lois ne sont pas nombreuses. Enumérons maintenant les faits d'expérience en allant du simple au composé.

I. — ÉLÉMENTS DES SILICATES

ALUMINE. — « L'alumine est la plus réfractaire des bases terreuses. A la température de la fusion du fer (1,500 degrés centigrades) elle est terreuse, lâche et complètement blanche. A la température de la fusion du platine, qui ne fond qu'aux feux de forge les plus violents, ou bien à la température du chalumeau à gaz d'éclairage alimenté par l'oxygène, elle présente encore un aspect terreux tandis que la magnésie commence à fondre à cette température.

MAGNÉSIE. — « La magnésie suit de près l'alumine au point de vue de la fusibilité. Elle résiste à la température de 1,500 degrés; elle résiste même à peu près jusqu'à la température de la fusion du platine, mais en durcissant extérieurement, même lorsqu'elle est en contact avec une argile réfractaire. Elle commence à fondre à cette température.

CHAUX. — « A 1,500 degrés, la chaux se ratatine et se couvre d'une peau extérieure : mais on peut encore l'entailler, et la cassure présente un aspect terreux. A la température de la fusion du platine, elle fond au contact d'une terre cuite.

SILICE. — « A 1,500 degrés, la silice est plus fusible que la magnésie et la chaux : elle présente alors un aspect un peu huileux. A la température de la fusion du platine, elle offre à peu près le même aspect; les grains sont agglomérés, mais sans consistance. Sur une dalle de terre cuite, elle supporte une température voisine de celle de la fusion du platine.

OXYDE DE FER. — « L'oxyde de fer, placé dans un creuset de platine, commence à fondre à 1,500 degrés, et se présente alors en une poudre courte et granuleuse.

II. — SILICATES ALCALINS SIMPLES

1° Les silicates de potasse sont très fusibles. A 1,250 degrés, il suffit de 3 parties de carbonate de potasse pour former avec la silice un verre très fluide. A 1,550 degrés, une très petite quantité d'alcali suffit pour produire le même effet.

C'est ainsi qu'un mélange de 100 de silice et de 16 de potasse donne un verre incolore transparent et bulleux. Un mélange de 100 de silice et de 10 de potasse donne encore à 1,600 degrés un verre transparent mais boursouflé comme une scorie.

Enfin un mélange de 100 de silice et de 3 de potasse transforme la silice en une masse dure et compacte.

2° Les silicates de soude se conduisent à peu près comme ceux de potasse.

Un mélange de 100 de silice avec 9 à 10 de soude, porté à 1,600 degrés, fond en un verre bulleux.

Un mélange de 100 de silice et de 6,5 de soude donne un émail blanc légèrement translucide.

3° Les silicates alcalins possèdent une propriété remarquable; non seulement ils ne présentent jamais d'apparence cristalline, mais encore ils tendent à s'opposer à la cristallisation des silicates terreux, tout en conservant au silicate multiple un aspect vitreux. L'art de la vitrification repose sur cette propriété.

III. — SILICATES TERREUX SIMPLES

1° SILICATES D'ALUMINE. — « Nous n'examinerons que les trois silicates de magnésie, d'alumine et de chaux.

La silice, à l'état de quartz, et l'alumine calcinée, n'étant douées que d'énergies chimiques très faibles, ne se combinent que très difficilement même à une température élevée. Si l'on trouve alors un peu de ramollissement dans certaines argiles, il est dû certainement à la présence des alcalis qu'elles contiennent presque toujours. Et ce qui le prouve bien, c'est que les argiles pures, ou, si l'on veut, les silicates d'alumine ne sont fusibles à aucune température de nos fourneaux.

Ainsi un mélange de 100 de silice et de 100 à 110 d'alumine donne, à 1,600 degrés, une masse agglomérée, mais s'égrenant sous le marteau.

Un mélange de 100 de silice et de 56 d'alumine donne une masse agglomérée sous forme d'un culot compact à cassure mate et pierreuse.

Un mélange de 100 de silice et de 37 d'alumine forme un culot compact à cassure pierreuse un peu luisante.

2° SILICATES DE MAGNÉSIE. — « M. *Bischof* a formé successivement des mélanges de 100 de magnésie et de 5, 10, 20, 25, 50 et 100 de silice et les soumit, dans des creusets de platine, à la température de 1,500 degrés (fusion du fer).

Les quatre premiers mélanges se sont conservés, en prenant l'aspect de la cassonade, c'est-à-dire qu'ils ne se sont pas cuits fermement.

La pièce à 50 parties de silice était un peu huileuse et se laissait difficilement entailler.

La pièce à 100 parties de silice était fondue sous la forme d'une masse grésiforme.

Les pièces qui contenaient le moins de silice étaient fissurées ; les autres ne l'étaient pas.

Toutes les pièces avaient pris un retrait sensible, et surtout celles qui contenaient le plus de silice.

D'un autre côté, les essais faits à Sèvres, au four de porcelaine, soit à 1,600 degrés, ont donné les résultats suivants :

Les mélanges de 100 de magnésie et de 39 à 77 de silice ne subissaient même pas de ramollissement.

Cependant, il y avait combinaison, car les culots faisaient gelée avec les acides.

Le mélange de 100 de magnésie et de 150 de silice, se ramollissait, mais sans fondre.

Enfin le mélange de 100 de magnésie et de 233 de silice offrait un commencement de fusion.

La conclusion qui se dégage de ces faits d'expérience, est que la fusibilité des silicates de magnésie augmente avec la proportion de silice, et qu'à parties égales de silice et de magnésie, la fusion du silicate commence à 1,500 degrés.

3° SILICATES DE CHAUX. — « M. Bischof a composé, comme pour les silicates de magnésie, des mélanges de 100 de chaux et de 5, 10, 25 et 100 de silice et il a exposé ces mélanges à une température de 1,500 degrés dans des creusets en platine.

Il a constaté que le mélange à 5 de silice forme une masse huileuse; que ceux de 10 et de 25 de silice donnent un émail blanc; enfin que celui de 100 de silice se fond en un verre brillant.

Il a conclu de ces faits que la fusibilité des mélanges de chaux et de silice est plus grande que celle des mélanges de magnésie et de silice.

D'un autre côté les expériences faites à Sèvres ont mis en relief les faits suivants :

Lorsqu'on chauffe très fortement du carbonate de chaux avec de la silice réduite en poudre très fine, il y a combinaison et, lorsque la chaux domine, le silicate se dissout en totalité dans les acides. Mais il n'y a fusion que lorsque la silice et la chaux sont employées dans des proportions qui ne peuvent varier qu'entre des limites très étroites, et encore, dans le cas le plus favorable, on n'arrive à la fusion complète qu'à l'aide de la température du fourneau à vent.

Si le mélange renferme moins de 53 parties de silice pour 100 de chaux, il reste pulvérulent.

S'il contient 53 de silice et 100 de chaux, il y a commencement de ramollissement.

Les mélanges de 100 de chaux et de 112, 165 et 300 de silice, se fondent ou se ramollissent, suivant la température où ils sont portés.

Le premier composé donne, au four de porcelaine, un culot pierreux à grains lamelleux ; mais il fond dans le fourneau à vent, après deux heures de feu, en donnant une masse demi-vitreuse à cassure luisante.

Le deuxième composé donne, dans le four à porcelaine, un culot qui s'égrène entre les doigts, et, dans les fourneaux à vent, un verre transparent poreux.

IV. — MÉLANGES D'OXYDES TERREUX

M. Bischof a eu l'heureuse idée de soumettre à de hautes températures des mélanges d'oxydes terreux suivant des proportions nombreuses, et il est arrivé aux résultats suivants :

1° MAGNÉSIE ET ALUMINE. — « Des mélanges de 100 parties d'alumine et de 1, 2, 5, 10, 25, 50 et 100 de magnésie, soumis à la température de la fusion de l'argent (1,000 degrés), restent terreux et blancs.

A 1,500 degrés (température de fusion du fer) ils deviennent plus compacts, et semblent durcir, lorsque les pièces sont placées sur une plaque de terre cuite.

Si on les place dans une capsule de platine, elles

deviennent plus compactes à la même température, mais elles se laissent encore couper : la pièce d'essai contenant 10 parties de magnésie avait une peau extérieure ainsi que celle qui renfermait 25 parties de magnésie, mais la peau était plus mince avec celle-ci.

Quant aux pièces qui contenaient 50 et 100 de magnésie, elles avaient le même aspect que les premières.

On peut dire, en somme, que tous ces mélanges se conservent intacts à 1,000 degrés et même à 1,500 degrés.

M. Bischof a observé, de plus, que les pièces d'essai sont d'autant plus volumineuses et plus molles qu'elles sont plus riches en magnésie.

Celles qui sont plus riches en alumine, semblent, au contraire, plus compactes ; si on les dessèche, elles deviennent bleuâtres et d'un tissu plus lâche. Les pièces les plus riches en magnésie sont celles qui présentent le plus de retrait à la cuisson.

2° MAGNÉSIE ET CHAUX. — M. Bischof forma alternativement des mélanges de 100 parties de magnésie avec 5, 10, 25, 50 et 100 de chaux et des mélanges inverses de 100 de chaux avec 5, 10, 25, 50 de magnésie, et les soumit à une température de 1500 degrés, dans un creuset de platine.

Toutes les pièces d'essai furent retrouvées ratatinées, et semblables à la cassonade.

Celles où la magnésie prédominait ne présentaient, pour ainsi dire, aucune différence entre elles.

Mais celles où la chaux prédominait s'étaient recouvertes d'une peau ; de plus, et à partir de la proportion de 10 de magnésie, l'intérieur de la peau montrait des bulles.

M. Bischof a conclu de ces faits que la magnésie et la chaux ne possèdent pas une action fondante bien sensible l'une sur l'autre à la température de 1,500 degrés, mais que, cependant, les mélanges où la chaux prédomine semblent subir un commencement de fusion.

Il a pu constater aussi que la plasticité du mélange augmente avec la proportion de magnésie ; que la désagrégation de la pièce augmente à l'air avec la proportion de chaux ; enfin que le retrait des mélanges de chaux et de magnésie est aussi grand que celui des mélanges d'alumine et de magnésie.

3° CHAUX ET ALUMINE. — M. Bischof forma des mélanges de 100 de chaux avec 1, 2, 5, 10, 25, 100, 200 et 300 d'alumine, et les soumit dans des creusets de platine à la température de la fusion du fer, soit 1,500 degrés.

La pièce à 1 d'alumine était fortement cuite.

Celle à 2 d'alumine était brillante comme de la porcelaine.

Celle à 5 était analogue à la précédente mais moins brillante.

Celles de 10 et de 25 d'alumine étaient fondues sous la forme de gouttes semblables à un émail blanc.

Celle à 50 d'alumine était fondue comme du caramel.

Celle de 100 d'alumine était fondue sous la forme de perles vitreuses.

Celle de 200 d'alumine était fondue sous la forme d'une masse à peu près vitreuse d'un bleu opale.

Enfin celle de 300 d'alumine était encore plus liquide et plus opale.

Il suit de là que les combinaisons de l'alumine avec la chaux sont plus fusibles que celles de l'alumine avec la magnésie.

Cette plus grande fusibilité s'accuse non pas seulement pour une faible proportion d'alumine, mais encore elle est de plus en plus accentuée lorsque cette proportion augmente, même jusqu'à 300 parties d'alumine pour 100 de chaux.

Nous ajouterons que toutes les pièces d'essai s'effeuillent au séchage et tombent en morceaux.

4° CHAUX ET ARGILE. — M. Bischof a fait un mélange de 85 parties de chaux et de 5 d'argile (soit 100 parties de chaux et 6 d'argile), et il l'a soumis à différentes températures.

A la température de la fusion de la fonte (1,100 degrés) la pièce se ratatine en une masse jaunâtre unie, semblable à de la cire, et à cassure compacte.

A la température de la fusion de l'acier (1,300 degrés), la pièce est fortement rétrécie comme dans le cas précédent, mais la couleur est plus foncée, et la cassure, en partie poreuse, est déjà un peu brillante.

A la température de la fusion du fer (1,500 degrés), la pièce est liquéfiée sous la forme d'une masse jaune clair, brillante, et comme émaillée.

5° MAGNÉSIE ET ARGILE. — M. Bischof, voulant comparer la fusibilité du mélange de magnésie et d'argile avec celle du mélange précédent de chaux et d'argile, composa des pièces de 100 de magnésie et de 6 d'argile et les soumit aux trois températures ci-dessus (1,100, 1,300, 1,500 degrés).

Il constata que ce mélange est manifestement plus réfractaire que le mélange correspondant de chaux et d'argile.

Ainsi, tandis qu'à la température de 1,500 degrés, ce dernier est émaillé et brillant, le mélange de magnésie et d'argile est seulement ratatiné avec un aspect mat.

Les résultats sont les mêmes en diminuant de moitié la proportion d'argile.

V. — SILICATES MÉTALLIQUES SIMPLES

Ici encore nous n'examinerons que les silicates métalliques qui entrent dans les matériaux de construction.

1° Silicates de protoxyde de fer. — « Les silicates de protoxyde de fer sont très fusibles. Un mélange de 100 de protoxyde de fer et de 22,5 de silice, donne, après fusion dans les fourneaux à vent et refroidissement, une masse bulleuse, confusément cristalline, et à cavités garnies de cristaux microscopiques. Cette matière traverse les creusets de terre.

Un mélange de 100 de protoxyde de fer et de 90 de silice donne une masse compacte à cassure inégale, avec quelques indices de cristallisation.

Un mélange de 100 parties de protoxyde de fer avec 45 de silice fond très facilement dans les mêmes conditions et laisse un culot à cassure lamelleuse aisément clivable. Il perce les creusets de terre avec la plus grande facilité.

Enfin un mélange de 100 de protoxyde de fer et de 135 de silice fond dans un creuset de terre sans le percer, et donne une masse compacte, homogène, à cassure inégale, opale, conchoïde ou luisante.

Verrier. Tome I.   4

Les trois premiers composés forment la base des scories de hauts-fourneaux.

On sait qu'on les emploie, dans quelques localités, comme glaçures de poteries ou de grès communs.

2° SILICATE D'OXYDE MAGNÉTIQUE DE FER. — On sait que l'oxyde magnétique ($Fe^3 O^4$) est appelé aussi oxyde des battitures, parce qu'il apparaît à la surface du fer chauffé au rouge sous la forme d'une pellicule noire que le choc détache facilement.

Les silicates ayant cet oxyde pour base sont également très fusibles.

Ainsi un mélange de 100 d'oxyde et de 49 de silice, placé dans les mêmes conditions que ci-dessus, donne une masse légèrement bulleuse, noire, sans éclat, très fortement magnétique, et présentant des écailles cristallines.

Un mélange de 100 parties d'oxyde et de 100 parties de silice donne un verre très liquide qui pénètre le creuset, et qui, refroidi, laisse une masse compacte, noire et très magnétique, à cassure inégale et luisante.

Enfin les mélanges de 100 d'oxyde magnétique et de 200 à 300 de silice se transforment en produits analogues aux précédents, mais qui ne peuvent pas traverser les creusets.

3° SILICATE DE PEROXYDE DE FER. — Ces silicates présentent ce caractère particulier qu'ils sont infusibles.

Ainsi des mélanges de 100 parties de peroxyde de fer ($Fe^2 O^3$) et de 60 à 120 parties de silice, ne fondent pas et ne diminuent pas de volume dans les conditions ci-dessus : les culots qu'ils laissent sont tenaces et gris ; leur poussière est rouge.

4° SILICATES DE PLOMB. — Les silicates de plomb sont très fusibles. Ainsi un mélange de 100 d'oxyde de plomb (PbO) et de 27 de silice, chauffé dans un four à courant d'air forcé, donne un verre compact, transparent, non bulleux, d'un jaune de résine éclatant.

Un mélange de 100 d'oxyde de plomb et de 80 de silice, donne un verre d'un jaune pâle.

Enfin un mélange de 100 d'oxyde de plomb et de 170 de silice donne une masse non fondue, ramollie et combinée sans fusion, ressemblant à un émail spongieux, d'un beau blanc.

VI. — SILICATES ALCALINS MULTIPLES

Les seuls silicates alcalins multiples dont nous ayons à nous occuper sont les silicates doubles de potasse et de soude.

Or on a constaté que ces deux alcalis mêlés ensemble avec la silice sont plus fondants vis-à-vis de la silice que chacun d'eux employé séparément.

« Un mélange de 100 de silice avec 10 de potasse et 7 de soude, chauffé dans le four de Sèvres, donne un verre homogène, compact, transparent, d'un gris de silex, et bulleux seulement dans quelques parties.

Un mélange de 100 de silice avec 5 de potasse et 3 de soude, donne une masse homogène transparente, mais pénétrée, dans toutes ses parties, d'une multitude de bulles extrêmement petites.

Cette grande fusibilité des silicates alcalins multiples permet, dans l'industrie, d'obtenir des composés vitreux fusibles, sans être obligé d'exagérer la proportion des alcalis, ce qui rendrait le verre plus altérable.

VII. — SILICATES TERREUX MULTIPLES

1° Silicates de magnésie et de chaux. — « La chaux et la magnésie, la dernière surtout, qui, mélangée isolément avec la silice, donne des composés difficilement fusibles, forment, au contraire, une fois mélangées ensemble et chauffées avec de la silice, des silicates doubles qui fondent aisément.

Un mélange de 100 de silice avec 225 de chaux et 32 seulement de magnésie donne une masse un peu vitreuse, difficile à fondre, mais qui, refroidie lentement, cristallise en aiguilles prismatiques.

Enfin un mélange de 100 de silice avec 272 de chaux et 68 de magnésie, donne une masse vitreuse, transparente, d'une fusibilité très faible.

2° Silicates d'alumine et de chaux. — « M. *Berthier* a constaté, que parmi les composés que peut former la silice avec l'alumine et la chaux, les plus fusibles sont ceux qui contiennent en silice les 0,40 de leur poids, ces composés sont encore d'autant plus fusibles que les proportions de chaux et d'alumine se rapprochent davantage du rapport de 46 à 14, ce qui donnerait à ce composé la teneur suivante en silice, alumine et chaux :

Silice.	40
Alumine	14
Chaux.	46
	100

Lampadius a formé quelques mélanges sur lesquels il a fait les remarques suivantes :

Un mélange de 100 de silice avec 68 de chaux et 32 d'alumine, donne une masse transparente sur les bords et présentant l'aspect de la porcelaine.

Un mélange de 100 de silice, avec 32 de chaux et 68 d'alumine, donne un verre blanc de lait, et translucide.

Un mélange de 100 de silice avec 312 de chaux et 212 d'alumine, donne un verre blanc à l'exception du noyau.

Enfin un mélange de 100 de silice avec 47 de chaux et 147 d'alumine, donne une véritable porcelaine.

Une longue pratique a démontré qu'en ajoutant à une argile ordinaire la moitié, ou les trois quarts de son poids de carbonate de chaux, on obtient un produit assez fusible pour que des grenailles métalliques puissent le traverser et se réunir en culot.

Les silicates d'alumine et de chaux peuvent contenir un grand excès de chaux sans cesser d'être fusibles. Mais alors, ils le sont d'autant moins qu'ils renferment plus d'alumine.

Les bonnes argiles plastiques ne se fondent qu'avec deux fois et demi leur poids de marbre.

Mais la même proportion de terre calcaire fait parfaitement fondre un mélange, à parties égales, de sable quartzeux et d'argile plastique.

3° SILICATES D'ALUMINE ET DE MAGNÉSIE. — « On a fait, à Sèvres, des essais sur quelques-uns de ces silicates doubles.

Un mélange de 100 de silice avec 64 de magnésie et 54 d'alumine s'est complètement fondu dans le four de Sèvres.

Il a donné un culot compact, pierreux, à cassure

4.

unie et inégale, un peu luisante, translucide dans ses
éclats minces.

Un autre mélange de 100 de silice avec 37 de
magnésie et 27 d'alumine, a été également fondu, en
donnant un culot compact, pierreux, à cassure inégale et mate.

On voit, par ces résultats, que les silicates de magnésie sont, comme les silicates de chaux, de bons
fondants pour les silicates d'alumine. »

VIII. — SILICATES ALCALINS ET TERREUX MULTIPLES

« Les expériences faites à Sèvres ont établi ce fait
que si l'on chauffe un silicate alcalin, simple ou multiple, avec une base terreuse fixe, chaux, alumine
ou magnésie, cette dernière base met en liberté une
certaine quantité d'alcali.

Ainsi on a chauffé ensemble, un silicate de soude
et une quantité de chaux dont le mélange offrait la
composition suivante :

Silice 108
Soude 45
Chaux. 54
———
199

Le culot obtenu ne pesait que 185, c'est-à-dire
qu'il s'était volatilisé 14 parties de soude sur 45.

Le feldspath naturel à base de potasse, et le
feldspath naturel à base de soude, qui sont des silicates doubles d'alumine et de potasse (ou de soude)
se fondent dans les fours de Sèvres en verres
transparents remplis d'une multitude de petites
bulles.

Il en est de même de la pegmatite, qui sert de

couverte à la porcelaine dure de Sèvres, et qui est un silicate très siliceux d'alumine et de potasse.

Elle renferme, en effet, 100 de silice, 21 d'alumine et 11 de potasse et soude.

Elle se fond sur le biscuit de porcelaine, en un verre incolore émaillé. Dans un creuset brasqué, elle donne un verre à grosses bulles d'un gris de silex, et translucide. Ajoutons que la couleur grise provient du charbon.

M. Salvétat a essayé de faire varier la fusibilité du feldspath en y ajoutant du sable et de la potasse. Il a pu, de la sorte, amener le feldspath à fondre son poids de sable quartzeux. La masse fondue était opaque, à cassure nette et luisante. Elle contenait 100 de silice, 12 d'alumine et 10 de potasse.

Toutes les argiles sont fondues en verre lorsqu'on les soumet, à 150 degrés pyrométriques (environ 1,550 degrés), avec la moitié de leur poids de carbonate de soude ou de potasse.

Il n'y a pas que les alcalis qui ajoutent à la fusibilité du feldspath. La chaux jouit aussi de cette propriété.

Ainsi un mélange de 100 de feldspath et 11 de craie, chauffé dans le four de Sèvres, donne un culot fondu bulleux et picoté sur la surface, ce qui tient, sans doute, au départ d'une certaine quantité d'alcali.

Un autre mélange, renfermant 100 parties de feldspath et 400 de craie, a pris une telle fluidité qu'il a traversé le creuset de porcelaine.

Nous verrons plus loin que les verres ordinaires ne sont pas autre chose que des silicates alcalins et terreux multiples.

IX. — SILICATES ALCALINS ET MÉTALLIQUES MULTIPLES

« L'introduction des alcalis rend facilement fusibles les silicates métalliques. Ils s'opposent de plus à la cristallisation du silicate multiple obtenu, de même qu'ils forment obstacle, ainsi qu'on l'a vu plus haut, à la cristallisation de silicates alcalino-terreux.

Nous donnerons ici trois mélanges très importants dans l'industrie de la verrerie en ce qu'ils forment la base du cristal.

Le premier contient 100 parties de sable, 67 de minium et 32 de carbonate de potasse. Il donne le cristal ordinaire analogue à celui de Baccarat, de Saint-Louis et de Clichy. Les dosages en sont variables, mais dans des limites assez étroites.

Le deuxième mélange contient 100 parties de sable, 100 parties de minium et 50 de carbonate de potasse. Il fournit le flint-glass des Anglais : c'est un cristal plus dense que le précédent : il est employé surtout pour la confection des verres d'optique.

Il est comparable au vernis de certaines poteries tendres. On peut l'obtenir entièrement incolore, en y ajoutant du peroxyde de manganèse et de l'acide arsénieux, suivant des proportions à déterminer par expérience.

Le troisième mélange contient 100 parties de sable, 150 de minium, et 53 de carbonate de potasse. C'est un cristal employé surtout dans la bijouterie.

Tous les vernis plombeux des poteries peuvent être rangés à côté de ces trois composés : ce sont en effet des cristaux, ou silicates doubles de potasse et de plomb.

X. — SILICATES TERREUX ET MÉTALLIQUES MULTIPLES

1° SILICATES DE CHAUX ET DE PROTOXYDE DE FER. — « Ce sont des silicates extrêmement fusibles. Ainsi un mélange de 100 de silice, de 108 de protoxyde de fer, et de 89 de chaux, fondu dans un creuset de fer, donne un produit compact, d'un gris noir, offrant des clivages importants dans certaines parties, et présentant à la surface une cristallisation étoilée.

Ce mélange, introduit dans les fours de Sèvres, fond et donne, en se refroidissant, de très beaux cristaux.

Un autre mélange contenant 100 parties de silice, 144 de protoxyde de fer et 60 de chaux, fondu aussi dans un creuset en fer, donne une matière compacte, sans bulles, d'un gris foncé peu éclatant, à cassure inégale, vitreuse ou cristalline.

Un dernier mélange contenant 100 de silice, 56 de protoxyde de fer et 44 de chaux, donne un produit analogue au précédent, mais dont la poussière est d'un gris clair, légèrement olivâtre.

2° SILICATES DE MAGNÉSIE ET DE PROTOXYDE DE FER. — « Un mélange de 100 de silice, de 43 de protoxyde de fer et de 105 de magnésie se fond parfaitement en une masse poreuse opaque, d'un gris clair, sans éclat, ne présentant aucune trace de cristallisation.

3° SILICATES D'ALUMINE ET DE PROTOXYDE DE FER. — « Un mélange de 100 de silice, de 112 de protoxyde de fer et de 54 d'alumine, se fond, dans un creuset de terre, en une masse compacte, sans bulles, extrêmement tenace, à cassure légèrement translucide sur les bords seulement.

4° SILICATES DE CHAUX ET SESQUIOXYDE DE FER. —
« Un mélange de 100 de silice, 108 de sesquioxyde
de fer et 71 d'alumine, chauffé dans un creuset en
fer, donne une masse semblable à une scorie de
forge, mal fondue, vitreuse et éclatante au contact
du creuset, mais opaque, à poussière noir grisâtre ;
elle n'attaque pas le creuset.

Remarquons encore ici que, dans ces deux derniers silicates, la fusion n'est déterminée que par la
formation, dans le creuset, d'un protoxyde de fer,
par suite de la réduction du sesquioxyde ».

III. ACTION DE L'EAU SUR LE VERRE

Même à la température de l'ébullition, l'eau n'attaque qu'avec une extrême lenteur la surface des
vases en verre qui la contiennent ; cependant elle
agit d'une manière très sensible sur le verre réduit
en poudre.

Ainsi une fiole de 500 cc., dans laquelle on maintient de l'eau à l'ébullition pendant cinq jours en-
tiers, perd à peine 1 décigramme de son poids;
mais si, ayant coupé le col de cette fiole, on le pulvérise et on le fait bouillir dans le même vase et
pendant le même temps, la poudre subira une décomposition qui pourra atteindre le tiers de son poids.

D'un autre côté, le même vase qui aurait contenu
de l'eau pendant des années sans éprouver dans
son poids une perte susceptible d'être accusée par
la balance, subira, si on le pulvérise, par le simple
contact de l'eau froide pendant quelques minutes,
une décomposition représentant 2 à 3 pour 100 de
son poids (M. Henrivaux).

La solution donnée par la poudre d'un verre quelconque est toujours alcaline; elle contient notamment de la soude et de la chaux. Elle absorbe facilement l'acide carbonique de l'atmosphère, jusqu'à ce que la soude soit entièrement transformée en carbonate de soude ; elle fait alors effervescence avec les acides. Il en est de même pour tous les verres du commerce, réduits en poudre très fine et abandonnés à l'air ; ils absorbent l'acide carbonique et au bout de peu de temps font une vive effervescence avec les acides.

En faisant bouillir pendant quelques heures du verre porphyrisé avec du sulfate de chaux, il se produit une quantité notable de sulfate de soude. Ce fait explique pourquoi les murs des ateliers où l'on doucit les glaces sont toujours recouverts d'une poussière efflorescente, qui n'est autre que du sulfate de soude ; elle provient de la réaction du verre sur le plâtre servant à sceller les glaces, ces deux matières se trouvant en contact à l'état de poudre très fine et réagissant peu à peu l'une sur l'autre.

Sur le cristal pulvérisé, l'eau a la même action dissolvante que sur les autres verres, et le plomb qu'il contient passe dans la dissolution. Il est facile de le reconnaître en faisant passer de l'hydrogène sulfuré dans l'eau légèrement acidulée où l'on a agité pendant quelques instants du cristal en poudre fine ; il se forme immédiatement un précipité noir qui est du sulfure de plomb.

Les verres sont d'autant plus susceptibles d'être altérés par l'action de l'eau qu'ils renferment une plus grande proportion d'alcalis ; les silicates qui ne contiennent aucune base soluble ne subissent au contraire pas d'altération sensible.

MM. F. Mylius et *F. Fœrster* se sont livrés récemment à d'intéressantes recherches sur la solubilité du verre dans l'eau ; ils ont fait bouillir avec de l'eau distillée, pendant plusieurs heures, au réfrigérant ascendant, des échantillons d'un grand nombre de verres réduits en fragments d'un diamètre sensiblement uniforme et ont dosé les portions dissoutes. Ils ont fait aussi des essais au sujet de la solubilité dans l'eau froide, laquelle est très faible. Ils ont étudié successivement les verres solubles (silicates de potassium ou de sodium), des séries progressives de verres allant de K^2O, $3 SiO^2$ ou Na^2O, $3 SiO^2$ à K^2O, CaO, $6 SiO^2$ ou Na^2O, CaO, $6 SiO^2$, par accroissement successif de la chaux ; enfin, un assez grand nombre de verres ou cristaux du commerce. Nous donnons seulement ici les conclusions des auteurs.

1° Les verres solubles sont décomposés par l'eau en alcali libre et silice ; une partie de cette dernière, variable suivant le temps, la concentration et la température, est hydratée par l'alcali et reste dissoute ;

2° Les verres à base de potasse sont bien plus solubles que ceux à base de soude ; mais à mesure que la quantité de chaux augmente, la différence de solubilité entre les deux sortes de verres s'évanouit ;

3° Les alcalis sont retenus dans le verre par la chaux, aussi bien que par la silice ; les verres renferment de vrais silicates doubles alcalino-calciques ;

4° Parmi tous les verres, ceux à base de plomb

(cristal) sont les moins solubles dans l'eau chaude
(pure, bien entendu) ;

5° L'ordre de facilité d'attaque des différents verres
par l'eau chaude, n'est pas le même que par l'eau
froide.

IV. ACTION DES ACIDES SUR LE VERRE

Les silicates résistent d'autant moins à l'action
des acides qu'ils renferment une moins grande proportion de silice combinée. Ils sont toujours plus facilement attaquables à l'état pulvérisé qu'en gros
fragments.

Les acides faibles, comme l'*acide carbonique*, agissent lentement sur le verre en poudre ; ils attaquent
de la même façon les silicates alcalins ou alcalino-
terreux, mais n'ont pas d'action sur les silicates métalliques.

L'*acide azotique* déplace difficilement la silice de
ses combinaisons ; la décomposition n'est que partielle, à moins que la proportion d'oxydes combinés
avec la silice soit en excès.

L'*acide chlorhydrique* est plus énergique que le
précédent ; il attaque, partiellement ou complètement, la plupart des silicates simples qui ne contiennent pas trop de silice ; il ne décompose le verre
qu'à l'état pulvérisé.

L'*acide sulfurique* attaque à peu près tous les silicates simples qui renferment moins de 60 pour 100
de silice ; il agit même sur les silicates renfermant
une plus grande proportion de silice, quand ils ont
été porphyrisés. L'argile est rapidement décomposée
par l'acide sulfurique bouillant.

L'acide fluorhydrique décompose rapidement tous les silicates. Il n'y a pas seulement déplacement de la silice, comme par les autres acides, il y a combinaison entre ces deux corps, pour former du fluorure de silicium (Si Fl⁴), produit volatil ; ce fait explique l'action énergique de l'acide fluorhydrique sur le verre et son emploi pour la gravure (voir Gravure sur verre, chap. XXI).

V. ACTION DES ALCALIS SUR LE VERRE

Les dissolutions alcalines, même concentrées, ont peu d'action sur les vases en verre qui les renferment ; ce sont les verres les plus riches en silice qui sont le plus susceptibles d'être attaqués. Avec le verre réduit en poudre, la décomposition est naturellement facilitée par la multiplicité des points de contact, mais en somme l'action des liqueurs alcalines n'est pas plus énergique que celle de l'acide azotique peu concentré.

Les silicates simples sont presque tous attaqués partiellement par les lessives concentrées.

Quand on fait intervenir la chaleur, l'action des alcalis devient aussitôt énergique ; tous les silicates alcalino-terreux et métalliques sont entièrement décomposés, quand, après les avoir porphyrisés, on les chauffe au rouge avec trois parties de potasse ou de soude, ou quatre parties de carbonates alcalins. Selon la nature du silicate et la manière dont il est mis en présence du réactif, la décomposition est plus ou moins rapide ; le culot obtenu après refroidissement renferme de la silice, insoluble, des silicates alcalins, solubles, et les bases mises en liberté, généralement insolubles.

VI. ACTION DES BOISSONS SUR LE VERRE

L'action des acides se manifeste surtout, comme nous l'avons vu, sur les verres peu riches en silice ; aussi le verre à bouteilles, dans lequel entre une forte proportion de bases (soude, chaux, alumine, oxyde de fer), est-il très facilement attaqué par les acides.

Une bouteille ordinaire renfermant de l'acide sulfurique se revêt au bout d'un certain temps d'un dépôt concrétionné de sulfate de chaux ; l'oxyde de fer et l'alumine se dissolvent dans l'acide et la silice se dépose sous forme de gelée.

L'action du vin est analogue, quoique plus lente, à celle de l'acide sulfurique ; cette boisson contient souvent en effet des sels acides, comme le bitartrate de potasse, qui ont assez d'énergie pour décomposer le verre à bouteilles : du tartrate de chaux et de la silice se déposent ; l'alumine et l'oxyde de fer passent en dissolution ; le vin se trouble, se décolore et prend en même temps une saveur d'encre due aux sels de fer.

VII. ACTION DES AGENTS ATMOSPHÉRIQUES

Il a été reconnu depuis longtemps que certaines sortes de verres (surtout lorsqu'ils sont exposés à l'action de l'air humide), se ternissent et perdent de leur transparence ; la surface se recouvre d'une couche irisée, est sillonnée d'une grande quantité de petites fentes, et quelquefois même s'écaille.

Il n'en est pas de même de toutes les espèces de verres ; et l'on remarque, sous ce rapport, de gran-

des différences suivant les provenances de la matière.
Quelquefois, au bout de peu de temps déjà, on y
remarque un léger trouble qui ressemble à un dépôt
de poussière ; ou bien le verre devient humide dans
certaines parties. Il est évident que les verres qui
présentent ces caractères se détériorent de plus en
plus, tandis que ceux qui n'offrent pas ces premiers
symptômes se conservent souvent pendant longtemps
sans perdre leurs qualités.

Les mêmes altérations se remarquent sur le verre
qui a séjourné pendant quelques années dans la
terre humide. Le verre antique déterré est, en général, devenu opaque sur une grande épaisseur ;
souvent il a perdu sa cohésion et ne constitue plus
qu'un agrégat de lamelles opaques. D'après M. Colla-
don, le verre fraîchement déterré et qui a séjourné
pendant longtemps sous terre, est flexible ; mais, par
l'action de l'air, la flexibilité se perd en peu de
temps.

Ces altérations proviennent d'une décomposition
du verre, provoquée par l'action de l'air, de l'acide
carbonique et de l'eau ; le feldspath, l'augite, etc ,
se décomposent dans les mêmes circonstances ; les
corps solubles sont entraînés par l'eau, tandis que
les composés insolubles restent. Il en est de même
pour le verre ; par l'action de l'eau il perd des silicates alcalins qui se dissolvent ; le silicate de chaux
n'étant pas complètement insoluble, il ne reste, au
bout d'un certain temps, que de la silice. C'est ce
qui résulte des analyses de *MM. Griffith, Haussmann*
et *Bingley*. M. Haussmann a analysé un verre déterré et dont la moitié seulement était décomposée ;
la surface, devenue opaline, était entièrement

exempte d'alcalis ; la silice avait diminué, tandis que le calcium avait augmenté ; enfin, le verre altéré contenait 19,3 0/0 d'eau combinée.

Les différentes espèces de verre que l'on trouve dans le commerce ne résistent pas également à l'action de l'air humide ; elles sont comme les granits plus ou moins décomposables. Ces variations dépendent de la composition chimique des produits.

Ainsi, la quantité de silice varie de 45,6 à 71,7 0/0 ; les alcalis de 3,1 à 22,1 et la chaux de 9,2 à 29,2 pour cent ; il n'est donc pas surprenant que ces différentes espèces de verres ne présentent pas la même résistance aux agents atmosphériques.

Il n'est donc pas douteux que les verres décomposables contiennent une trop grande quantité d'alcalis, et que la chaux y est en quantité insuffisante pour former avec les silicates alcalins des silicates doubles qui constituent le verre résistant aux acides, tandis que les silicates simples de chaux, de plomb, etc., sont tous dissous par les acides. Les verres riches en alcalis sont plus fusibles et plus faciles à travailler, mais ces avantages ne sont obtenus qu'aux dépens de la qualité du produit achevé ; lorsque la chaux prédomine, le verre ne résiste pas non plus à l'action des acides ; c'est ce qui arrive lorsqu'on ajoute du basalte à la masse en fusion.

On peut considérer comme une preuve de la mauvaise qualité du verre la formation à sa surface d'un léger dépôt blanchâtre ou la nature déliquescente de la surface. Le dépôt blanc possède une réaction alcaline et contient de la soude, tandis que les surfaces humides sont chargées de potasse.

La quantité de ces corps est très petite ; mais il

est facile de reconnaître la potasse par l'examen du spectre. Du reste, on sait que le silicate de potasse est déliquescent, tandis que celui de soude se recouvre d'une matière pulvérulente.

Les verres qui se décomposent facilement ne peuvent pas servir à l'optique ; les lentilles ne tardent pas à se troubler. Pour reconnaître à l'avance les bons verres des mauvais, on s'est servi de différents moyens, dont le meilleur est le suivant.

On dispose sur les bords supérieurs d'un vase en verre contenant de l'acide chlorhydrique concentré les lames des différentes espèces de verres destinées à l'essai ; tout le système repose sur une plaque de verre bien plane ; elle doit être recouverte d'une cloche dont les bords sont rodés ; les lames de verre doivent être bien nettoyées avant d'être soumises à l'essai. Après vingt-quatre heures on les retire de la cloche et on les fait sécher pendant vingt-quatre heures dans un milieu fermé, à l'abri de la poussière et des vapeurs ammoniacales. Les lames séchées et vues par transparence sont ternies lorsque le verre est de mauvaise qualité, tandis que le verre indé-composable ne présente pas de changements.

Dans ce dernier cas, on observe la surface réfléchissante en y traçant une raie avec une pointe ; ce procédé est d'une très grande sensibilité, car il permet de distinguer des traces de décomposition qui seraient imperceptibles. Avec de très bons verres on ne remarque aucun dépôt.

On peut se servir de cette méthode d'essai pour les verres de couleur ; cependant, les verres très colorés et qui contiennent le corps colorant en quantités considérables s'attaquent tous assez facilement et ne peuvent pas être comparés aux verres incolores ; il en est de même du verre à l'acide borique de Faraday.

VIII. ANALYSE DES VERRES ET DES SILICATES

MÉTHODE INDUSTRIELLE

PAR MM. APPERT ET HENRIVAUX

On attaque 1 gramme de verre, préalablement porphyrisé, par cinq fois son poids de carbonate de soude, dans un creuset de platine qu'on porte progressivement au rouge vif.

On le maintient à cette température pendant une demi-heure, puis on laisse refroidir. La masse fondue est alors placée dans une capsule de porcelaine et mise en digestion dans 150 centimètres cubes d'eau distillée, puis on acidifie par l'acide chlorhydrique et on évapore à sec pour rendre la silice insoluble. On reprend ensuite par de l'eau additionnée d'acide chlorhydrique et on chauffe doucement pour favoriser la transformation de l'oxyde de fer en chlorure.

On recueille ensuite la silice sur un petit filtre sans plis, on la sèche, puis on en prend le poids après forte calcination.

Ce mélange est introduit dans un petit ballon et traité par de l'acide chlorhydrique additionné de quelques gouttes d'acide sulfurique.

Quand la dissolution est complète, on ramène le sel de fer au minimum au moyen de zinc pur ; puis, dans la liqueur refroidie, on dose le fer par le permanganate de potasse. De ce poids de fer on déduit la teneur en alumine.

La liqueur d'où on a séparé l'alumine et l'oxyde de fer est portée à l'ébullition et additionnée d'oxalate d'ammoniaque, qui précipite la chaux, qu'on filtre, calcine et pèse à l'état de chaux caustique. La magnésie est précipitée à l'état de phosphate ammoniaco-magnésien, au moyen du phosphate de soude. La calcination du phosphate de magnésie donne du pyrophosphate de magnesium contenant dans cent parties 36,036 de magnésie.

Analyse des verres plombeux

L'analyse des verres dans lesquels la chaux est remplacée partiellement ou en totalité par de l'oxyde de plomb s'effectue à peu près comme nous venons de l'indiquer.

Cependant, en raison de l'action énergique que le plomb exerce sur le platine, on se voit dans l'obligation de remplacer le creuset de platine par un creuset de porcelaine.

Le produit de l'attaque au carbonate de soude est dissous dans l'acide azotique, puis évaporé à sec. Dans la liqueur filtrée, après séparation de la silice, on dose le plomb à l'état de sulfate.

Dans les conditions de l'attaque, le dosage de la silice et de la chaux ne peut être exact ; les résultats peuvent être trop élevés de 1 0/0 environ.

S'il s'agit de faire ce dosage très exactement, on opère la désagrégation dans de petits creusets en fer doux, qui résistent parfaitement à l'action des alcalis carbonatés fondus.

Etant donnés les résultats de l'analyse d'un verre, il est très facile d'en retrouver la composition, c'est-à-dire le mélange des matières premières qui ont été employées pour sa fabrication.

Au poids d'alcalis donnés par l'analyse, on ajoute 1 à 2 0/0 afin de tenir compte de la perte qui se produit par volatilisation pendant la fusion du verre, et on calcule en carbonate ou en sulfate.

On ne tiendra pas compte de l'alumine ni de l'oxyde de fer, car le plus généralement ces substances proviennent des matières premières : sable, calcaire et sel de soude, et aussi de l'argile des creusets.

Dosage des alcalis. — Un gramme de verre finement broyé est mélangé intimement à 8 grammes de fluorhydrate d'ammoniaque, et le tout est desséché lentement jusqu'à départ complet des vapeurs de fluorhydrate.

On renouvelle ce traitement une deuxième fois pour être assuré d'une attaque complète.

On calcine alors doucement au rouge sombre et après refroidissement on ajoute quelques gouttes d'acide sulfurique concentré, qui décompose les fluorures et transforme toutes les bases en bisulfates.

On reprend ensuite par l'eau, et on ajoute, sans filtrer, 2 grammes d'hydrate de baryte en poudre. On porte à l'ébullition pendant une demi-heure, puis on filtre pour séparer le sulfate de baryte, ainsi que l'alumine et l'oxyde de fer qui ont été précipités grâce à l'excès de baryte.

La liqueur filtrée contient, outre les alcalis à doser, l'excès de baryte, la chaux et la magnésie. On y fait passer un courant d'acide carbonique, qui donne des carbonates de toutes ces bases ; on fait bouillir pendant dix minutes pour chasser l'excès d'acide carbonique, puis on filtre.

5.

La liqueur filtrée, qui ne contient plus que les chlorures alcalins, est évaporée à sec, puis on calcine au rouge sombre pour chasser le chlorhydrate d'ammoniaque.

Dans le mélange des chlorures alcalins pesés, on sépare la potasse par le bichlorure de platine et on dose généralement la soude par différence.

Dosage du sulfate de soude libre contenu dans le verre. — Dans tous les verres fabriqués au sulfate, on retrouve à l'état d'impureté une quantité plus ou moins considérable de sulfate de soude qui n'a pas été décomposé pendant la fusion.

Son dosage pourrait être exécuté sur la prise d'essai qui a servi au dosage de la silice, de l'alumine, etc., mais généralement il est préférable, afin d'avoir des résultats plus précis, d'opérer sur 5 grammes de verre, qu'on attaque par le carbonate de soude. Après avoir séparé la silice, on dose l'acide sulfurique en le précipitant par le chlorure de baryum.

PROCÉDÉ D'ANALYSE DES SILICATES AU MOYEN DE L'OXYDE DE PLOMB

PAR M. GASTON BONG

Les procédés ordinaires d'analyse des silicates ont l'inconvénient d'exiger des hautes températures, souvent difficiles à obtenir, ou de laisser indéterminées certaines matières importantes.

L'emploi de l'oxyde de plomb permet de supprimer ces deux inconvénients ; l'attaque se fait à très basse température et par suite peut se continuer aussi longtemps qu'il est nécessaire pour décomposer complètement le silicate ; cette attaque se fait généralement avec facilité ; on peut l'aider par une grande division de la matière à analyser et une augmentation de la quantité d'oxyde de plomb.

D'ordinaire, il convient de traiter la matière par trois fois son poids de minium, la pureté de ce minium ayant été vérifiée. L'attaque doit se faire dans un creuset de platine. Il est donc nécessaire de calciner d'abord le silicate s'il contient des matières charbonneuses ; de plus, il faut chauffer ce creuset dans une atmosphère oxydante.

On pourrait remplacer le minium par une certaine quantité de nitrate de plomb ; mais ce changement est inutile si on prend les précautions précédentes : l'attaque se fait sans aucun danger pour le platine.

La masse étant bien fondue dans le creuset, on la laisse refroidir, puis on y verse de l'acide nitrique, qui l'en détache facilement au bout de quelques minutes. On continue la dissolution dans une capsule de porcelaine et on y amène le tout à sec pour séparer la silice. Puis on reprend par l'acide nitrique sans en mettre un excès inutile ; on filtre pour éliminer la silice, et enfin, après avoir étendu par une forte addition d'eau, on précipite le plomb par l'hydrogène sulfuré, ou même par l'acide sulfurique, en prenant les précautions ordinaires. On retrouve alors généralement dans la liqueur après filtration, tous les éléments contenus dans le silicate, sauf la silice déjà déterminée. Il ne reste plus qu'à séparer ces divers éléments par les procédés ordinaires d'analyse, après s'être débarrassé de l'excès d'hydrogène sulfuré.

84 PROPRIÉTÉS CHIMIQUES DU VERRE

Ce mode d'analyse permet de déterminer très facilement et dans tous les laboratoires la quantité d'alcalis contenus dans un silicate. Il suffit de précipiter la dissolution du silicate par de l'ammoniaque après y avoir ajouté un sel de magnésie, ou de l'acide oxalique dans le cas de certains silicates riches en acide phosphorique ou en chaux. La liqueur restant après filtration ne contient plus généralement que les alcalis, mélangés de l'excès de sel magnésien qu'on sépare par les procédés connus.

Cette méthode s'applique également à l'analyse des aluminates.

DEUXIÈME PARTIE

Fabrication du Verre brut.

CHAPITRE IV

COMPOSITIONS VITRIFIABLES

SOMMAIRE. — I. Classification des verres. — II. Composition normale des verres à deux bases. — III. Composition normale des verres à bases multiples. — IV. Composition du verre à bouteilles. — V. Composition du verre à droguerie. — VI. Composition du verre à glaces. — VII. Composition du verre à gobeleterie ou verre blanc. — VIII. Composition du verre à vitres. — IX. Composition du verre de Bohème. — X. Composition du cristal. — XI. Composition du verre d'optique. — XII. Compositions diverses.

I. CLASSIFICATION DES VERRES

On peut classer le verre, ainsi que l'a fait *Benrath*, suivant le genre de travail qu'il est destiné à subir pour être amené à l'état où on le livre au commerce :

I. — Verre auquel on donne une forme pendant qu'il est encore à l'état fluide avant le refroidissement (*verre coulé* et *verre moulé*).

II. — Verre qui est travaillé après l'affinage et le refroidissement à l'aide de la canne et des pinces (*verre soufflé*).

III. — Verre dont le travail mécanique ne commence qu'après la solidification complète de la masse (*verre d'optique, pierres précieuses artificielles*).

IV. — Verre qui refroidi rapidement n'est pas soumis à un traitement destiné à lui donner une forme particulière (*verre soluble, smalt*).

D'autre part, si l'on prend en considération la composition chimique du verre, on peut distinguer :

1° Le verre à une seule base :

Soude ou potasse (*verre soluble*) ;

2° Le verre à deux bases :

Soude et chaux : verre de soude (*verre à vitres*).

Potasse et chaux : verre de potasse (*verre de Bohême, crown-glass*).

Potasse et plomb (*cristal, flint-glass, strass*) ;

3° Le verre à bases multiples :

Soude, chaux, alumine, fer (*verre à bouteilles*).

A ces différentes sortes de verres se rattachent les *émaux*, les *verres colorés*, etc., qui s'en distinguent par l'addition d'oxydes métalliques colorants.

Les Anglais ont divisé le verre en cinq espèces bien distinctes :

1° Le *bottle-glass* ou verre à bouteilles : verre vert grossier ;

2° Le *broad-glass* ou verre à vitres grossier ;

3° Le *crown-glass* ou verre à vitres de première qualité ;

4° Le *flint-glass* ou cristal ;

5° Le *plate-glass* ou verre à glaces.

II. COMPOSITION NORMALE DES VERRES
A DEUX BASES

Le *verre soluble* est une combinaison d'acide silicique et d'alcali, dans laquelle l'acide prédomine. Il diffère sensiblement de la combinaison préparée dans les laboratoires en fondant du sable blanc avec un excès de potasse ; le silicate de potasse ainsi obtenu, dont la solution est désignée sous le nom de *liqueur des cailloux*, est très basique. La composition du verre soluble est généralement :

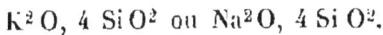

$$K^2O, 4 \, SiO^2 \text{ ou } Na^2O, 4 \, SiO^2.$$

Le verre proprement dit est un mélange de deux silicates au moins. *M. Dumas*, lors de ses recherches sur le verre, en 1830, crut, d'après plusieurs analyses, pouvoir lui attribuer la formule suivante :

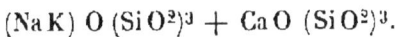

$$(NaK) \, O \, (SiO^2)^3 + CaO \, (SiO^2)^3.$$

Il dut bientôt reconnaître que le verre n'a pas une composition absolue, comme certains minéraux ; c'est un mélange indéterminé de silicates déterminés.

Cependant si le verre n'est pas une espèce chimique exactement déterminée, sa composition doit être comprise entre certaines formules, hors desquelles il ne présente plus les propriétés qu'on lui demande couramment.

Benrath a cherché à établir ces formules par l'analyse d'un grand nombre de verres de bonne qualité.

Il a établi que la composition des meilleurs verres

à base de soude et de chaux varie entre les limites suivantes :

$$(Na^2O)^6 (CaO)^6 (SiO^2)^{36} \quad et \quad (Na^2O)^5 (CaO)^7 (SiO^2)^{36}$$

La composition moyenne :

$$(Na^2O)^5 (CaO)^6 (SiO^2)^{33}$$

correspondrait à la composition ci-dessous :

$$
\left\{
\begin{array}{ll}
\text{Silice} \dots \dots \dots \dots \dots & 100 \\
\text{Soude} \dots \dots \dots \dots \dots & 15,65 \\
\text{Chaux} \dots \dots \dots \dots \dots & 16,97 \\
\end{array}
\right.
$$

$$\overline{132,62}$$

Pour les verres à base de potasse et de chaux, il admet les formules :

$$(K^2O)^6 (CaO)^6 (SiO^2)^{36} \quad et \quad (K^2O)^5 (CaO)^7 (SiO^2)^{36}$$

La composition moyenne :

$$(K^2O)^5 (CaO)^6 (SiO^2)^{33}.$$

correspond à :

$$
\left\{
\begin{array}{ll}
\text{Silice} \dots \dots \dots \dots \dots & 100 \\
\text{Potasse} \dots \dots \dots \dots \dots & 23,73 \\
\text{Chaux} \dots \dots \dots \dots \dots & 16,97 \\
\end{array}
\right.
$$

$$\overline{140,70}$$

Pour le cristal, il a trouvé également comme limites :

$$(K^2O)^6 (PbO)^6 (SiO^2)^{36} \quad et \quad (K^2O)^5 (PbO)^7 (SiO^2)^{36}$$

La moyenne :

$$(K^2O)^5 (PbO)^6 (SiO^2)^{33}$$

correspond à :

$$\left\{ \begin{array}{l} \text{Silice.} \dots \dots \dots \dots \quad 100 \\ \text{Potasse.} \dots \dots \dots \dots \quad 23,73 \\ \text{Oxyde de plomb.} \dots \dots \dots \quad 67,57 \\ \hline \qquad\qquad\qquad\qquad\quad 191,30 \end{array} \right.$$

D'une manière générale la composition normale serait :

$$RO . (SiO^2)^3$$

R pouvant être remplacé par Ca, Na², K², Pb, en quantités équivalentes. On verra, d'après les analyses données plus loin, que les bons verres du commerce sont d'une composition peu différente de celles qu'a indiquées Benrath.

Une intéressante série d'expériences faites par *Schott* a porté sur les mélanges suivants :

FORMULES DES MÉLANGES		COMPOSITION CENTÉSIMALE		
		Soude	Chaux	Silice
I....	$(Na^2O)^1 (CaO)^1 (SiO^2)^6$.	13,0	11,7	75,3
II...	$(Na^2O)^1 (CaO)^1 (SiO^2)^5$.	14,8	13,4	71,8
III...	$(Na^2O)^1 (CaO)^1 (SiO^2)^4$.	17,4	15,6	67,0
IV...	$(Na^2O)^1 (CaO)^1 (SiO^2)^3$.	20,8	18,8	60,4
V ...	$(Na^2O)^1 (CaO)^1 (SiO^2)^2$.	26,0	23,6	50,4
VI...	$(Na^2O)^2 (CaO)^1 (SiO^3)^5$.	26,0	11,6	62,4
VII..	$(Na^2O)^2 (CaO)^1 (SiO^2)^4$.	29,6	13,3	57,1
VIII .	$(Na^2O)^2 (CaO)^1 (SiO^2)^3$.	34,4	15,6	50,0

Résultats :

I.... — Difficilement fusible.

II ... — Très bon.

III .. — Légèrement dévitrifié.

IV... — Dévitrifié en majeure partie.

V ... — Complètement dévitrifié.

VI... — Bon, mais peu résistant.

VII.. — Bon, mais peu résistant.

VIII. — A moitié dévitrifié.

Schott ne songe pas à établir une formule unique pour tous les verres ; il admet que le verre de la formule II est un excellent verre à vitres, mais il pense que le verre à glaces doit contenir plus de silice et moins de chaux, tandis que le verre creux doit renfermer plus de chaux.

III. COMPOSITION NORMALE DES VERRES A BASES MULTIPLES

Les verres ne contenant que deux silicates sont rares dans le commerce. Malgré les soins apportés dans le choix des matières premières, des quantités plus ou moins grandes d'alumine, d'oxyde de fer, de magnésie, etc., entrent dans les compositions vitrifiables. La multiplicité des bases est du reste le plus souvent voulue ; nous avons vu que c'était un moyen d'augmenter la fusibilité du mélange. Il en résulte aussi une économie dans le prix des matières et dans les frais de fusion, quelquefois une plus grande facilité dans le travail du verre et certaines modifications dans ses propriétés physiques.

Il nous semble utile de résumer les influences caractéristiques des principales substances qui entrent dans la composition du verre, sur les propriétés de ce produit.

INFLUENCE DES ACIDES ET DES BASES SUR LES PROPRIÉTÉS DU VERRE

Acide silicique. — La silice augmente la dureté du verre, son éclat, sa résistance aux agents chimiques. Elle diminue la fusibilité.

Chaux. — Elle donne plus de dureté et plus de résistance aux agents chimiques que les alcalis et l'oxyde de plomb. Lorsqu'elle est en excès, elle entraîne une tendance à la dévitrification.

Soude. — Elle donne de la fusibilité. Elle a la propriété de communiquer au verre une teinte verte.

Potasse. — Elle donne de la fusibilité. Employée en excès, elle a l'inconvénient de rendre le verre hygroscopique.

Alumine. — Elle diminue relativement la fusibilité et augmente la dureté du verre. Elle augmente en même temps sa résistance, sa plasticité et facilite le soufflage. Elle présente l'inconvénient de favoriser beaucoup la dévitrification.

Oxyde de plomb. — Il augmente la fusibilité et diminue la dureté ; d'autre part il augmente la densité, l'éclat et le pouvoir réfringent du verre.

Magnésie. — Elle diminue la fusibilité, moins que l'alumine, mais plus que la chaux.

Acide borique. — Il augmente la fusibilité, donne

de l'éclat au verre et empêche la dévitrification. Son prix élevé limite malheureusement son emploi.

Acide phosphorique. — Le verre préparé avec le phosphate acide de chaux a la propriété de ne pas être attaqué par l'acide fluorhydrique (1).

Calcin. — Les débris de verre ajoutés à la composition facilitent la fusion. L'excès de calcin nuit à l'homogénéité du verre, à sa teinte et à sa résistance (à la recuisson).

De même que pour les verres à deux bases, il existe pour les verres ordinaires plus complexes, des limites, dans les proportions de matières premières, que le verrier ne saurait dépasser sans risquer d'obtenir des mélanges trop peu fusibles ou inserviables.

R. Weber (1879) donne les compositions suivantes comme donnant du verre de bonne qualité :

---

(1) Ce produit, préparé par M. Sidot, n'est pas à proprement parler un verre, puisqu'il ne contient pas de silice, mais il présente le même aspect et les mêmes propriétés optiques.

	Silice	Chaux	Soude	Potasse	Oxyde de plomb	Alumine	Magnésie
VERRE DE SOUDE	100	22,96	15,12	»	»	2,38	0,28
	100	22,02	15,17	»	»	4,20	0,21
	100	19,04	18,62	»	»	1,18	0,22
	100	16,08	17,81	»	»	0,99	0,96
	100	17,48	18,14	»	»	1,45	0,35
	100	20,97	15,10	»	»	1,31	0,34
	100	22,82	16,72	»	»	1,43	1,13
VERRE DE POTASSE	100	7,46	»	23,98	0,45	1,64	0,19
	100	9,74	6,39	15,05	»	1,33	0,13
	100	16,00	13,98	7,87	»	1,96	»
	100	10,64	11,76	8,48	»	2,82	0,04
	100	17,34	2,86	21,49	»	1,46	0,46
CRISTAL	100	0,32	1,30	13,69	68,85	2,08	»
	100	1,08	0,56	16,96	64,74	1,87	»
	100	1,47	0,15	19,80	67,31	1,83	»
	100	0,79	»	15,03	104,00	1,81	»
Poids atomiques	$SiO^2 = 60$	$CaO = 56$	$Na^2O = 62$	$K^2O = 94$	$PbO = 223$	$Al^2O^3 = 598$	$MgO = 40$

Les meilleurs verres, tels que ceux des fabriques de Saint-Gobain et de Birmingham, sont remarquables par leur *forte teneur en chaux*. Ils doivent à cette substance une grande résistance aux agents chimiques et atmosphériques, de la dureté et de l'élasticité.

La proportion de 5 à 6 pour 100, que l'on regarde comme un maximum dans beaucoup de verreries, peut et doit être largement dépassée si l'on veut obtenir des produits de bonne qualité.

Benrath a déterminé les maxima de silice et de chaux qui peuvent entrer dans un bon verre, et il a adopté la formule suivante comme type du *verre normal* :

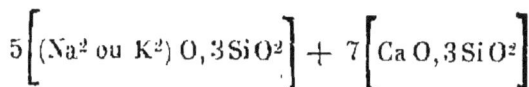

$$5\left[(Na^2\ ou\ K^2)\,O,3\,Si\,O^2\right] + 7\left[Ca\,O,3\,Si\,O^2\right]$$

C'est ce composé, formé de 5 molécules de trisilicate alcalin et de 7 molécules de trisilicate de chaux, qui serait la base des améliorations à apporter dans la fabrication de tous les verres.

Si l'on rapporte la composition à 100 de silice, la formule de *Benrath* devient :

$$
\begin{array}{lr}
\text{Silice} \dots\dots\dots\dots\dots\dots & 100 \\
\text{Chaux} \dots\dots\dots\dots\dots\dots & 18,15 \\
\text{Soude} \dots\dots\dots\dots\dots\dots & 14,35 \\
\text{ou} & \\
\text{Potasse} \dots\dots\dots\dots\dots\dots & 21,75 \\
\end{array}
$$

La composition centésimale serait la suivante :

VERRE DE SOUDE	VERRE DE POTASSE
Silice 75,47	Silice 71,48
Chaux 13,70	Chaux 12,97
Soude. . , . . . 10,83	Potasse 15,55
———	———
100,00	100,00

Le verre normal ainsi défini contient sans doute trop de silice et de chaux pour être très fusible, mais la quantité de fondant à y ajouter doit être aussi faible que possible.

Il est certain que si le verrier recherche l'économie de combustible plutôt que la qualité, il a intérêt à remplacer une partie de la chaux par des alcalis ; le verre fond alors plus aisément, mais en revanche il se laisse facilement attaquer par les agents de décomposition.

Les fours actuels, par la haute température qu'ils peuvent fournir assez économiquement, permettent aux producteurs de sacrifier une partie de la fusibilité pour améliorer la qualité du verre. On ne saurait donc trop recommander aux verriers qui persistent aux compositions léguées par leurs devanciers, de se rapprocher des verres de Bohême, de Venise et d'Allemagne, qui sont en général plus durs que ceux de France et d'Angleterre, et ont une composition très voisine de celle du verre normal.

Si l'on descend au-dessous des proportions de chaux et de silice indiquées par *Benrath*, le verre devient mou et fusible. D'autre part, si l'on emploie en excès l'une ou l'autre de ces matières, la dévitrification devient difficile à empêcher.

Les limites entre lesquelles peuvent varier les proportions sont fournies par l'analyse d'un grand nombre de bons verres. On admet qu'elles sont comprises entre 87 et 95 de verre normal pour 100.

Voici comment on établit la teneur en verre normal, d'après l'analyse d'un verre déterminé :

On ajoute l'alumine à l'oxyde de fer et l'on cherche la quantité de silice que ces bases retiennent. On détermine ensuite la quantité de soude et de chaux combinées à la silice restante, à l'état de trisilicates. La soude et la chaux en excès sont considérées comme à l'état libre. En séparant les silicates alcalins et le silicate de chaux dans les proportions de 5 molécules à 7 molécules, on obtient les éléments du verre normal. L'excès de l'un ou l'autre silicate est regardé comme libre.

IV. COMPOSITION DU VERRE A BOUTEILLES

On emploie sans inconvénient, dans la fabrication des bouteilles, des matières impures facilitant la fusion par la multiplicité des bases, car la coloration plus ou moins foncée du verre a peu d'importance (1). Le fabricant doit surtout rechercher la résistance aux agents chimiques, la résistance aux chocs et à la pression intérieure, et enfin l'économie.

Une trop grande différence dans la teneur en alcali, en alumine, en chaux, etc., rendent les bouteilles impropres à la conservation des liquides.

(1) Quand on ajoute du bioxyde de manganèse à la composition, le verre à bouteilles, au lieu d'être vert, devient jaune brun, comme celui des bouteilles employées sur les bords du Rhin.

C'est pourquoi les matières impures que l'on emploie dans la fabrication du verre à bouteilles doivent être analysées avant d'être introduites dans les compositions.

Les proportions des éléments varient assez peu dans le verre des bouteilles réputées les meilleures.

Voici les résultats de quelques analyses :

(Voir le Tableau, page 98.)

COMPOSITIONS VITRIFIABLES

	SiO²	Na²O	K²O	CaO	BaO	MgO	Fe²O³	Al²O³	MnO
VERRES DE BONNE QUALITÉ									
Bouteilles à vin de Souvigny...	60,0	3,1	—	22,3	—	—	4.0	8.0	1,2
— — de St-Etienne..	60,4	3,2	—	20,7	0.9	0,6	3,8	10,4	—
— — d'Epinac......	59,6	3,2	—	18,0	—	7,0	4,4	6,8	0,4
— — de Follembray.	61,35	2,8	2.01	24,66	—	—	5,51	3,67	—
— — de Montplaisir.	66.04	2,83	2,82	22,88	—	—	2,78	2,65	—
Bouteilles à champagne	58,4	9,9	1,8	18,6	—	—	8,9	2,1	—
— anglaises..........	59,0	10,00	1,7	19,90	—	0,50	7,0	1,2	—
— de Siemens, à Dresde	63,91	7.05	—	14,52	—	—	13,97		
VERRES DE MAUVAISE QUALITÉ									SO³
Bouteille attaquée par le vin..	52,4	—	4,4	32,1	—	—	6,0	5,1	—
Verre attaqué par l'eau..	70,12	13.01	0.42	14,94	—	0,38	0.39	0,37	—
— de niveau d'eau, mauvais	69,55	13,61	0,41	15,09	—	0,42	0,33	0,42	—
— — — rongé.	72,63	14.86	—	9,92	—	—	2,07		—
— à vitres, tacheté......	66,47	5.61	18,79	5,60	—	—	3,10		—
— — terne	69,37	21,11	—	7,54	—	—	1,55		0,40
— à glaces, opalescent....	73,70	17,18	—	6,53	—	—	1,89		0,70
— opaque	73,64	16,54	—	7,85	—	—	1.59		0,38

A Rive-de-Gier et dans le bassin de la Loire, on emploie généralement le mélange suivant :

Sable du Rhône (1)	100
Sulfate de soude	8
Chaux éteinte	24

A Lyon on emploie le mélange :

Sable du Rhône	100
Sulfate de soude	8
Carbonate de chaux	10
Charbon en poudre	6

En Belgique, à Charleroi, *M. Houtart-Roullier* faisait usage, il y a quelques années, du mélange :

Sable du pays	100
Cendres de tourbe	200
Sulfate de soude	150
Calcaire	50
Débris de bouteilles (calcin)	500

Les scories des hauts-fourneaux, moyennant une certaine addition de fondants, sont utilisées par certains fabricants.

Le dosage des mélanges est très variable, car la composition des scories est loin d'être constante.

Au lieu d'employer les scories broyées et froides, comme on le faisait ordinairement jusqu'à ces dernières années, la société anglaise de Britten les fait entrer dans le four de verrerie à leur sortie même du haut-fourneau ; on réalise ainsi une assez grande économie de chaleur.

(1) Le sable du Rhône est ferrugineux et contient 20 0/0 de calcaire.

Le verre à bouteilles a été fait quelquefois à l'aide de laves, de basalte, ou de trachyte additionné de sable et de chaux. On a employé par exemple le mélange suivant :

Trachyte 10
Sable 6
Pierre calcaire 7

V. COMPOSITION DU VERRE A DROGUERIE

La composition de ce verre est peu différente de celle du verre à bouteilles. Quoique moins impures, les matières premières peuvent contenir encore une certaine proportion de fer.

Le verre à droguerie possède une teinte légèrement verdâtre ; il est moins-fusible que le verre à bouteilles. On en fait des conserves pour les liquides, des tubes, des cornues, des ballons et autres vases de laboratoire, des fioles à médecine, etc.

On se plaint souvent dans les laboratoires de la médiocre résistance des tubes en verre de provenance française ; leur recuit est généralement défectueux. On donne alors la préférence aux verres allemands qui sont moins fusibles et d'un recuit plus facile. Cette différence de propriétés provient de ce que les verres allemands sont à base de potasse, tandis que les nôtres sont généralement à base de soude.

VI. COMPOSITION DU VERRE A GLACES

Le verre employé pour les glaces coulées est un verre de soude et de chaux exempt de plomb et préparé avec des matières très pures.

La soude est employée soit à l'état de sulfate, soit à l'état de carbonate. Dans le premier cas on ajoute au mélange une quantité suffisante de charbon pour réduire le sulfate.

Peligot donne le mélange suivant comme une moyenne des proportions ordinairement employées :

Sable	100
Sulfate de soude.	37
Pierre calcaire.	37
Charbon	2,2 à 2,7
Groisil (calcin, débris de glaces). .	110
Acide arsénieux	quantité suffisante
Oxyde de manganèse.	— —

Le sable employé à la fabrication des glaces doit être soigneusement choisi : s'il contient du fer, il colore le verre ; s'il est mélangé de grès, sa fusibilité est diminuée. Quand son grain est régulier et petit, la fusion est plus rapide et plus complète que lorsque le sable est grossier ; une certaine économie d'alcali peut par suite être réalisée par l'emploi des sables fins. Les plus recherchés sont ceux de Fontainebleau, de Nemours et de Champagne.

Si les conditions économiques ne s'y opposaient, l'emploi de la potasse serait plus avantageux que celui de la soude ; le verre de potasse et de chaux est en effet moins coloré et possède un plus bel éclat, mais son prix de revient serait pratiquement trop élevé.

C'est pour une raison analogue que l'usage du carbonate de soude est assez restreint. Le sulfate de soude, moins coûteux, est presque exclusivement employé dans la fabrication des glaces. Il faut ce-

6.

pendant remarquer une progression ascendante dans la consommation du carbonate de soude en verrerie depuis la mise en pratique du procédé dit « à l'ammoniaque ».

La proportion de sulfate de soude par rapport aux autres éléments doit dépendre à la fois de sa pureté et de la température du four de fusion. On fait entrer généralement ce sel en quantité égale à celle du calcaire dans la composition ; mais il est évident que la richesse de ce dernier doit entrer en considération. Un excès de sulfate de soude vaut mieux que trop peu, car dans ce dernier cas le verre n'aurait pas assez de fluidité pour que le travail de l'affinage se fasse complètement.

La pierre calcaire provient du Nord de la France, de Belgique et d'Allemagne. On la tire du terrain carbonifère et elle présente un aspect gris dû à des matières bitumineuses qui disparaissent à la calcination et qui ne nuisent pas à sa pureté.

Pour déterminer la proportion de chaux qui entrera dans le mélange, le verrier doit être limité par les deux considérations suivantes :

1° Un verre trop calcaire a tendance à se dévitrifier. Il devient « galeux » au moment où on commence à le refroidir avant la coulée.

2° Un verre pauvre en chaux manque d'éclat, de solidité et ne résiste pas à l'action des intempéries.

Les matières doivent être assez pures pour que l'on puisse se passer de décolorants. Si l'on était cependant obligé d'y recourir, il vaudrait mieux faire usage d'oxyde de zinc que de peroxyde de manganèse, celui-ci développant une teinte violette lorsque le verre a été quelque temps exposé au soleil.

VII. COMPOSITION DU VERRE A GOBELETERIE OU VERRE BLANC

Le verre blanc diffère du verre à bouteilles par la pureté des matières premières et par les soins apportés dans la fabrication pour éviter toutes causes de coloration.

On remplace souvent dans la composition une partie de la soude, qui donne une teinte verdâtre au verre, par de la potasse.

Le sable est débarrassé autant que possible du fer qu'il contient ; le calcin et le calcaire doivent être choisis avec soin.

On diminue encore la coloration par l'addition de sels décolorants.

Le carbonate de soude ordinaire tend à être remplacé aujourd'hui par le carbonate de soude plus pur obtenu par le procédé « à l'ammoniaque », de Solvay.

Voici quelques compositions qui pourront guider le verrier :

Sable	100
Carbonate de soude pur	24
Carbonate de potasse	8,3
Chaux	26,6
Calcaire	66,6
Nitrate de soude	1,7
Peroxyde de manganèse	0,5
Oxyde de cobalt	0,006

Autres compositions :

	I	II
Sable	100	100
Carbonate de soude (Solvay)	33,3	25
Carbonate de potasse	»	8,3
Calcaire	27,7	25
Calcin	116,6	50

Le verre numéro II est plus blanc que le précédent ; il est désigné sous le nom de demi-cristal.

Verre à gobeleterie de provenance américaine

Sable	100
Carbonate de soude	36,7
Chaux	13,3
Nitrate de soude	8
Arsenic	0,5
Manganèse	0,15

VIII. COMPOSITION DU VERRE A VITRES

Pour fabriquer les vitres, de même que pour les bouteilles, un verre incolore n'est pas indispensable ; aussi se sert-on de matières premières de second choix. La coloration apportée par les impuretés est d'autant moins sensible que le verre à vitres est plus mince.

Comme fondant on emploie généralement le sulfate de soude, le carbonate de soude et quelquefois les sels de potasse, sous forme de cendres de bois ou de tourbe.

Les compositions suivantes sont employées dans les verreries du nord de la France et de Belgique :

Sable	100	100
Sulfate de soude	35 à 40	42
Carbonate calcaire	25 à 35	31
Charbon en poudre	1,5 à 2	2
Peroxyde de manganèse	0,5	»
Arsenic	0,5 à 1	»
Débris de verre	quantité variable	100 à 200

Autre composition :

Sable	100
Sulfate (à 96 %)	38
Soude ($CO^3 Na^2$, 80 % ; $SO^4 Na^2$, 20 %)	5
Spath calcaire	36
Coke	2

IX. COMPOSITION DU VERRE DE BOHÊME

Le verre fin de Bohême, auquel on donne improprement le nom de cristal, est formé de :

Quartz 100
Carbonate de potasse. 30
Calcaire. 15

Verre blanc de Bohême, fabriqué chez *M. Neveu Meyr*, d'Adolf :

Sable 100
Potasse raffinée 120
Chaux. 60
Minium 20

X. COMPOSITION DU CRISTAL

Les matières destinées à la fabrication du cristal doivent être dans un grand état de pureté. Le sable doit être exempt non seulement de fer, qui donnerait une coloration brune ou verdâtre, mais aussi de matières organiques, qui par réduction de l'oxyde de plomb, communiqueraient au cristal une coloration foncée.

Les fabricants recherchent les sables de Fontainebleau, de Nemours, d'Étampes, etc. ; quelques-uns emploient les grès de Fontainebleau, qui sont de mauvaise qualité pour le pavage des rues, mais d'un emploi avantageux en verrerie, parce qu'ils contiennent peu d'oxyde de fer.

Les alcalis employés sont exclusivement les sels de potasse carbonatés. Tous les essais tentés pour l'utilisation des sels de soude ont donné des produits colorés en vert.

Avant d'entrer dans la composition, le carbonate de potasse doit être raffiné et débarrassé des sulfates et des chlorures qu'il contient à l'état brut (voir chapitre IV).

L'oxyde de plomb doit également être d'une grande pureté ; les traces de cuivre et de fer qu'il pourrait contenir coloreraient inévitablement le cristal. On doit préférer pour cette raison le minium à la litharge du commerce. Le minium est encore préférable à celle-ci, parce qu'il est exempt de plomb métallique, qui nuit à l'affinage, et parce qu'il contient un excès d'oxygène assurant la combustion des matières organiques.

Dans le but de rendre le verre plus fusible, on peut ajouter un peu de salpêtre à la composition, mais il faut observer que son emploi doit être très limité, car ce sel ronge les creusets.

Nous citerons quelques-uns des dosages les plus employés.

Dumas recommande le mélange suivant :

Sable. 3
Minium. 2
Carbonate de potassium sec. 1

Dans les verreries d'Edimbourg et de Leith, on prépare le cristal avec :

Sable. 3
Minium. 1,5
Litharge. 0,5
Carbonate de potassium 1
Peroxyde de manganèse . . . quantité suffisante
Acide arsénieux . . . . — . —

Autre composition :

Sable.	100
Minium.	67
Potasse pure	30
Azotate de potasse.	3 à 4
Peroxyde de manganèse	0,025
Débris de cristal.	160

D'après *Benrath*, le dosage devrait être fait de manière que le cristal ait la composition exprimée par la formule :

$$(K^2O)^5 (PbO)^7 (SiO^2)^{36}$$

On a essayé en Allemagne une composition dans laquelle entre un peu de chaux, destinée à diminuer le prix de revient du cristal :

Sable.	100
Minium.	37
Chaux.	5
Potasse.	25

En Angleterre, on prépare le cristal avec moins de plomb et un peu plus de potasse qu'en France. Les matières premières que l'on emploie dans ce pays sont généralement très pures, et les produits que l'on en tire sont blancs et d'un bel éclat.

Les Américains, qui se procurent la potasse raffinée et le minium en Angleterre, fabriquent également des cristaux de bonne apparence. Ils font généralement trois qualités, à l'aide des compositions suivantes, par exemple :

	1re Qualité	2e Qual.	3e Qual.
Sable	300	300	300
Minium	200	150	50
Carbonate de potasse.	125	125	25
Carbonate de soude	»	90	90
Nitrate de soude.	25	30	»
Borax.	30	»	»
Peroxyde de manganèse	0,3	0,45 à 0,6	»

Le borax, que nous voyons entrer dans la première des compositions ci-dessus, est d'un emploi assez récent. *MM. Maës* et *Clémandot* ont montré que ce fondant permettait de modifier profondément la nature du cristal.

XI. COMPOSITION DES VERRES D'OPTIQUE

On distingue deux sortes de verre d'optique.

Le *flint-glass* est une sorte de cristal très chargé de plomb, d'une densité élevée et d'un grand pouvoir réfringent.

Le *crown-glass* contient peu ou point de plomb. Sa composition se rapproche du verre à glaces; il doit être aussi blanc que possible; son pouvoir réfringent et son pouvoir dispersif sont bien plus faibles que ceux du flint. La glace de Saint-Gobain de premier choix est souvent employée par les opticiens au lieu de crown.

La principale difficulté dans la préparation du flint consiste à éviter les stries dans la masse vitreuse. Ces stries sont dues surtout à la différence de densité des éléments : potasse, silice et plomb ; nous verrons plus loin comment on obvie à cette difficulté, mais nous devons faire remarquer ici que la formation des stries est augmentée par la présence des substances étrangères que le flint, très fusible, dissout avec facilité. Il faut donc veiller avec soin au choix des matières premières et des creusets.

Guinand faisait usage de la composition suivante pour le flint-glass :

```
Quartz. . . . . . . . . . . . . .   100
Minium. . . . . . . . . : . . .   100
Carbonate de potasse . . . . . .    35
Salpêtre. . . . : . . . . . . .    2 à 4
```

Bontemps employait les proportions ci-dessous :

Flint-glass

```
Quartz. . . . . . . . . . . .  100    100
Minium . . . . . . . . . . .  106    100
Carbonate de potasse . . . . .  43     23
Nitrate de potasse. . . . . . .  0,8    0,8
```

Crown-glass

```
Quartz . . . . . . . . . . . . .  100
Carbonate de soude . . . . . . .   42
Carbonate de chaux . . . . . . .   23
Arsenic . . . . . . . . . . . .    1,5
```

Ch. Feil a donné les compositions suivantes.

1° Objectifs de longue-vue :

Flint-glass

```
Sable . . . . . . . . . . . . . .  100
Minium . . . . . . . . . . . . .  105
Carbonate de potasse. . . . . . .  14
Nitrate de potasse . . . . . . . .   6
Bioxyde de manganèse . . . . . .   0,1
```

Crown-glass

```
Sable . . . . . . . . . . . . . .  100
Carbonate de potasse. . . . . . .  35
Carbonate de soude . . . . . . .   10
Carbonate de chaux . . . . . . .   15
```

2° Objectifs photographiques :

Flint-glass

Sable.	100
Minium.	70
Carbonate de potasse	18
Nitrate de potasse	5
Acide borique	6
Bioxyde de manganèse.	0,120

Crown-glass

Sable.	100
Carbonate de potasse	31
Carbonate de soude	10
Carbonate de chaux	15
Minium.	5

Faraday a obtenu un flint-glass, connu sous le nom de « verre lourd de Faraday », en fondant ensemble les substances suivantes :

Silicate de plomb.	24
Azotate de plomb	154
Acide borique.	42

Ce verre est facilement fusible et jouit de propriétés optiques remarquables. Il a l'inconvénient de s'altérer à l'air au bout de peu de temps.

Lamy a cherché à préparer du flint-glass à base de thallium. En remplaçant la potasse, en totalité ou en partie, par du carbonate de thallium, il est parvenu à obtenir des verres de bonne qualité pour l'optique :

Flint-glass

Sable.	100
Minium.	66
Carbonate de thallium	112

Crown-glass

Sable. 100
Carbonate de thallium 133
Carbonate de potasse. 33

Cl. Winkler a montré que le bismuth pouvait avec succès remplacer le plomb dans le flint-glass.

MM. Chance, de Birmingham, préparent cinq sortes de verres d'optique avec les compositions suivantes :

Crown-glass tendre, pour photographie

Sable. 100
Minium 9,46
Carbonate de potasse. 45
Chaux 9,46
Salpêtre. 1,89

Crown-glass dur, pour télescopes

Sable. 100
Carbonate de potasse. 42,66
Chaux. 21,66
Salpêtre. 2,00
Arsenic. 0,75

Flint léger, pour photographie

Sable 100
Minium 67
Carbonate de potasse. 30
Chaux. 0,41
Salpêtre. 3,33

Flint lourd, pour télescopes

Sable 100
Minium. 105
Carbonate de potasse. 26,66
Salpêtre. 4,8
Chaux. 0,17

Flint extra-lourd, pour microscopes

Sable. 100
Minium. 128
Carbonate de potasse. 25
Salpêtre. 2

XII. COMPOSITIONS DIVERSES

1° VERRE A BASE D'ALUMINE ET DE CHAUX

En 1867, *Pelouze* avait fait quelques essais infructueux pour préparer un verre de chaux et d'argile.

Korschelt parait avoir obtenu de bons résultats en employant le spath calcaire et la terre à porcelaine de Meissen (1).

Le spath calcaire doit être exempt de fer; il peut être remplacé par de la chaux cuite, et partiellement par de la magnésie ou de la baryte. Le mélange est toujours fait de manière que la composition vitrifiable renferme :

Silice. . . . . 55 à 67 0/0
Alumine. . . . . 10 à 18 0/0
Chaux. . . . . 25 à 15 0/0

Pelouze a lu un mémoire offrant un double intérêt au point de vue de la science pure et comme application. Ce savant chimiste a cherché à introduire dans le verre une quantité de silice beaucoup plus considérable que celle généralement employée;

(1) La terre de Meissen se compose de :
Silice 77
Alumine. 18
Eau 5
—————
100

il a constaté, en effet, qu'on pouvait élever cette proportion de plus d'un tiers. Mais le verre, ainsi chargé de silice, se change avec une extrême facilité en une matière opaque ayant l'aspect du biscuit de porcelaine (porcelaine de Réaumur).

Au contraire, les verres à l'alumine proposés par Pelouze peuvent rester exposés pendant des journées entières, sans se dévitrifier, à l'action d'une chaleur rouge, et leur recuit est, par conséquent, très facile.

L'auteur a aussi fabriqué du verre dans lequel il a remplacé la chaux par la magnésie. Ce verre s'affine bien ; il est blanc et inaltérable à l'air, mais il se défait avec autant de facilité que le verre très siliceux, et pour l'avoir transparent, il faut le retirer du four pendant l'affinage même, c'est-à-dire pendant qu'il est très fluide et très chaud. On le recuit ensuite le moins possible.

Il résulte de là que les verriers doivent exclure de leur fabrication les calcaires magnésiens, puisque ceux-ci fournissent des verres qui s'opalisent beaucoup plus facilement que les verres ordinaires à base de chaux.

2° VERRE A BASE DE GRANIT

Chaptal avait proposé il y a bien longtemps de fabriquer des bouteilles avec les roches siliceuses, les laves, etc. ; mais les dosages qu'il a indiqués n'ont pas donné de résultats satisfaisants.

F. Siemens a fait quelques tentatives heureuses pour combiner le granit et le spath pesant. L'emploi de cette dernière substance a dû être bientôt rejeté, pour des raisons économiques.

Benrath a repris ces expériences, à Dorpat, pour

déterminer les proportions les plus convenables de fondants qu'il fallait employer.

Le granit dont il s'est servi dans ses expériences est relativement riche en alcalis; il provient de la Finlande et porte en russe le nom de Rapakiwi (1). Ce granit, pulvérisé après avoir été chauffé et étonné dans l'eau froide, a été mélangé, dans les deux proportions suivantes, avec du calcaire (contenant 55,9 de chaux pour 100) et avec de la soude (à 90 0/0 de carbonate de soude).

	I	II
Rapakiwi	100	100
Pierre calcaire	30	30
Soude	15	10

Le verre I, obtenu après 6 heures de fusion, était plus dur que le verre vert ou verre à bouteilles, translucide, et d'un vif éclat. Le deuxième verre était plus difficilement fusible et avait tendance à se dévitrifier.

Benrath conseille de se tenir entre les limites indiquées par les compositions ci-dessus.

3° VERRE A BASE DE MAGNÉSIE

Pelouze a essayé de remplacer dans le verre la chaux par une série d'autres éléments, la magnésie en particulier. Il a essayé les mélanges suivants :

(1) La composition du Rapakiwi est, d'après Benrath :

Silice	74,24
Alumine	12,13
Oxyde de fer	2,88
Chaux	0,90
Magnésie	0,19
Potasse	6,68
Soude	2,50
Eau	0,04
	99,56

	I	II
Sable	100	100
Carbonate de soude	40	40
Magnésie	20	20
Carbonate de chaux	»	24

Ces verres fondent très facilement, mais se dévitrifient aussi avec une grande facilité, le second surtout (Voir page 113).

4° VERRE A BASE DE BARYTE

Benrath, directeur de la verrerie de Dorpat, a entrepris une série d'expériences sur la fabrication d'un verre alcalino-barytique qui ont démontré que ce verre possède un poids spécifique élevé, un éclat très vif et se rapproche sous plusieurs rapports du verre alcalino-plombeux ou cristal.

Benrath a continué ses expériences et a tenté de fabriquer un produit analogue au demi-cristal qui est un silicate de soude, de chaux et de plomb, en combinant la soude, la chaux et la baryte à l'état de silicates. Parmi les diverses combinaisons, celle qui a le mieux réussi a été la suivante :

Sable	100,0
Pierre calcaire brute	18,5
Spath pesant	43,0
Sel de Glauber	22,5
Charbon de bois	4,5

Ce verre coulé en table a été homogène, bien fondu et d'un bel et vif éclat ; son poids spécifique était 2,763.

Son analyse, déduction faite de l'argile et du sel de Glauber, a donné :

Silice. 66,3
Chaux. 5,7
Baryte 18,3
Soude. 9,7
———
100,0

Les autres combinaisons ont été difficiles à mettre en fusion et ont une disposition à se dévitrifier.

En remplaçant partiellement les alcalis par la baryte, on a pu obtenir des verres de bonne qualité. Deux échantillons de cette nature ont donné à l'analyse :

	I	II
Silice	100	100
Soude.	14,38	26,51
Chaux.	8,11	4,48
Oxyde de plomb.	»	1,33
Baryte	26,37	8,03
Alumine, fer.	3,94	0,90
Acide sulfurique (SO_3). .	0,69	0,40

Le premier verre correspond à peu près à la formule :

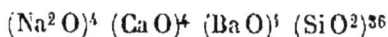

$$(Na^2 O)^4 (CaO)^4 (BaO)^4 (SiO^2)^{36}$$

Le verre II est un bon verre de provenance anglaise.

Benrath cite encore un verre de plomb et de baryte, une sorte de cristal, fabriqué à Maëstricht, en employant la withérite. Ce verre, de bonne qualité, correspond à la formule :

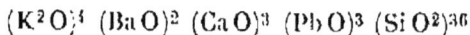

$$(K^2 O)^4 (BaO)^2 (CaO)^3 (PbO)^3 (SiO^2)^{36}$$

Il est étonnant que, avec les moyens de fabrication que l'industrie possède actuellement, ces produits ne soient pas devenus d'un usage plus courant.

5° VERRE A BASE DE KRYOLITE

Le verre de kryolite, la soi-disant porcelaine de fusion (*hot cast Porcelain*), constitue une masse vitreuse, assez semblable à la porcelaine, dure, tenace, plus ou moins translucide, d'un blanc laiteux, dont la fabrication a pris une grande extension à Philadelphie et à Pittsbourg.

Ses caractères physiques rangent ce verre kryolitique entre les verres d'os ou de lait, obtenus en mélangeant le verre ordinaire avec des proportions variables de phosphate de chaux, et l'émail préparé avec l'oxyde d'étain.

Il est plus laiteux que le premier et moins opaque que le second.

Le verre de kryolite se prépare en fondant ensemble du sable quartzeux, de l'oxyde de zinc et de la kryolite en proportions convenables.

Dès que le mélange a été fondu (dans des pots et fours à verre ordinaire) et écumé, il se laisse travailler avec beaucoup de facilité, comme du verre.

La composition du verre de kryolite est la suivante :

Silice	63,84
Alumine	7,86
Oxyde ferrique	1,50
Oxyde manganeux	1,12
Oxyde de zinc	6,99
Chaux	1,86
Magnésie	0,25
Soude	10,51
Fluor	8,05
Oxygène, correspondant au fluor, à déduire	3,39
	98,59

7.

D'après cela, le mélange à mettre dans les pots de fusion serait le suivant :

Silice ou sable quartzeux 67,19
Kryolite. 23,84
Oxyde de zinc 8,97

Dans la pratique, on emploie en effet de pareilles compositions.

Lors de la formation du verre de kryolite et pendant la fusion, les réactions suivantes ont lieu.

Du fluosiliciure (fluosilicate) de sodium prend naissance aux dépens d'une partie du fluor et du sodium de la kryolite, pendant que le reste du fluor se combine à du silicium et se dégage sous forme de fluorure de silicium. D'un autre côté, la silice se combine avec les oxydes de zinc, de sodium et d'alumine, constituant un mélange de silicates dont la composition ne s'écarte pas trop de celle de quelques verres ordinaires, observant toutefois que la chaux se trouve remplacée par l'oxyde de zinc.

Le fluosilicate de sodium se dissémine dans toute la masse vitreuse et lui communique ses caractères distinctifs. Déjà *Berzélius* avait démontré qu'en présence de la silice, les fluosilicates fondent au rouge, sans qu'il y ait dégagement de fluorure de silicium, et se convertissent par le refroidissement en émail, comme cela a lieu pour le phosphate de chaux.

Indépendamment de sa belle coloration blanc de lait, le verre de kryolite est d'un prix assez peu élevé, la soude et la kryolite revenant relativement à bon marché.

Un verre semblable peut aussi être obtenu par l'emploi de fluorure de calcium à la place de kryolite. La couleur blanche dans ce cas est sans doute due à la formation de fluosilicate de calcium.

Le verre de kryolite se laisse colorer comme le verre ordinaire. On obtient ainsi de très beaux produits.

CHAPITRE V

FOURS DE FUSION

—

Sommaire. — I. Fours chauffés au bois. — II. Fours chauffés à la houille. — III. Fours chauffés au gaz. — IV. Fours à récupérateurs Siemens.

Les fours de fusion employés en verrerie ont pour but de chauffer et d'amener à une consistance pâteuse, et même liquide, les matières vitrifiables, préalablement pulvérisées et mélangées dans les proportions indiquées au chapitre précédent.

On peut classer les fours de fusion de différentes manières :

1° *Suivant la nature du combustible employé pour le chauffage :*

Fours chauffés au bois.
— à la houille.
— au gaz.

2° *Suivant le mode d'utilisation de la chaleur :*

Fours sans récupérateurs.
— à récupérateurs.

3° *Suivant la marche des opérations de fusion :*

Fours à marche discontinue.

— à marche continue.

4° *Suivant la nature des récipients où se fait la fusion :*

Fours à creusets.

— à bassin.

Nous allons passer en revue dans ce chapitre et le suivant les principaux types de fours et les différents modes de conduire les opérations de la fusion du verre.

I. FOURS CHAUFFÉS AU BOIS

Jusqu'au xviiiᵉ siècle, les fours employés en verrerie différèrent peu de ceux dont les anciens nous ont laissé une vague description. Un des plus anciens auteurs, *Agricola* (1), donne, au xvᵉ siècle, la description de trois fourneaux en usage pour la fritte, la fusion et le recuit du verre.

« Pour ce qui est des fourneaux, il y a des verriers qui en ont trois; d'autres qui n'en ont que deux : d'autres enfin qui n'en ont qu'un : ceux qui en ont trois font d'abord cuire leur matière première dans le premier fourneau ; ils la mettent recuire dans le second, et font refroidir les vases ou ouvrages de verre dans le troisième.

« Le premier de ces fourneaux est voûté et ressemble à un four à cuire le pain. Dans sa partie ou chambre supérieure qui a six pieds de long, quatre pieds de large et deux pieds de hauteur, on allume un feu de bois sec et l'on y fait cuire le mélange à

(1) *Traité de Métallique*, livre XII.

grand feu, jusqu'à ce qu'il entre en fusion et se change en verre : quoique par cette première cuisson, la matière ne soit point encore assez purifiée, on ne laisse pas de la retirer ; et après qu'elle a été refroidie, on la rompt en morceaux. On fait recuire dans le même fourneau les creusets destinés à contenir le verre.

« Le second fourneau est rond ; il a dix pieds de large et huit de hauteur ; pour le rendre plus fort à l'extérieur, on le garnit de cinq arcades ou contreforts, d'un pied et demi d'épaisseur. Ce fourneau contient aussi deux chambres. La voûte de la chambre inférieure doit avoir un pied et demi d'épaisseur ; il faut qu'il y ait par devant une ouverture étroite, pour pouvoir mettre le bois sur le foyer qui est pratiqué dans l'âtre. Au milieu de la voûte, il doit y avoir une grande ouverture ronde qui communique avec la chambre supérieure, afin que la flamme puisse y parvenir.

« Dans le mur qui environne la chambre supérieure, il faut qu'il y ait huit fenêtres entre les arcades, assez grandes pour que l'on puisse y faire entrer les grands creusets que l'on place sur le plan de la chambre autour de l'ouverture par où la flamme passe ; il faut que ces creusets aient deux doigts d'épaisseur et deux pieds de hauteur, que le diamètre de leur ouverture et celui du fond soit d'un pied, et qu'ils aient un pied et demi au milieu.

« À la partie postérieure du fourneau, il y aura une ouverture d'un palme en carré, afin que la chaleur puisse pénétrer dans un troisième fourneau qui y est joint ; ce dernier fourneau est carré, il a huit pieds de long et six de large ; il est aussi composé de deux

chambres, dont l'inférieure doit avoir par-devant une
ouverture pour mettre le bois dans le foyer qui s'y
trouve.

« Aux deux côtés de cette ouverture, il y a une
niche faite de terre cuite qui a environ quatre pieds
de long, deux pieds de haut et un demi-pied de
large. Pour la chambre supérieure elle a deux ouvertures, l'une à droite, l'autre à gauche, qui sont
assez larges pour que l'on puisse y remettre commodément les moufles de terre cuite.

« Il faut que ces moufles aient trois pieds de long,
un demi-pied de haut, un pied de large par le bas, et
soient arrondis par le haut. On y met les ouvrages
de verre que l'on a faits, afin qu'ils refroidissent
petit à petit ; car, si l'on ne prenait cette précaution,
ils se briseraient. On retire ensuite les moufles de la
chambre supérieure et on les fait entièrement refroidir dans les niches qui sont aux deux côtés de
l'ouverture de la chambre inférieure.

« Les verriers qui n'ont que deux fourneaux, ou manquent du troisième, ou manquent du premier ; ceux-
là sont dans l'usage de fondre leur matière dans le
premier fourneau ; de le faire recuire dans le second
et d'y mettre refroidir leurs ouvrages, à la vérité,
dans des chambres différentes ; ceux-ci font cuire et
recuire leur matière dans le second fourneau et portent leurs ouvrages refroidir dans le troisième. Mais
il y a de la différence entre le second fourneau de
ces derniers et celui que nous avons nommé le second des premiers ; il est rond, mais sa cavité a huit
pieds de large et douze pieds de haut, et contient
trois chambres (fig. 4 et 5), la plus basse A est semblable à l'inférieure du second fourneau des premiers ;

excepté qu'au milieu de cette chambre il y a six arcades ou contreforts qu'il faut enduire de lut après
que l'on y a mis les creusets échauffés, en observant

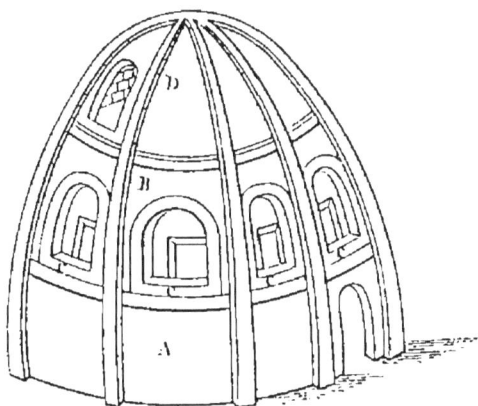

Fig. 4. — Four ancien au bois. — Vue extérieure.

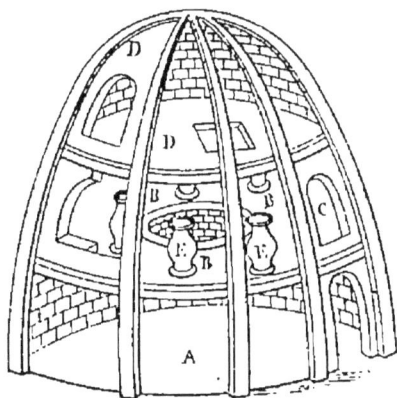

Fig. 5. — Four ancien au bois. — Vue intérieure.

Légende des figures 4 et 5 :
A B D Chambres inférieure, moyenne et supérieure.

C C Ouvreaux de la chambre moyenne.
E E Creusets.

cependant d'y laisser de petites ouvertures ou fenêtres, et qu'à la chambre du milieu B il y a une ouverture d'un palme carré par où la chaleur se répand dans la chambre supérieure D, qui a par derrière une ouverture par laquelle on peut faire entrer sur un moufle oblong les verres à refroidir petit à petit.

« Dans cet endroit le sol de l'atelier doit être plus élevé, ou bien l'on y pratique une banquette pour que les verriers puissent y monter et placer plus commodément leurs ouvrages.

« Les verriers qui n'ont point le premier fourneau, après avoir rempli leur tâche journalière, mettent le soir leur matière dans les creusets ; elle se cuit pendant la nuit et se change en verre ; de petits garçons passent la nuit et ne font qu'entretenir le feu avec du bois sec.

« Pour ceux qui ne se servent que d'un seul fourneau, ils font usage de celui qui a trois chambres ; ils mettent le soir leur matière dans les creusets, de même que ceux dont on vient de parler, et le lendemain matin, après l'avoir purifiée, ils se mettent à la travailler et placent leurs ouvrages dans la chambre d'en haut.

« Le second fourneau, soit qu'il ait deux, soit qu'il ait trois chambres, doit être construit de briques non cuites, séchées au soleil, faites d'une terre qui n'entre point en fusion au feu et ne se mette point en poussière ; il faut que cette terre soit séparée de toutes pierres et battue avec des bâtons ; il faut que ces briques soient cimentées avec la même terre au lieu de chaux : les creusets et autres vases doivent être de la même matière et avoir été séchés à l'ombre. »

Four à verre à vitres chauffé au bois. — Disposition ancienne à tirage direct (fig. 6 à 8).

Four à verre à vitres ancien.

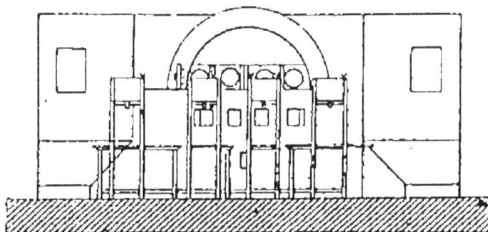

Fig. 6. — Vue de face.

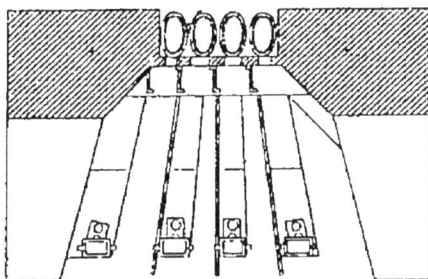

Fig. 7. — Demi-plan.

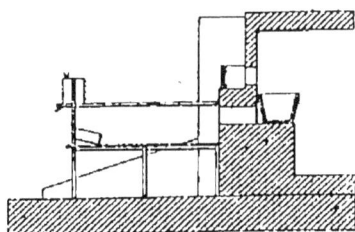

Fig. 8. — Demi-coupe transversale.

Les creusets, cuvettes ou pots, renfermant la composition, au nombre de 6 à 10, sont placés autour du

foyer, sur les *banquettes* ou sièges ; les banquettes
sont légèrement inclinées vers le dehors de manière
que le verre s'écoulant d'un creuset brisé ne puisse
tomber dans le feu. Le foyer est placé dans une
fosse appelée *pipe* occupant le centre du four.

La *voûte* est supportée par l'*anneau*, ouvrage cylindrique de la hauteur des creusets, et c'est dans la
région où se réunissent ces deux parties du four que
sont percés les *ouvreaux*, ouvertures par lesquelles le
verrier cueille dans les creusets la matière fondue.
Les ouvreaux sont fermés par des *tuiles* munies de
trous qui servent à les enlever ou à les placer à l'aide
de fourches en fer montées sur chariots et nommées
cornards (fig. 9). Au-dessous des ouvreaux et en face

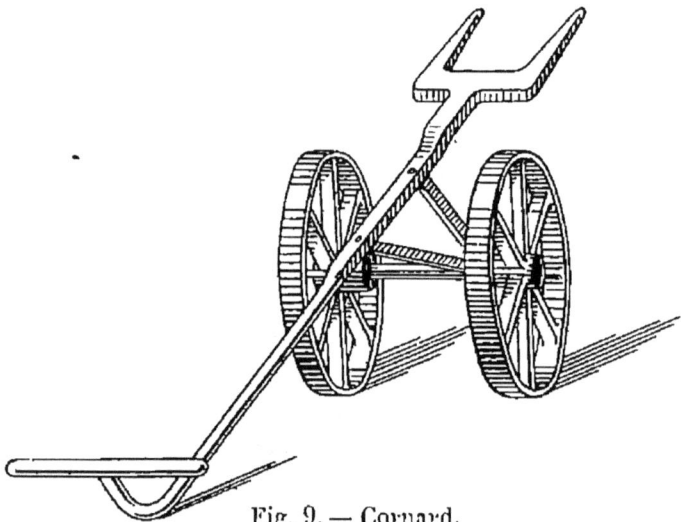

Fig. 9. — Cornard.

de chaque creuset se trouvent des baies voûtées, appelées *ouvertures de feu* ou *tonnelles*, qui servent à

enfourner les pots, et qui sont fermées aussitôt après
cette opération.

Quelquefois les ouvreaux sont ménagés dans les
murettes qui bouchent les ouvertures de feu.

Le four à 8 pots représenté aux fig. 6 à 8 permettait de fondre et travailler 1,500 kilogrammes de verre
en brûlant 3,000 kilogrammes de bois préalablement
desséché. On y faisait 30 à 35 fontes par mois.

Le four à verre à bouteilles représenté aux fig. 10
et 11 est un type de four chauffé au bois qui a été
longtemps employé en Allemagne.

Four à verre à bouteilles chauffé au bois.

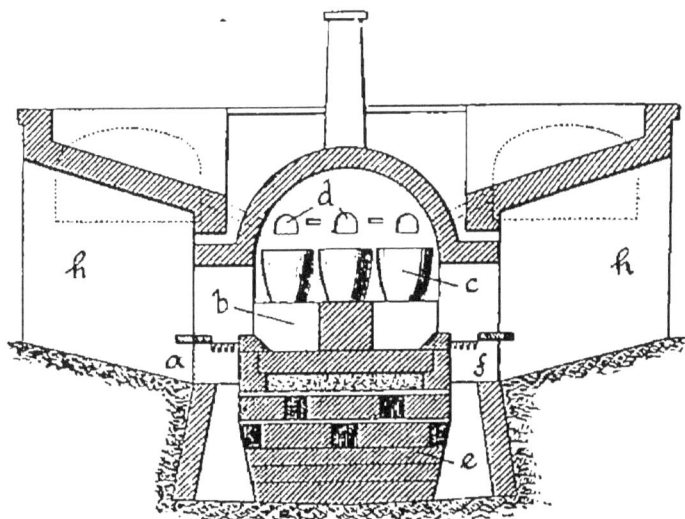

Fig. 10. — Coupe transversale.

En *a* se trouvent les grilles où l'on charge le bois ;
b sont les sièges qui supportent les creusets *c*. Les
ouvertures *d* sont les ouvreaux de travail. Le four
est isolé du sol par de fortes fondations *e* aérées

pour éloigner toute humidité ; en *f* sont les cendriers. A chaque angle du four se trouve un four
annexe *g* appelé *arche*; ils servent à la cuisson des
creusets et aux frittes ; ils sont chauffés en partie

Four à verre à bouteilles chauffé au bois

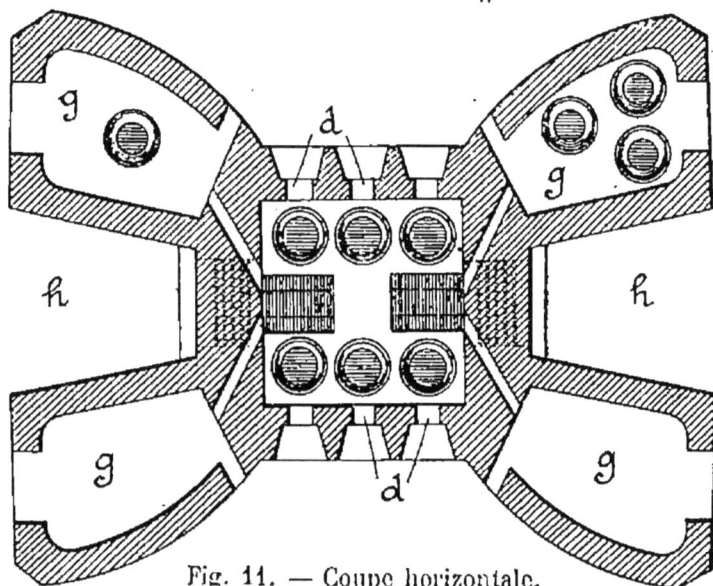

Fig. 11. — Coupe horizontale.

par les gaz chauds qui viennent du four de fusion
avant de s'échapper dans les cheminées. Devant les
foyers se trouve un espace *h* surmonté d'une voûte
où se tient le chauffeur.

Les fig. 12 et 13 représentent un four des verreries de Bohême dans lequel les arches ordinaires *a*
placées à la suite du four sont surmontées d'arches
à sécher le bois *b*, où les fumées passent avant de
s'échapper dans l'atmosphère. Le bois à dessécher
est enfermé dans des étuves métalliques *c* entièrement closes qui le mettent à l'abri des étincelles

entraînées par les gaz chauds. Les arches ordinaires servent à la cuisson des pots et à la calcination de la pierre calcaire qui doit entrer dans la composition.

Four à verre à vitres de Bohême.

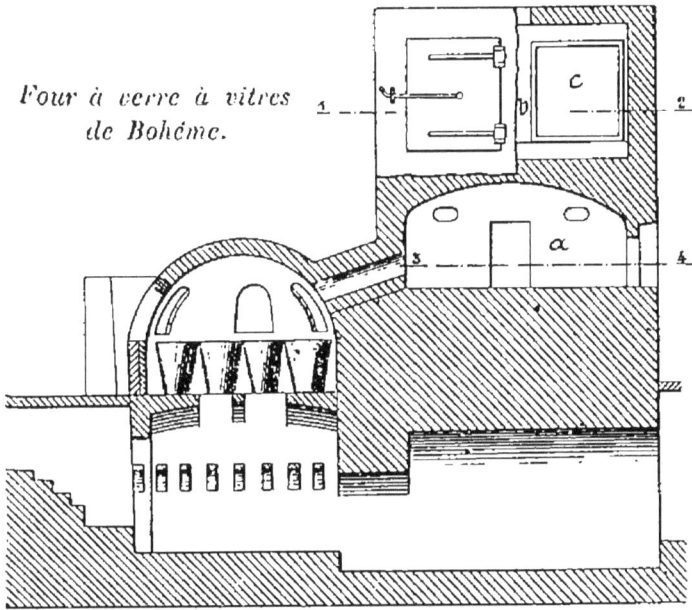

Fig. 12. — Coupe verticale.

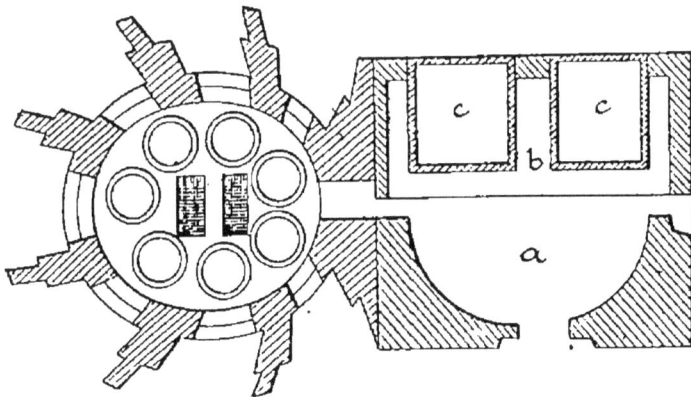

Fig. 13. — Coupe horizontale.

II. FOURS CHAUFFÉS A LA HOUILLE

La substitution de la houille au bois a nécessité la transformation des foyers :

Ce combustible, en effet, oppose au passage de l'air une plus grande résistance que le bois en raison de sa compacité ; on doit en outre l'employer en couche épaisse, et obtenir malgré cela une flamme assez longue pour chauffer convenablement les creusets et la voûte du four. Aussi faut-il de grandes surfaces de grille et un bon tirage. La conduite du feu est aussi plus difficile qu'avec le bois ; il faut pour obtenir une flamme longue et régulière, une attention soutenue de la part du chauffeur ; la grille s'encrassant rapidement de scories et de mâchefers, il faut ménager au-dessous d'elle une galerie assez haute pour qu'on puisse facilement piquer et décrasser le feu.

Les fours chauffés à la houille sont généralement pourvus de deux foyers opposés (fig. 14 et 15) dont les grilles *a b*, supportées par des sommiers en fonte *c c*, sont séparées par une sorte d'autel commun *d*, nommé *pont*, qui s'élève au milieu de la fosse.

Quelquefois même, pour obtenir une plus grande longueur de grille, ce pont est supprimé et les grilles *a b* sont placées bout à bout (fig. 16 et 17). Ce foyer occupant ainsi toute la longueur de la fosse est chargé par les portes *c* qui se trouvent aux deux extrémités.

La longueur des grilles ne doit toutefois pas être exagérée, car au-delà d'une certaine limite, il devient très difficile au chauffeur d'apprécier l'état du feu et de charger régulièrement.

Four à verre à vitres à creusets.

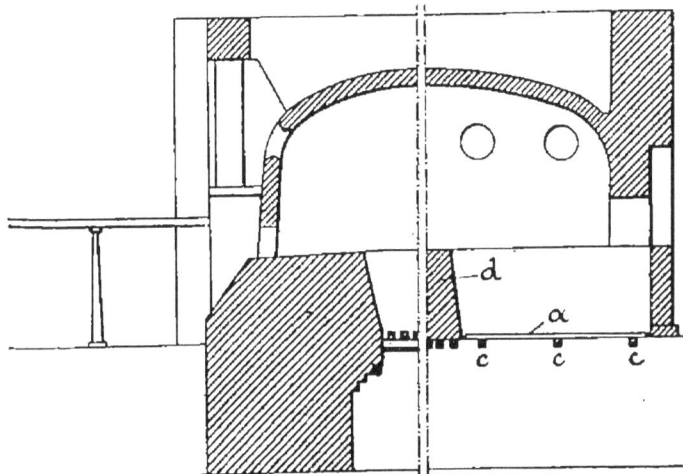

Fig. 14. — Demi-coupes verticales (à gauche suivant 1-2 de la figure 15, à droite suivant 3-4).

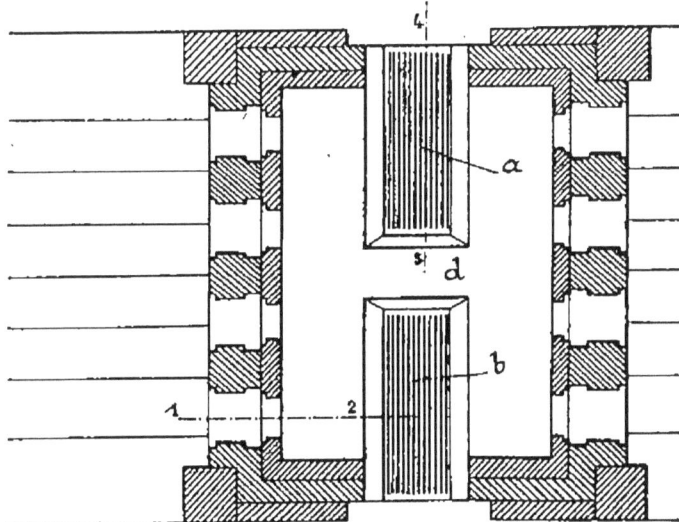

Fig. 15. — Coupe horizontale.

Four à creusets chauffé à la houille.

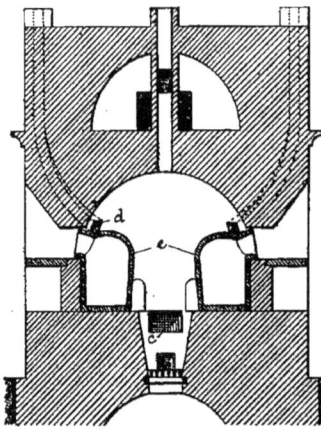

Fig. 16. — Coupe transversale.

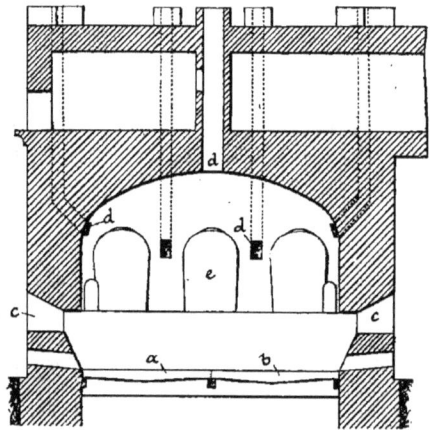

Fig. 17. — Coupe longitudinale.

Four rond à tirage renversé.

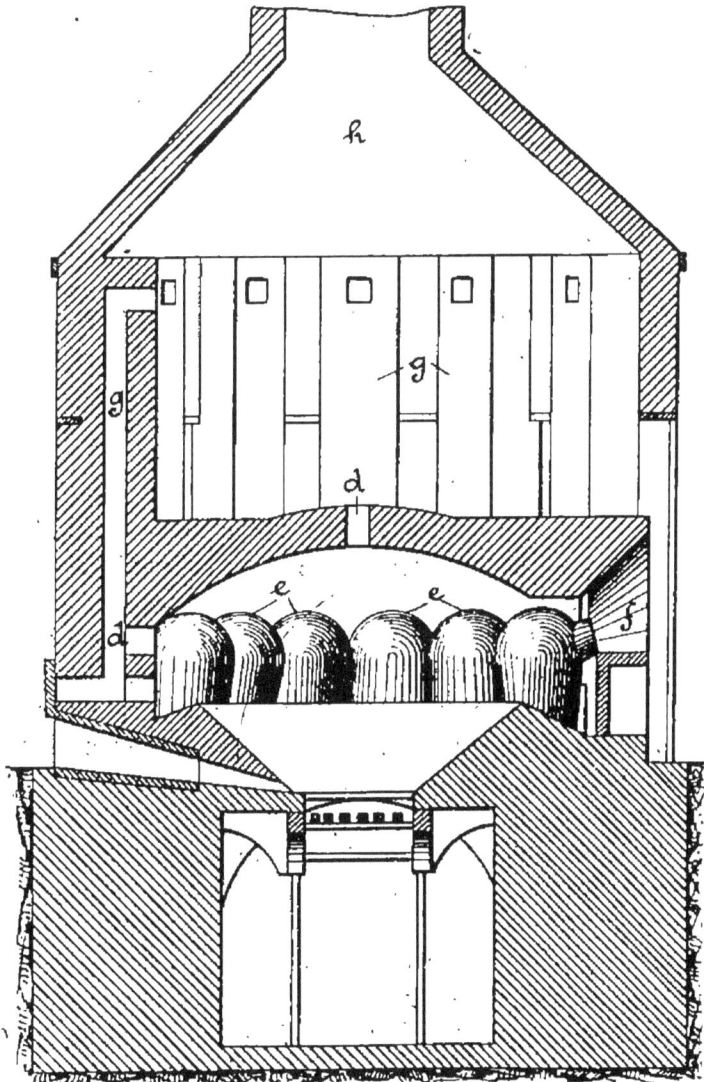

Fig. 18. — Coupe verticale.

Les flammes s'élèvent dans le four, passent sur les creusets disposés sur les sièges latéraux, et s'échappent par des ouvertures *d* ménagées, tantôt au sommet et vers les reins de la voûte (*tirage direct*, fig. 16 et 17), tantôt à la base (*tirage renversé*, fig. 18). Dans ce dernier cas, les flammes frappent d'abord la voûte, s'infléchissent et viennent lécher les parois des creusets *e* avant de se dégager par les ouvertures *d* réservées sur les faces internes des pieds droits qui séparent les ouvreaux; des cheminées verticales *g* situées dans ces pieds droits rassemblent les fumées dans une hotte commune de tirage *h*.

III. FOURS CHAUFFÉS AU GAZ

1° FOUR BOÉTIUS

Ce mode de chauffage se distingue essentiellement des précédents en ce que les combustibles sont d'abord transformés en gaz (voir au chapitre XXXVII, Combustibles gazeux) et ensuite brûlés, de sorte que l'air atmosphérique est introduit en deux endroits différents, d'abord par la grille au contact du combustible, et en second lieu dans l'espace où s'effectue la combustion des gaz.

Le gazogène, four particulier où s'effectue la transformation du charbon en gaz combustibles, se trouve quelquefois immédiatement au-dessous du four de fusion; c'est la disposition adoptée dans les fours du système *Boétius* (fig. 19 et 20).

Le principe du four Boétius repose sur la combustion méthodique du charbon, l'échauffement de l'air destiné à la combustion et le mélange intime des gaz comburants et combustibles.

Four Boëtius.

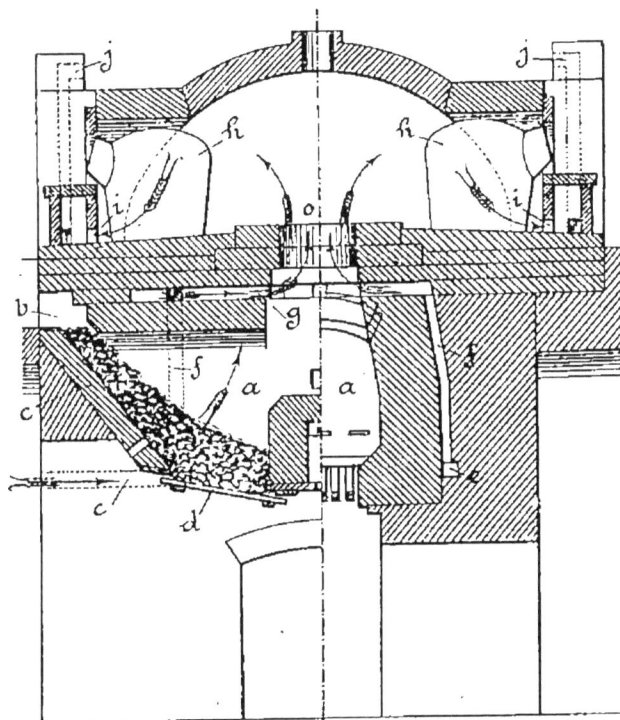

Fig. 19.— Demi-coupes verticales (à gauche, demi-coupe suivant l'axe des foyers ; à droite, demi-coupe transversale)

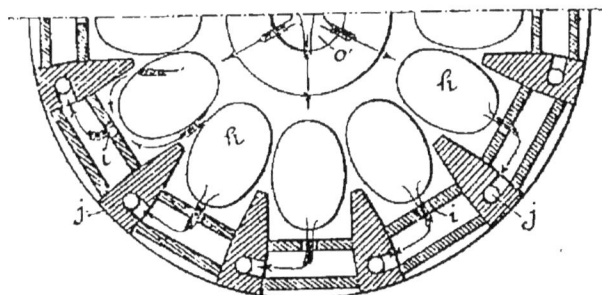

Fig. 20.— Demi-coupe horizontale faite au niveau de la sole,

Dans ce four, le charbon est transformé en oxyde de carbone dans une chambre *a* de forme rectangulaire, légèrement rétrécie vers la partie supérieure et occupant le milieu du four.

Le charbon, introduit par les ouvertures *b*, glisse peu à peu sur les plans inclinés *c*, en briques réfractaires, à mesure qu'il distille et brûle en partie sur la grille *d*. L'épaisseur de la couche de charbon doit être assez grande pour que l'acide carbonique formé par la combustion vive au voisinage de la grille soit réduit presque entièrement en oxyde de carbone avant de se dégager dans la chambre du gazogène. Les gaz distillés brûlent à leur entrée dans le four par l'ouverture centrale *o*, au contact de l'air qui y est amené par les conduits *c f g*, dans lesquels il s'échauffe en rafraîchissant les maçonneries de la sole et du foyer.

Le four donné en exemple est destiné à la fusion du cristal en pots couverts : le tirage est renversé; les creusets *h* sont chauffés de haut en bas par les flammes appelées sous l'effet du tirage à travers les ouvertures *i*, reliées aux cheminées *j* des pieds droits.

Le four Boëtius est d'une construction simple et d'une installation peu coûteuse ; il donne une économie de 30 pour 100 environ de combustible sur les anciens fours chauffés à la houille. Cette économie peut être augmentée dans une certaine mesure en utilisant la chaleur emportée par les fumées, ainsi qu'on l'a fait à la verrerie de Mariemont (Belgique) et aux cristalleries du Val-Saint-Lambert.

Outre l'économie de combustible, on atteint dans le four Boëtius des températures bien supérieures à celles que le chauffage à foyer direct permet d'obtenir.

Suivant M. *Henrivaux*, le verre y est plus beau, plus fin, et s'y maintient plus longtemps à l'état malléable, en même temps qu'il reste à l'abri des poussières pendant toute la durée du travail.

D'après les données de M. Boëtius, *M. Tocke* a isolé du four les deux gazogènes en les reportant à une certaine distance et en les reliant au four au moyen d'un conduit en maçonnerie.

En 1885, *M. Appert* a apporté quelques perfectionnements au four primitif de Boëtius. Les modifications introduites ont eu pour but de donner à l'air amené dans le laboratoire du four, autour des creusets, une température sensiblement plus élevée que dans l'ancien dispositif, produisant ainsi un accroissement de température avec une consommation de combustible notablement moindre (10 à 15 0/0).

Par un système de chicanes placées le long des murs verticaux des gazogènes et dans le damier disposé sous le siège du four, les filets d'air sont obligés de suivre un parcours beaucoup plus considérable et égal dans toutes ses parties, avec la vitesse la plus faible possible. L'air reste ainsi en contact avec les parties chaudes des gazogènes et du four en les rafraîchissant et en rendant l'usure moins rapide.

Un ensemble de regards convenablement ménagés permet la visite et le nettoyage des carneaux. L'air arrive dans le four à une température d'environ 500 à 600 degrés.

Les fours ainsi modifiés sont employés dans un grand nombre de verreries produisant la gobeleterie ou demi-cristal.

8.

2° FOUR QUENNEC

Le four représenté par la figure 21 a été construit par *M. Quennec* à sa verrerie de Semsales (Suisse).

Il comporte deux grilles *a* à combustion vive et lançant directement leurs gaz dans le four *b* après leur mélange avec l'air sortant par les diverses ouvertures *c*, air qui a été chauffé à une très haute température par son passage dans des canaux *d* ménagés le long des parois des foyers et du four. Les flammes, après avoir traversé le four *b*, s'échappent par la cheminée *e* ou peuvent être dirigées dans divers appareils pour les utiliser : dans des arches à frittes, par exemple, comme c'est le cas à la verrerie de Semsales.

Ce four est du système des fours dits à bassin, dont nous verrons le principe plus loin ; les matières vitrifiables sont enfournées par les trous *f* et puisées à l'état de verre fin aux ouvreaux *g*. M. Quennec prétend obtenir les avantages suivants :

1° Suppression des régénérateurs ou récupérateurs de chaleur d'un établissement et d'un entretien très coûteux, indispensables pour la marche des fours à bassin actuellement en usage.

2° Construction possible et facile du four sur les fondations des anciens fours à creusets.

3° Prix de construction très peu élevé. Le four représenté ci-contre est à quatre ouvertures, soit à douze places de travail, où prennent place trois brigades se relevant de huit heures en huit heures. Ce four rend environ 6,000 bouteilles en vingt-quatre heures et n'a coûté que 10,000 francs, y compris les deux arches à fritter les compositions.

Four Quennec.

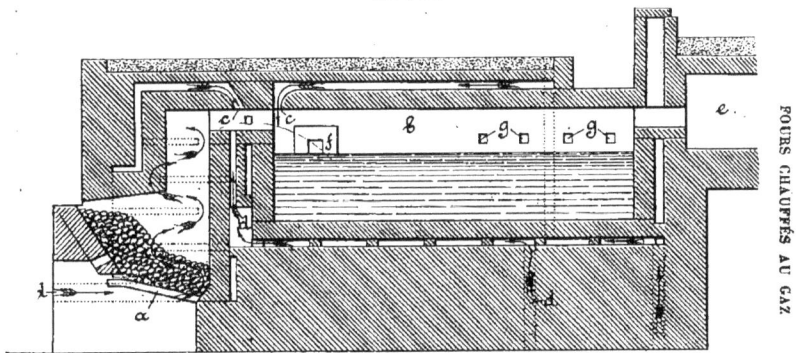

Fig. 21. — Coupe longitudinale.

(Les flèches indiquent le parcours de l'air à travers les maçonneries.)

4° Réparations de très peu d'importance à l'extinction du four.

5° Conduite du four des plus simples et sans arrêt d'aucune sorte.

6° La haute température du four permet une réduction très notable des fondants.

7° Utilisation des chaleurs perdues pour le frittage des compositions.

8° Point de grande cheminée, les flammes s'échappant librement dans la halle par de petites cheminées d'environ un mètre de hauteur.

9° Consommation très réduite de charbon, avec un mélange de charbon gras et de lignite très schisteux, à 30 0/0 de cendres; on emploie, suivant les qualités, environ de 0,600 à 1 kilogramme de combustible pour 1 kilogramme de verre fabriqué.

M. Henrivaux voit dans ce four un avantage sérieux dans l'économie et la simplicité relative de sa construction. Il admet que l'on obtienne dans le bassin de ce four du verre fin pour les bouteilles, mais autre chose est d'obtenir du verre à vitres fin. La consommation de charbon semble faible pour un kilogramme de verre fondu et affiné, surtout avec un four privé de récupérateurs. L'absence d'un tirage énergique ne paraît pas être une amélioration, les produits de la combustion étant envoyés dans la halle de fusion et de travail.

La paroi du bassin auprès de l'autel en *c* et en *e* est une partie délicate au point de vue de la solidité de la construction et de la rapidité de l'usure.

Avec ce système de gazogène, qui se rapproche du foyer Boëtius, M. Henrivaux craint une combustion accélérée irrégulière et production d'acide carbonique en grande quantité.

En résumé, ce four se recommande surtout par la simplicité de sa construction et son prix modique d'établissement : l'usage paraît avoir consacré ce four pour la fabrication des bouteilles.

IV. FOURS A RÉCUPÉRATEURS SIEMENS

La plupart des nouveaux fours sont construits avec des gazogènes séparés. La perte de chaleur résultant du transport des gaz chauds à une distance plus ou moins grande du gazogène peut être largement compensée par le bénéfice que l'on tire de la *récupération*, en réchauffant soit l'air de la gazéification, soit, plus souvent, celui de la combustion.

La première réalisation pratique du chauffage par le gaz en faisant servir la chaleur perdue des fours à chauffer l'air atmosphérique servant à la combustion, est due à MM. Siemens frères. Elle date de la prise de leurs brevets allemand (2 décembre 1856) et anglais (mai 1861), pour un système de *fours régénérateurs à gaz*.

Les fours Siemens se composent en principe de trois appareils : le gazogène, le récupérateur et le four proprement dit. Nous allons décrire successivement quelques types de ces appareils.

GAZOGÈNES

Dans sa forme la plus simple, le gazogène (fig. 22) est un foyer à grille inclinée *a b*, dont la voûte présente deux ouvertures : l'une *c* pour le chargement du combustible, l'autre *d* pour le départ du mélange

gazeux. A la partie inférieure de la grille, le charbon
n'est soutenu que par quelques barreaux largement

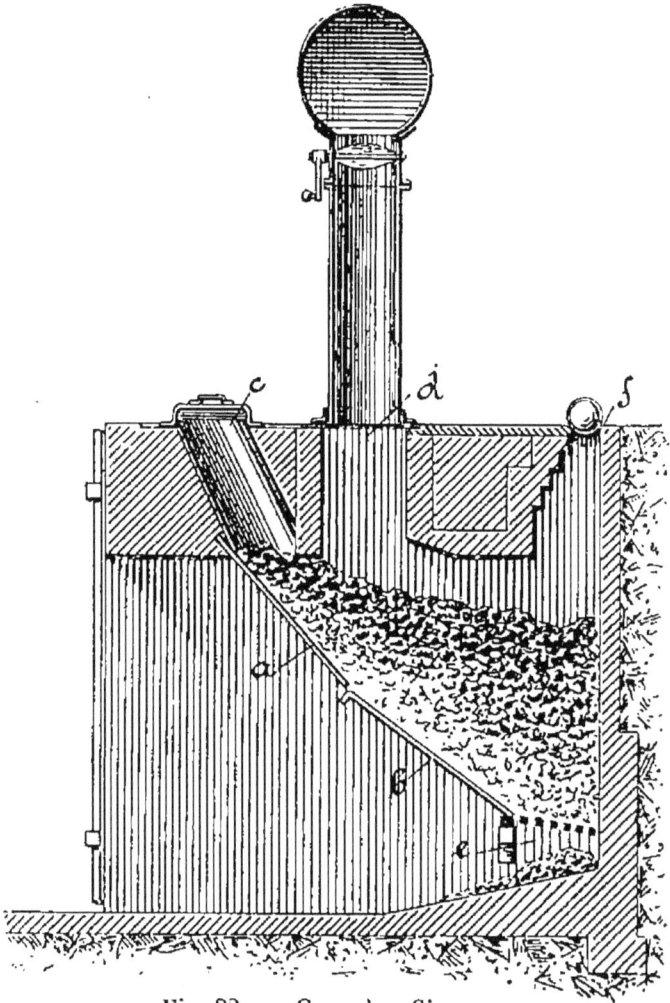

Fig. 22. — Gazogène Siemens.

espacés, à travers lesquels les cendres tombent librement dans le cendrier e.

La trémie servant à l'introduction du charbon est souvent surmontée d'un cylindre en fonte (fig. 23) dont la capacité est égale au volume d'une charge de combustible ; le fond en est fermé par une valve mobile à contrepoids et le couvercle est pourvu d'un rebord plongeant dans une gouttière annulaire remplie de sable. Grâce à cette double fermeture on peut introduire le combustible dans la cuve du gazogène sans qu'il s'échappe de gaz pendant le chargement.

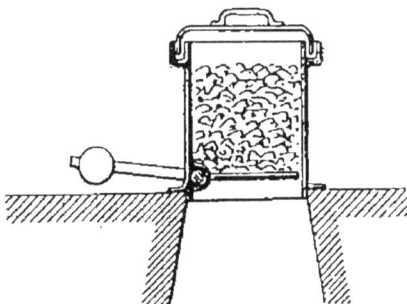

Fig. 23. — Trappe pour le chargement du charbon dans les gazogènes.

Des ouvertures réservées dans la voûte du gazogène, fermées par des boulets f (fig. 22), permettent d'introduire un râble dans le foyer pour égaliser la couche de combustible sur la grille. Celle-ci ne s'étend le plus souvent que dans la partie inférieure de l'aire de distillation ; elle est quelquefois constituée par des barreaux plats disposés en gradins, tandis que la grille horizontale placée en dessous est formée de barreaux parallèles à l'axe du gazogène.

Cette dernière grille est même quelquefois supprimée, et le charbon n'est retenu que par le tas d'escarbilles et de mâchefers tombés du foyer. Si l'on maintient une petite couche d'eau dans le cendrier, celle-ci monte par porosité dans les mâchefers et se vaporise en donnant au contact du combustible incandescent un mélange d'oxygène et d'hydrogène dissociés, qui s'ajoutent aux gaz distillés.

L'épaisseur de la couche de combustible varie avec la nature du charbon employé ; les limites extrèmes sont environ :

$$0^m 80 \text{ pour la houille maigre ;}$$
$$1^m 40 \qquad\text{—}\qquad \text{grasse.}$$

La pente de l'aire de distillation varie également :

$$\text{de } 80° \text{ pour la houille grasse}$$
$$\text{à } 45° \qquad\text{—}\qquad \text{maigre.}$$

Chaque mètre carré de la surface inclinée transforme de 30 à 48 kilogrammes de charbon par heure, soit 500 à 800 grammes par minute.

TRANSPORTEURS DE GAZ

Entre le gazogène et le récupérateur de chaleur il faut installer une canalisation destinée à transporter les gaz combustibles chauds.

Lorsque les gazogènes sont installés au-dessous des récupérateurs et que l'on dispose d'une différence de niveau d'environ 3 mètres, la canalisation est souvent réduite à un simple conduit vertical. Cette disposition est rarement employée à cause de l'humidité du sous-sol dans lequel il faut placer le gazogène ; elle présente encore l'inconvénient d'exiger un gazogène pour chaque four, et une main-d'œuvre assez dispendieuse pour relever au niveau du sol les cendres et les mâchefers, résidus de la gazéification.

Dans les installations Siemens on plaçait toujours les gazogènes dans des cours, hors des ateliers, loin des fours à chauffer. Les gaz combustibles chauds s'élevaient dans une cheminée *a* (fig. 24), se refroidissaient dans un long tuyau horizontal *b* et redescendaient ensuite en *c*, à 3 ou 4 mètres en contrebas des fours, ayant acquis dans ce parcours, par suite de leur refroidissement, une pression due à la différence de poids des deux colonnes ascendante et descendante.

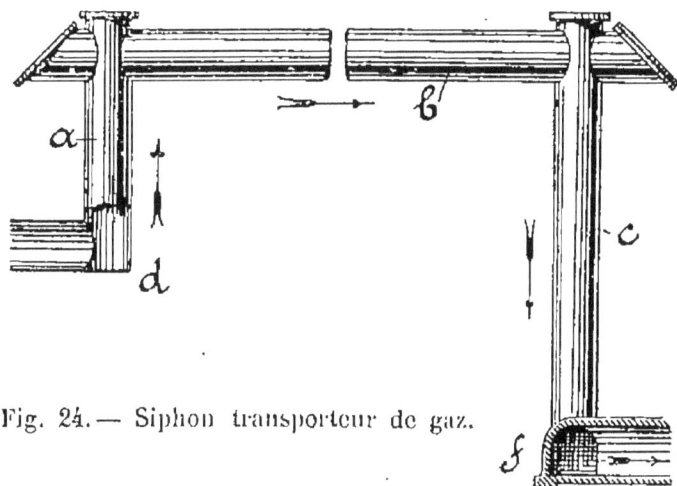

Fig. 24. — Siphon transporteur de gaz.

Les goudrons, les huiles lourdes et les poussières se déposaient en grande partie pendant le trajet. Des regards et des tampons permettaient de retirer les dépôts, et pour terminer le nettoyage on flambait la conduite en y faisant passer un fort courant d'air.

On calculait la section et la surface des conduits de façon que le refroidissement des gaz entre les points extrêmes *d* et *f* suffise à déterminer un tirage énergique. Les chiffres suivants représentent une

moyenne donnée par les applications déjà faites de
ce système :

	Houille grasse	Houille maigre
Section du siphon....	12 décimèt.²	8 à 10 décim.²
Surface refroidissante..	15 à 18 mètres²	8 à 6 mètres²

Ces nombres se rapportent à 1,000 kilogrammes de
charbon transformés en 24 heures dans le gazogène.

On peut classer les systèmes de récupérateurs en
deux catégories : ceux à action alternative ou à ren-
versement, et ceux à action continue.

RÉCUPÉRATEURS A RENVERSEMENTS

Les régénérateurs de chaleur ou récupérateurs
(fig. 25 à 27), sont des chambres en maçonnerie rem-
plies d'empilages de briques réfractaires et généralement placées, au nombre de quatre, sous le four.
Deux de ces chambres sont traversées par les fumées
et les deux autres par l'air et les gaz combustibles.
L'air et le gaz amenés en quantité réglée dans les
chambres 1 et 2, par exemple, s'élèvent entre les
briques, et brûlent à leur entrée dans le laboratoire
du four. Les fumées descendent dans les chambres
opposées 3 et 4, échauffent ces chambres et sortent
à une température considérablement abaissée, vers
150 ou 200° environ, par le conduit c relié à la cheminée. Au bout de 15, 20, 30 minutes, 1 heure
même, on change la direction des gaz au moyen des
valves v v' ; les chambres 3 et 4 suffisamment réchauffées cèdent alors leur chaleur à l'air et au gaz
qui les traversent, tandis que les deux autres chambres s'échauffent à leur tour. Les fumées s'en vont

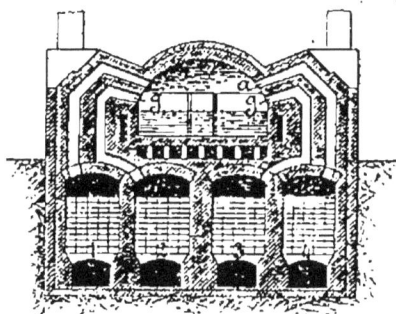

Fig. 25. Four à récupérateurs Siemens. Coupe transversale

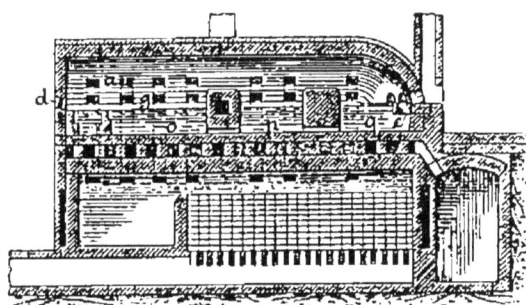

Fig. 26. — Coupe longitudinale.

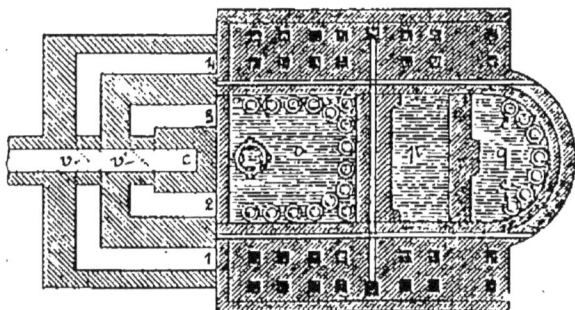

Fig. 27. — Plan.

toujours par le conduit *c*. Le chauffage des empilages de briques a lieu de la manière suivante : supposons d'abord les empilages 3 et 4 à la température ordinaire : les gaz chauds, à une température d'environ 1500 ou 1600°, arrivent par le haut. Les briques situées à la partie supérieure s'échauffent les premières, puis la température s'élève progressivement de haut en bas. Les fumées sortent à une température plus ou moins basse suivant le volume des empilages et, pendant une même période, suivant la température des derniers rangs de briques. D'autre part, dans les chambres 1 et 2, l'air et le gaz, relativement froids, arrivent par le bas ; les assises inférieures des empilages se refroidissent les premières, en cédant leur chaleur aux gaz : ceux-ci sortent à la température des couches supérieures tant que le refroidissement progressif n'a pas gagné ces dernières ; au-delà d'un certain laps de temps l'air n'est plus chauffé à la température maxima.

On ne doit jamais attendre pour renverser la direction des courants gazeux, que les derniers rangs des briques supérieures s'assombrissent, ni que les derniers rangs inférieurs deviennent rouge clair.

Les renversements de courants ont lieu à des intervalles d'autant plus rapprochés que la température des fumées est plus élevée et que le volume des empilages est moindre ; on obtient en même temps une température plus régulière dans le four et une meilleure utilisation de la chaleur, mais d'autre part, la conduite du four est plus difficile.

Le volume des empilages est déterminé en raison de la quantité de combustible brûlée par heure. On sait que la capacité calorifique des briques réfractaires est environ 0,200 à 0,215, et même 0,250 à une température élevée ; les produits gazeux donnés par 1 kilogramme de houille ont une capacité calorifique égale à celle de 17 kilogrammes de briques.

Pratiquement, au lieu de 17, on emploie 50 à 70 kilogrammes de briques pour absorber la chaleur des gaz donnés par 1 kilogramme de houille dans les gazogènes, en admettant que les périodes durent une heure. Avec des périodes moindres, il faut proportionnellement moins de briques.

Dans les empilages, le volume du vide est à peu près égal au volume du plein ; comme le poids spécifique de la brique est 1,800 à 2,000 kilogrammes, un mètre cube d'empilage exige 900 à 1,000 kilogrammes de briques.

En admettant des périodes de 1 heure, on peut estimer que 1 mètre cube de chambre suffira pour un poids de houille brûlée dans les gazogènes égal au quotient de 900 à 1,000 par 50 à 70, soit 20 à 13 kilogrammes de houille transformée par heure. La section horizontale des chambres est d'environ un tiers à un demi mètre carré par mètre cube de volume. La section libre de passage des gaz est égale à la moitié de la section totale ; la hauteur des chambres varie entre 1,50 et 3 mètres.

Le volume et le poids de l'air nécessaire à la combustion sont égaux au volume et au poids des gaz à brûler, lorsque ceux-ci sont fournis par le coke et les houilles maigres ; avec les houilles grasses, il faut augmenter la quantité d'air de 20 pour 100 en volume, ou de 30 pour 100 en poids. Les chambres à air ont généralement une fois et demie à deux fois le volume des chambres à gaz, parce que les gaz arri-

vent généralement chauds du gazogène, tandis que
l'air, pris directement dans l'atmosphère, est froid.

La disposition des empilages a donné lieu à diverses combinaisons, dont quelques-unes sont représentées ci-dessous. Dans les anciens fours Siemens
(fig. 28), les rangs de briques parallèles 1, 3, 5, etc.

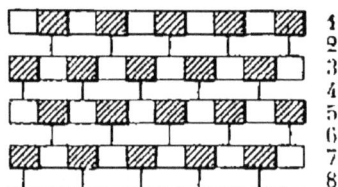

Fig. 28. — Empilages à rangs alternés.

sont alternés de même que les rangs 2, 4, 6, etc.,
perpendiculaires aux premiers, de manière à augmenter autant que possible la surface léchée par les
gaz chauds. Cette disposition est avantageuse au
point de vue de l'absorption de la chaleur, mais elle
a l'inconvénient de s'encrasser vite. Les empilages
construits suivant la forme de la fig. 29 sont moins

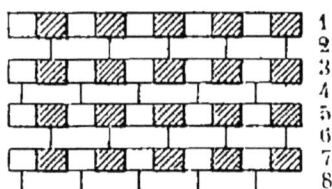

Fig. 29. — Empilages à rangs superposés.

sujets à s'encrasser, car les courants gazeux ne viennent pas frapper les faces horizontales des briques.
On se sert souvent de briques spéciales à section,

carrée, que l'on dispose comme l'indique en perspective la fig. 30. Il existe aussi des briques dont la face supérieure est façonnée en dos d'âne (fig. 31). de manière à retenir moins de cendres et de scories entraînées.

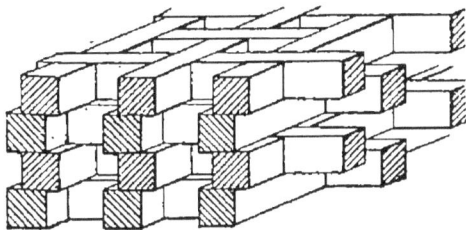

Fig. 30. — Empilages pour récupérateurs.

Fig. 31.
Brique spéciale pour récupérateurs.

L'encrassage rapide des empilages, qui est le principal inconvénient des récupérateurs, peut être évité dans une certaine mesure par la disposition d'une chambre de dépôt placée sur le parcours des gaz chauds, comme l'indique la fig. 32 ; *a* est le conduit qui amène les gaz dans le récupérateur *c* ; la chambre de dépôt *b* constitue un élargissement brusque du conduit *a* ; par suite de l'augmentation de section, la vitesse du courant gazeux est ralentie suffisamment pour que les poussières entraînées puissent se déposer librement. On peut également adopter la disposition de la fig. 33 qui est basée sur le même principe.

Dans la construction des chambres à empilages, on doit se préoccuper de faciliter l'entretien et le nettoyage. On dispose ordinairement, aux extrémités des rangées horizontales de briques, des regards par lesquels on peut introduire des raclettes afin d'enlever les suies et les scories déposées.

Il faut en outre prendre les plus grandes précautions pour éviter les infiltrations de verre provenant du four de fusion placé au-dessus. Les carneaux de

Chambres de dépôt pour fours à récupérateurs.

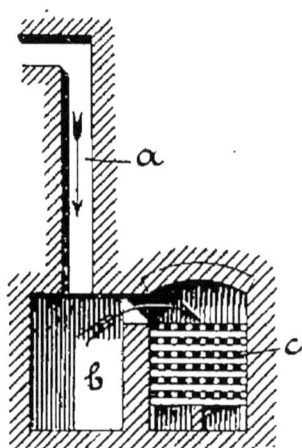 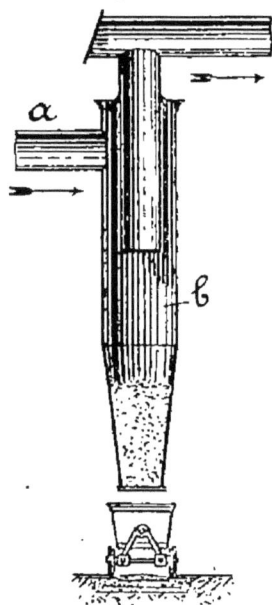

Fig. 32.   Fig. 33.

ventilation ménagés dans la sole du four sont indispensables à ce point de vue, car ils permettent de rafraîchir la maçonnerie à un point suffisant pour que le verre fondu s'y solidifie, au moins s'il n'y pénètre en trop grande quantité.

Pour obvier à ces infiltrations de verre fondu, on a quelquefois éloigné les récupérateurs les uns des autres en les reportant aux angles du four et en réservant au-dessous de celui-ci une chambre vide (fig. 34); mais cette disposition a l'inconvénient d'augmenter les pertes de chaleur à travers les parois des récupérateurs.

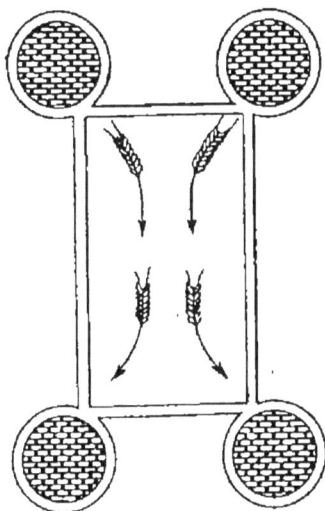

Fig. 34.

Disposition de récupérateurs situés aux angles d'un four.

RÉCUPÉRATEURS A CHAUFFAGE CONTINU

Pour remédier à certains inconvénients que l'on reproche aux régénérateurs à renversements et pour réduire beaucoup les frais d'installation, on a construit des récupérateurs à chauffage continu. Les récupérateurs *Radot* peuvent être considérés comme types de ces appareils. Leur emploi paraît indiqué chaque fois que l'on prend les gaz des gazogènes sans les refroidir et qu'il n'y a par conséquent que l'air à chauffer.

Les qualités que l'on doit rechercher sont surtout les suivantes :

Résistance sans dislocation aux variations de température.

9.

. Grande puissance sous un volume réduit.

Facilité de nettoyage et de visite, même pendant la marche.

Faible résistance opposée au mouvement des gaz.

FOYERS

L'air et les gaz combustibles arrivant chauds dans le laboratoire du four, il n'est pas nécessaire, pour assurer une bonne combustion, d'obtenir entre eux un mélange aussi intime que s'ils étaient froids, mais on a cependant intérêt à le faire pour mieux répartir la chaleur produite.

La forme des brûleurs à gaz a donné lieu à de nombreuses variantes.

Dans la disposition la plus fréquente (fig. 35), les gaz arrivent côte à côte, en lames; le conduit d'air *a* débouche un peu plus haut que le conduit de gaz, pour que la différence des densités contribue à assurer le mélange. Ce système exige une construction assez coûteuse; il faut en effet éviter les fissures dans la maçonnerie qui sépare les deux lames de gaz, et employer des briques très réfractaires.

Les carneaux d'air et de gaz sont quelquefois alternés (fig. 36), mais le plus souvent disposés par paires (fig. 37). On donne dans certains cas une certaine obliquité aux extrémités des carneaux, afin d'éloigner la flamme des parois du four (fig. 38).

Quand il s'agit de fours à creusets, les brûleurs sont ordinairement placés dans la sole, légèrement inclinée vers l'extérieur, qui supporte les creusets.

Dans le cas des fours à cuve ou à bassin, dont nous verrons le principe plus loin, les brûleurs sont placés dans la partie voûtée, au-dessus du niveau du verre liquide. La flamme traverse ordinairement le four d'un côté à l'autre, tantôt dans un sens, tantôt dans le sens opposé. Il est facile de se rendre compte

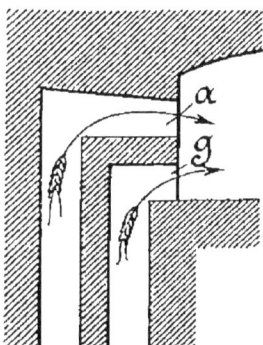

Fig. 37. — Brûleur à lames superposées.

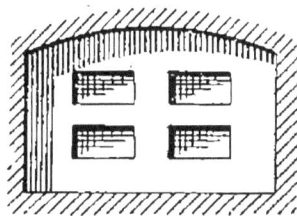

Fig. 35. — Coupe verticale d'un brûleur à lames parallèles.

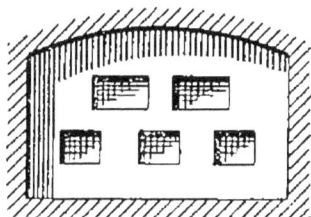

Fig. 36. — Brûleur à lames alternées.

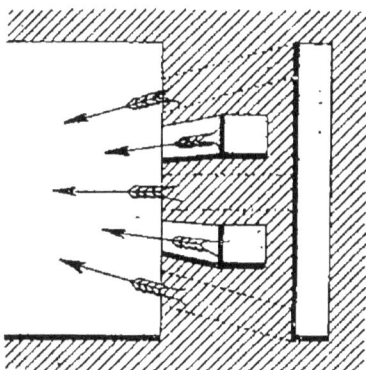

Fig. 38. — Coupe horizontale d'un brûleur à lames convergentes.

de la disposition de ces brûleurs à l'examen des figures 39 et 40.

CHEMINÉES

Les cheminées servant à conduire les fumées hors des récupérateurs ont une hauteur d'environ 20 mètres et doivent avoir une section de 8 décimètres

carrés par 1,000 kilogrammes de charbon transformé
en vingt-quatre heures.

Brûleurs à flammes croisées.

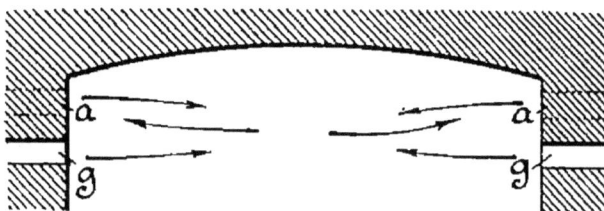

Fig. 39. — Coupe verticale.

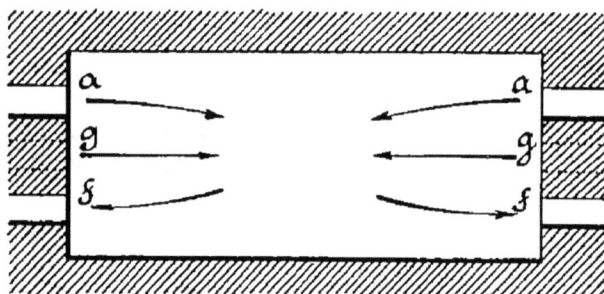

Fig. 40. — Plan.

Il faut éviter les rentrées d'air extérieur dans les
canalisations de gaz combustibles. Le transport des
gaz au moyen d'un siphon établi entre le gazogène
et le récupérateur a en cela un avantage marqué sur
les autres systèmes, car les gaz y acquièrent une
pression supérieure à celle de l'atmosphère. Mais il
faut en outre éviter que la cheminée fasse tirage sur
le four; s'il se produisait une dépression dans l'intérieur du four, l'air froid qui rentrerait par toutes les
fissures de la maçonnerie y occasionnerait des délé-

riorations notables. La pression des gaz dans le récupérateur doit donc suffire à assurer le tirage du four.

___

CHAPITRE VI

FONTE DU VERRE

___

Sommaire. — I. Fonte du verre dans les fours à creusets. — II. Fonte du verre dans les fours à bassin. — III. Fonte du cristal. — IV. Fonte des verres d'optique.

I. FONTE DU VERRE DANS LES FOURS A CREUSETS

Dans les chapitres précédents on a vu quelles étaient les substances employées dans la composition du verre et en quelles proportions on devait les mélanger pour obtenir tels produits déterminés. Nous allons étudier maintenant la transformation de ces matières en verre, transformation qui s'opère lentement à la température de 1200-1250° dans les fours de verrerie.

Toutefois, avant de parler de la fonte proprement dite, il est indispensable de décrire une opération qui la précède quelquefois : le frittage.

FRITTAGE

Le frittage n'est plus guère usité que dans la fabrication de certains verres, en particulier dans la fabrication du verre à bouteilles. Cette opération, qui consiste à faire subir aux matières un commencement de fusion avant leur introduction dans les creusets où seront opérées la fonte et l'affinage, est motivée par plusieurs causes, dont voici les principales :

1° Cette opération peut être considérée comme une calcination propre à dissiper l'humidité des constituants du verre ;

2° Comme propre à brûler les substances combustibles qui pourraient s'y trouver ;

3° Pour opérer un commencement de dégagement des gaz qui, sans cela, provoqueraient un trop grand boursouflement de la matière dans les creusets de fonte ; ces gaz sont de l'acide carbonique provenant des carbonates de chaux et de potasse, de l'oxygène et des produits nitreux provenant de la décomposition de l'azotate de potasse (salpêtre), et de l'oxygène provenant du minium qui passe à l'état de protoxyde, ou du peroxyde de manganèse qui se convertit en bioxyde ;

4° Il est reconnu que lorsqu'on fait un mélange de potasse ou de soude avec de la silice, et qu'on lui fait subir un coup de feu suffisant, l'alcali fond d'abord, et le sable, étant plus pesant, tombe en grande partie dans le fond du creuset. Les éléments se trouvant ainsi séparés ne peuvent plus se combiner que difficilement et lentement ; une partie de l'alcali libre disparaît sous l'action prolongée de la chaleur, de telle sorte qu'en employant même un excès d'alcali, il n'en reste pas assez pour vitrifier complètement la silice. Dans ce cas, le verre présente des nœuds et des teintes désagréables ; en outre l'alcali, se trouvant libre, exerce son action destructive sur les creusets qui ne tardent pas à être hors d'usage.

Par la fritte, les matières éprouvent un commencement de fusion qui leur fait contracter une adhérence suffisante pour éviter que, au moment de la fonte, elles se séparent avant d'avoir réagi les unes sur les autres ;

5° Lorsque les matières doivent être fondues dans des creusets, comme ceux-ci se trouvent portés au rouge dans le four de fusion, l'introduction de ces matières froides risquerait d'en produire la cassure, tandis qu'en y mettant la fritte au rouge cerise, on n'a pas cet inconvénient à craindre ; d'ailleurs cela retarde moins le travail d'une fournée à l'autre ;

6° M. *Henrivaux* signale encore la raison suivante : « Les fabricants de verre à bouteilles ont l'habitude d'ajouter à leurs compositions, dans le but d'abaisser leurs prix de revient, une notable quantité de sel marin ou de sels de varechs, qui contiennent environ 80 0/0 de chlorure de sodium.

Pendant la fritte, ce sel se dessèche, décrépite, devient adhérent à la silice avec laquelle il commence à se combiner, d'où il résulte que son action corrosive sur le creuset est considérablement diminuée.

Le frittage se justifie tant au point de vue chimique qu'au point de vue physique par la considération suivante :

Au point de vue chimique, il est acquis que dans cette opération 16 0/0 du chlorure de sodium sont décomposés, avec formation de silicate de soude et d'acide chlorhydrique ; le reste est décomposé pendant la fonte soit par réaction de l'acide sulfurique libre (contenu dans le sulfate de soude ajouté) sur le chlorure, soit par réaction de la vapeur d'eau, en présence de la silice, sur ce sel. La vapeur d'eau existant comme on sait en quantité notable dans les produits de la combustion, on comprend facilement que cette dernière réaction peut se produire.

Depuis quelques années on a renoncé à l'emploi du sel marin ; le fondant est constitué uniquement par du sulfate de soude. Le frittage est également supprimé dans la plupart des verreries. Nous ajouterons que presque partout les fours à creusets ont été remplacés par des fours à bassin.

Voici la manière d'opérer le frittage : après avoir bien mélangé la silice, les oxydes et l'alcali en poudre, on étend ce mélange sur la sole du four à fritter et l'on a soin de remuer souvent avec le *ringard* afin que la matière offre plus de surface à la flamme et pour éviter, en même temps, qu'elle se prenne en masse. C'est de cette manière qu'on doit également fritter les mélanges pour les verres blancs et cristaux, et pour les glaces à miroir. Il n'est pas indifférent de faire connaître le degré de chaleur qu'on doit donner au frittage. Au commencement, elle doit être douce, afin de se borner à l'évaporation de l'humidité du sable ; on l'augmente ensuite pour opérer le dégagement d'une partie de l'acide carbonique et de l'oxygène ; enfin, on la porte au point de brûler les substances combustibles et d'opérer une légère fusion des matières, en ayant soin de les remuer fortement avec le ringard, afin que la fritte ne se prenne pas en masse ou en gros morceaux, sur lesquels non seulement la flamme n'a pas autant d'action, mais qui peuvent souvent casser les creusets à fusion quand on les y projette ; en les agitant constamment, on obtient une fritte pulvérulente qui n'a point ce grave inconvénient.

Il est utile de dire qu'on doit ajouter au mélange, avant de le fritter, les oxydes de manganèse et de cobalt; tandis que les sels d'argent, d'or, d'arsenic, d'antimoine, de cuivre, de chrome, etc., se mêlent avec la fritte, quand on la met dans les pots de fusion ; en voici les raisons :

1° Les sels d'or et d'argent pourraient se réduire pendant le frittage ;

2° Ceux de chrome, de cuivre et de fer pourraient éprouver un changement d'oxydation qui produirait d'autres nuances ;

3° Ceux d'antimoine et d'arsenic, en raison de leur volatilité, seraient presque complètement dégagés.

Nous terminerons cet article en disant qu'une bonne fritte conduit à une belle vitrification et n'est jamais une opération nuisible.

FONTE

Lorsque les creusets de fusion sont bien consolidés sur leurs sièges et bien incandescents, on prend la fritte, à la température du rouge cerise, avec des pelles en fer appropriées à cet usage, et on l'introduit par les ouvreaux dans les pots, jusqu'au tiers de leur contenance ; on replace alors les tuiles aux ouvreaux et l'on augmente le feu, afin d'en opérer le plus promptement possible la fusion.

Si les matières n'ont pas été frittées, on les charge de la même manière après les avoir mélangées avec le plus grand soin afin d'éviter la production du verre ondé. Cette méthode présente plusieurs inconvénients : on expose les creusets à être fendus par le contact brusque de substances froides ; la durée de la fonte est plus longue qu'en opérant sur des frittes déjà rouges ; d'autre part, à mesure que la chaleur pénètre la composition de l'extérieur vers l'intérieur, les eaux hygrométriques et de cristallisation se dégagent vivement sous forme de vapeurs, ainsi que les gaz provenant de la décomposition des sels sous l'action de la forte chaleur, et leur dégagement entraîne une partie des matières premières dans le four.

Peu à peu les corps les plus fusibles se conglutinent, se liquéfient et enveloppent les corps les moins fusibles, en interceptant les issues aux gaz et aux vapeurs, qui cependant se dégagent avec un sifflement sensible, en un mot, les sels liquéfiés par la chaleur entrent en ébullition. Cette liquéfaction, se produisant d'abord autour du cône de composition, pénètre peu à peu cet amas de l'extérieur vers l'intérieur.

Dans cet état la fusion suit régulièrement son cours et ses diverses phases ; la vitrification se fera alors sans accident et dans les meilleures conditions, ce qu'on appelle « mise à bonne ».

Il en est autrement si le cône s'affaisse et disparaît dès le commencement et que la fusion des matières ait lieu à plat.

Dans ce cas la couche supérieure de la composition fondue ou conglutinée présente de sérieux obstacles au dégagement des gaz ; ceux-ci font monter la masse, qui se répand sur les sièges. Comme les sels fondants, plus légers que les autres matières, surnagent, il est évident qu'ils échappent, en s'écoulant, au sable qu'ils sont appelés à fondre ; ou bien si les matières ne débordent pas, la plus grande quantité des fondants se liquéfie trop promptement ;

ils montent à la surface des pots, où la chaleur les
fait volatiliser en partie, pendant que le sable, spécifiquement plus pesant, tombe au fond, ce qui retarde singulièrement la fusion ou la rend souvent
impossible. Dès lors la fusion se fait de haut en bas ;
les éprouvettes, prises à la superficie du verre, indiquent de la finesse, et engagent le fondeur à procéder par erreur au second enfournement.

Le verre qui contient dans sa combinaison le plus
de silice et le moins d'alcali est le meilleur ; car la
silice constitue le principal élément du verre, qui lui
doit son éclat, sa dureté et sa transparence. Si une
partie d'alcali sur quatre de sable suffit pour constituer le verre le plus solide, résistant aux influences
de l'atmosphère, on est souvent obligé d'introduire
une plus grande quantité de sels fondants dans les
compositions afin de fondre plus promptement la silice. Quand elle est fondue, on entretient et on active
le feu le plus possible pour expulser par la chaleur
longtemps soutenue, l'excédent des fondants, qui
nuirait à la dureté et à la solidité du verre s'il restait
combiné avec lui.

Comme cet excédent est nécessaire au commencement de la fusion, il est aisé de comprendre qu'on
retarderait les fontes si l'on s'avisait de le disperser
avant que le sable ne fût entièrement fondu.

La durée de la première fonte dépend de la plus
ou moins grande fusibilité de la composition enfournée et du degré de température qu'on aura soutenu
dans le four. Elle est de 10 à 13 heures dans les
grands fours à verre à vitres, à cheminées de logis et
à grande cheminée, de 8 à 10 pots, dans lesquels on
aura fondu la composition suivante, par exemple :

Sable.   100
Carbonate de chaux   36
Sulfate de soude.   37
Groisil   100

Plus la chaleur aura été grande et soutenue par l'emploi de bons combustibles, ou bien suivant que les souffleurs auront laissé après le travail plus ou moins de verre liquide dans les pots, plus la première fonte sera accélérée.

Le verre liquide laissé dans les pots facilite et accélère la fusion suivante ; il est cependant à remarquer que ce verre devient de plus en plus impur ; fort chargé de l'alumine provenant des pots et des rondelles flottantes, il se précipite au fond des pots parce que le verre alumineux est plus lourd que le verre exempt d'alumine. Ce verre produirait nécessairement des stries et une inégale réfraction dans le verre soufflé si on le laissait s'accumuler longtemps.

Les chefs de fabrication les plus expérimentés ont soin de faire vider à fond les pots, après chaque troisième travail, et de suppléer par du groisil à la quantité de verre liquide tirée à l'eau ; de cette manière ils évitent cette accumulation de verre impur au fond des pots, en profitant néanmoins des avantages qui résultent des enfournements de composition sur du verre liquide.

La fusion approche de sa fin quand la matière liquéfiée cesse de bouillonner avec vivacité. Vers cette période, on tire souvent des éprouvettes à la cordeline sur tous les pots.

On considère la première fonte comme terminée lorsque le verre tiré à la cordeline indique une vitrification parfaite, exempte de nœuds, de stries, de grains de sable et de bouillons de sel (fiel).

Le sel appelé *fiel* est un composé dont la plus grande partie est formée de sulfate de sodium et de chlorures, n'entrant pas en combinaison avec la silice. Il est soluble dans l'alcool, ainsi que dans 3,5 parties d'eau à 0° ; il décrépite au feu et se volatilise à haute température. Son usage se borne à la dorure sur bronze, à l'argentage au feu, ainsi qu'aux compositions de verre. Pendant la vitrification des matières, le fiel se sépare des sels fondants impurs employés dans la composition. Les matières très pures n'en produisent pas, tandis que les sulfates de potassium et de sodium ainsi que le chlorure de sodium impurs que l'industrie employait presqu'exclusivement il y a encore peu d'années en formaient beaucoup sur les pots. Ce sel en fusion est très liquide et surnage le verre : il ne pèse que 1,826.

Tant que le fiel reste enfermé dans le verre, il nuit à sa transparence et à sa finesse, parce qu'il s'interpose mécaniquement dans le verre en formant des dépôts grisâtres ou laiteux appelés « bouillons de sel ». Quelquefois il forme de petits flocons blancs.

Cependant, ajouté à la composition, de 2 à 6 0/0 à l'égard du sable, le fiel facilite la fusion, mais par contre, il agit vigoureusement sur l'alumine des pots.

Le but du fondeur est donc de liquéfier par la haute température, autant que possible, le verre en fusion, afin que le fiel, spécifiquement plus léger, puisse remonter à la surface des pots où il finit par se volatiliser sous l'action de la haute température. Comme la présence du fiel l'empêche de procéder au second enfournement de la composition, il est obligé d'attendre qu'il soit remonté à la surface du verre liquide.

Lorsque les éprouvettes ont démontré une complète fusion dans tous les pots, on procède au 2e enfournement, en comblant de nouveau ceux-ci. Quoique la première fois on ait comblé les pots, la fusion y a produit un grand vide parce que le verre liquide n'occupe pas un aussi grand volume que les matières brutes, dont, en grande partie, les corps constituants, eau, acide carbonique, acide sulfurique, chlore, etc., ont été expulsés, lors de leur décomposition.

La 2e fonte dure de 3 à 6 heures seulement ; le fondeur active le feu comme à la première.

Après la 2e fonte, on procède au 3e, quelquefois au 4e enfournement, suivant que les pots sont plus ou moins bien remplis. Comme le verre doit être soumis à une purification longtemps soutenue appelée « affinage » pendant laquelle il est constamment en ébullition, il est préférable de ne pas remplir à ras les pots avant l'affinage, mais de les combler, après ou vers sa fin, avec des débris de verre provenant du rognage des manchons : de cette manière on ne risque point de répandre du verre sur les sièges, par suite de débordements qui résultent du maclage ou brassage (voir plus loin). Cette précaution contribue beaucoup à la conservation des sièges et de la fosse.

Aussitôt que le dernier enfournement de composition est fondu, le fondeur fait remonter le sel (fiel) à la surface du verre par un abaissement subit de la température du four, qu'il obtient en ouvrant les plaques de la grande cheminée ainsi que les ouvreaux.

S'il remarque que beaucoup de sel s'est produit, il est obligé de le cueillir à la poche en fer. Dans ce cas, il la chauffe un peu pour la sécher, ce qu'il fait aussi chaque fois qu'il l'a rafraîchie dans l'eau lorsqu'elle a été chauffée au rouge par le cueillage du sel ; car le sel liquéfié par la chaleur a la propriété de décomposer l'eau avec une détonation spontanée.

MACLAGE

Si le fiel ne s'est pas produit en abondance, on profite de l'abaissement momentané de la température du four pour macler le verre fondu, afin que le couches inférieures du pot viennent à la surface et puissent laisser échapper leurs gaz et que toute la masse du verre liquide acquière par ce mouvement plus d'homogénéité.

Pour obtenir ce mouvement salutaire, les anciens se servaient de l'arsenic (acide arsénieux), qui plongé en petites doses au fond du pot, se volatilise à haute température, et dont les vapeurs remontant à la surface produisent un soulèvement impétueux dans le verre liquide. On remplace aujourd'hui pour le maclage l'arsenic par la pomme de terre ou des morceaux de bois humide ou d'autres matières organiques contenant de l'eau.

A cet effet on se sert d'une longue baguette en fer avec manche en bois ayant à son extrémité légèrement recourbée, une petite traverse en fer formant avec la baguette un T. Cette traverse est appointée à ses deux extrémités ; à chacune de ces pointes on fixe la moitié d'une pomme de terre. En plongeant ce fer au fond du pot, il se produit instantanément dans la masse liquide un soulèvement vigoureux, causé

par l'eau contenue dans la pomme de terre. Cette
opération est préférable à un maclage prolongé à la
barre de fer, parce qu'on ne risque point de salir le
verre par du protoxyde de fer qui pourrait se détacher du fer incandescent. Quoique les pommes de
terre carbonisées colorent le verre momentanément
en jaune, cette teinte disparaît pendant l'affinage.
Une seule suffit pour un pot.

Le maclage est suivi immédiatement de l'affinage.

AFFINAGE DU VERRE

L'affinage du verre consiste à le purifier au moyen
d'une très haute température, longtemps soutenue,
ayant pour effet une plus grande liquéfaction du
verre, qui permet aux gaz de s'échapper de la masse,
et au fiel ainsi qu'à l'excédent des fondants de se
dissiper afin d'obtenir un verre homogène, dur et
exempt de corps étrangers.

Le fondeur commence par abattre et nettoyer parfaitement la grille ; il établit dans les foyers une chaleur intense, afin d'obtenir une forte ébullition dans
les pots.

Quand il remarque sur un ou deux pots quelques
taches grisâtres de sel surnageant, il jette dessus,
pour gagner du temps, un gobelet plein d'eau, ce
qui dissipe immédiatement le sel et sans aucun danger.

L'ébullition du verre, très vive au commencement
de l'affinage, diminue insensiblement vers la fin.
Lorsque le verre devient tranquille et que les éprouvettes tirées à la cordeline indiquent la finesse du
verre, le fondeur comble les pots au moyen de calottes de manchons et des meules de cannes, prove-

nant du travail précédent, afin de livrer aux souffleurs des pots remplis à pleins bords. Comme ces
meules de cannes sont enfournées sans triage préalable, on est obligé de les préserver de toute impureté ; à cet effet on munit chaque place de souffleur
d'une caisse en tôle, dans laquelle l'ouvrier dépose
sa canne chaude après en avoir détaché le manchon
soufflé. Par le refroidissement de la canne le verre
adhérant à son mors éclate en se détachant.

L'affinage dure de 5 à 7 heures. Aussitôt que le
groisil enfourné est fondu, l'affinage est suivi du
tise-froid.

TISE-FROID

Par l'affinage le verre a acquis une grande fluidité ;
quoique la plus grande partie des gaz s'en soit
échappés par la forte ébullition, il en reste néanmoins
de renfermés. Par suite de la détente excessive des
gaz, il se forme des bulles plus ou moins grandes
renfermées dans le verre.

Pour les faire disparaître entièrement, on fait re-
tomber peu à peu la chaleur du four, en ouvrant les
ouvreaux et cessant le tisage. Le verre devenant par
cet abaissement de température plus froid et par
conséquent plus épais et plus tenace, force à son tour
les gaz renfermés dans la masse et qui ont aussi
perdu de leur force expansive à occuper un espace
imperceptible à l'œil, de sorte que les bulles deviennent invisibles.

Cependant il n'en est pas de même si le sable s'est
précipité au fond ou s'il reste du « sel » renfermé
dans le verre, ou si pendant la fusion les culs de
pots n'ont pas eu assez chaud, ou enfin s'il y a eu

Verrier. Tome I.   10

excès de chaux ou de fondants dans la composition ou que les enfournements aient eu lieu trop tôt.

Dans tous les cas précités, l'affinage du verre n'a pas pu se faire régulièrement et par conséquent les couches inférieures du verre, d'abord trop froides à l'égard des couches supérieures, deviennent par suite du tise-froid plus chaudes que celles-ci, ce qui occasionne un mouvement ascensionnel dans le verre et par suite le gaz renfermé produit des bouillons, les corps non fondus forment des grains de sable, des ondulations, des stries et d'autres phénomènes tous nuisibles à la pureté du verre.

Le verre bien fondu et homogène dans toutes ses parties, quoique rempli de bouillons à la fin de l'affinage, deviendra limpide et sans trace de bouillons et de mousse après les trois premiers manchons, si la durée du tise-froid a été suffisante.

Le commencement du tise-froid est le moment critique des accidents de pots. Tous ceux qui auront été glacés pendant les fontes par des courants d'air froid s'ouvriront et leur contenu s'écoulera dans le four.

PRÉPARATION DE LA GRILLE POUR LE TRAVAIL

Après le tise-froid, dont la durée est de 2 à 3 heures pour le verre à vitres, le cristal et la gobeleterie, et de 6 heures pour le verre à glaces — et lorsque le four marche à la houille, on fait le travail à la braise.

La *braise* consiste en plusieurs couches de houille menue demi-grasse, et à défaut de celle-ci, de menu coke mêlé avec de la houille grasse menue, ou bien d'un mélange de houilles grasse et maigre.

Pour établir la braise, le tiseur de jour égalise la couche de combustible sur la grille, et pendant qu'il laisse ouvertes les portes des foyers pour refroidir le verre, il descend dans la cave et décrasse la grille du laitier et du verre. Ensuite il la charge d'une première couche de combustible qu'il recouvre d'une seconde couche aussitôt que la première est bien allumée ; il attend que celle-ci soit également bien embrasée pour la couvrir d'une troisième couche. Ces couches superposées doivent presque remplir les fosses ; elles sont lentes à s'embraser complètement, mais une fois le combustible en ignition, la braise doit durer pendant 9 à 10 heures, temps nécessaire au travail du verre.

Pendant le tise-froid, les souffleurs et leurs gamins préparent les places, y déposent leurs blocs, amènent l'eau nécessaire au rafraîchissement des cannes pendant le travail, nettoient les mors de cannes, ouvrent les trous à cannes du four, enfin ils disposent tous les outils nécessaires au travail.

La qualité du verre dépend beaucoup de la bonne réussite de la braise. Il faut qu'elle produise pendant toute la durée du travail la chaleur nécessaire ; si elle n'est pas suffisante, ou qu'elle perde de son intensité, le four se refroidit ; le verre s'épaissit dans les pots, il offre une trop grande résistance au soufflage, et lorsque la composition a été riche en calcaire, le verre se décompose promptement et devient galeux.

Il faut, d'autre part, se garder de chauffer jusqu'à l'ébullition, le verre perdrait sa finesse et se remplirait de bouillons.

Quand tout est bien disposé, on procède au travail,

II. FONTE DU VERRE DANS LES FOURS A BASSIN

FOURS A BASSIN A CLOISONS

Les fours à bassins ont été imaginés dans le but de remédier aux inconvénients que présentent les creusets. Ceux-ci sont onéreux, se brisent fréquemment, utilisent mal la capacité des fours et donnent une fusion irrégulière. Il était naturel de songer à les remplacer par un creuset unique, occupant toute la sole du four.

M. Siemens est le premier qui ait réalisé ce perfectionnement. Il a construit ses premiers fours à bassin sous forme d'une simple cuve, voûtée par dessus et flanquée de régénérateurs.

On y fondait le verre sans l'affiner. L'affinage se faisait dans des creusets. Les résultats, quoique imparfaits à cause des fuites de verre qu'on ne savait empêcher, montrèrent que l'on pouvait obtenir du verre complètement affiné dans les fours à bassin. Ces appareils étaient primitivement à marche périodique, c'est-à-dire qu'on ne les rechargeait de composition qu'après les avoir vidés de tout le verre fondu de l'opération précédente. M. Siemens y apporta un perfectionnement considérable en se basant sur la disposition d'un creuset particulier, qu'il avait imaginé en vue d'obtenir une fusion continue.

Ce *creuset continu*, dont les figures 41 à 43 montrent la conformation, se compose de trois compartiments communiquant entre eux par des ouvertures. *a* est le compartiment de fusion, *b* celui d'affinage, et *c* celui de travail. Les deux premiers sont découverts ; le troisième est couvert et se termine par une sorte de col qui passe à travers l'ouvreau du four.

La composition vitrifiable est introduite en *a* à mesure que le niveau s'abaisse dans ce compartiment. Le verre fondu se rassemble à la partie inférieure et

Creuset pour fusion continue.

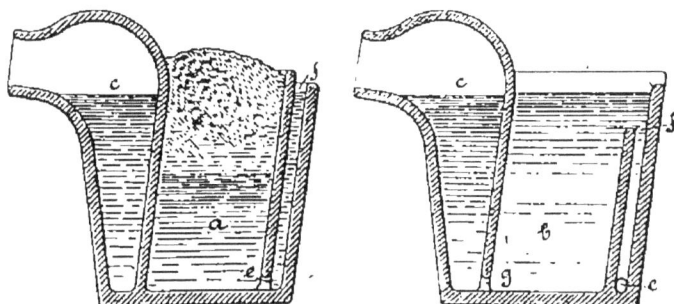

Fig. 41. Coupe suivant *xxz*.   Fig. 42. Coupe suivant *yyz*.

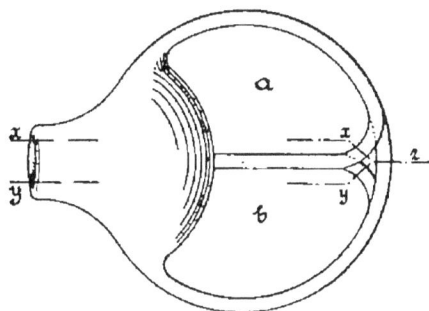

Fig. 43. — Plan.

passe peu à peu dans le compartiment voisin par le canal *e f*. En *b*, le verre qui arrive à la surface s'affine sous l'action de la chaleur, et devenant par suite spécifiquement plus lourd, tombe au fond du creuset. Il pénètre alors par l'ouverture *g* dans le compartiment de travail *c* où il est puisé par le souffleur. Le niveau du verre dans ce compartiment est sans

10.

cesse entretenu par l'introduction de nouvelle composition vitrifiable dans le compartiment de fusion *a*.

De même que ce creuset, les premiers fours continus à bassin de Siemens sont divisés en 3 compartiments : de fusion, d'affinage et de travail.

Les figures 25 à 28 (voir page 147) indiquent la construction de ce genre de fours. Les deux premiers compartiments sont couverts par une voûte cylindrique, surbaissée, dont les reins sont percés d'ouvertures servant de brûleurs à gaz; le dernier compartiment est surmonté d'une voûte sphérique dans laquelle sont ménagés les ouvreaux de travail. Au-dessous du bassin se trouvent placés les régénérateurs de chaleur 1, 2, 3, 4.

Les gaz combustibles passent alternativement dans les deux chambres 2 et 3, de même que l'air nécessaire à la combustion traverse alternativement les chambres 1 et 4. Les gaz arrivent dans le four par les ouvertures *g* et *a* superposées par paires, le gaz, plus léger, étant amené au-dessous de l'air plus lourd, pour favoriser le mélange.

Les flammes traversent la largeur du four, passent par les ouvertures opposées *g* et *a*, et s'échappent après avoir chauffé les empilages des récupérateurs. Toutes les demi-heures, on change la direction du tirage à l'aide des valves *v v'*.

Pour obtenir l'étanchéité des maçonneries qui constituent les parois et les séparations du bassin, *M. Siemens* a imaginé d'y établir une active circulation d'air. Non seulement les matériaux de construction sont plus résistants à l'action dissolvante du verre, parce qu'ils sont refroidis, mais, s'il vient à se produire une fissure, le verre qui y pénètre se trouvant aussitôt solidifié, forme de lui-même un obstacle absolu à toute autre infiltration.

La réalisation de ce procédé est simple et peu coûteuse; il suffit de ménager dans l'épaisseur des parois des canaux communiquant avec l'extérieur par une extrémité et avec des cheminées d'appel par l'autre.

FUSION DANS LE FOUR A BASSIN

Les matières vitrifiables sont enfournées périodiquement dans le compartiment o par l'ouverture de chargement d; un anneau en maçonnerie réfractaire placé en cet endroit retient les matières tant qu'elles ne commencent pas à fondre et protège ainsi les parois du compartiment o contre une trop grande usure.

Le verre fondu passe de o en p par une sorte de siphon établi sous la cloison de séparation; il pénètre dans le compartiment d'affinage, par le haut, puis descend peu à peu à mesure qu'il devient plus parfait et plus dense; enfin, il arrive dans le compartiment de travail q en passant sous une cloison.

Dans ce compartiment, le verre affiné se refroidit quelque peu et prend la consistance convenable pour le soufflage; cette partie du four correspond à la période du tise-froid des fours à creusets. C'est là que les souffleurs le puisent avec leurs cannes. En face de chaque ouvreau, un anneau c en terre réfractaire flotte sur le bain; il a pour but de ne laisser prendre au souffleur que du verre provenant d'un niveau inférieur à la surface et d'éviter par suite la présence du verre alumineux dont la densité est,

comme on le sait, plus faible que celle du verre de
bonne qualité.

FOURS A BASSIN SANS CLOISONS

En 1874, M. *Siemens* a simplifié la construction de
ses fours en supprimant les cloisons de séparation ;
ce perfectionnement est basé sur l'emploi des *nacelles*
ou flotteurs d'affinage.

« Les nacelles, dit M. Siemens, sont des vases en
argile à deux ou plusieurs parties (fig. 44 et 45) qui
nagent sur le verre et peuvent être ronds, carrés,
longs ou ovales. Les divisions résultent de cloisons
intérieures qui sont fixes ou mobiles ; l'une de ces
divisions se trouve en communication par une ou
plusieurs ouvertures dans sa partie inférieure, avec
l'autre grand vase d'argile, dans lequel la nacelle
nage, de façon que le verre, par ces ouvertures, doit
passer du grand compartiment dans le petit. Ce
compartiment communique de nouveau avec le second et celui-ci avec les autres divisions par des
ouvertures ménagées dans les parois intérieures, qui
peuvent se trouver selon les rapports spéciaux, au
fond, au milieu ou en haut. La dernière division est
tournée vers l'ouverture de travail du four.

Dans la construction régulière de la nacelle, il est
facile de comprendre que lorsque le verrier prend du
verre à la dernière division, le verre de la division
précédente, en vertu de la pression hydrostatique,
doit pénétrer et remplacer ce qu'on a pris. De même
une quantité correspondante de verre doit pénétrer
par en bas dans la première division en venant de la
cuve. »

Grâce à l'emploi de ces nacelles, les cloisons du

Nacelle d'affinage.

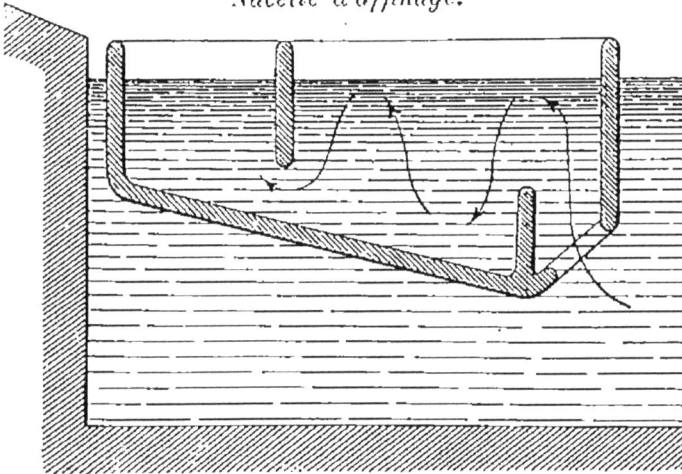

Fig. 44. — Coupe verticale.

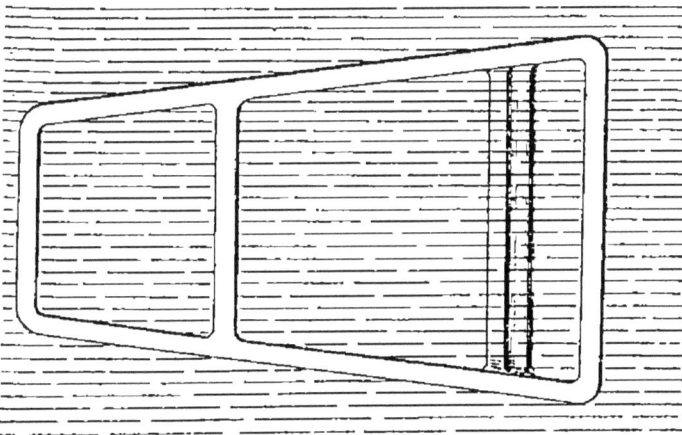

Fig. 45. — Plan.

bassin deviennent inutiles, de même que les anneaux flottant à la surface du bain. Les compartiments d'affinage et de travail sont, non pas supprimés, mais divisés en nombre égal à celui des nacelles, c'est-à-dire autant qu'il y a d'ouvreaux. Le compartiment de fusion est beaucoup plus grand et la production en est d'autant accrue.

FOURS A PRODUCTION MULTIPLE

Les fours à bassin se prêtent facilement à la production simultanée de verres de plusieurs qualités ou de colorations différentes.

Il suffit de diviser le bassin en compartiments au moyen de cloisons convenablement refroidies par une ventilation intérieure. Comme l'emploi des nacelles flottantes permet de se passer de compartiments spéciaux pour l'affinage ou le travail, le nombre des divisions est égal à celui des différentes sortes de verre que l'on veut obtenir.

Les figures 46 et 47 montrent la disposition d'un four à quatre compartiments que M. Siemens a installé dans sa nouvelle verrerie de Neusattel-Ellbogen. Voici la description qu'en donnent MM. Wagner et Fischer :

« Les matières destinées à composer le verre sont apportées en *m*, où elles sont mélangées, et ensuite introduites dans le four par les ouvreaux de chargement *b*.

Les récupérateurs (régénérateurs) *c*, larges de 2 mètres et longs de 2ᵐ75, qui forment le soubassement du four et entre lesquels se trouve la voûte *d*, communiquent inférieurement par les canaux *e* avec les canaux latéraux *f*, desquels le gaz et l'air arrivent par les conduits *g* et *a* dans le four.

Le bassin de forme circulaire est partagé par les ponts *h*, se croisant à angle droit, en quatre com-

partiments pour quatre sortes de verres différents.
Les refroidisseurs de ces ponts se réunissent dans
la cheminée commune de ventilation *i*, qui est
construite à travers la voûte du four et dont la
partie inférieure est partagée par un éventail en
fer *j* d'environ 1 mètre de haut, de façon que la
ventilation de chaque pont en particulier, jusque
sur le niveau du verre, reste séparée des autres
et qu'elle ne parte que de là pour aller plus loin ;
cela est nécessaire, d'une part pour qu'il ne se
produise pas de perturbation dans la ventilation des
ponts en particulier, d'autre part pour que, si un
pont venait à être défectueux et que le verre entrât
en refroidissement, la ventilation continuât néanmoins à s'opérer régulièrement dans les autres ponts.
Le fond du bassin, ainsi que les parois de côté, sont
munis de refroidisseurs *n*, qui débouchent dans les
quatre petites cheminées *k*, correspondant aux quatre
compartiments, de sorte que dans le cas où l'un des
refroidisseurs de l'une des quatre divisions serait
mis en défaut, le fonctionnement des trois autres ne
serait en rien gêné par l'accident.

Les canaux de ventilation des ponts sont fermés
par le bas à l'aide de grandes pierres de formes spéciales qui reposent sur un certain nombre de piliers,
entre lesquels se trouvent les ouvertures pour que,
lorsqu'on fabrique une même espèce de verre, celui-
ci puisse circuler librement d'une division dans une
autre.

Devant chacune des vingt-huit ouvertures de travail *p* nage, dans la masse de verre demi fondue,
une nacelle ou flotteur qui rend possible le travail
continu. Les vingt huit places de travail sont occu-

Four à bassin à quatre compartiments.

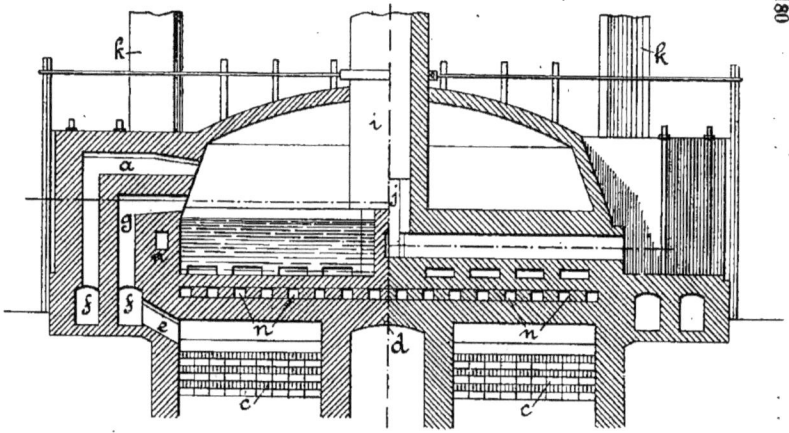

Fig. 46. — Coupe verticale suivant 1-2-3-4.

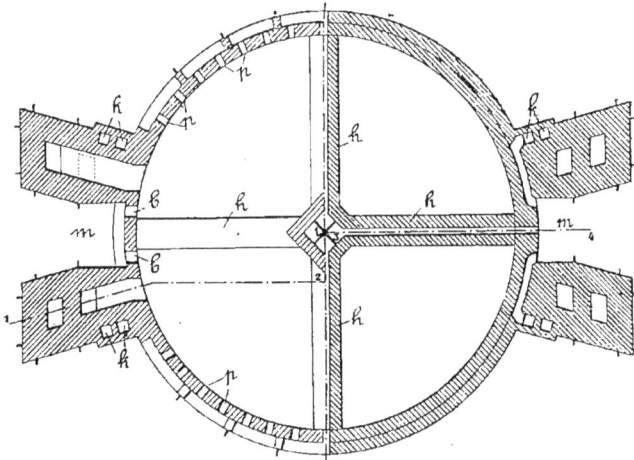

Fig. 47. — Plan partie au-dessus du niveau du verre, et partie au-dessous.

pées chacune par un maître et par un gamin ; on y travaille continuellement en deux mues de douze heures, ce qui représente la valeur de vingt heures de travail réel par jour.

Comme par trou de travail et par heure on peut faire environ 50 bouteilles, le travail de la journée peut donc être représenté par 28,000 bouteilles ; si on retranche le chiffre de 3,000 pour la casse, etc , il reste par jour 25,000 bouteilles, chiffre qui jusqu'à présent n'a jamais été obtenu avec un seul four.

Comme combustible on emploie du lignite de Bohème, que l'on gazéifie dans un grand générateur avec une grille en gradins de chaque côté, et une grille plane, tandis que le gaz nécessaire pour le chauffage du four à recuire est produit dans deux petits gazogènes à cuve avec grille pleine. La consommation en charbon s'élève par jour pour le four de fusion à 15-18 tonnes, et pour les fours à recuire à 2 tonnes environ.»

Dans les verreries où l'établissement d'un four à bassin du système précédent serait disproportionné à la production journalière, on peut se contenter de placer sur la sole d'un four plusieurs pots de grandes dimensions, dans chacun desquels on place une ou plusieurs nacelles flottantes.

Ces petits bassins à fusion continue peuvent être aisément remplacés quand cela est nécessaire ; on augmentera de beaucoup leur résistance en les enfouissant dans du sable.

FOURS A RADIATION SYSTÈME SIEMENS

Depuis 1884, il a été émis une nouvelle théorie pour le chauffage des fours de verrerie. Tandis que jusqu'alors on s'attachait à mettre le mieux possible les gaz en combustion en contact avec les creusets ou le verre, *M. J. Siemens* a montré qu'il était préférable de chauffer par *radiation*, et qu'il convenait, pour produire une forte élévation de température, de ne pas amener les gaz combustibles au contact des matières à chauffer, celles-ci produisant une dissociation partielle des gaz, c'est-à-dire un dégagement de fumées nuisible à la transmission de la chaleur.

D'après cette théorie :

« Dans la première période de combustion, qui est la période active, les flammes passent à travers une grande chambre de combustion et ne la chauffent que par chaleur rayonnante.

« Dans la seconde, les produits de combustion sont mis en contact direct avec les surfaces à chauffer, auxquelles ils transmettent la chaleur produite par la combustion en l'ajoutant à celle résultant de la radiation émise par les flammes.

« Comme il importe, dans les fours qui réalisent l'application de ce principe, que les gaz en combustion ne perdent de leur chaleur que ce qui tient au rayonnement, il est absolument indispensable de faire les chambres à combustion assez grandes pour éviter le contact direct avec les parois. Les voûtes des fours et les conduites de fumée doivent être disposées de telle sorte que la combustion complète du gaz puisse s'effectuer avant que les flammes aient quitté la chambre à combustion. On obtient ainsi une chaleur plus intense et une durée de combustion plus longue que dans les fours ordinaires.

« L'intensité de la chaleur et la durée de la combustion comportent des avantages que les fours ordinaires ne sauraient présenter. Les flammes perdent beaucoup de chaleur par le contact de leur surface avec les parois d'un foyer, ce qui serait difficile à expliquer s'il n'y avait, à côté de la combustion imparfaite, d'autres causes qui réduisent en l'espèce l'effet calorique des flammes.

« La flamme émet de la chaleur par rayonnement, non seulement par sa surface, mais aussi de son intérieur en la laissant passer à travers toute sa masse; c'est ainsi que toute particule de flamme envoie des rayons dans toutes les directions; mais quand celle-ci touche aux parois, la combustion cesse aux endroits de contact, et du carbone mis en liberté détermine la production de la fumée. Cette dernière enveloppe une partie de flamme et empêche les rayons caloriques des autres parties d'y parvenir et d'élever la température.

« Dans tous les phénomènes de la combustion le rayonnement joue un rôle beaucoup plus important qu'on ne le lui reconnaissait jusqu'ici; par conséquent, toute cause qui tend à diminuer le pouvoir rayonnant de la flamme ou à en dévier les rayons, réduit nécessairement la quantité de chaleur qui peut être utilisée.

« Si la flamme se trouve hors de contact avec les objets qu'il s'agit de chauffer, la combustion s'améliore et on tire du rayonnement tous les avantages qu'il peut présenter. Le mode usuel d'application de la flamme, qui consiste à lui faire embrasser les surfaces à chauffer, détermine une combustion imparfaite, empêche les rayons de chaleur d'élever la température de la flamme et tend par conséquent à la détruire. Cela se rencontre surtout lorsqu'on emploie des hydrocarbures ou de l'oxyde de carbone comme combustible. »

Pour que cette théorie, qui se trouve en concordance avec les fours expérimentés par M. F. *Siemens*, soit complète, elle doit prendre en considération les phénomènes de dissociation ; cette théorie sur les surfaces chauffées est résumée comme suit par M. F. Siemens :

« L'augmentation de température, en produisant l'expansion des gaz, réduit l'attraction mutuelle des atomes, ou, en d'autres termes, diminue leur affinité chimique. En raison de l'augmentation de chaleur, la tendance répulsive des atomes augmente jusqu'à ce que la décomposition ou la dissociation survienne.

« Ceci admis, il s'ensuit que l'attraction que les surfaces exercent sur les atomes des gaz, attraction qui croît avec la température, favorise la dissociation en augmentant la tendance répulsive des atomes. *M. Victor Meyer*, qui avait le premier constaté l'exactitude des résultats obtenus par les deux savants que nous venons de nommer, les a depuis acceptés.

« Nous avons été bien aise d'apprendre ce fait, puisque leurs expériences confirment les résultats obtenus dans la pratique des fours. M. Meyer, dont l'autorité dans les questions de dissociation est généralement reconnue, a fait plusieurs expériences qui ont fait ressortir l'exactitude de la théorie que nous venons d'exposer.

« Par exemple, il faisait tomber, en gouttes, du platine fondu dans de l'eau ; de l'oxygène et de l'hydrogène se dégageaient par suite de la dissociation de la vapeur.

« Dans ce cas, la dissociation ne peut pas être contestée, mais il faut se demander si la chaleur en est la seule cause. En premier lieu, il faut prendre en considération l'action dissociante que les surfaces chauffées du platine exercent sur la vapeur, et, en deuxième lieu, l'affinité qu'a le platine pour l'oxygène et l'hydrogène. Il en est de même d'une autre expérience où M. Meyer a fait passer de la vapeur à travers un tube en platine chauffé. Bien d'autres expériences pourraient être citées dont les résultats confirment nos idées sur la question.

« Il y a un autre phénomène démontré par l'expérience et lié avec la dissociation, qui doit être expliqué. Quand une flamme dont la température est augmentée devient plus longue, on considère ce fait comme l'indice le plus sûr de la dissociation.

« Or, toutes les expériences de ce genre ont été faites avec des tubes étroits où l'influence des surfaces chauffées sur la dissociation devait entrer en jeu. Ce n'est pas seulement la chaleur qui, dans ces cas, déterminait la dissociation et augmentait la longueur des flammes, mais aussi l'influence des surfaces chauffées sur les gaz en combustion, surtout quand ceux-ci contenaient des hydrocarbures.

« Donc, l'allongement de la flamme était dû en partie à ce que les surfaces empêchaient la combustion des gaz dissociés, en rétrécissant l'espace. Si la même flamme pouvait se développer dans un espace où les surfaces ne sont pas multipliées, dans les fours à radiation par exemple, l'allongement ne pourrait pas se produire ; même, au contraire, au fur et à mesure de l'augmentation de température la flamme deviendrait plus courte.

« Ce phénomène peut être observé dans les becs à gaz régénérateurs dont la flamme est d'autant plus courte que la température et, par conséquent, la lumière produite, sont intenses.

« D'autre part, la flamme peut être allongée à volonté, si elle est conduite à travers des passages étroits. On observe ceci dans des fours à régénérateurs qui envoient des flammes jusqu'au sommet de la cheminée si les soupapes sont arrangées de façon que les flammes, au lieu de passer au travers du foyer, entrent immédiatement dans le régénérateur, et y brûlent.

« La combustion proprement dite ne peut pas avoir lieu dans les voûtes du régénérateur, et les flammes s'allongent jusqu'à ce que les gaz se refroidissent au rouge sombre et se transforment en une épaisse fumée. Aussi, dans ce cas, les grandes surfaces du régénérateur exercent la double action d'empêcher la combustion et d'augmenter la dissociation.

« Il résulte de ce que nous venons d'avancer que les fours à régénérateurs présentent de grands avantages pour les expériences, étant donné qu'ils offrent des résultats pratiques qui peuvent servir de base aux conceptions théoriques de la combustion et de la dissociation. Si la dissociation des produits de combustion a lieu, nous en voyons les conséquences dans une diminution de la chaleur, une réduction du rendement et la destruction des fours et des matériaux.

« Après avoir éloigné les causes de la dissociation, nous constatons l'élévation de température, l'augmentation du rendement, la plus grande durée des fours et l'économie des matériaux. Des résultats analogues peuvent être obtenus avec d'autres fours, mais les avantages n'en seront pas aussi grands que dans le cas des fours à régénérateurs, étant donné que l'intensité de la chaleur qui peut être produite par les premiers est moins grande que celle produite par les derniers. »

Ce système de chauffage par radiation, ou à flammes libres a été appliqué aux fours à fusion dits bassins et aux fours à pots avec introduction de flammes alternées par les pignons opposés du four ou par un seul pignon, comme dans la disposition dite « en fer à cheval ».

FOURS A RADIATION SYSTÈME GOBBE

C'est depuis quelques années seulement qu'on est arrivé à compléter les théories de Siemens et à préciser les conditions de succès.

Dans les premiers fours à bassin, on cherchait à réduire l'épaisseur de la couche de verre fondu au-dessus de la sole afin de diminuer les dangers d'une rupture du four ; les études faites en ces dernières années ont au contraire amené à l'emploi de bassins profonds. Voici à ce sujet le résumé d'un savant travail publié par *M. Damour* (1) :

« Ce qui caractérise les fours actuels, surtout ceux de la verrerie à vitres, c'est leur grande profondeur atteignant souvent 2 mètres et même 2ᵐ20. On comprendra combien cette disposition, proposée par l'éminent constructeur *M. Gobbe*, a dû paraître auda-

(1) *La Nature*,

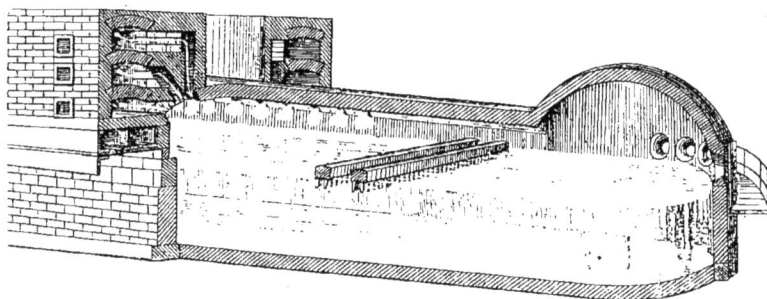

Four à bassin système Gobbe.

Figure 48.

cieuse à l'origine, si on songe que ces fours présentent souvent une longueur de 23 mètres sur une largeur de 3^m50 comme c'est le cas pour celui qui est représenté sur la figure 48, et dans ces conditions, ils ne renferment pas moins de 400,000 kilogrammes de verre fondu. La coulée de cette masse produirait un véritable désastre si les parois se corrodaient, et venaient à céder comme le cas se produisait souvent avec les fours de faible profondeur ou même parfois lorsqu'on employait des pots isolés et contenant seulement 500 ou 600 kilogrammes.

Quelque étonnante que cette conséquence puisse paraître au premier abord, il semble que c'est précisément l'importance et surtout l'épaisseur de la masse ainsi amenée en fusion qui est la meilleure garantie contre cet accident si grave de la coulée. Ce fait trouve son explication dans l'étude des conditions même du chauffage.

Lorsqu'on opère par exemple sur le métal en fusion, comme l'acier sur la sole du four Martin Siemens, on se trouve en présence d'un corps bon conducteur de la chaleur obscure, mais opaque à l'égard de la chaleur lumineuse. Il ne peut s'échauffer que par contact à la surface du bain ; il faut donc que celui-ci soit de faible profondeur, et que la flamme gazeuse qui doit lui céder sa chaleur soit également de faible épaisseur ; les gaz doivent passer rapidement en se brassant aussi énergiquement que possible au contact de la surface du bain.

On se trouve conduit dès lors à adopter dans ce cas une sole de faible profondeur, et à abaisser en même temps la voûte en lui donnant la hauteur minima assurant la bonne combustion.

Il n'en est pas de même lorsqu'on opère sur le verre en fusion, surtout le verre à vitres qui est incolore et plus diathermane que le verre à bouteilles. Le bain est alors mauvais conducteur de la chaleur obscure, mais se laisse traverser seulement par la chaleur lumineuse qu'il arrive en quelque sorte à emprisonner. Celle-ci se transmet en ligne droite et sans déperdition sensible, elle traverse le bain fondu, et assure la fusion sur presque toute l'épaisseur, elle arriverait même au contact de la sole qui se dissoudrait dans le bain, si elle n'était refroidie.

C'était le fait qui se produisait du reste dans les premiers fours à faible profondeur; il fallait un refroidissement énergique qu'il était difficile de maintenir toujours au degré nécessaire pour prévenir l'attaque de la sole; tandis qu'avec les nouveaux fours, on réussit plus facilement à maintenir dans le fond le bain à l'état seulement pâteux en raison de l'absorption inévitable de chaleur qui se produit en profondeur; on arrive dès lors à protéger la sole en la refroidissant seulement à l'extérieur par une simple circulation d'air. Ce qui donne une grande vraisemblance à cette explication, c'est que dans les verreries à bouteilles où le verre est moins diathermane en raison de la coloration qu'il présente, la fusion ne se propage pas à une profondeur aussi considérable. M. Damour cite même cet exemple curieux d'un four à deux compartiments chauffés dans les mêmes conditions, contenant deux verres en tous points semblables sauf pour la nuance, où le plus foncé n'avait que 30 centimètres de profondeur, tandis que l'autre atteignait 50 à 60 centimètres.

: La théorie que nous venons de résumer donne l'explication des différences caractéristiques que présentent les fours de verreries par rapport aux fours à acier, et elle montre également l'avantage de leur donner une voûte élevée avec grande section. Il faut s'attacher surtout en effet à obtenir la chaleur lumineuse par la réflexion des parois de la voûte ; il n'est pas nécessaire que la flamme soit au contact de la matière à fondre, on n'y gagne rien comme utilisation de chaleur, et on s'expose à rendre le verre bouillonneux.

La voûte est rehaussée, l'air chaud et les gaz de combustion sont amenés souvent par de nombreux carneaux disposés suivant des rangées superposées, les flammes sont longues, la circulation est lente. On obtient évidemment une température moindre que celle des fours à acier à voûte surbaissée ; mais il n'y a là aucun inconvénient, car la température de fusion du verre à vitres n'atteint que 1400° et se trouve ainsi inférieure de 200° environ à celle de l'acier qui atteint 1600°. A un autre point de vue, la grande division des carneaux facilite le réglage de la température qui doit être maintenue rigoureusement constante, et on considère en effet que les variations maxima d'un pareil four bien conduit ne doivent pas atteindre 50° au cours d'une année.

L'installation des gazogènes des fours à verrerie présente aussi des caractères spéciaux résultant de la nécessité de maintenir toujours l'activité du tirage, malgré l'ouverture continuelle des portes des fours ; on s'attache en un mot à rendre les circulations d'air, de gaz et des produits de la combustion facilement réglables en adoptant autant de valves qu'il y a de carneaux. Nous n'insisterons pas sur la disposition de ces gazogènes ; nous parlerons de la construction du four à vitres Gobbe.

Le fond du bassin est en briques alumineuses, il est supporté par des dés en terre réfractaire espacés les uns des autres de façon à assurer la circulation de l'air pour le refroidissement de la sole ; de même les parois latérales sur toute la hauteur du bain fondu sont isolées de tout massif en maçonnerie. On s'attache en outre à les rendre facilement accessibles pour permettre les réparations en cours de travail.

Les matières vitrifiables sont chargées dans les bassins par les portes de renfournement situées à l'une des extrémités du four. Celle-ci se trouve reportée sur la figure à gauche en dehors des limites du dessin, la grande longueur du four atteignant 25 mètres n'ayant pas permis de le représenter dans toute son étendue.

Le verre qui se forme s'affine en passant devant les carneaux qui amènent les gaz chauds, et il s'écoule lentement vers les ouvreaux de la chambre de travail située à l'extrémité opposée.

L'expérience montre qu'il est impossible, quelle que soit la longueur du four, d'éviter à la surface du bain la formation d'impuretés ou de mousses qui sont des obstacles à une bonne fabrication ; il convient donc d'isoler dans une certaine mesure la partie du four où s'opère l'affinage, de la chambre de travail proprement dite, et d'ailleurs les températures à ménager dans les deux parties du four sont sensiblement différentes. On n'a donc pas hésité, dans certains fours de glaceries par exemple, à constituer deux compar-

timents complètement distincts, réunis par un passage étroit, et on les a munis de brûleurs et registres
spéciaux.

Dans les fours Gobbe, comme c'est le cas pour l'appareil représenté, on a simplement allongé le four en
supprimant les brûleurs au voisinage des ouvreaux,
et on a disposé des barrages flottants pour arrêter les
impuretés de la surface.

La figure 48 montre que la chambre de travail est
recouverte d'une voûte spéciale sphérique, et les ouvreaux par où se fait le cueillage du verre.

Dans la fabrication des verres à bouteilles, on se
contente même parfois de disposer devant l'ouvreau
de travail une simple nacelle percée au fond qui
puise le verre à la profondeur de 20 à 30 centimètres,
et écarte ainsi les impuretés de la surface.

On remarquera sur la figure 48 la disposition de la
triple rangée de carneaux des fours Gobbe, le gaz
arrivant par le carneau du milieu se trouve enserré
entre les deux lames d'air supérieure et inférieure,
ce qui, d'après l'inventeur, améliore la combustion.
Ces carneaux sont tous munis d'ailleurs de registres
indépendants permettant de régler à volonté les ap-
pels respectifs d'air et de gaz.

L'emploi des fours à bassin a entraîné dans la
verrerie, comme nous le disions en commençant,
une perturbation profonde qui a affecté grandement
le personnel ouvrier, et qui a été le point de départ
des troubles et de l'agitation que cette industrie traverse depuis plusieurs années.

Au point de vue de la consommation de combustible, l'avantage est énorme, et M. Damour estime
même que l'économie réalisée par rapport aux an-

ciens fours à pots dépasse souvent les deux tiers, quelque invraisemblable que ce chiffre puisse paraître au premier abord. Ce résultat n'est cependant pas le plus important, et l'ensemble des modifications annexes ainsi apportées dans le travail a eu sur le prix de revient une influence plus sensible encore.

Il faut observer en effet que le four à bassin a supprimé les pots dont la préparation exigeait un atelier spécial fort dispendieux, et a écarté en même temps tous les accidents résultant des ruptures de creusets.

Enfin, le travail du cueillage du verre s'est trouvé grandement facilité puisque, le four restant continuellement alimenté, l'ouvrier travaille toujours à niveau constant.

Cette simple observation, écartant ainsi les principales difficultés que présentait l'usage des pots à niveau variable, a permis d'employer à ce travail des apprentis plus jeunes qui ont pu acquérir très rapidement la pratique du métier.

Les vieux ouvriers élevés dans leurs idées de noblesse privilégiée n'ont pas vu sans un vif regret cette transformation qui réduisait à néant leur supériorité et leur prestige, et comme peut-être aussi de leur côté certains patrons ont abusé parfois des facilités que ces nouveaux fours leur donnaient au point de vue de l'apprentissage, il en est résulté dans les esprits un état de mécontentement et d'hostilité entraînant indirectement les nombreuses et retentissantes grèves qui ont agité ces dix dernières années. »

AVANTAGES DES FOURS A FUSION CONTINUE

Voici, d'après *M. Henrivaux*, quels sont les principaux avantages dus à l'emploi des fours à fusion continue :

1° La puissance de production est augmentée, attendu que le four marche sans interruption à la température d'affinage, tandis que dans les fours ordinaires on perd plus d'un tiers du temps par le tise-froid, le travail et le réchauffage des fours ;

2° Economie de main-d'œuvre, attendu que le nombre des hommes employés pendant la fusion est diminué de moitié ;

3° Durée plus grande des fours à cause de la constance de la température, et en outre en raison de ce que la composition est enfournée en quantités telles chaque fois qu'elle ne vient toucher ni les côtés ni le fond du bassin, qui ne sont plus alors refroidis subitement ou rongés par les fondants, si l'on a soin d'enfourner dans un flotteur rond ;

4° Régularité du travail ;

5° Commodité pour les verriers et avantage pour les patrons, attendu que, par suite de la continuité de l'opération, le verre est toujours prêt à être travaillé et le niveau de cueillage est toujours le même ;

6° Pour la fabrication du verre à vitres, on peut disposer les ouvreaux de façon que les chefs de place et les grands garçons ne se gènent pas mutuellement.

Les fours à fusion continue peuvent être appliqués pour de petites comme pour de grandes productions, et leurs dispositions intéressent par conséquent tous les verriers.

III. FONTE DU CRISTAL

Le verre de luxe était autrefois préparé dans des fours chauffés au bois ; lorsqu'on voulut se servir de la houille comme combustible, on remarqua que le verre prenait une coloration désagréable. De là vint l'emploi des creusets fermés (fig. 49-50) dont le col, ouvert seulement à l'extérieur du four, mettait le verre à l'abri de l'action réductrice des fumées. Cependant comme ce couvercle nuisait à la transmission

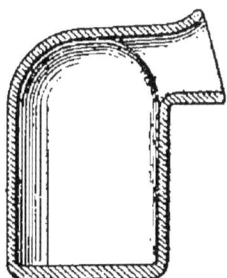

Fig. 49. — Creuset fermé.

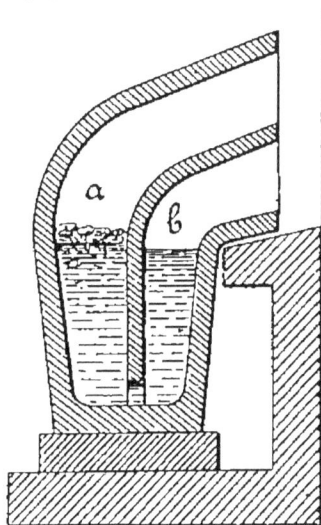

Fig. 50. — Creuset fermé pour fusion continue.
a Compartiment de fusion.
b Compartiment de travail.

de la chaleur et que la durée de la fonte était d'autant prolongée, on fut conduit à augmenter la fusibilité du verre par l'addition d'alcali. L'excès d'alcali donnant un mauvais verre et une nouvelle cause de coloration, une partie de l'alcali fut remplacée par de l'oxyde de plomb, et l'on obtint enfin le cristal. Ce ne fut qu'après de nombreux tâtonnements qu'on trouva vers le milieu du xvII^e siècle les proportions convenables de potasse et d'oxyde de plomb qu'il fallait associer à la silice. Aujourd'hui on fabrique généralement le cristal en pots couverts dans des fours chauffés à la houille ou plutôt au gaz de houille, avec des foyers Boétius ou des récupérateurs Siemens.

La figure 51 représente un de ces fours construit

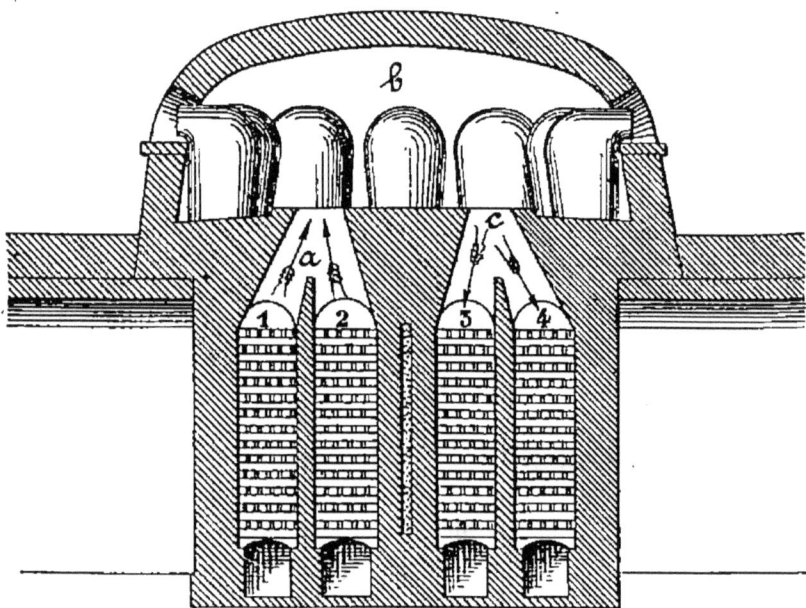

Fig. 51. — Four à cristal à pots couverts.

par M. *Didierjean*, directeur de la cristallerie de Saint-Louis. Les gaz arrivent dans le four par le récupérateur intérieur (2 ou 3), et l'air par le récupérateur extérieur (1 ou 4). La cloison qui sépare les deux chambres conjuguées s'arrête à 0^m80 environ au-dessous du siège; de sorte que la combustion commence déjà dans l'ouverture *a* et se termine dans le laboratoire *b* du four. M. Didierjean est arrivé à fondre le cristal en pots découverts chauffés avec le gaz de houille en modifiant légèrement le four précédent.

En effet, comme les fumées sortent par l'ouverture *c* (fig. 52) pour se rendre à la cheminée à tra-

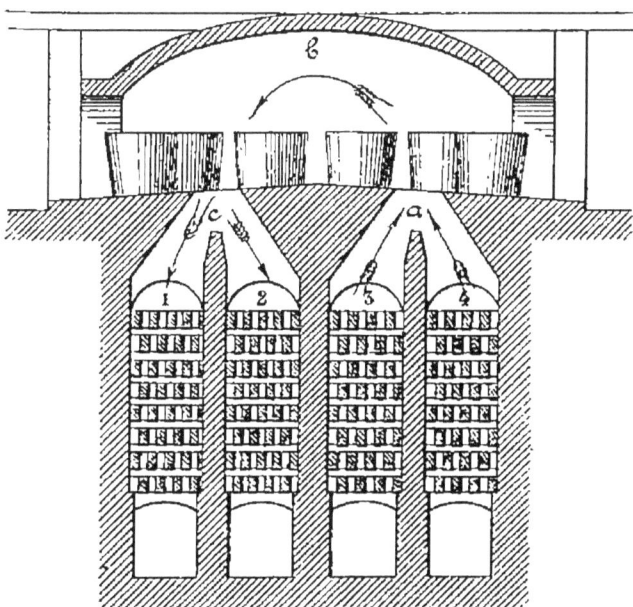

Fig. 52. — Four à cristal à pots découverts.
1 et 4 Récupérateurs pour l'air.
2 et 3 Récupérateurs pour le gaz.

vers les chambres 1 et 2, et que la couche d'air se trouve du côté extérieur, les creusets sont enveloppés d'une atmosphère oxydante.

Il est prudent toutefois de laisser entre les creusets et la voûte un assez grand espace libre, afin de laisser au-dessus des creusets une couche d'acide carbonique protégeant les matières en fusion contre l'action réductrice des fumées dans le cas où celles-ci deviendraient abondantes.

Malgré la fusibilité relativement grande du cristal, il est de tout intérêt pour le verrier d'augmenter autant que possible la température dans le four de fusion, car une forte chaleur permet de diminuer dans la composition la proportion des fondants, potasse et oxyde de plomb, qui sont des matières coûteuses ; d'ailleurs le cristal qui contient le plus de silice est aussi le plus blanc et le plus éclatant.

La composition du cristal doit être telle, relativement à la température du four, que la fusion ne soit pas trop rapide ; si par exemple la matière était complètement fondue au bout de 15 ou 18 heures, il conviendrait de maintenir la fusion pendant 5 ou 6 autres heures, afin de laisser le cristal s'affiner d'une manière parfaite.

IV. FONTE DES VERRES D'OPTIQUE

Le crown-glass et le flint-glass employés par l'optique, doivent présenter comme qualité essentielle une grande homogénéité. Leur fabrication ne diffère de celle des autres verres que par un procédé ayant pour but d'éviter la formation de stries dans la masse fondue. Ce procédé, découvert par *P.-L. Guinand*, consiste en un brassage prolongé du verre dans le creuset de fusion.

Guinand, qui avait visité des verreries, avait remarqué que lorsque le verre est sujet à être *ondé*, *cordé*, on y introduisait un outil en fer, qu'on le

brassait (ce qu'on appelle *mâcler*) jusqu'à ce que le
fer fût assez chaud pour devoir être retiré ; c'est sur
cette donnée qu'il fonda la réussite de sa fabrication.
Il dut sans doute essayer de *mâcler* ainsi son verre
à diverses reprises avec un instrument en fer, mais
cette opération produisit des bulles ; il pensa donc
que, s'il pouvait parvenir à brasser avec un instrument qui resterait dans le verre aussi longtemps qu'il
voudrait, sans l'altérer, le problème serait résolu. Le
résultat de cette opération s'explique naturellement :
si on verse dans un verre deux liquides de nature
différente, de l'eau et du sirop, par exemple, on aperçoit des stries nombreuses qui disparaissent complètement lorsque, par un *mâclage* au moyen de la cuillère, on mêle le liquide de manière à produire un
tout homogène.

Le verre en général, et surtout le cristal, composé
d'éléments de diverses natures, de silicates alcalins,
de silicates plus ou moins chargés de plomb, de silicates alumineux, provenant des parois du creuset,
doit naturellement présenter cet exemple de liquides
de natures diverses. D'une part, on est obligé d'employer plus d'alcali qu'il ne doit en rester en définitive dans le verre ; d'autre part, l'effet de la liquéfaction tendant à précipiter vers le fond les parties les
plus denses, c'est-à-dire les silicates les plus plombeux, il faut opérer avec le plus grand soin le mélange des divers silicates. Guinand, qui avait reconnu
la nécessité de ce mâclage, imagina de l'opérer avec
un outil formé de la même matière que le creuset ;
il construisit un cylindre creux en terre réfractaire
(fig. 53) fermé à sa base et garni à sa partie supérieure d'un rebord plat.

Après avoir fait chauffer ce cylindre au rouge blanc, il le porta dans la matière liquéfiée, et introduisant dans ce cylindre un crochet à long manche en fer, il put ainsi brasser d'une manière continue, en changeant seulement le crochet en fer quand il était assez chaud pour menacer de laisser tomber des pailles de fer dans le verre. Le succès de cette opération confirma les espérances de Guinand, et c'est ainsi que fut produit le premier flint-glass bon pour des objectifs achromatiques de grande dimension.

Fig. 53. — Creuset et outil pour la fusion du flint.

Le four employé pour la fonte du verre d'optique (fig. 54 à 56) est de forme circulaire et ne contient qu'un seul creuset. Ce creuset, qui contient de **300** à **400** kilogrammes de matières, ne sert que pour une opération, car le verre y reste jusqu'au refroidissement absolu.

Dans les figures 54-56, A est le siège qui supporte le creuset couvert B ; C C sont les murs du four ; D D conduits par lesquels on projette la houille sur la grille ; E voûte ou couronne du four ; F porte par laquelle on entre et on sort le creuset ; G G, cheminées au nombre de six ; I, trou pour faciliter la pose du creuset sur le siège ; K, barre recourbée pour

agiter le cylindre en terre d ; L, support avec un rouleau en travers, sur lequel s'appuie la barre K ;

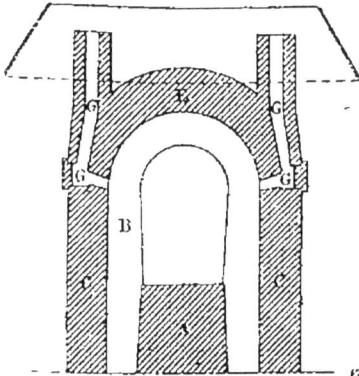

Fig. 54. — Coupe transversale
du four suivant la ligne CD
du plan.

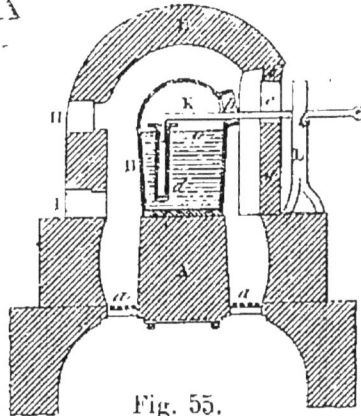

Fig. 55.
Coupe longitudinale suivant AB.

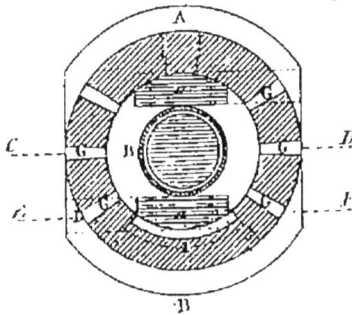

Fig. 56. — Plan.

$a\ a$, grilles du four; b, gueule du creuset ; c, niveau du verre fondu ; d, cylindre en terre réfractaire
pour le brassage ; e, ouvreau ; g, porte par laquelle
on entre et on sort le creuset.

Four à verre d'optique.

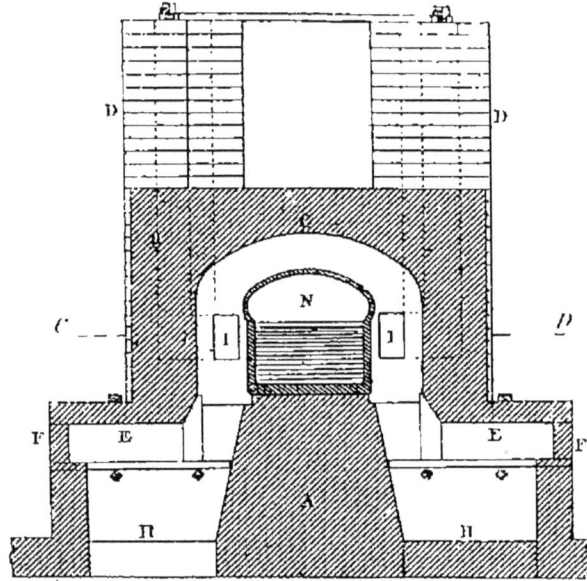

Fig. 57. — Coupe verticale suivant la ligne AB du plan.

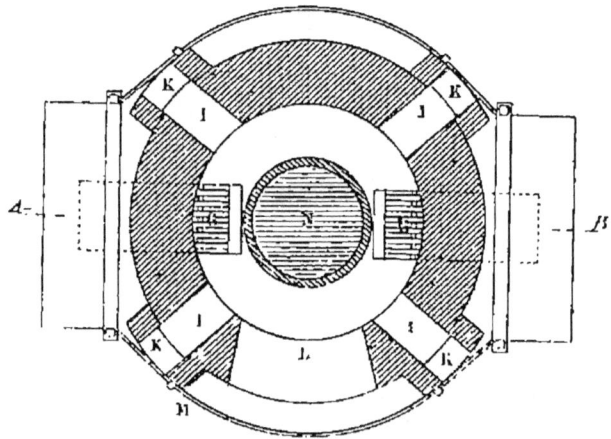

Fig. 58. — Plan au niveau CD.

Four à verre d'optique.

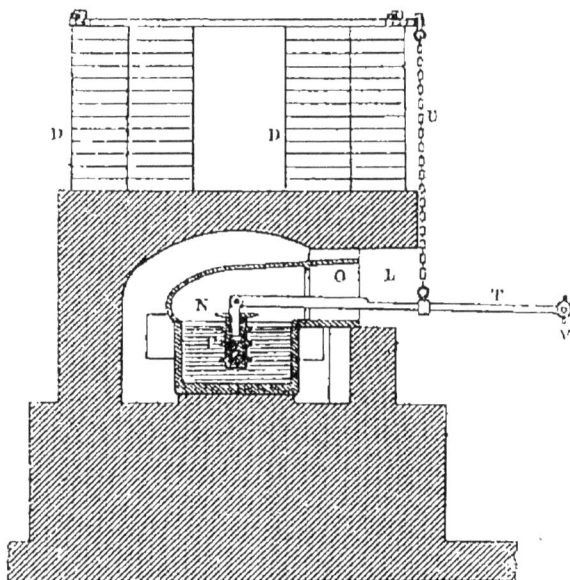

Fig. 59. — Coupe transversale.

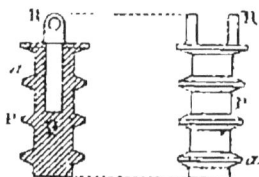

Fig. 60.— Détails du cylindre
en coupe et en élévation.

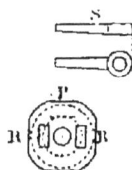

Fig. 61.— Détails du cylindre
et de la cheville.

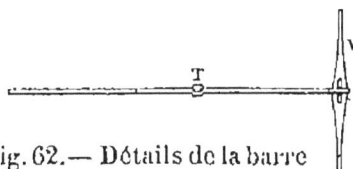

Fig. 62.— Détails de la barre

Légende des figures 57 à 62 :

A Siége supportant le creuset.

BB Murs du four.

C Voûte ou couronne du four.

DD Cheminées au nombre de quatre.

EE Tisards ou foyers.

GG Grilles.

HHH Cendriers.

JJ Ouvreaux.

KK Bouchons des ouvreaux.

L Portine par laquelle on enfourne le creuset.

M Armature du four.

N Creuset à dôme surbaissé.

O Gueule du creuset.

P Cylindre en terre cuite entouré d'anneaux *a* pris dans la masse.

Q Ouverture percée dans le cylindre pour recevoir le crochet *b* attaché à la barre.

RR Oreilles du cylindre, dans lesquelles on passe la cheville en terre S quand on place la barre T.

U Chaîne de suspension de la barre.

V Poignée de la barre.

D'après *M. Bontemps,* de Choisy-le-Roi, voici comment on procède à la préparation du flint-glass.

Procédé de M. Bontemps

On chauffe le creuset à part dans un four spécial consacré à cet usage, et, quand il est rouge blanc on l'introduit par les moyens ordinaires dans le four de fusion chauffé également ; cette opération refroidit le four et le creuset ; il faut réchauffer le four pour le remettre au plus haut degré de température possible avant d'*enfourner* ; cela s'obtient en trois heures environ ; alors on débouche la gueule du creuset garnie de deux couvercles pour qu'il ne puisse pas s'y introduire de fumée, et on met dans le creuset environ 10 kilog. de composition ; une heure après, on enfourne environ 20 kilog. de composition, puis deux heures après 40 kilog. ; à chaque fois on rebouche le creuset avec le plus grand soin, et on observe de n'enfourner que lorsque le charbon qu'on a mis sur la grille ne donne plus de fumée.

Au bout de 8 à 10 heures toute la composition se trouve enfournée ; on laisse le creuset environ 4 heures sans l'ouvrir, puis on ôte les couvercles pour y introduire le cylindre en terre qu'on a chauffé dans le même four, séparément du creuset, et maintenu rouge blanc jusqu'à son introduction dans le creuset ; on a soin de ne l'introduire que bien propre, exempt de parcelles de cendre. A ce moment le flint-glass est fondu, mais la matière est encore bouillonneuse ; néanmoins on met une barre à crochet dans le cylindre, et on fait un premier brassage qui sert à *enverrer* le cylindre et à opérer déjà un mélange plus intime ; au bout de trois minutes environ la barre est d'un rouge blanc ; on l'ôte, on pose le bord du cylindre sur le bord du creuset ; ce cylindre, étant spécifiquement plus léger que le verre, flotte légèrement incliné, parce que son bord supérieur est en dehors du verre. On remet les deux couvercles disposés de manière à ne pas repousser le bord du cylindre dans le verre et on recommence le *tisage*.

Cinq heures après on fait un nouveau brassage d'un crochet, on a bien soin de ne faire chaque brassage qu'avec absence de fumée dans le four, et les portes de cave fermées. Après avoir usé ainsi six crochets, on fait un *tise-froid*, c'est-à-dire qu'on met environ 25 à 35 centim. d'épaisseur de houille sur la grille, ce qui forme une masse promptement réduite en coke, qui permet de refroidir le four sans laisser la grille à nu. On ouvre les *tisards* et les *ouvreaux*, tout le four et le creuset se refroidissent ainsi peu à peu ; cette opération tend à faire monter les bulles qui ne sont pas encore dégagées.

Au bout de deux heures, cette opération est terminée ; on remet le four en pleine fonte ; après cinq heures de température poussée au maximum, le verre a repris la plus grande limpidité, les bulles ont disparu ; alors on bouche exactement les grilles par-dessous, et on commence le grand brassage, c'est-à-dire qu'aussitôt qu'une barre à crochet est chaude, on lui en substitue une autre, et ainsi de suite pendant environ deux heures. Au bout de ce temps la matière a pris une certaine consistance ; le brassage ne se fait plus que difficilement ; alors on ôte la dernière barre, on sort le cylindre du creuset que l'on bouche bien exactement, ainsi que les cheminées et les ouvreaux, sauf un petit trou de 2 cent. pour le dégagement du gaz qui pourrait se trouver encore dans le combustible.

Quand il n'y a plus de dégagement de gaz, on achève de boucher le four, et on le laisse ainsi refroidir, ce qui dure environ huit jours ; alors on enlève la porte du four, on extrait le creuset avec son contenu qui y est attaché, et ordinairement en une seule masse, sauf quelques fragments qui se détachent autour du creuset ; il ne s'agit plus que de tirer parti de cette masse et des fragments, ce que nous expliquerons tout à l'heure ; nous allons auparavant donner le détail de l'opération du crown-glass, qui, comme on le pense bien, a une grande analogie avec la précédente.

Fonte du crown-glass. — La composition qui a réussi à M. Bontemps, résulte des proportions suivantes : sable blanc, 120 kilog. ; carbonate de potasse, 35 kilog. ; carbonate de soude, 20 kilog. ; craie, 15 kilog. ; arsenic, 1 kilog.

Le creuset ayant été mis dans le four comme pour

le flint-glass, on complète l'enfournement de toute la matière en huit heures environ, puis quatre ou cinq heures après on introduit le cylindre, et on fait un premier brassage, puis un brassage d'une seule barre, de deux heures en deux heures ; on en fait six de cette manière ; on fait un tise-froid de deux heures, puis on réchauffe pendant sept heures, ce verre reprenant beaucoup plus difficilement sa chaleur que le flint-glass, et on fait le grand brassage, qui dure environ une heure un quart ; on bouche le creuset, les cheminées, les ouvreaux, comme pour le flint-glass, et on laisse refroidir. Assez ordinairement, comme pour le flint-glass, on obtient une masse et quelques fragments.

Je vais à présent pénétrer plus avant dans les détails de la fabrication du flint-glass et du crown-glass.

Nous avons dit que le brassage avec le cylindre en terre réfractaire faisait disparaître les cordes, les stries, et rendait le verre homogène ; il est important que cette opération s'accomplisse pendant que le verre est le plus liquide : on pourrait croire qu'il ne faut la faire qu'à ce moment-là, c'est-à-dire pendant que le four est au plus haut degré de température ; cependant l'expérience prouve que si on abandonne le brassage, même alors qu'il a été longtemps prolongé, on obtient un verre tout à fait impropre à l'optique.

En examinant les fragments de verre retirés du four après qu'il est refroidi, on s'aperçoit, lorsque les faces sont travaillées, que ce verre est non pas troublé par de grosses stries, mais qu'il est *gélatineux* ; les rayons lumineux ne peuvent le traverser

12.

directement ; ce verre est donc tout à fait impropre
aux usages de l'optique.

Cherchons à expliquer ce qui se passe dans ce cas :
le verre ayant été abandonné dans l'état de sa plus
grande liquéfaction, si c'est du flint-glass, les silicates les plus chargés de plomb tendent à se séparer
et à se précipiter au fond du creuset, et troublent
ainsi le mélange ; si c'est du crown-glass, le même
effet gélatineux se produit ; l'explication que M. Bontemps en donne est plus générale et s'applique également au crown-glass.

« Le verre, en passant de l'état liquide à l'état
solide a, comme tous les autres sels, une tendance
à cristalliser ; il doit donc s'opérer dans les molécules un mouvement vers cette cristallisation, et je
pense que c'est ce mouvement qui produit l'effet gélatineux qui empêche le passage direct des rayons
lumineux ». Quelle que soit, au surplus, la vraie
cause, il est bien reconnu que, pour avoir du bon
flint-glass, du bon crown-glass, il faut continuer le
brassage jusqu'à ce que la matière, par son refroidissement, s'oppose à cette opération ; alors on retire
le cylindre en terre et on ouvre tous les orifices du
four, pour que la matière ne puisse pas reprendre
une température supérieure, et, au contraire, soit refroidie davantage ; enfin, quand le four est assez
froid pour qu'on n'ait plus à craindre que le verre
redevienne liquide, on bouche avec soin les orifices
avec un mortier de terre argileuse, et on laisse refroidir complètement avant de retirer le creuset. Il
est nécessaire que ce refroidissement soit le plus
long possible pour que la *recuisson* du verre soit
convenable : or, le verre est un très mauvais conduc-

teur du calorique; on en a la preuve en projetant
dans un baquet rempli d'eau une petite masse de
verre sortant du creuset. Cette petite masse reste
assez longtemps rouge, et on peut la toucher dans
l'eau, la manier sans se brûler parce que l'extérieur
seul est refroidi ; l'intérieur reste rouge pendant
quelques instants, ce qu'on aperçoit à cause de la
transparence du verre. Cette propriété de non-con-
ducteur du calorique rend donc difficile la *recuisson*
d'une masse de flint-glass ou de crown-glass ; d'ailleurs cette masse est en contact avec le creuset, qui
n'obéit pas aux mêmes lois de contraction pour le
refroidissement : il y a donc une sorte de tiraille-
ment entre le verre et le creuset, et, quand on réussit à obtenir toute la contenance d'un creuset d'un
seul bloc, il est rare que cette masse supporte le travail de la scie sans se briser en plusieurs fragments
à cause de l'imperfection de la recuisson.

Quant au brassage du verre, nous avons dit que
l'on ne pouvait pas abandonner cette opération pendant que le verre était dans le plus grand état de liquéfaction ; mais ici se présente un autre ordre de
difficultés ; lorsque le verre a été longtemps maintenu dans cet état, il est purgé entièrement de bulles,
et, si on le laisse refroidir, on aura un verre exempt
de bulles; mais, en continuant le brassage, on favorise un nouveau dégagement de bulles, car le verre
n'est pas encore à l'état parfait de proportions défi-
nies : il y a encore des atomes d'oxyde de plomb,
d'alcali qui ne se trouvent pas définitivement combinés et dont l'opération du brassage favorise la décomposition avec départ de gaz; il se forme donc des
bulles qui, à mesure que la matière se refroidit, arri-

vent plus difficilement à la surface; l'opération mécanique du brassage produit, d'ailleurs, aussi quelques bulles, lorsque la matière devient plus rebelle à cette opération. Si donc, d'un côté, on détruit les stries, d'un autre côté la matière devient plus sujette aux bulles : le remède consiste à prolonger l'état de liquéfaction assez longtemps (plusieurs jours, tout en brassant souvent) pour que le verre s'épure le plus possible et devienne moins sujet à un dégagement de bulles par l'opération du brassage ; c'est ainsi qu'on arrive à obtenir le verre le plus exempt de stries et de bulles.

Cette opération d'une fusion prolongée est sans inconvénient pour le flint-glass ; mais il n'en est pas de même pour le crown-glass : par une longue exposition à une haute température et un refroidissement lent, le verre silico-alcalin est très sujet à se dévitrifier, à présenter des petites parties cristallisées, et alors la masse est impropre à l'optique; on est donc en quelque sorte obligé de sacrifier une des perfections à celle qui est essentielle ; on prolonge un peu moins la fonte et on a du crown-glass exempt de stries, mais contenant encore quelques bulles qui, du reste, paraissent assez rares quand le verre a été aplati en disques.

TROISIÈME PARTIE

Travail du Verre fluide

CHAPITRE VII

COULAGE

SOMMAIRE. — I. Fabrication des glaces brutes. — II. Verres coulés à reliefs. — III. Verre perforé.

I. FABRICATION DES GLACES BRUTES

On désigne par le nom de *coulage* l'opération qui consiste à verser le verre, rendu fluide par l'action de la chaleur, sur une table plane horizontale; la plaque de verre plus ou moins étendue que l'on obtient ainsi est régularisée au moyen d'un lourd rouleau de fonte circulant à sa surface.

C'est par ce procédé que l'on fabrique les *glaces brutes*.

En 1697, *M. Bossuet*, intendant de Soissons, dans le ressort duquel se trouvait la manufacture récemment créée à Saint-Gobain, résumait en ces quelques mots la fabrication des glaces : « Elles se coulent sur une table de métal comme on verserait du plomb fondu. »

Les procédés actuels diffèrent très peu de ceux inventés à cette époque par *Louis Lucas de Nehou* (1).

(1) Voir Chap. I: Historique de la fabrication des glaces.

Nous avons indiqué précédemment la composition du verre à glaces et les conditions de sa fusion. On se souvient que le verre doit être maintenu en pleine fusion assez longtemps pour que les bulles dont il est rempli disparaissent entièrement. C'est à partir du moment où le verre est complètement affiné que nous allons décrire la fabrication des glaces brutes.

Lorsque les bulles ont disparu de la masse vitreuse, on diminue le feu et on bouche tous les ouvreaux afin de ne laisser tomber que lentement la température du four. C'est ce qu'on nomme *arrêter le verre* ou *faire la cérémonie*. A l'époque où les fours de glaceries étaient chauffés au bois, on cessait de *tiser*, c'est-à-dire d'ajouter du combustible ; de là vient le nom de *tise-froid* donné à cette période, qui dure environ deux à trois heures ; le terme « *faire la braise* » avait également la même signification.

L'abaissement de température a pour effet de rendre le verre plus consistant, plus dense et de forcer les dernières bulles à remonter à la surface du verre.

Quand on estime que l'opération est près d'être terminée, on s'en assure en *tirant* du verre au moyen d'une canne dont on plonge le bout dans le creuset ; on laisse filer la portion enlevée qui, par son propre poids, doit prendre la forme d'une petite poire ou larme, d'après laquelle on juge si le verre a la consistance requise et s'il ne contient plus de bulles.

Lorsque le verre est au point convenable, il n'y a plus qu'à le couler.

La coulée est l'opération la plus importante de la fabrication des glaces, puisque c'est de sa bonne exécution que dépend en grande partie leur perfection.

Elle donnait lieu, autrefois, à une cérémonie qui ajoutait un caractère de solennité au magnifique spectacle de la coulée.

Voici en quels termes M. A. Cochin a décrit cette belle opération :

« Quand on entre la première fois la nuit dans une des vastes halles de Saint-Gobain, les fours sont fermés et le bruit sourd d'un feu violent, mais captif, interrompt seul le silence. De temps en temps, un verrier ouvre le pigeonnier du four pour regarder dans la fournaise l'état du mélange : de longues flammes bleuâtres éclairent alors les murailles des carcaises, les charpentes noircies, les lourdes tables à laminer et les matelas sur lesquels des ouvriers demi-nus dorment tranquillement.

« Tout à coup l'heure sonne, on bat la générale sur les dalles de fonte qui entourent le four, le sifflet du chef de halle se fait entendre, et trente hommes vigoureux se lèvent. La manœuvre commence avec l'activité et la précision d'une manœuvre d'artillerie. Les fourneaux sont ouverts, les vases incandescents sont saisis, tirés, élevés en l'air, à l'aide de moyens mécaniques ; ils marchent comme un globe de feu suspendu, le long de la charpente, s'arrêtent et descendent au-dessus de la vaste table de fonte placée avec son rouleau devant la gueule béante de la carcaise. Le signal donné, le vase s'incline brusquement, la belle liqueur d'opale, brillante, transparente et onctueuse, tombe, s'étend comme une cire ductile, et, à un second signal, le rouleau passe sur le verre rouge ; le *regardeur*, les yeux fixés sur la substance en feu, écrème d'une main agile et habile les défauts apparents ; puis le rouleau tombe, ou s'enlève, on retourne, on recommence sans désordre, sans bruit, sans repos; les vases à peine remplis sont regarnis; les fours sont refermés, les ténèbres retombent, et l'on n'entend plus que le bruit continu du feu qui prépare de nouveaux travaux. »

Avant d'entrer dans le détail de cette importante fabrication, il est nécessaire de décrire brièvement les principaux appareils qui y sont employés : le grand cornard, le chariot à tenailles, le chariot à férasse, la potence ou grue, les tenailles de table à couler et ses accessoires, etc.

Le *grand cornard* sert à enlever la tuile qui ferme chaque ouvreau et à la déposer contre le mur du fourneau, au moment où l'on va sortir la cuvette de verre fondu. C'est une espèce de levier (voir fig. 9, p. 126) monté sur deux roues : l'une des extrémités est armée d'une poignée, à l'aide de laquelle les ouvriers le manœuvrent; l'autre se divise en deux branches et prend à peu près la forme d'une fourche : les larges tuiles qui bouchent les ouvreaux à cuvettes sont percées de deux trous dans lesquels on introduit cette espèce de fourche, de telle façon qu'on les enlève avec la plus grande facilité.

Le *chariot à tenailles*, que l'on plonge dans l'ouvreau pour aller saisir la cuvette, est, comme son

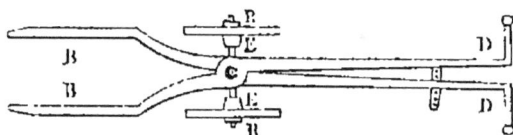

Fig. 63. — Chariot à tenailles.

nom l'indique, une espèce de tenailles montées sur des roues R (fig. 63). Elles prennent à leur extrémité B la forme rectangulaire de la cuvette pour pouvoir la saisir par la *ceinture* (la ceinture de la cuvette est tout simplement une sorte de rainure pratiquée aux flancs de la cuvette (fig. 64) et dont la largeur répond à l'épaisseur des branches du chariot à tenailles.

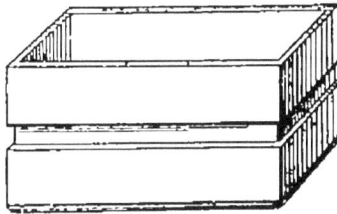

Fig. 64. — Cuvette pour la fusion du verre à glaces.

L'autre extrémité des branches est terminée par une poignée D ou main qui sert à l'ouvrier meneur à placer les mains en poussant et appuyant de manière à empêcher le chariot de basculer lorsque la cuvette est prise dans le carré; cet ouvrier est secondé par d'autres ouvriers qui poussent à la roue ou bien aux poignées.

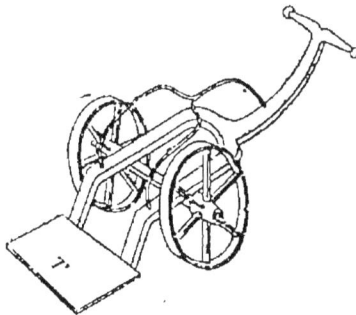

Fig. 65. — Chariot à férasse.

Le *chariot à férasse* (fig. 65) sert à transporter rapidement la cuvette de verre fondu du fourneau jus-

qu'à la potence. Cet instrument ne diffère du chariot
à tenailles qu'en ce que les extrémités, au lieu de
former un carré, sont droites et vont se terminer au-
dessous de l'essieu; elles forment les deux côtés du
chariot et sont écartées l'une de l'autre d'environ
0ᵐ50. Sur les deux branches de derrière est fixée une
feuille de tôle épaisse T, sur laquelle on met la cuvette dès qu'elle est hors du four. Le bout du chariot
à férasse vient juste au niveau du sol et de l'ouvreau
des cuvettes, de manière à ce que les ouvriers aient
plus de facilité à porter la cuvette sur la férasse.

La *potence* destinée à soulever la cuvette au-dessus de la table à couler consiste en une grue mobile
sur un galet, pouvant être amenée devant chaque
carcaise à la place convenable, où on la fixe au
moyen d'un crochet et d'un anneau scellé dans le mur.

Elle supporte au moyen de quatre chaînes *c* une
grande tenaille (fig. 66) composée de deux barres de

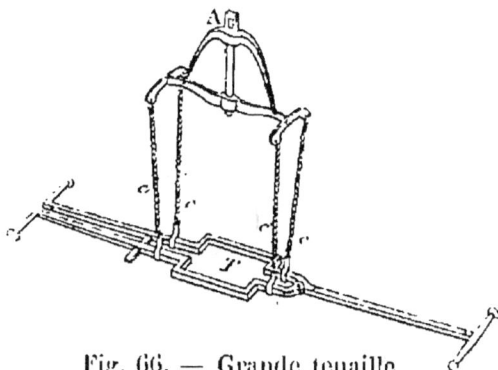

Fig. 66. — Grande tenaille.

fer qui se croisent comme des ciseaux et qui laissent
entre elles un espace libre T de forme carrée, de diamètre égal à celui des cuvettes. Les extrémités sont

terminées par des poignées servant à manœuvrer et à faire basculer la cuvette au-dessus de la table à couler.

L'appareil le plus important de l'outillage est la *table à couler*, qui consiste essentiellement en une plaque métallique de grandes dimensions, dont la surface est parfaitement plane et polie. Voici la description qu'en traçait autrefois M. Laugier dans le *Dictionnaire technologique* :

« La table (fig. 67) est une masse de bronze d'en-

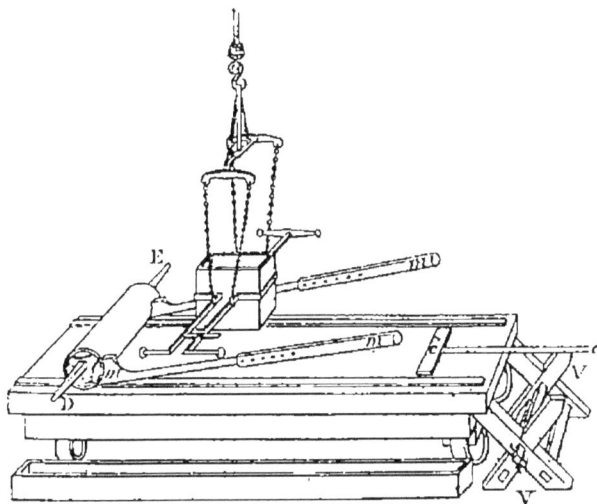

Fig. 67. — Table de coulée.

viron 3ᵐ30 de long sur 1ᵐ60 de large et de 16 à 19 centimètres d'épaisseur; elle est soutenue par un pied en charpente sur trois roues en fonte qui en facilitent le déplacement.

« Au bout de la table opposé à celui qui s'applique à la carcaise (1) est un appendice en bois de

_____
(1) Four où l'on recuit les glaces.

charpente très fort, appelé la *poupée*, qu'on a substitué aux chevalets, et sur lequel on place le rouleau,
soit avant, soit après la coulée. Le rouleau sert à
étendre la matière; il a 1ᵐ60 de longueur sur 33 centimètres de diamètre; il ne peut servir que pour deux
glaces, après quoi on le remplace par un autre; sans
cette précaution, le rouleau, trop et surtout inégalement échauffé, dilaterait inégalement aussi certains
points de la troisième glace, et causerait inévitablement sa rupture. Pendant le temps que les rouleaux
ne sont pas en activité, ils sont posés sur de forts
chevalets V V, dont la forme est semblable à celle
dont se servent les scieurs de bois. Des deux côtés de
la table, dans sa longueur (fig. 67), sont deux tringles en bronze destinées à supporter le rouleau pendant le trajet qu'il parcourt. »

En France, les plaques sont généralement d'une
seule pièce en cuivre ou en bronze; elles ont 4 à
6 mètres de longueur sur 2 à 4 mètres de largeur;
on leur donne 12 à 18 centimètres d'épaisseur, pour
qu'elles ne se déforment pas sous l'action de la chaleur, et elles sont placées à environ 80 centimètres
au-dessus du sol de l'usine. La Compagnie de Saint-
Gobain possède une plaque qui pèse 25,000 à 27,000
kilogrammes et qui a coûté 100,000 francs.

La grande difficulté consiste à obtenir ces énormes
plaques sans soufflures, pour ainsi dire sans pores,
car s'il reste la moindre quantité d'air confiné entre
le verre coulé et la table, cet air dilaté par une chaleur extrême forme sous la place un soulèvement
qu'on ne peut faire disparaître entièrement ni dans
la carcaise ni au polissage.

Dans les glaceries anglaises, les plaques sont en

fonte et leur surface est dressée à la machine à raboter. Elles ont environ 5 mètres de longueur, 2m80 de largeur et 25 centimètres d'épaisseur.

La table à couler est montée sur roues et peut se déplacer sur une voie ferrée établie devant le massif des fours à recuire ou carcaises, c'est-à-dire dans toute la longueur de la *halle*.

Le *rouleau* ou cylindre est en bronze ou en fonte ; son poids atteint plusieurs milliers de kilogrammes ; il est creux ou massif et doit être parfaitement tourné, il est traversé par un axe terminé par deux poignées permettant de le manœuvrer.

Sur les bords de la table sont posées des *tringles*, règles de fer ou de cuivre, larges de 3 centimètres, qui déterminent la largeur et l'épaisseur des glaces brutes. Cette épaisseur, d'autant plus grande que les glaces ont de plus fortes dimensions, ne doit pas être inférieure à 8 millimètres.

A l'une des extrémités du bâti qui supporte la table à couler, deux gorges sont disposées pour recevoir le rouleau quand il est au repos.

Sur les côtés de la table sont en outre fixées deux longues cuvettes destinées à recevoir le verre qui se déverse par-dessus les règles latérales.

On voit encore comme outils accessoires la *croix à essuyer la table* (fig. 67), espèce de râteau composé d'une planche en bois au milieu de laquelle est adapté un manche de grande longueur; des *sabres*, instruments en cuivre destinés à écrémer le verre avant de le couler sur la table; deux *mains m* en cuivre, disposées de manière à embrasser le tiers de la circonférence du rouleau et pourvues d'un manche en bois de 2 mètres de longueur; une règle en fer

montée au bout d'un long manche en bois et servant
à recourber sur une hauteur de 5 à 6 centimètres le
bord antérieur de la plaque de verre encore malléable; un instrument en fer ayant la forme d'un Y,
destiné à pousser la glace dans la carcaise, grâce au
rebord formé par l'outil précédent; le *grillot* qui sert
à presser sur la surface plane de la glace quand on
la fait passer dans le four à recuire, afin qu'elle ne
se bosselle pas; cet instrument est en bois et la surface inférieure qui repose sur la glace est très unie;
ses dimensions sont environ : $2^m 60 \times 0^m 13 \times 0^m 08$.

COULÉE DES GLACES

Lorsque tout l'appareil destiné au coulage est bien
disposé, deux ouvriers placent rapidement en face
d'un des ouvreaux d'en bas le grand cornard, à
l'aide duquel ils enlèvent la tuile et la posent debout
contre la paroi externe du four.

A peine sont-ils retirés que deux autres ouvriers
poussent dans l'ouvreau l'extrémité du chariot à tenailles (fig. 63) destiné à saisir la cuvette par la ceinture. Au même moment, un troisième ouvrier s'occupe avec une *pince à élocher* à détacher la cuvette
de son siège ; dès qu'elle peut être soulevée, elle est
tirée hors du four.

La cuvette est à peine placée sur la férasse du chariot qu'on lui fait rapidement parcourir l'espace qui
la sépare de la potence. On passe alors autour de sa
ceinture la tenaille (fig. 66), et l'on accroche au bras
de la potence les chaînes par lesquelles elle se trouve
suspendue ; c'est dans cette position qu'on procède à
l'écrémage de la cuvette au moyen du sabre, et l'on
dépose la matière enlevée par le sabre dans la « poche

du gamin » ou cuillère en cuivre qui est tenue par un jeune ouvrier chargé de la vider sur-le-champ dans un baquet rempli d'eau.

Après l'écrémage, la cuvette est soulevée et balayée rapidement par-dessous et sur le côté par lequel elle doit être penchée, afin d'ôter les cendres ; puis, au moyen des doubles poignées de la tenaille qui la supporte, on la conduit en lui faisant faire une portion de cercle jusqu'à la table ; les ouvriers qui doivent la renverser la saisissent et l'élèvent à environ un mètre au-dessus de la table. Celle-ci a préalablement été amenée en face de l'ouverture du four à recuire.

Quelques instants auparavant, on a amené le rouleau sur les tringles vers l'extrémité de la table qui touche à la carcaise. Les ouvriers chargés de la cuvette s'entendent pour ne commencer à la renverser qu'à l'extrémité gauche du rouleau E (fig. 67), et ne finir que lorsqu'elle est parvenue à l'extrémité droite D.

Pendant qu'ils s'y disposent, et au moment de verser, deux ouvriers placent en dedans des tringles de chaque côté, c'est-à-dire entre les tringles et la matière, deux instruments en fer nommés mains, destinés à empêcher que le verre se répande au-delà des tringles, et donne lieu à des bavures, tandis qu'un troisième ouvrier promène sur la table la croix à essuyer, entourée d'un linge, pour enlever la poussière, etc.

On fait basculer la cuvette après quelques oscillations, en versant le verre déjà assez consistant immédiatement devant le rouleau.

Dès que la matière est entièrement coulée, deux

ouvriers l'étendent sur la table en conduisant le rouleau doucement jusqu'au-delà de la glace formée, et
en le lançant avec précipitation sur la poupée qu'on a
substituée aux chevalets.

En même temps deux ouvriers manœuvrent les
mains en cuivre et leur font suivre le mouvement du
rouleau de manière à retenir le verre et l'empêcher
de se déverser.

Malgré cette précaution, une certaine quantité de
verre passe par dessus les règles et tombe dans les
caisses placées le long de la table.

La cuvette vide et rouge est aussitôt ramenée vers
la potence, débarrassée de la tenaille, replacée sur le
chariot à férasse et introduite dans le four pour y
laisser bien ramollir le verre qui y adhère, afin de
pouvoir la curer plus aisément. Après cette opération, on la remplit de nouvelle matière fondue tirée des
pots. Pendant que le rouleau nivelise la surface extérieure de la glace, deux ouvriers armés de grappins
examinent, avec la plus scrupuleuse attention, s'il
n'existe pas de larmes de verre, afin de les enlever
avec adresse ; les larmes diminuent d'autant plus
la valeur des glaces qu'elles se trouvent plus près du
milieu.

Tandis que la glace est encore rouge et ductile, on relève avec un outil environ 5 centimètres de sa partie
opposée à la carcaise et dans sa largeur; cette portion
rebroussée est ce qu'on nomme *tête* de la glace ;
c'est contre la partie extérieure de la tête qu'on applique la pelle ayant la forme d'un râteau sans dents,
avec laquelle on pousse de suite la glace dans la carcaise, pendant que deux autres ouvriers appuient sur
la partie inférieure de la tête une perche de bois de

grande longueur, nommée grillot, pour maintenir la glace dans sa position horizontale et l'empêcher d'être soulevée. On laisse la glace quelques instants auprès de la gueule de la carcaise pour lui laisser prendre plus de consistance ; après quoi, au moyen d'un très long instrument de fer dont le bout a la forme d'un **Y**, et qui se nomme ainsi, on la pousse plus loin et on l'arrange à l'endroit qu'elle doit occuper.

Toutes les opérations précitées s'exécutent en moins de cinq minutes ; pendant ce laps de temps, on a retiré du four de fusion une autre cuvette et on l'a amenée au-dessus de la table de coulée au moment où la glace est poussée dans la carcaise.

Les mêmes opérations sont alors répétées pour une seconde et une troisième glace, quelquefois pour une quatrième, chaque carcaise étant généralement disposée pour recevoir trois ou quatre glaces à recuire.

Lorsque toutes les glaces de la même coulée ont été disposées dans la carcaise, on en marge, on en bouche tous les orifices avec des plaques de tôle qu'on recouvre de terre glaise ; le refroidissement s'opère ainsi lentement et graduellement pendant quelques jours.

Lorsqu'il est complet, on sort les glaces les unes après les autres avec le plus grand soin, en ayant la précaution de les maintenir dans leur position horizontale jusqu'à ce qu'elles soient hors de la carcaise.

Dès qu'il y en a une de sortie, les ouvriers, placés d'un même côté, baissent rapidement et également la glace pour qu'elle soit posée de champ sur deux chevrons rembourrés de paille et en toile nommés *coîtes*. Dans cette position verticale, on passe autour du bord inférieur de la glace trois bricoles ou sangles

13.

de 1ᵐ30 de long, garnies de cuir dans leur milieu et
terminées par des poignées en bois ; on les dispose
de telle manière que l'une embrasse le milieu de la
glace et les autres ses extrémités. Alors les ouvriers,
saisissant les poignées des bricoles, portent la glace,
en se serrant contre elle et en marchant d'un pas
égal, dans l'atelier d'équarrissage où on la pose à
plat sur une table garnie de drap noir.

C'est là qu'à l'aide d'un diamant brut à rabot et
d'une règle à équerre, on retranche d'abord la tête de
la glace et qu'on détermine la coupure des parties qui
peuvent contenir des défauts ou des imperfections.
Ces coupures ou rognures, réduites en poudre, constituent un calcin.

Quant aux plaques exemptes de défaut, dont la
grandeur est naturellement fort variable, on les porte
au magasin ; ce sont les glaces brutes ; il ne faut pas
s'imaginer qu'elles entrent là brillantes et polies ; leur
surface est brute, raboteuse et présente comme de
légères ondulations. Nous verrons plus loin comment
on fait disparaître ces défauts.

II. VERRES COULÉS A RELIEFS

La fabrication des verres à reliefs, destinés à la
couverture, à l'éclairage et à l'aération des bâtiments,
est une application importante du procédé de coulage
que nous venons de décrire. Elle ne diffère de la fabrication des glaces que par la nature du verre employé, et par la disposition de la table de coulée.

En raison de la destination des verres à reliefs, on
les fait d'une matière moins pure et moins affinée
que le verre à glaces. La présence des bulles a peu
d'importance et se trouve d'ailleurs en grande partie

dissimulée par les reliefs de la surface. Ces reliefs peuvent affecter des formes variées dont les figures 68 à 70 donnent une idée.

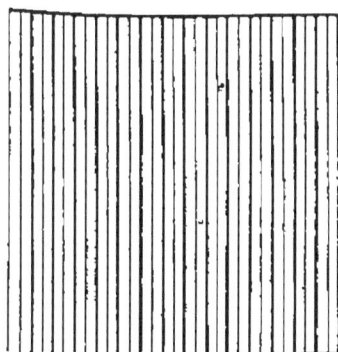

Fig. 68.— Verre cannelé.

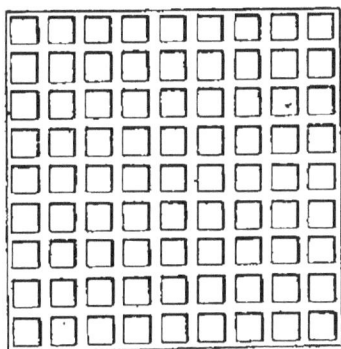

Fig. 69. — Verre quadrillé.

Les verres *cannelés* et les verres *à petits losanges* s'emploient concurremment pour cloisons, portes, fenêtres, dans les écoles, bureaux, magasins, gares, habitations, etc.

Le verre simplement cannelé s'applique tout spécialement à la toiture des vérandahs, cours vitrées, etc.

Le poids des feuilles est d'environ 12,5 kilogrammes par mètre carré.

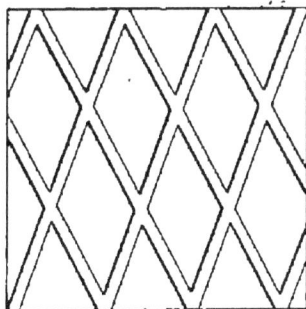

Fig. 70. — Verre losangé.

L'épaisseur varie de 4 à 6 millimètres.

Les feuilles de 2 mètres de long sur 0,50 centimètres de large rentrent dans les dimensions courantes.

De même que ces produits ont une épaisseur comprise entre celle du verre à vitres et celle des glaces, leur prix est également intermédiaire.

La fabrication des verres à reliefs consiste à couler le verre fondu sur une petite table en fonte dans laquelle sont gravés en creux les dessins que doit présenter en relief le verre terminé.

Au lieu d'être versé directement de la cuvette où le verre a été fondu, on puise celui-ci à l'aide d'une poche en cuivre ou en acier fondu pouvant contenir 20 à 30 kilogrammes de matière. Cette poche, manœuvrée par trois hommes, est plongée dans la cuvette ou dans le bassin du four de fusion et est ensuite vidée sur la table de coulée.

Comme dans le coulage des glaces, on fait passer un lourd rouleau sur la masse de verre qui s'étale et pénètre dans les cavités de la table. Deux mains en cuivre accompagnent le rouleau pour retenir le verre à ses extrémités. Les deux règles sur lesquelles se déplace le rouleau déterminent la largeur du verre ; la longueur résulte de la contenance de la poche et des dimensions de la table.

Le laminage une fois terminé et le verre ayant pris une consistance suffisante, on introduit la feuille de verre dans une carcaise analogue aux fours à recuire les glaces. Afin de tenir moins de place, les feuilles y sont placées verticalement, sans se toucher toutefois ; on les y laisse jusqu'à complet refroidissement. Elles sont livrées au commerce après un simple équarrissage aux dimensions courantes.

DALLES ET PAVÉS

Lorsque les tables de verre obtenues par le coulage ont une épaisseur supérieure à 14 millimètres, on leur donne le nom de *dalles*.

Sous des épaisseurs variant de 20 à 40 millimètres on emploie généralement les dalles à l'éclairage des sous-sols ; leur surface supérieure est unie, ou de préférence quadrillée afin d'être moins glissante pour les piétons. La face inférieure est quelquefois formée par des reliefs pyramidaux ayant pour but de réfracter la lumière en tous sens. Le poids des dalles de 30 millimètres est d'environ 75 à 80 kilogrammes le mètre superficiel.

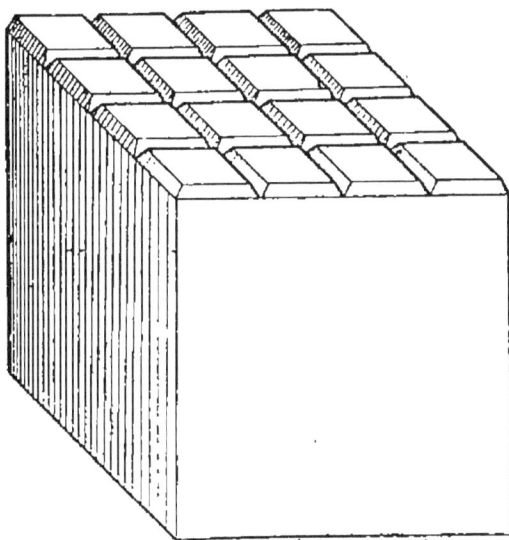

Fig. 71. — Pavé en verre.

Sous une plus grande épaisseur, 15 centimètres environ, on fait de véritables *pavés* (fig. 71) sur lesquels les chevaux et les voitures peuvent circuler.

Les dalles et les pavés sont posés et cimentés dans des châssis en fer composés de fers à **T** et à double **T** spéciaux.

III. VERRE PERFORÉ

M. *Emile Trélat* a pensé à remplacer les appareils de ventilation généralement très imparfaits, en usage dans les endroits publics, les hôpitaux, etc., par des vitres perforées, qui, en même temps qu'elles laisseraient passer la lumière pourraient distribuer l'air nécessaire à la ventilation.

MM. *Appert* ont résolu la question en faisant des trous dans le verre, en même temps que la feuille de verre elle-même, en opérant par coulage et moulage.

Pour cela, on verse le verre liquide sur une table en métal garnie de saillies généralement tronconiques ayant la forme et l'espacement des trous que l'on veut obtenir; on exerce sur ce flot de verre une pression suffisante pour l'amener à l'épaisseur voulue, déterminée par des règles de la hauteur nécessaire.

Au moment du moulage, les saillies sont recouvertes par le verre; aussi, une fois la feuille terminée, ces saillies sont-elles recouvertes d'une mince couche de verre qui bouche les trous sur une des faces de la vitre.

On en peut opérer le débouchage de plusieurs façons : soit au sable, soit en rongeant par l'acide fluorhydrique, soit à l'aide d'un foret tournant avec rapidité.

Ce dernier moyen est le plus expéditif; avec un foret de section hexagonale tournant à 750 tours par minute, une ouvrière peut déboucher 2400 trous à l'heure. Cet ensemble de procédés a permis de diminuer les prix de fabrication de ce verre et de le livrer au commerce à un prix suffisamment réduit pour en permettre l'emploi d'une façon générale. Ce verre peut être poli sur une ou deux faces ou sur les deux faces par un procédé analogue à celui employé pour le polissage des glaces.

Dans les locaux où une ventilation permanente n'est pas indispensable, on place derrière le verre perforé un vasistas à charnières, muni d'un verre plein qu'on ferme à volonté.

On peut encore superposer deux feuilles de verre perforé, et par un faible mouvement de translation de l'une d'elles, faire coïncider les trous des deux feuilles de verre et produire la ventilation, qu'on interrompt par un mouvement inverse.

Outre l'application de ces verres à la ventilation des hôpitaux, salles d'études des lycées et écoles, ateliers de filatures, cabinets d'aisances, écuries, etc., ils sont encore fréquemment employés pour clore les ouvertures des garde-manger, pour les tablettes supportant les aliments, et remplacent avec avantage les toiles métalliques, pour des filtrations et des tamisages.

CHAPITRE VIII

MOULAGE

FABRICATION DES BOITES ET TUYAUX DE VERRE

Les propriétés remarquables de plasticité et de malléabilité que possède le verre lorsqu'il est porté à une température élevée en ont fait une des matières susceptibles de se prêter le mieux au moulage.

On peut obtenir en verre des objets aux formes les plus variées et présentant des avantages marqués sur les produits similaires en bois ou en fonte.

C'est ainsi qu'on fabrique en verre moulé des dalles, des tuiles, des pannes, qui permettent de répandre la lumière dans les ateliers, les sous-sols qui jusqu'alors en étaient privés; des boîtes ou cuves de toute capacité, dont l'emploi dans l'industrie électrique remplace si avantageusement l'usage du bois et de la gutta-percha; des tuyaux de tous diamètres utilisés en raison de leur étanchéité parfaite et de leur résistance aux acides, pour conduites d'eau et de liquides corrosifs; des briques ou tuiles creuses qui ont sur le vitrage simple l'avantage de mieux retenir la chaleur obscure et qui, fabriquées en verre coloré en opale, sont employées avec succès pour la confection de revêtements à l'intérieur des habitations.

Comme on le voit, le verre trouve sa place partout; aussi les applications déjà très nombreuses se multiplient-elles de jour en jour.

On comprend d'ailleurs qu'il en soit ainsi, si l'on

remarque que, de tous les matériaux connus, le verre est le seul qui réunisse les qualités de transparence et d'inaltérabilité sous l'action des agents chimiques et atmosphériques. Nous ne nous étendrons pas sur la fabrication des divers objets moulés, nous nous contenterons de donner, d'après *M. Henrivaux*, la description du mode de moulage généralement adopté.

Les pièces de forme régulière, comme les dalles de sous-sols, sont obtenues en versant du verre à la poche sur une table en fonte entourée d'un cadre en fer ayant l'épaisseur que doit avoir l'objet. On enlève l'excédent de verre en faisant glisser un rouleau qui s'appuie sur les bords du cadre. La pièce ainsi moulée est mise à recuire dans un four spécial. Si la dalle doit présenter des dessins sur l'une de ses faces, on exécute le moulage sur une table gravée d'après ce dessin.

Pour les objets de forme irrégulière et non plane, comme les tuiles, les pannes, on fait usage d'un moule en deux pièces gravées ou taillées de façon que les reliefs correspondent aux creux que doit présenter l'objet.

Pour la fabrication de pièces de grande longueur et d'épaisseur relativement faible, telles que les tubes ou tuyaux, les procédés de mise en œuvre employés jusqu'ici sont complètement insuffisants ou beaucoup trop coûteux.

Si, en effet, on emploie le procédé du soufflage, le plus anciennement connu, il est possible d'obtenir des tubes ou cylindres de grandes dimensions, même en longueur analogue à ceux que l'on doit produire pour la fabrication des feuilles de verres à vitres, mais leur prix en est toujours forcément élevé, les ouvriers capables de faire ces pièces étant peu nombreux et leur salaire étant toujours très élevé,

En employant de très bons ouvriers, il serait même difficile d'avoir une fabrication régulière et des tuyaux bien égaux de diamètre et d'épaisseur.

Le procédé du moulage employé ordinairement dans les verreries est insuffisant, car il ne permet de mouler des pièces de dimension un peu considérable qu'à la condition qu'elles soient de faible longueur ou de très forte épaisseur.

Il est donc inapplicable pour la confection des tuyaux de conduite dont la longueur, pour diminuer le nombre des joints et des frais qu'ils occasionnent, doit être aussi grande que possible.

M. Appert a été amené à chercher des conditions différentes de fabrication. Il a imaginé un procédé nouveau de moulage qu'il a appelé « procédé de moulage méthodique » applicable à la confection de pièces de toutes espèces, de grandes dimensions, ouvertes ou non des deux bouts, et en particulier à celle des tuyaux.

Le caractère distinctif de ce procédé est, à l'inverse de ce qui se passe dans le procédé de moulage communément usité, de conserver au verre pendant tout le temps du moulage la chaleur qu'il possède, en même temps que sa malléabilité, et de n'agir à tout moment que sur du verre dans les meilleures conditions pour être façonné.

En voici la description :

A une faible distance du four de fusion dans lequel se trouve le verre à l'état fondu et à la température voulue, on place à poste fixe un moule vertical *a* (fig. 72 et 73) percé à ses deux extrémités et pouvant s'ouvrir à charnières en deux ou trois parties.

Ce moule métallique, généralement en fonte et de

Moule pour la fabrication
mécanique
des tuyaux de verre.

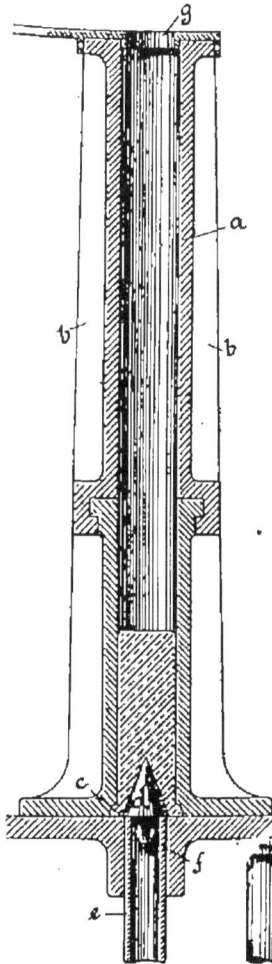

Fig. 72. — Coupe verticale
et transversale du moule.
1re phase de l'opération.

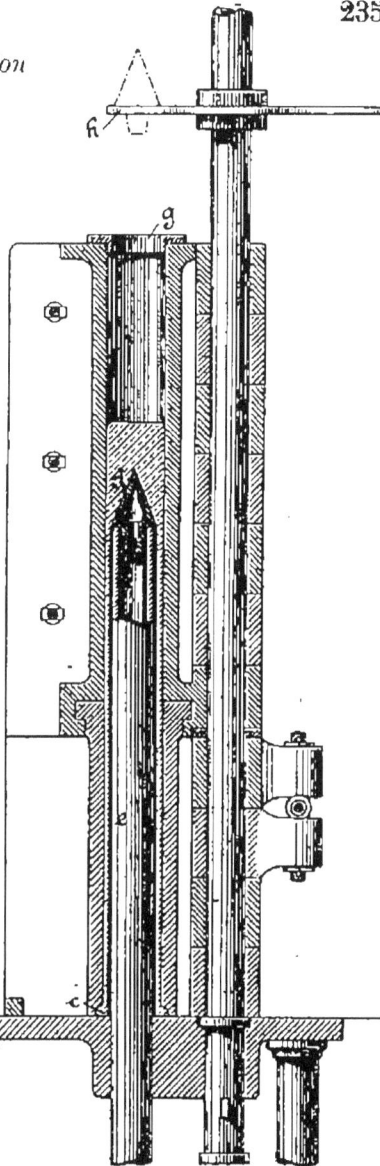

Fig. 73. — Coupe verticale sui-
le plan de symétrie du moule.
2e phase de l'opération.

grande épaisseur, est armé de fortes nervures *b* destinées à en empêcher la déformation quand il est échauffé; il a pour forme et pour dimensions intérieures la forme et les dimensions extérieures du tuyau que l'on veut obtenir.

Il porte à la partie inférieure une rainure *c* destinée à retenir le verre qui est venu s'y loger et s'y refroidir, en empêchant ainsi l'entraînement ultérieur.

La partie inférieure du moule est bouchée par un noyau conique *d* de dimensions en rapport avec le diamètre intérieur du tuyau et la nature du verre employé; ce noyau est destiné, au moyen d'une tige *e* mue mécaniquement, à traverser le moule verticalement de part en part.

Ce noyau repose, sans y être fixé, sur l'arbre qui doit le faire mouvoir; il se centre au moyen d'un goujon saillant *f* entrant dans une ouverture de même dimension.

Le diamètre de la tige *e*, que l'on doit faire aussi grand que possible pour en éviter la flexion, est cependant plus faible de quelques millimètres que celui du noyau *d*, de façon à ne pas toucher les parois du tuyau de verre quand il vient d'être formé.

Cette tige est, de plus, guidée par des coussinets suffisamment écartés l'un de l'autre pour qu'elle se meuve exactement dans l'axe du moule.

Enfin une bague *g*, ayant le diamètre du noyau, augmenté de 1 ou 2 millimètres, s'ajuste à la partie supérieure du moule et s'y fixe par un mouvement de baïonnette.

Le noyau ayant été mis en place et la partie inférieure du moule ayant été fermée, la partie supérieure étant grande ouverte, l'ouvrier cueilleur va, avec une poche ou une cuillère portée sur un chariot, chercher le verre fondu et de fluidité voulue, dans le bassin ou dans le creuset, et vient le verser dans le moule en suffisante quantité ; un autre ouvrier ferme vivement la partie supérieure du moule et donne immédiatement au noyau un mouvement d'ascension dont la vitesse doit varier avec la dimension des tuyaux et la nature du verre employé.

Le verre refoulé contre les parois du moule en prend toutes les empreintes et le tuyau se trouve formé derrière le noyau au fur et à mesure de sa montée.

Le verre qui a pu être mis en excès et qui a gardé toute sa fluidité, puisqu'il est resté en masse compacte et par suite non refroidie, est évacué en dehors du moule, figé sur le noyau même.

Il est séparé du tuyau par l'étirage qui se produit entre le noyau et la rondelle *g* au moment de son passage à travers cette rondelle.

Une fois sorti du moule, le mouvement d'ascension se continue jusqu'à une hauteur de 25 centimètres environ, après quoi le noyau est pris par un verrou *h* qui le sépare de la tige sur laquelle il était fixé, et en l'immobilisant l'empêche de redescendre avec cette tige à laquelle on a imprimé un mouvement rapide de descente.

On enlève alors la bague mobile *g*, avec le verre qui s'y est fixé, on ouvre le moule et on porte rapidement le tuyau terminé soit au four de recuisson, soit dans un bain de trempe de nature convenable porté à la température nécessaire.

La durée totale d'une opération, variable avec
l'épaisseur des tuyaux et leur diamètre, est de quelques minutes, au bout desquelles on en recommence
une nouvelle dans les mêmes conditions; on a eu
soin de mettre préalablement dans le moule un nouveau noyau froid, toutes les conditions de moulage
restant ainsi les mêmes.

Une machine en marche normale doit pour cela
posséder de six à huit noyaux. Dans ces conditions
et pour des tuyaux de 100 millimètres de diamètre
intérieur, on peut faire de dix à quinze opérations à
l'heure. Pour éviter un trop grand échauffement qui
pourrait entraîner des manquées ou des malfaçons,
il est nécessaire d'avoir deux moules dans lesquels
l'ouvrier mouleur verse alternativement.

Les tuyaux ainsi obtenus sont ouverts des deux
bouts, mais il arrive souvent que les extrémités sont
trop épaisses ou inégales d'épaisseur; aussi les tuyaux
ayant été recuits, il est nécessaire de les couper sur
une longueur de 10 à 15 centimètres.

Cette opération peut se faire de diverses manières,
soit en coupant avec un diamant agissant à l'intérieur du tuyau, soit avec des roues en tôle arrosées
de grès et d'eau agissant sur les tuyaux animés
d'un mouvement de rotation lent. Les extrémités des
tuyaux sont ensuite dressées à la platine et au grès,
opérations nécessaires pour en empêcher les fêlures
et le filage ultérieurs. Les tuyaux ainsi obtenus ainsi
que toutes les pièces moulées par ce procédé présentent cette particularité d'être absolument lisses et
brillants à l'intérieur sans porter aucunement les
traces du noyau qui les a produits. A l'extérieur, au
contraire, ils ont pris tous les reliefs qui ont été donnés au moule.

Ces tuyaux sont d'une épaisseur sensiblement égale quand les dimensions du noyau et la vitesse d'ascension ont été calculées en raison de la nature du verre employé.

L'opération exige le concours de quatre ouvriers qui ne sont que de simples manœuvres, et d'un apprenti, dont l'office consiste à immobiliser le noyau au bout de sa course et à le refroidir ensuite. Contrairement à ce qui se passe en employant le procédé du moulage ordinaire, l'effort mécanique nécessaire est extrêmement faible, ce moulage s'opérant pendant toute sa durée sur du verre malléable. Le mouvement d'ascension peut être produit par un moyen mécanique quelconque : eau ou air sous pression, vapeur.

Il est facile de se rendre compte qu'on peut par ce procédé mouler des pièces de verre et en particulier des tuyaux d'une dimension quelconque, on pourrait dire illimitée ; le procédé est d'une application d'autant plus facile que les dimensions des pièces sont plus grandes.

Il serait possible d'obtenir également des tuyaux munis d'un emboîtement, mais la facilité que cet emboîtement procurerait pour les jonctions serait compensée par les risques de casse ou de félure au moment où l'on fait les joints ou quand ils se dilatent par suite du changement de température. Suivant l'usage auquel sont destinés les tuyaux fabriqués, on fait les joints de façon différente.

Pour les tuyaux destinés à l'adduction des eaux sous pression, on emploie des joints métalliques permettant une dilatation facile et suppléant, par suite, à l'élasticité qui manque au verre. Beaucoup de per-

sonnes se sont préoccupées des chances de rupture
que présenteraient ces tuyaux soit dans leur maniement, soit quand ils sont mis en place.

On peut parer aux chances d'accidents possibles,
dont il ne faut pas toutefois s'exagérer l'importance,
en les entourant d'une enveloppe protectrice faite de
matériaux grossiers tels que ciment, béton, bitume
ou d'un métal qui les garantisse complètement et
facilite en même temps la confection des joints.

On peut également par ce procédé confectionner
des tuyaux cintrés en arc de cercle de rayon variable, au moyen de machines spéciales basées sur le
même principe ; ces tubes permettent d'embrasser
des angles de 170° au maximum. Dans ce cas, le
fonctionnement de l'appareil ne diffère de celui employé pour les tuyaux droits qu'en ce que le noyau
est fixe et que c'est le moule qui tourne autour d'un
arbre occupant le centre de l'appareil.

Les premiers tuyaux qui ont été fabriqués avaient
un diamètre intérieur de 10 centimètres et une épaisseur de 6 millimètres. Ils pesaient 5 kil. 1/2 à 6 kil.
le mètre courant.

La Compagnie de Saint-Gobain, seule concession-
naire du brevet Appert, a créé divers types dont les
diamètres sont respectivement de 30, 35, 40 et 50 centimètres.

Ce procédé permet d'employer le verre à la confection de pièces longues ouvertes ou non des deux
bouts ; il permet en particulier de faire les boîtes
rondes ou rectangulaires employées à la confection
des piles et des accumulateurs d'électricité, des vases
pour la conservation des liquides facilement altéra-
bles.

Il pourrait être employé également pour la confection des tuyaux ou rigoles ouvertes destinées à loger les fils et câbles électriques et à les isoler. On devra écarter les appréhensions que ne manquera pas de susciter l'emploi du verre sous ces formes nouvelles et que justifie en apparence sa fragilité.

Tous les jours, en effet, on utilise le verre à des usages pour lesquels cette fragilité semblerait un obstacle à son emploi.

On peut en donner comme exemple : les dalles de verre coulé sur lesquelles le public circule sans crainte ; les pavés placés dans les cours, sur lesquels passent les voitures les plus fortement chargées, les bouteilles à vins mousseux et eaux gazeuses, véritables machines explosives, dans lesquelles la pression s'élève souvent à 10 et 15 atmosphères et à côté desquelles on est habitué à vivre sans danger.

Le verre est, croyons-nous, appelé à rendre de notables services sous cette forme et, sans prétendre lui faire remplacer d'une façon complète la fonte et le grès, il pourra prendre à côté d'eux une place importante que justifient ses nombreuses qualités et le bas prix auquel il peut être obtenu.

En terminant ce qui a trait au verre moulé, nous parlerons d'une importante application qui en a été faite récemment.

POULIES EN VERRE

On a obtenu d'excellents résultats de l'emploi de poulies de verre.

La jante seule est en verre, et la partie intérieure est occupée par un rayonnage en fer qui supporte le moyeu également en fer.

D'après les expériences déjà faites, il a été prouvé que ces poulies résistaient à toutes les pressions. Elles réduisent la friction à son minimum et peuvent durer un temps indéfini. Elles résistent parfaitement aux chocs.

Leur fabrication doit être soignée d'une façon toute spéciale ; on les coule en verre extra-dur et on leur fait subir une recuisson prolongée qui dure généralement soixante-douze heures.

PRESSE A MOULER

M. Appert a encore construit pour le moulage des objets en verre, une presse à air comprimé. Nous en donnerons sommairement la description, la simple vue du dessin suffisant à en faire comprendre le fonctionnement.

Dans cet appareil (fig. 74), le noyau *a* du moule est fixé au moyen d'une clavette *b* à l'extrémité d'une vis qui peut tourner dans une pièce *d*, constituant la tige d'un piston se mouvant dans un cylindre *e* ; les deux extrémités de ce cylindre sont garnies de caoutchouc pour amortir les chocs.

Sur le côté gauche de la boîte *e* se trouve le dispositif employé pour la distribution et l'échappement de l'air ; le tiroir *f*, mû par des leviers actionnés par une pédale, commande cette distribution et un ressort à boudin *g* le ramène à sa position normale quand la pédale a cessé d'agir. Au moyen des manettes *h* fixées à la pièce *c*, on peut faire monter ou descendre la vis, et par suite régler la position du noyau *a*.

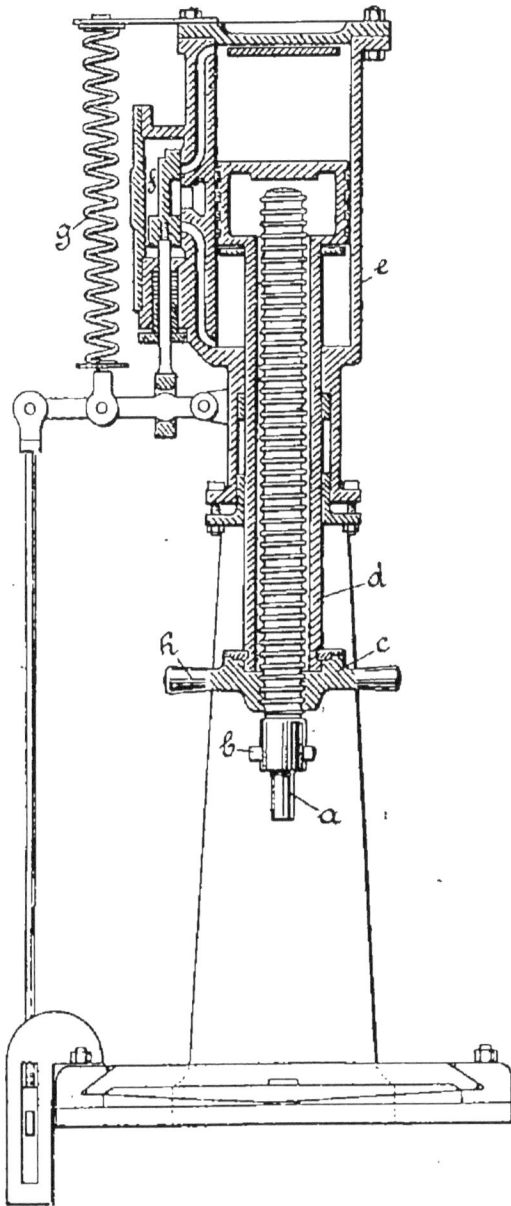

Fig. 94. — Presse à mouler (système Appert).

CHAPITRE IX

LAMINAGE

—

FABRICATION DU VERRE GRILLAGÉ

La Compagnie de St-Gobain s'est assuré en France la fabrication d'un verre spécial, dit verre grillagé, qu'on obtient par l'insertion d'un réseau métallique dans une feuille de verre.

Il est inutile d'insister sur l'importance qu'est appelé à prendre ce verre dans la construction.

L'incorporation du réseau métallique est destinée à supprimer tout danger pouvant résulter de la rupture du verre, en assurant une liaison qui subsiste après la rupture entre toutes les parties de la feuille de verre. Dans les grandes constructions : ateliers, halles, gares de chemins de fer, on a toujours à ménager d'immenses verrières dont les vitres sont exposées à des multiples chances de bris.

Jusqu'aujourd'hui ces verrières étaient construites en feuilles épaisses de verre coulé, ce qui augmentait, il est vrai, leur résistance, mais donnait aussi plus de gravité aux accidents.

On a quelquefois recours à des toiles métalliques disposées en dessous des verrières, mais outre que les frais de pose se trouvent être notablement augmentés, il faut bien reconnaître que par suite des altérations auxquelles ces toiles métalliques sont exposées, leur efficacité ne peut avoir qu'une faible durée.

Avec la toile noyée dans le verre, cet inconvénient

n'existe plus, car elle se conserve intacte et est toujours en état de jouer efficacement un rôle protecteur.

Les essais qui ont été tentés, en 1886 par MM. Bécoulet et Bellet, en 1892 par M. Schumann, et antérieurement par un grand nombre d'inventeurs, ne donnent satisfaction que d'une façon incomplète, les uns et les autres.

En effet, MM. Bécoulet et Bellet, en plaçant leur treillis métallique entre deux feuilles coulées non simultanément, réalisent un produit qui ne possède aucune homogénéité ni cohésion.

D'autre part, M. Schumann ne peut avec son procédé faire usage de treillis métalliques légers, qu'il est cependant préférable d'adopter pour obtenir les qualités essentielles de transparence et de limpidité.

Pour satisfaire aux diverses conditions qu'exige la fabrication de ce genre de verre, le procédé à mettre en œuvre doit :

1° Permettre d'introduire le réseau métallique dans la pâte du verre d'une façon complète et régulière et à la distance des surfaces de la feuille fabriquée qu'on fixera à l'avance.

2° Rendre possible l'emploi des réseaux à fils aussi ténus et aussi écartés que possible, juste suffisants pour répondre aux conditions de sécurité demandées, tout en évitant de diminuer la transparence du verre et de nuire à sa solidité.

Le nouveau procédé imaginé par *M. Appert* est caractérisé par la superposition de deux feuilles de verre parfaitement soudées et amalgamées ensemble au moment même de leur laminage, et entre lesquelles le réseau métallique convenablement préparé

14.

a été introduit simultanément au coulage des deux couches de verre.

C'est cette simultanéité du coulage et de l'interposition du réseau métallique qui différencie le procédé Appert de celui de MM. Bécoulet et Bellet et le rend de beaucoup supérieur à ce dernier, lequel n'a jamais permis d'obtenir un produit industriel, parce que la seconde couche de verre ne se soudait jamais que très imparfaitement à la première.

Deux dispositifs de machines peuvent être adoptés pour la mise en œuvre du procédé Appert : ou bien l'appareil lamineur est fixe et la table mobile, ou bien l'appareil lamineur se déplace au-dessus de la table.

Dans l'un et l'autre cas, le réseau métallique *a*, préparé de longueur et largeur égales ou mieux inférieures à celui de la feuille de verre à fabriquer, est fixé sur un rouleau *b* placé au-dessus des appareils de laminage. Les figures 75 et 76 donnent une vue schématique des deux dispositifs de machines. Une des extrémités du réseau métallique est attachée provisoirement et pour la durée du temps du laminage à l'extrémité de la table de coulage *c* (fig. 75).

Ce réseau est soutenu à la hauteur convenable par une règle *d* qui le maintient à une distance voulue de la table, égale à l'épaisseur de la première couche de verre.

Entre le rouleau *b* et le point d'attache *d*, le réseau métallique vient s'appliquer sur un deuxième rouleau *e*, qui est porté sur la table en fonte par l'intermédiaire de deux règles en acier ou bien sur deux rondelles *f*, formant frettes à ses deux extrémités. Les règles ou les rondelles sont d'épaisseur égale à l'é-

paisseur que devra posséder la seconde couche de
verre. Enfin, derrière ce rouleau *e*, parallèlement à lui
et pouvant se déplacer dans le même sens, un troi-

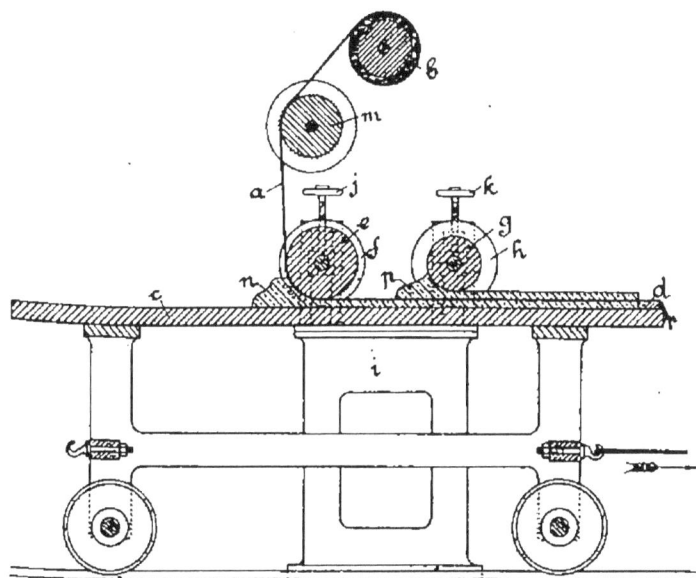

Fig. 75.

sième rouleau *g* qui s'appuie sur la table par l'intermédiaire de deux règles ou de deux frettes *h* ayant
l'épaisseur définitive que la feuille doit avoir une fois
terminée.

La distance qui sépare le rouleau *e* du rouleau *g*
doit pouvoir varier suivant la nature du verre employé et l'épaisseur de la feuille à fabriquer. Elle doit
être telle que le versage d'une poche remplie de verre
ou d'un creuset puisse être effectué sans difficulté.
Une fois bien arrêtée, cette distance doit rester invariable pendant le cours de la fabrication.

Voici comment fonctionne l'appareil, suivant que la table est mobile ou les rouleaux fixes, ou que la table est fixe et les rouleaux mobiles.

Premier cas. — La table est mobile (fig. 75).

Dans ce cas, la table est portée sur des galets roulant sur des rails convenablement écartés ; les rouleaux *e* et *g* sont traversés par des arbres dont les fusées tournent dans des coussinets glissant eux-mêmes dans des cages en fonte portées sur un bâti *i* fixé dans le sol ; des ressorts ou des vis *j*, agissant sur les coussinets, permettent aux rouleaux d'exercer la pression voulue sur le verre au moment du laminage. La cage portant les coussinets du rouleau *g* peut être éloignée ou rapprochée à volonté de la cage du rouleau *e* ; de plus, deux pignons montés sur les arbres des rouleaux engrènent avec deux crémaillères placées longitudinalement à la table de façon à être entraînés par elle au moment de sa translation.

Enfin, un quatrième rouleau *m* ayant la même vitesse que le rouleau *e* est placé au-dessus de lui : il est destiné à entraîner le réseau métallique *a* et, en même temps, à l'étendre transversalement.

Pour obtenir ce résultat, la surface de ce rouleau présente la forme d'un rouleau de carde, c'est-à-dire qu'elle est garnie de saillies dans lesquelles les fils peuvent se prendre momentanément ; de plus, le rouleau est en forme de tonneau ; il est bon de munir l'axe, sur lequel il est monté, d'un système de frein quelconque permettant d'éviter son entraînement ou de le régler à volonté.

On procède à la fabrication d'une feuille de verre grillagé de la façon suivante :

Le réseau métallique ayant été attaché à la table

par des fils aussi fins que possible, on coule le verre de la manière ordinaire au moyen d'une poche ou d'un creuset qui déverse le verre seul sur la table *c*, en *n* devant le rouleau *e*, puis on donne le mouvement à la table. Le réseau actionné tangentiellement au rouleau *e* se soude avec le verre qui se lamine en même temps sous ce rouleau, tout en restant à la surface de la feuille de verre ; puis, dès que l'opération est commencée, on verse une nouvelle quantité de verre fondu en *p* derrière le rouleau *e* et en avant du rouleau *g*.

Cette nouvelle masse de verre se lamine à son tour sur l'autre et, en se soudant avec elle, forme la feuille de verre qui est ainsi terminée à ses dimensions définitives.

Deuxième cas. — La table est fixe et les rouleaux sont mobiles (fig. 76).

On verse comme précédemment le verre fondu en *n* devant le rouleau *e*, et on met en mouvement le bâti portant les rouleaux *e* et *g* ; aussitôt après, on verse une nouvelle quantité de verre *p* devant le rouleau *g*, qui se trouve être laminée et soudée comme il a été dit plus haut.

Le laminage étant terminé, on coupe vivement avec des ciseaux les fils métalliques qui tiennent le réseau attaché à la table et on laisse la feuille de verre dans un four à recuire où il est procédé à son réchauffage et à sa recuisson comme d'habitude.

L'opération étant terminée, on procède à une deuxième ; pour cela on remplace le rouleau *b* qui est fou sur ses axes par un autre sur lequel un réseau a été enroulé au préalable, on l'attache à la table au point *d* et on le tend.

On voit que, par l'un ou l'autre des procédés que nous venons de décrire rien ne s'oppose à ce qu'on obtienne des feuilles de verre de dimensions analo-

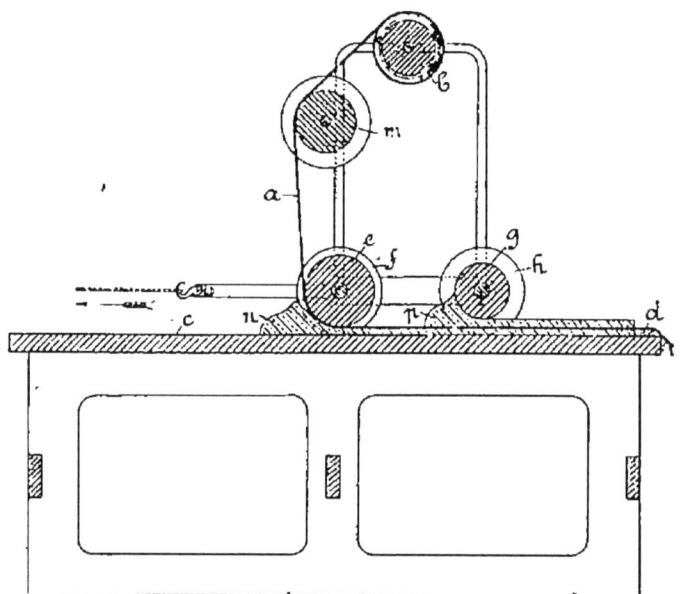

Fig. 76.

gues à celles des feuilles ordinaires fabriquées par laminage.

Ce procédé de fabrication du verre avec réseau métallique intérieur est des plus simples et ne peut amener qu'une augmentation très faible du prix de revient, augmentation largement compensée d'ailleurs par les avantages que le verre grillagé présente sur le verre ordinaire.

PROCÉDÉ DE FABRICATION DE TUBES DE VERRE

PAR M. SIEVERT

Le procédé de M. Sievert, que nous citons à titre de curiosité, sans connaître les résultats pratiques qu'il a pu donner jusqu'ici, est basé sur le principe suivant :

On lamine une plaque de verre sur une table plane, à la manière ordinaire dont on coule les glaces ; on amène alors sur la plaque de verre chaude et encore bien plastique, un tambour creux, dont le diamètre représente à peu près le calibre du tube de verre à obtenir.

Ce tambour étant placé vers le milieu de la table dans le sens longitudinal, on relève les bords latéraux de la feuille de verre, à l'aide d'outils en bois ou en métal en forme de pelles, autour du tambour, et l'on s'arrange pour que les surfaces se touchent bien.

De cette façon on doit arriver à faire se toucher et se recouvrir légèrement les bords de la plaque de verre et à les souder, à la partie supérieure de la circonférence du tambour. On peut faciliter la soudure à l'aide de la pression et du frottement. Dès que les bords du tube sont soudés, on fait rouler le tambour sur la table de coulée ou sur une autre table, pour régulariser l'épaisseur du tube et compléter la liaison parfaite de la soudure ; en même temps le tube se dilate et peut facilement se retirer du noyau.

Après que le verre a été étendu sous le rouleau, quand les extrémités du tube ne sont pas régulières, on peut procéder immédiatement au découpage de ces extrémités pendant que le tube est encore sur le rouleau ; ou bien encore on peut couper le verre pour l'amener à la longueur voulue plus tard quand il est refroidi.

Les tubes sont portés au four de recuisson sur leurs noyaux, pour qu'ils refroidissent lentement, comme dans les procédés ordinaires.

QUATRIÈME PARTIE

Travail du Verre pâteux

———

CHAPITRE X

SOUFFLAGE DU VERRE A LA LAMPE D'ÉMAILLEUR

———

SOMMAIRE. — I. Matériel du souffleur à la lampe. — II. Conduite du chalumeau. — III. Choix des matières premières. — IV. Exercices préparatoires. — V. Exercices de soufflage. — VI. Exécution de divers appareils de chimie. — VII. Aréomètres. — VIII. Thermomètres. — IX. Baromètres. — X. Tubes de Geissler. — XI. Lampes à incandescence.

Dans le travail du verre par soufflage, l'ouvrier doit mettre à profit, simultanément, plusieurs agents physiques et mécaniques qui sont : la chaleur, la pression de l'air insufflé dans le verre, la force de cohésion de la matière, la pesanteur et la force centrifuge. Pour tirer un bon parti de ces éléments, il est nécessaire de bien connaître le rôle et l'importance de chacun d'eux avant de chercher à combiner leurs effets ; et ce n'est que par une longue suite d'exercices pratiques bien gradués, faits avec attention et persévérance, que l'apprenti souffleur deviendra un habile ouvrier.

Nous ne saurions mieux faire que d'indiquer ici

Verrier. Tome I. 15

un certain nombre d'exercices et de tours de mains permettant de guider le lecteur désireux de se familiariser avec ce genre de travail.

Les exemples que nous citerons dans ce chapitre sont pris à bonne source ; ils sont empruntés pour la plupart à l'excellent ouvrage du Dr *H. Ebert*, professeur de physique à l'Université de Kiel (1). Leur ensemble suffira, croyons-nous, à éviter les premiers tâtonnements des personnes qui s'en aideront pour se livrer à l'intéressant travail du verre.

I. MATÉRIEL DU SOUFFLEUR A LA LAMPE

Lampes et chalumeaux. — Les instruments les plus anciens employés pour souffler le verre, les lampes à huile, sont encore d'un usage très répandu. La figure 77 montre la disposition d'un de ces appareils.

Il est formé d'une table en bois sous laquelle est fixé un soufflet à double vent A solidement assujetti à la traverse B et postérieurement à la traverse C. On met le soufflet en jeu au moyen de la pédale D.

Cette pédale communique le mouvement au soufflet au moyen de la corde mobile E, fixée au panneau inférieur du soufflet. Sur la tête du soufflet est fixé un tuyau élastique ou en métal F qui se rend à la table, sur laquelle il se termine par un ajutage mobile G nommé bec. La lampe H placée sur la table reçoit, dans sa flamme, le vent du bec G.

Pour obtenir avec la lampe d'émailleur la plus haute température possible, il faut que l'ouverture

---

(1) Dr H. Ebert. *Guide pour le soufflage du verre*, traduit par P. Lugol.

du bec soit très petite comparativement à la capacité du soufflet.

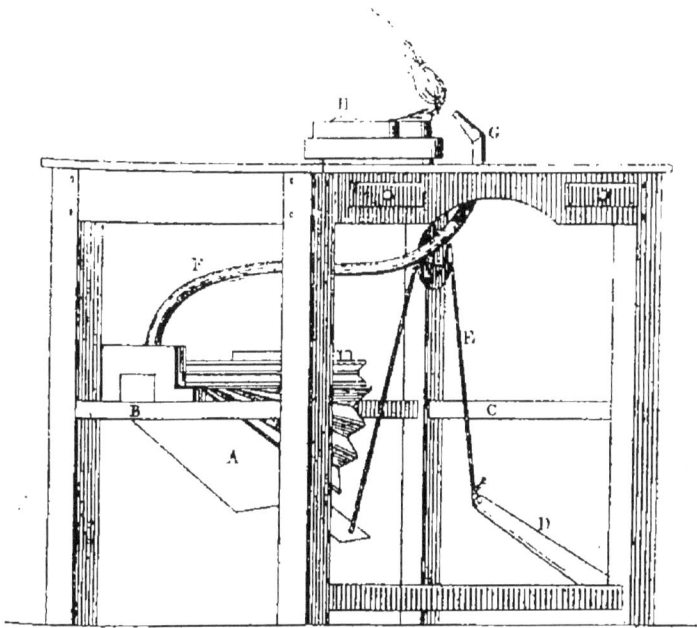

Fig. 77. — Table de souffleur à la lampe.

Il faut que la lampe soit constamment remplie d'huile ou de suif, et moucher souvent la mèche, qui ne doit point porter de moucherons charbonnés.

Une modification importante a été apportée dans la lampe d'émailleur en remplaçant la lampe ordinaire par un bec d'Argand, ainsi que l'indique la figure 78.

A, réservoir d'huile à niveau constant. B, tuyau amenant l'huile du récipient au bec. C, petite vis pour hausser ou baisser la mèche. D, tube qui amène l'air du soufflet E au centre de la mèche. F, pédale. Ainsi que la figure l'indique, le jet est verti-

cal, ce qui permet de mieux examiner ce que l'on
fait.

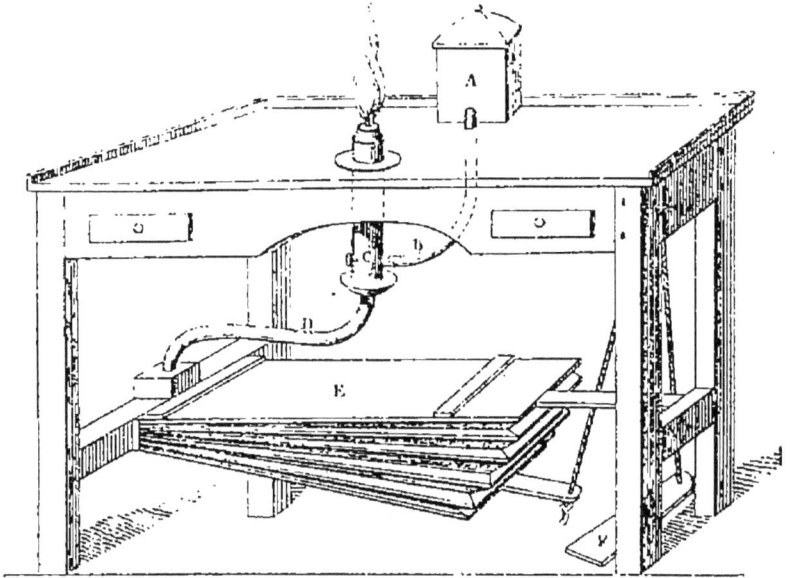

Fig. 78. — Table du souffleur à la lampe.

Chalumeau de M. Danger. — M. Danger a ajouté
à une vessie, un tube muni d'une soupape pour l'introduction de l'air dans l'appareil, et porteur d'un
bec pour former le courant qui donne la flamme.
Nous avons représenté l'appareil fonctionnant et les
détails de la soupape aux figures 79 et 80.

A, vessie munie d'un filet soutenant un poids pour
la forcer à rejeter l'air qu'elle contient. Il paraît
beaucoup plus commode de supprimer le poids et de
placer la vessie entre les genoux, qui la pressent lorsqu'il est nécessaire.

Chalumeau système Danger.

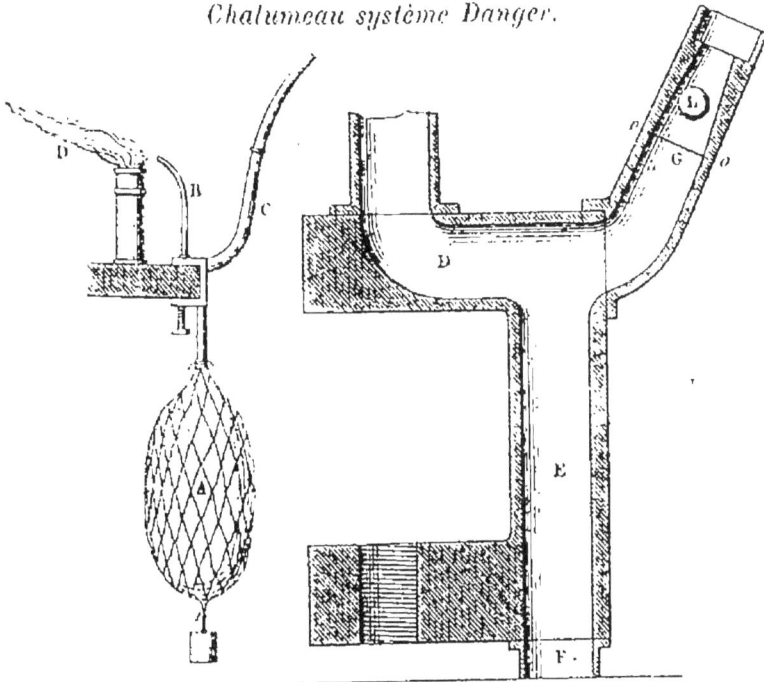

Fig. 79.   Fig. 80. — Détail du chalumeau.

B, bec à air.

C, tube pour introduire de l'air dans la vessie.

D, lampe ou bougie servant de combustible.

A la figure de détail 80 :

D, tube communiquant d'une part avec la vessie F au moyen du tube E, et avec G, tube d'introduction.

La soupape consiste en un rétrécissement conique du
tube, dans lequel se déplace une boule de liège L, qui
ferme la petite ouverture du cône quand elle y est ap-
pliquée, mais qui peut redescendre et est retenue par
un fil de fer *o o* placé en travers. Lorsqu'on souffle par

le tube C, la pression chasse la soupape sphérique de l'ouverture du cône, et l'air pénétrant dans l'appareil vient remplir la vessie. Lorsqu'au contraire l'opérateur a besoin de respirer, il presse la vessie avec ses genoux. La soupape est alors entraînée par l'air qui la force à fermer l'ouverture, et ce gaz ne peut s'échapper que par le tube B.

Lampe ordinaire. — Elle se compose (fig. 81) d'un réservoir d'huile contenu dans un bassin de fer-blanc à bords relevés. Au centre du réservoir se trouve une ouverture fermée par un couvercle mobile. C'est par cette ouverture que l'on alimente la lampe. La moitié antérieure du couvercle du réservoir est également mobile pour permettre d'arranger les mèches. Le bec porte intérieurement une grille avec une lame verticale au centre; c'est le support des mèches, et la cloison les divise en deux parties égales. On doit prendre du coton non blanchi pour fabriquer les mèches, le blanchissage laissant toujours quelques matières étrangères qui forment des moucherons et font fumer.

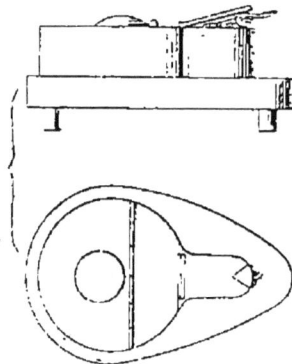

Fig. 81. Lampe ordinaire.

Lampe de Danger. — M. Danger a fait quelques modifications à la lampe précédente, et il est arrivé à lui faire donner moins de fumée et à la rendre moins fatigante pour la vue de l'opérateur. Il a placé sur la flamme un chapiteau conique *c* (fig. 82) qui la retient, l'empêche de s'élever verticalement et la force à se porter tout entière dans le dard, dont elle augmente l'intensité. Un fil de laiton F plié en cercle et mobile sur ses extrémités, sert à soutenir la mèche et à l'empêcher de toucher les bords de la lampe ; ce qui évite l'écoulement de l'huile dans le godet. La mèche doit être placée avec précaution dans la lampe ; on prend un écheveau de coton que l'on coupe en quatre ou en six ; on dépose les brins à côté les uns des autres, de manière à en former un faisceau plus ou

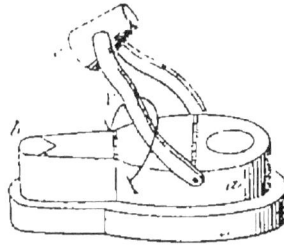

Fig. 82.
Lampe système Danger.

moins gros, long de 2 à 3 décimètres ; on y passe légèrement un démêloir pour en bien unir tous les fils ; on le place dans la lampe, puis, quand il est imbibé, on le partage en deux faisceaux égaux que l'on écarte assez pour permettre au courant d'air que l'on dirige entre eux, de les effleurer sans être gêné dans sa direction.

Les chalumeaux à gaz ont remplacé les lampes à huile dans les localités où le gaz de houille est distribué à domicile. On trouve facilement dans le commerce des appareils de ce genre très perfectionnés et à des prix relativement peu élevés.

Le chalumeau à gaz ordinaire (fig. 83) est formé de deux tubes concentriques *a*, *b*, montés sur un pied à genouillère *c* permettant d'incliner la flamme en tous sens. Le tube intérieur *a* sert à amener l'air dans la flamme ; le gaz arrive par l'intervalle annulaire des tubes. Deux robinets *d*, *e*, permettent de régler le passage de l'air et du gaz. Sur la partie su-

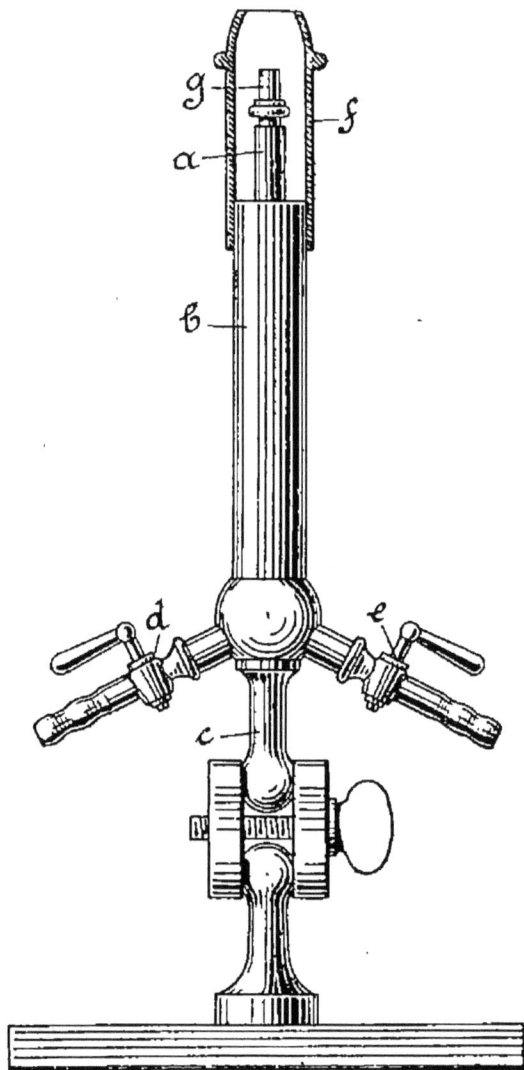

Fig. 83. — Chalumeau à gaz.

périeure du tube extérieur *b* peut se déplacer une
douille terminée par un étranglement conique, ayant

pour but de diriger le courant de gaz perpendiculairement au courant d'air et de favoriser leur mélange au point de rencontre. En modifiant la position de cette douille, et en réglant en même temps les robinets d, e, on peut faire varier la forme de la flamme dans des limites étendues. L'extrémité du tuyau intérieur a est disposée pour recevoir des ajutages différents à l'aide desquels on peut obtenir toutes les flammes nécessaires aux opérations du soufflage.

Certains constructeurs établissent les robinets de telle façon qu'on puisse les régler simultanément avec une seule main, ce qui est très avantageux lorsqu'on a à souffler des pièces encombrantes.

Les souffleurs de verre préfèrent souvent aux chalumeaux perfectionnés des appareils plus simples, tels que celui qui est représenté à la figure 84. Le gaz arrive dans le tube extérieur a en cuivre, et l'air est amené au centre de la tubulure conique par un tube de verre b, passant au travers du bouchon c qui ferme l'extrémité du tube extérieur. Plusieurs tubes de verre de diamètres différents peuvent être substitués facilement au tube b et permettent de réaliser les flammes les plus variées.

Souffleries. — Pour obtenir le courant d'air nécessaire à la combustion de l'huile des lampes ou du gaz des chalumeaux, on se sert ordinairement de soufflets disposés sous la table de travail et manœuvrés avec le pied ; on règle la pression de l'air en chargeant convenablement la paroi mobile du soufflet.

Il est plus commode de produire le courant d'air au moyen d'une trompe à eau, appareil basé sur l'entraînement de l'air par un courant d'eau et dont la figure 85 indique une disposition très simple.

13.

La partie essentielle de cet appareil est formée de deux tubes *a*, *b* soudés l'un dans l'autre ; le premier est terminé en pointe et aboutit à 2 millimètres environ de l'étranglement *c* du tube extérieur *b* dont le

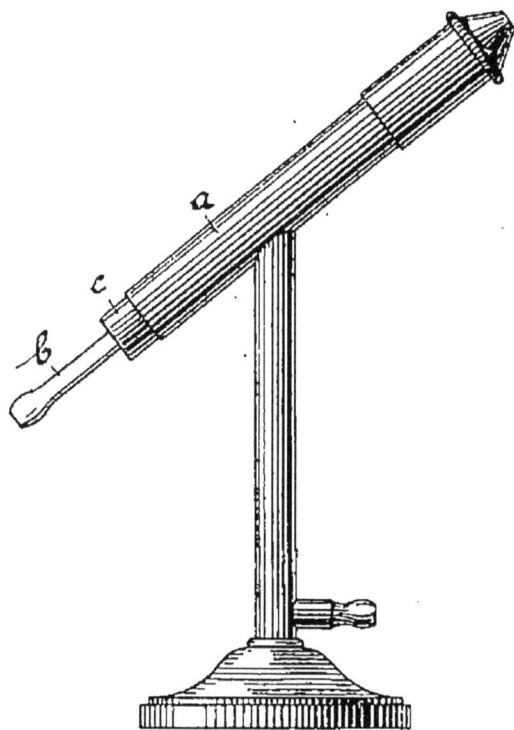

Fig. 84. — Chalumeau à gaz.

prolongement *c d* s'engage à travers le bouchon d'un flacon *e* d'assez grande capacité. Celui-ci est pourvu d'une ouverture inférieure avec robinet *f* et d'un tube de dégagement *g*, avec robinet, à la partie supérieure. Le courant d'eau, qu'on fait arriver par *a*, entraîne l'air qu'il rencontre en *c* et le force à péné-

trer dans le flacon *c*. L'eau est évacuée par le robinet *f*, réglé de façon à ce que le niveau de l'eau reste

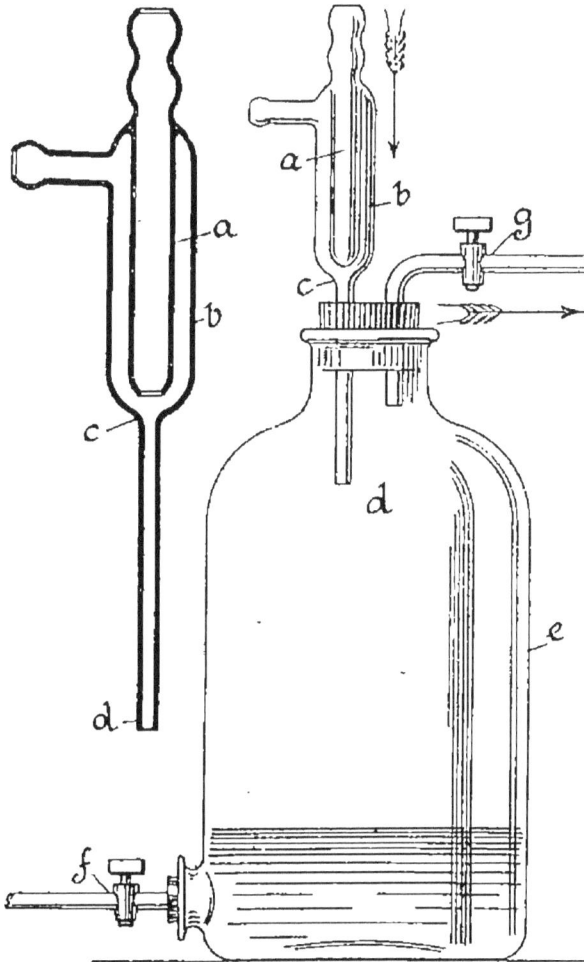

Fig. 85. — Trompe à eau.

au-dessus de l'ouverture *f* et que l'air n'ait d'autre
issue que le tube *g*.

Malgré l'avantage que présentent les trompes à eau d'éviter la manœuvre fatigante du soufflet, les ouvriers exercés préfèrent souvent celui-ci car il se prête mieux aux variations rapides de pression dont on peut avoir besoin au cours du travail à la lampe.

Table.— La table de travail du souffleur présente des dispositions variables, mais qui peuvent être ramenées au type suivant. Le chalumeau est placé au milieu de la table, au bord d'une échancrure demi-circulaire où se place l'opérateur ; celui-ci trouve une position commode en s'accoudant sur les deux côtés. La partie opposée de la table est surbaissée afin de laisser plus d'espace libre au-dessous du chalumeau. Un certain nombre de trous de divers diamètres, ainsi que des chevilles en bois fixées dans la table, servent à poser les pièces façonnées par les souffleurs. Des tiroirs placés de part et d'autre de l'échancrure renferment les outils et accessoires qui complètent le matériel.

On a imaginé une disposition commode de réglage des robinets d'air et de gaz : ceux-ci sont placés sous la table, près du sol, et leurs axes sont pourvus de disques en bois que l'on peut faire tourner avec le pied. Avec quelque habitude on arrive facilement ainsi à se passer des mains pour régler la flamme.

Outils. — L'équipement du souffleur de verre est complété par les outils suivants :

1° Une lime tiers-point ou un couteau à verre pour couper les tubes ;

2° Des outils à élargir les tubes, lames triangulaires (fig. 86) ou pointes pyramidales, en charbon de cornue ou en métal ;

3° Une pince plate en fer ;

4° Une série de bouchons de liège et de caoutchouc ;

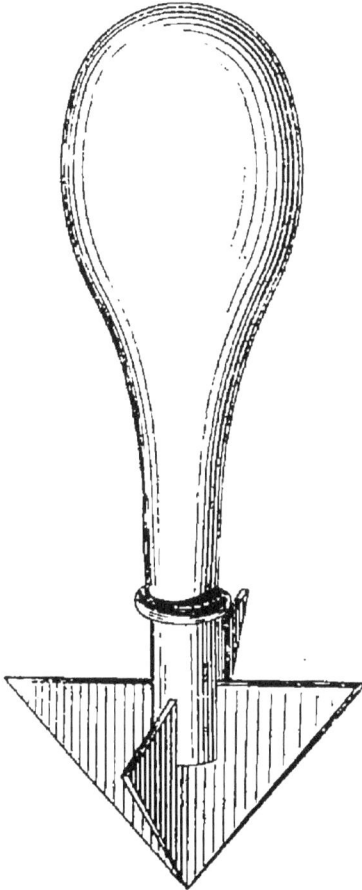

Fig. 86. — Outil à élargir les tubes.

5° Une petite meule douce, destinée à user l'em-
bouchure des tubes ;

6° Des *supports à tubes*. On en fait de deux sortes :
des rateliers, tels que la figure 87 l'indique, ou une

étagère portant une ou plusieurs traverses à diverses hauteurs, et divisées par des planches transversales et verticales, ainsi que le montre la figure 88 :

Supports à tubes.

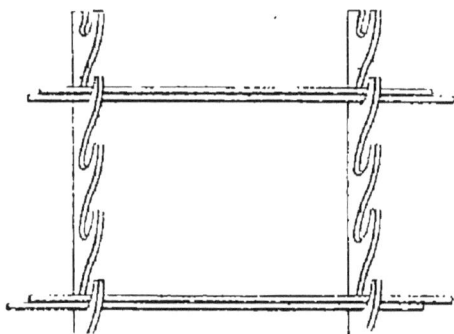

Fig. 87.

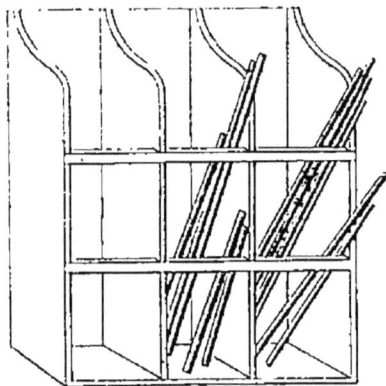

Fig. 88.

7° Enfin, un *petit caisson* pour contenir tous les morceaux de rebut, la table ne devant jamais être embarrassée.

II. CONDUITE DU CHALUMEAU

Les commençants trouvent de grandes difficultés à manier en même temps les robinets qui servent à régler la flamme du chalumeau et les tubes qu'il s'agit de façonner. Aussi est-il important de bien se familiariser avec cet instrument avant d'entreprendre le travail du verre.

Il faut savoir régler rapidement la flamme avec une seule main. Rappelons ici qu'il existe des appareils dont les robinets peuvent être manœuvrés avec les pieds, laissant ainsi les deux mains libres pour le travail.

Comme chaque système de chalumeau présente des dispositions particulières, on ne peut donner aucune règle générale pour le réglage des robinets ; tout dépend de la puissance calorifique de l'appareil, de la nature du verre employé et du travail à exécuter. On ne peut qu'indiquer les conditions dans lesquelles se forment les différentes flammes.

On peut en général considérer la masse de flamme qui sort d'un foyer quelconque comme un mélange explosif d'air et de vapeur combustible en excès. La température des flammes est des plus intenses, car elle suffit pour décomposer un grand nombre de corps qui résistent à la plus haute chaleur des fourneaux, pourvu que ces corps soient à l'état de vapeur.

Ce ne sont pas les corps qui produisent le plus de lumière qui développent le plus de chaleur en brûlant. Pour qu'un gaz qui brûle soit très lumineux, il faut qu'il tienne en suspension un corps solide.

Quand le gaz de houille brûle de façon à donner

une flamme éclatante, l'éclat de la lumière est dû à la présence de molécules de carbone qui sont portées à l'incandescence avant d'être brûlées complètement.

D'après ce que nous venons de dire, il sera facile de comprendre la nature compliquée de la flamme d'une lampe ou d'une chandelle. Cette flamme a, en général, la forme d'un cône aigu, terminé inférieurement par une hémisphère. On peut y distinguer quatre parties (fig. 89) :

1° La base *a*, qui est d'un bleu sombre ; c'est la vapeur qui brûle à peine, parce qu'elle n'a pas encore acquis une température suffisamment élevée ; les produits de la combustion sont de la vapeur d'eau et de l'oxyde de carbone qui donne la couleur bleue à cette partie de la flamme ;

2° Un cône intérieur obscur *b* ; c'est de la vapeur combustible très échauffée, mais qui ne brûle pas, parce qu'elle n'est pas mélangée d'air ;

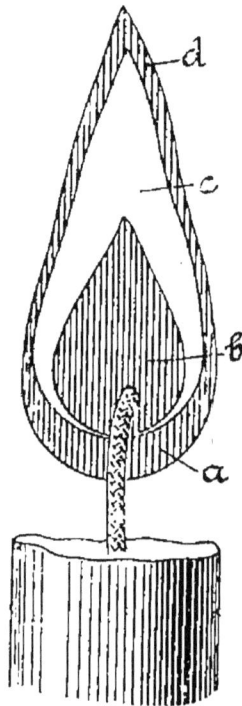

Fig. 89. Flamme de la bougie.

a Zone bleue peu éclairante.
b Zone obscure.
c Cône brillant.
d Enveloppe presque invisible.

3° La troisième partie que l'on observe dans la flamme d'une lampe, est une enveloppe conique très

éclatante *c* : dans cette partie il y a combustion avec
dépôt de charbon ;

4° Enfin, en observant avec soin, on aperçoit une
quatrième partie qui forme une enveloppe conique *d*
très peu lumineuse, entourant la flamme, extrêmement mince et qui a sa plus grande épaisseur au
sommet. Dans cette partie, la combustion est complète, et c'est à son contact avec l'enveloppe lumineuse que la température de la flamme est la plus
haute.

Lorsqu'on projette dans la flamme d'une lampe un
courant d'air sortant d'un chalumeau dont l'orifice
est très étroit, il apparaît une langue de feu pointue
et très allongée, qui s'étend selon la direction du
bec ; c'est ce que l'on appelle le dard. Il faut, pour
que le dard soit net et invariable, que l'extrémité du
bec du chalumeau touche à la flamme et ne pénètre
que très peu ; puis que le vent ne frappe jamais la
mèche. Si l'on veut que la flamme soit volumineuse,
on écarte la mèche un peu en tous sens, ou bien on
la partage en deux parties, en dirigeant le bec entre
ces deux parties et l'inclinant de 45°. Si le dard est
irrégulier, cela vient de ce que le trou du bec n'est
pas bien rond ; si le dard offre une apparence de cavité à son centre, c'est parce que le trou du bec est
trop grand. Pour produire la plus forte température
possible, on doit souffler avec un certain degré de
force ménagé : si l'on donne trop d'air, la portion qui
ne se consume pas refroidit la flamme ; si la pression
est trop faible, la combustion n'est pas assez vive et
la chaleur n'atteint pas son maximum.

Le dard produit par le chalumeau a à peu près le
même aspect que la flamme d'une lampe brûlant li-

brement, mais sa constitution n'est pas tout à fait la même. Elle se compose de trois parties distinctes : la *flamme bleue* ou intérieure, qui a la forme d'un petit cylindre ; c'est de la vapeur combustible mêlée d'air, mais qui ne brûle pas, parce qu'elle n'est pas assez échauffée ; ce petit cylindre est enveloppé, surtout vers la partie antérieure ou extrême, d'une flamme étroite très brillante, qui résulte d'une combustion incomplète du gaz ; et enfin le tout est entouré d'une flamme presque invisible dans laquelle tout le carbone est consumé.

Le lieu de la plus haute température est dans la partie brillante vers l'extrémité de la partie bleue ; mais cette température est infiniment plus élevée dans le feu du chalumeau que dans les flammes ordinaires, parce que l'affluence de l'air comprimé détermine dans l'unité de temps la combustion d'une beaucoup plus grande quantité de matière. C'est à cette partie du dard que l'on a donné le nom de *flamme réductrice*.

L'extrémité non lumineuse du dard *oxyde*, et d'autant plus vivement qu'on s'en éloigne davantage pourvu que le corps soit maintenu à la chaleur rouge.

On distingue généralement dans le travail au chalumeau trois genres de flammes, suivant leur forme et leur aspect. Leur production dépend des quantités de gaz et d'air qui entrent en combustion.

1° Flamme pointue au dard (fig. 90). On l'obtient avec peu de gaz et beaucoup d'air.

Plus la proportion d'air est élevée, plus la flamme est aiguë ; elle fait alors entendre un sifflement particulier. En diminuant la proportion d'air, le dard

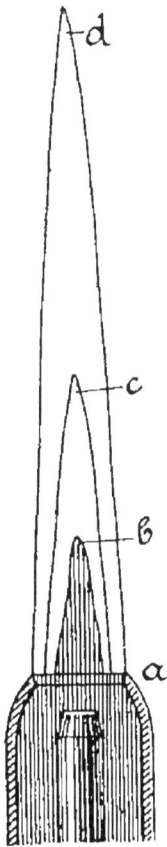

Fig. 90. Dard du chalumeau.

a b Partie obscure (mélange sans
    combustion).
b c Partie verdâtre où la com-
    bustion commence (air en excès
    sur le gaz).
c Point où la température est
    maxima.
c d Zone réductrice (gaz en excès
    sur l'air).
d Pointe oxydante (acide carbo-
    nique et gaz).

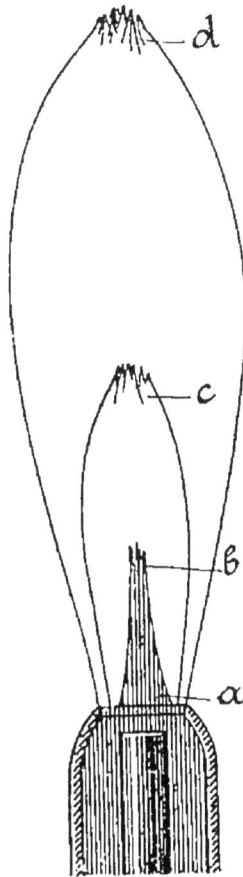

Fig. 91. Grosse flamme du
chalumeau.

a b Partie obscure.
b c Zone où commence la com-
    bustion.
c Point où la température est
    maxima.
c d Zone réductrice.
d Petite zone oxydante.

diminue; avec trop peu d'air, il disparaît et la flamme devient blanche.

2° Grosse flamme (fig. 91) ou flamme en balai. Elle résulte d'une forte admission simultanée de gaz et d'air, produite en poussant en avant la douille extérieure du chalumeau et en ouvrant les robinets de réglage.

L'extrémité du tube intérieur amenant l'air doit être munie dans ce cas d'un ajutage large, ou bien on supprime tout ajutage. On obtient alors une flamme de grande dimension, agitée, bruyante, ayant la forme d'un gros pinceau. Les robinets doivent être réglés de façon à ce que cette flamme soit dépourvue d'éclat dans toute son étendue. Il faut produire un courant d'air puissant et régulier, mais il faut se garder d'introduire dans la flamme un excès d'air, qui abaisserait sa température.

3° Flamme fumeuse.

Cette flamme se produit lorsqu'on donne beaucoup de gaz et peu d'air.

Elle est constituée en majeure partie d'une zône éclairante, médiocrement chaude, et riche en produits non brûlés. L'extrémité présente un aspect fuligineux. On emploie cette flamme pour réchauffer ou pour refroidir progressivement.

III. CHOIX DES MATIÈRES PREMIÈRES

Le souffleur à la lampe se sert exclusivement de tubes et de baguettes de verre, qui ont été préparés dans les verreries et que l'on trouve dans le commerce. Les tubes les plus employés sont appelés :

1° *Tubes de sûreté*, quand l'épaisseur de leur paroi

est au moins le sixième du diamètre intérieur ; ils ont de 1 à 3 millimètres d'épaisseur et de 3 à 15 millimètres de diamètre intérieur ;

2° *Tubes à souffler*, quand ils ont une épaisseur plus faible que les précédents ; leur diamètre varie de 4 à 100 millimètres. En raison de leur épaisseur relativement faible, ces tubes sont beaucoup plus difficiles à courber que les tubes de sûreté ; on les réserve à la confection des gros appareils de verre ;

3° *Tubes à baromètres, tubes à manomètres ;* ce sont des tubes très résistants et dont les parois ont une forte épaisseur ;

4° *Tubes capillaires ;* ce sont les tubes dont le diamètre intérieur est très petit. On les emploie surtout pour confectionner les thermomètres.

Les tubes sont livrés au commerce en tronçons de 1 à 2 mètres de longueur.

Ils doivent être droits, réguliers et dépourvus de bulles. Pour conserver droits les tubes un peu longs, il convient de les placer bien verticalement ; s'ils sont mis à plat, ils doivent être soutenus dans toute leur longueur ; sinon ils se courbent à la longue.

En ce qui concerne la régularité des tubes, on ne peut exiger qu'elle soit absolue, car en raison même de leur mode de fabrication la paroi est plus épaisse aux extrémités qu'au milieu ; cependant les différences doivent être négligeables.

Quant aux bulles, qui forment dans les tubes de longs canaux minces, ayant l'aspect de stries, il faut les éviter avec soin ; sous l'action de la chaleur ces bulles se dilatent outre mesure et gênent pendant le soufflage.

ESSAI DES VERRES A EMPLOYER

Les bons verres présentent les caractères suivants :

1° Ils sont juste assez fusibles pour rester longtemps pâteux dans la flamme du chalumeau ;

2° Ils ne doivent pas se dévitrifier même après des chauffes prolongées et répétées ;

3° Sous forme de tubes étroits et minces, ils ne doivent pas se briser quand on les introduit rapidement dans la flamme ;

4° Au point de vue chimique, il faut que le verre résiste également bien à l'action des acides et à celle des alcalis.

Voici comment on éprouve la résistance chimique du verre à l'Institut impérial allemand : on fait dissoudre dans 100 centimètres cubes d'éther saturé d'eau, 1 décigramme d'éosine ou d'érythrosine. On remplit de cette solution un tube d'essai fait avec le verre à éprouver ; après vingt-quatre heures, on vide ce tube et on le rince à l'éther. S'il est resté net et transparent, le verre est bon ; il est au contraire de mauvaise qualité si un dépôt rouge, adhérent, s'est formé à sa surface et si la couleur de la solution a été altérée par l'alcali mis en liberté.

Un des verres les plus faciles à travailler à la lampe est celui de Thuringe, verre à base de soude relativement fusible ; il a par contre l'inconvénient de se dévitrifier rapidement.

Les verres français à base de soude sont un peu moins faciles à travailler que les verres allemands, mais ils sont moins sujets à se dévitrifier et résistent bien à l'action des agents chimiques.

Le verre dur à base de potasse, peu fusible, est souvent employé pour confectionner les tubes à combustion servant aux analyses organiques, qui ont à supporter des températures élevées sans trop se ramollir.

Le cristal et le flint sont quelquefois employés au lieu de l'émail à cause de leur grande fusibilité. Comme le silicate de plomb qu'ils contiennent est facilement réductible, ce qui les fait noircir dans certaines parties de la flamme du chalumeau, leur emploi exige quelques précautions particulières.

Il est difficile de trouver dans le commerce de bons verres pour le soufflage qui soient réguliers comme composition et non dévitrifiables. Quand on achète une provision de tubes de verre, il convient de s'adresser directement aux verreries, en indiquant l'usage qu'on veut en faire, et en demandant des pièces sorties d'une même coulée ; cette dernière précaution est importante pour la bonne réussite des soudures.

IV. EXERCICES PRÉPARATOIRES

NETTOYAGE DES TUBES DE VERRE

Il est nécessaire de bien nettoyer les pièces de verre avant de les travailler à la lampe.

S'il s'agit de tubes assez larges, le procédé le plus simple consiste à y faire passer d'abord un chiffon humide pour enlever la poussière, puis un chiffon sec pour essuyer le verre.

Dans le cas de tubes étroits, on emploie un mince tortillon de papier Joseph ou un peu de coton légèrement humide, que l'on pousse dans le tube à l'aide d'un fil de fer.

Quand ce procédé est insuffisant, on introduit dans le tube quelques gouttes d'acide sulfurique additionné de bichromate de potasse; ce mélange, oxydant très énergique, brûle les dernières traces de matières étrangères qui souillent le verre. On doit ensuite rincer plusieurs fois à l'eau pure.

Les souillures laissées sur le verre par le mercure s'enlèvent à l'aide de l'acide azotique.

On sèche souvent les tubes au moyen d'une ficelle pourvue d'un tampon de coton sec, attaché solidement et assez gros pour entrer difficilement dans le tube. Pour les petits diamètres, un simple nœud peut être suffisant. On fait passer la ficelle à travers le tube, on la maintient à l'une des extrémités en posant le pied dessus, et on fait glisser le tube verticalement sur le tampon.

Il est quelquefois difficile de faire passer une ficelle à travers un long tube; on y arrive en suspendant à l'extrémité un corps pesant, un bout de tube, une tige de métal, par exemple (fig. 92).

Quand il s'agit d'ouvrages exécutés avec soin, on sèche les tubes à l'air chaud, après les avoir rincés à l'eau distillée. Dans ce but, on ferme l'une des extrémités du tube par un tampon d'ouate, per-

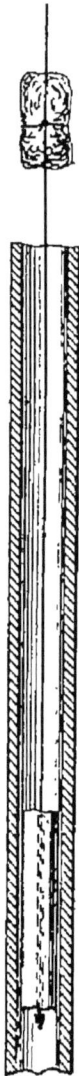

Fig. 92.
Nettoyage
d'un tube.

méable à l'air, mais cependant assez serré pour retenir les poussières ; on relie l'autre extrémité au tube d'aspiration d'une trompe (1) et on chauffe le tube avec précaution afin d'accélérer la dessiccation. Celle-ci, pour être complète, exige malgré cela un laps de temps assez long.

On arrive à faire disparaître l'humidité plus rapidement en faisant passer dans le tube successivement de l'alcool, puis de l'éther. L'emploi de ce dernier liquide, qui se vaporise à une température peu élevée, permet d'éviter le chauffage du tube.

La surface extérieure des tubes doit être nettoyée avec autant de soin que la paroi intérieure.

ARRONDIR L'EXTRÉMITÉ D'UN TUBE

Les tubes qui ont été coupés par fêlure ou par rupture quelconque, présentent des bords tranchants dangereux pour les mains et susceptibles de détériorer les bouchons et les tubes de caoutchouc qu'on peut y adapter. Il est presque toujours nécessaire d'arrondir ces arêtes tranchantes, et en principe aucun tube ne devrait quitter la table du souffleur sans avoir subi cette opération à ses deux extrémités.

Lorsque la paroi des tubes présente une assez grande épaisseur, on peut se contenter d'émousser les arêtes à l'aide d'une lime fine mouillée d'une solution de camphre dans la térébenthine.

Il est préférable d'adoucir le bout des tubes de verre par l'action de la chaleur.

On présente pour cela le tube dans la flamme du chalumeau, ou mieux, en avant de la flamme, en

---

(1) Il est préférable d'aspirer l'air à travers le tampon ; en soufflant il y a toujours entraînement de poussières.

le tournant constamment. Il convient de ne pas chauffer trop de verre et de ne ramollir que la surface même de l'extrémité du tube. On ne chauffe le verre que juste au point où il commence à se ramollir ; à ce moment la flamme prend une coloration jaune par suite de la volatilisation de traces de sodium.

Quand le verre n'est ni trop dur ni trop épais, un brûleur Bunsen peut suffire à en arrondir les arêtes.

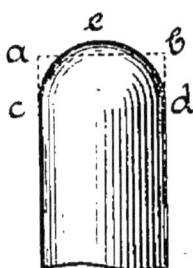

Le principe sur lequel est basée cette opération est celui de la tension superficielle ; la portion $a\,b\,c\,d$ (fig. 93) ramollie par la chaleur prend la forme $c\,e\,d$, sous laquelle sa surface est comprise dans le plus petit périmètre, parce que les molécules superficielles tendent à se rapprocher les unes des autres.

Fig. 93. Arrondir le bout d'une baguette.

BORDER LE BOUT D'UN TUBE

Il est parfois nécessaire d'augmenter l'épaisseur d'un tube à son extrémité pour le rendre capable de résister aux chocs, ou à la pression d'un bouchon, etc. On procède comme dans l'opération précédente mais en poussant plus loin l'échauffement ; le verre ramolli en $a\,b\,c\,d$ se rassemble suivant une épaisseur correspondante $m\,n$, d'autant plus grande que la longueur $a\,c$ est elle-même plus grande.

Il faut remarquer que, à moins d'un artifice particulier, la contraction indiquée par la figure théorique 94 n'a jamais lieu d'une façon symétrique de part et d'autre des parois cylindriques du tube. La tension superficielle n'agit pas seulement, en effet, dans des plans passant par l'axe du tube, mais aussi dans les plans qui lui sont perpendiculaires ; en d'autres termes le verre tend aussi bien à se rapprocher de l'axe qu'à se rassembler dans le sens de la longueur du tube. Il en résulte que la section prend une forme analogue à celle de la figure 95, et que l'orifice se contracte de plus en plus à mesure que l'on chauffe le verre davantage.

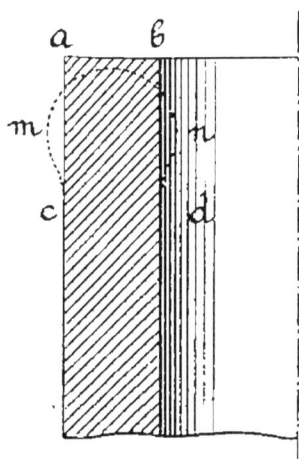

Fig. 94. — Border le bout d'un tube.

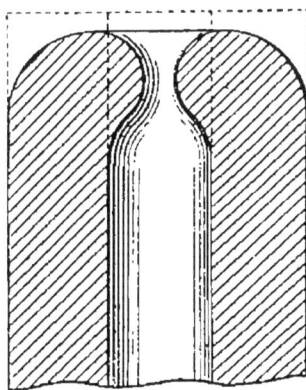

Fig. 95.—Extrémité arrondie d'un tube.

Cet effet est surtout sensible sur les tubes étroits ; on conçoit que sur un tube de grand diamètre la tension circonférencielle ait relativement moins d'action, et que le bord d'une lame tout à fait plane se contracterait symétriquement ainsi que l'indique la figure 94.

Lorsque le tube à border est large, il est nécessaire de le tourner sans cesse et régulièrement pour que le bord soit d'une épaisseur uniforme.

FERMER UN TUBE ÉTROIT

Si dans l'opération précédente, exécutée sur un tube pas trop large, on prolonge suffisamment l'action de la flamme, en tournant d'une manière continue, les bords se rapprochent jusqu'au contact (fig. 96) et le verre se rassemble graduellement jusqu'à prendre la forme indiquée sur la figure 97.

Fig. 96. — Fermeture d'un tube étroit.

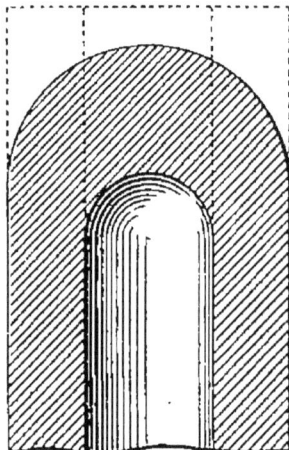

Fig. 97. — Tube étroit fermé.

L'épaisseur du fond hémisphérique ainsi obtenu est toujours considérable par rapport à celle du tube.

Il y a par suite à craindre les effets d'un refroidissement brusque. Toutes les fois, en effet, qu'on soumet à une variation rapide de température, une pièce dont les parois ont une épaisseur discontinue, les parties épaisses se mettent en équilibre de température longtemps après les parties minces et d'autant plus longtemps après que la matière conduit mal la chaleur, ce qui est le cas du verre ; les zones de raccordement sont par suite le siège d'efforts intérieurs considérables qui provoquent des fêlures et souvent des ruptures complètes.

Il serait indispensable de refroidir très lentement et avec beaucoup de précautions des tubes de verre un peu larges fermés par le procédé décrit ci-dessus, à cause de la grande épaisseur du verre rassemblé au fond.

Ce procédé n'est donc applicable qu'aux tubes étroits, et notamment aux tubes capillaires.

COURBER LE BORD D'UN TUBE EN DEHORS

Quand l'extrémité d'un tube doit être légèrement évasée, on procède de la manière suivante.

On ramollit le bout du tube, en le tournant constamment, sans attendre que le verre se contracte d'une manière notable. On retire alors le verre de la flamme et on introduit dans l'orifice, bien parallèlement à l'axe du tube, un instrument conique ou pyramidal tel que ceux représentés aux figures 86 et 98.

En appuyant avec modération contre cet outil, le tube que l'on tourne régulièrement, le bord s'infléchit peu à peu vers l'extérieur (fig. 98).

Il faut avoir soin de ne pas chauffer une trop grande longueur de tube, ni de trop ramollir le verre, surtout s'il est mince. Il est presque toujours indispensable de réchauffer plusieurs fois avant de terminer le travail.

Lorsqu'on doit former un bec sur le bord du tube, comme l'on en voit sur les éprouvettes par exemple, on appuie une tige de fer sur ce bord convenable-

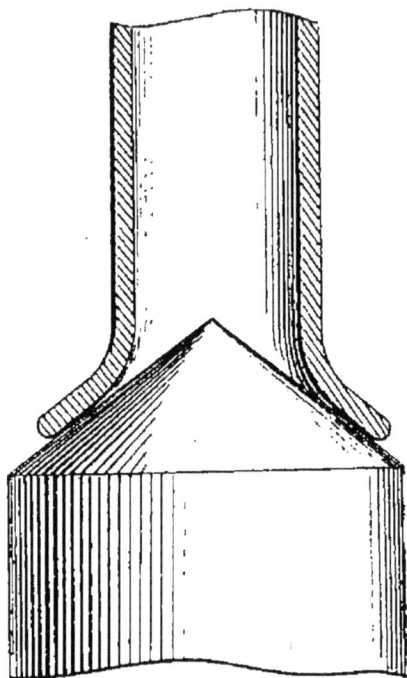

Fig. 98. Elargissement de l'orifice
d'un tube.

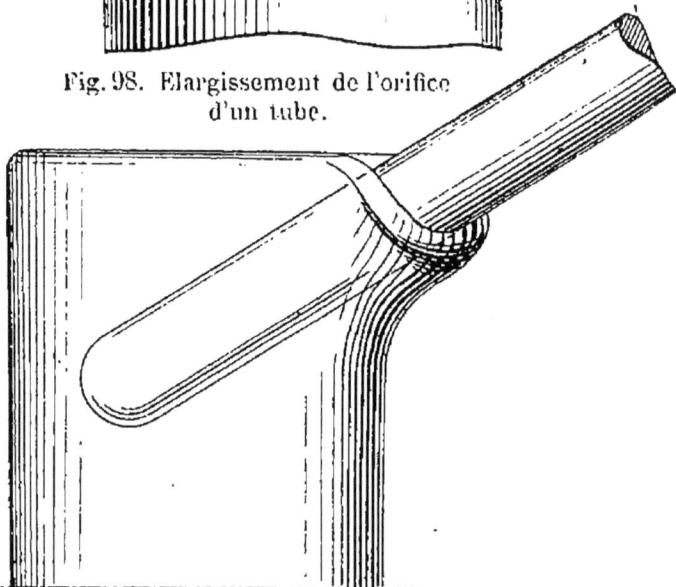

Fig. 99. Formation d'un bec sur une éprouvette.

ment ramolli, en la tournant entre les doigts (fig. 99).

Observation. — Il est nécessaire d'enduire d'une légère couche de cire ou de suif toutes les pièces métalliques que l'on met en contact avec le verre, afin d'empêcher celui-ci d'y adhérer.

V. EXERCICES DE SOUFFLAGE

SOUFFLER UNE BOULE A L'EXTRÉMITÉ D'UN TUBE ÉTROIT

On commence par fermer un tube en chauffant son extrémité comme il est dit précédemment, puis le verre étant suffisamment fondu, on porte le côté ouvert du tube à la bouche, et tout en le faisant tourner entre les lèvres à l'aide des doigts, on souffle légèrement, en augmentant le souffle avec la solidification du verre, et veillant à ce que la boule soit bien ronde et bien dans l'axe du tube. On reporte l'extrémité du tube dans la flamme pour y rassembler une plus grande quantité de verre, on souffle encore, et l'on continue ainsi jusqu'à ce que la boule soufflée ait graduellement atteint le diamètre voulu.

D'une manière générale il convient, avant de souffler dans le tube, de l'écarter du chalumeau. En laissant le verre dans la flamme, il deviendrait trop fluide : le moindre excès de pression, surtout s'il est mince, le déformerait trop vite et le ferait crever ; d'autre part il serait difficile d'éviter qu'il s'affaisse sous l'action de son propre poids.

Le verre étant ramolli convenablement, on souffle d'abord doucement, et, à mesure qu'il durcit en refroidissant, on augmente la pression.

Il vaut mieux *souffler par petits coups gradués* que d'une manière continue.

Lorsque le verre est refroidi au point de ne plus céder à la pression de l'air insufflé, on le reporte dans la flamme du chalumeau pour lui rendre sa mollesse.

La partie la plus délicate de l'opération ne réside pas dans le soufflage, mais bien dans le travail que doivent exécuter les mains pour guider la déformation du verre.

Des différentes forces agissant simultanément sur la boule de verre semi-fluide, deux agissent également sur toute la surface : la *tension superficielle*, qui tend à contracter la boule, et la *pression de l'air* insufflé, qui tend au contraire à en augmenter le volume; si ces deux forces entraient seules en jeu, il n'y aurait aucune raison pour que la boule soufflée se déformât en augmentant de diamètre.

Mais il faut encore considérer deux autres forces qui n'agissent pas également dans tous les sens comme les précédentes. Ce sont : la *pesanteur* et la *force centrifuge*.

Nous croyons devoir donner quelques explications au sujet de cette dernière.

Un corps quelconque animé d'un mouvement de rotation est soumis dans toutes ses parties à l'action d'une force, provenant de l'inertie de la matière, qui tend à l'écarter de l'axe de rotation, comme dans une fronde elle tend à faire échapper la pierre des liens qui la retiennent. C'est cette force qu'on nomme *force centrifuge*.

Son action est d'autant plus grande que le corps considéré tourne plus vite; en outre, dans une même masse en rotation, la force centrifuge à laquelle chaque point est soumis, est proportionnelle à la distance de ce point à l'axe de rotation.

Dans une sphère tournant sur elle-même, ce sont les parties équatoriales qui sont sollicitées avec le plus de force vers l'extérieur ; si cette sphère est faite

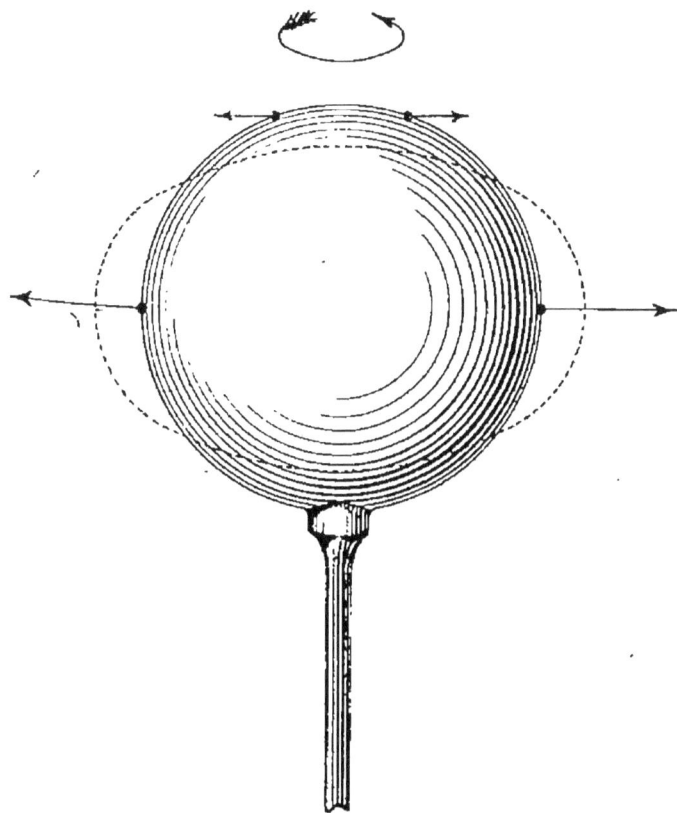

Fig. 100. — Action de la force centrifuge.

d'une substance molle, elle s'aplatit en forme d'ellipsoïde de révolution d'une plus ou moins grande excentricité selon son degré de plasticité et sa vitesse de rotation (fig. 100).

Au lieu de considérer une sphère pivotant sur elle-même, supposons qu'elle tourne autour d'un axe éloigné de son centre, comme par exemple la boule de verre tourne au bout de la canne du souffleur dans

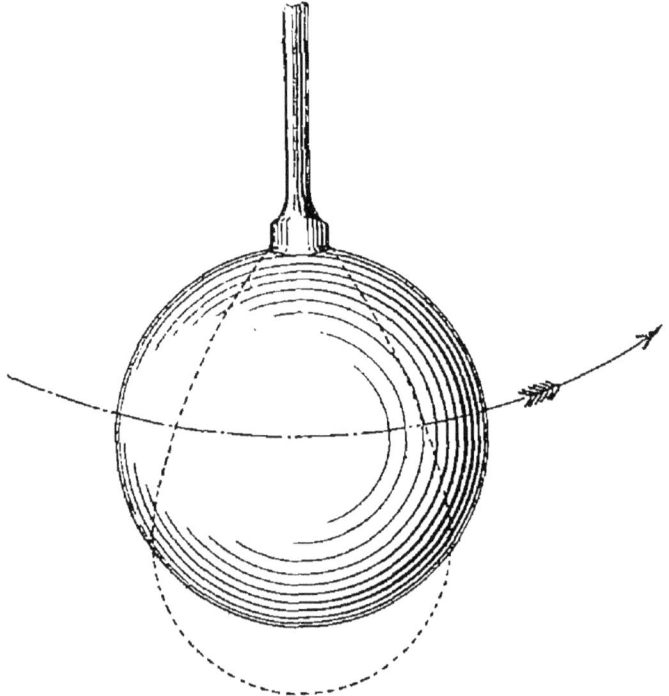

Fig. 101. — Action de la force centrifuge.

la fabrication des bouteilles. La déformation produite par la force centrifuge est alors toute différente : la masse prend la forme d'une poire et s'allonge plus ou moins (fig. 101).

Ceci étant dit, il est facile de concevoir les effets produits par l'action simultanée de la pression de l'air insufflé, de la tension superficielle, de la pesanteur et de la force centrifuge. La forme que prendra le verre soufflé sera celle d'une sphère déformée à la fois dans le sens vertical, de haut en bas, et dans le sens transversal par rapport à son axe de rotation.

Si le souffleur veut obtenir une boule parfaitement sphérique, il faut donc qu'il arrive à compenser ces déformations en les forçant à se produire dans des directions convenables. Il corrigera une dissymétrie en inclinant l'objet du côté opposé à la déviation ; si la boule a pris une forme allongée, il la tournera plus rapidement sur elle-même, et la force centrifuge pourra la ramener à un contour à peu près sphérique ; si elle est au contraire trop courte, il la balancera comme un pendule pour que la force centrifuge et la pesanteur la forcent à s'allonger.

Il faut observer dans ce qui précède que la boule de verre semi-fluide est supposée uniforme comme épaisseur et comme température dans toutes ses parties. Il est bien évident que si elle a été irrégulièrement chauffée dans la flamme du chalumeau, elle ne pourra acquérir une forme régulière par le soufflage. C'est là une cause d'échecs pour les débutants. Cependant le praticien arrive, dans certains cas, à tirer parti d'un chauffage inégal, soit pour corriger une forme défectueuse, soit pour obtenir des formes plus ou moins compliquées, comme nous en verrons plus loin quelques exemples.

SOUFFLER UN ENTONNOIR A L'EXTRÉMITÉ D'UN TUBE ÉTROIT

On commence par former une sphère (fig. 102) à l'extrémité du tube (I); on chauffe ensuite la calotte extrême de cette sphère et, toujours en tournant ré-

I.

II.

III.

IV.

V.

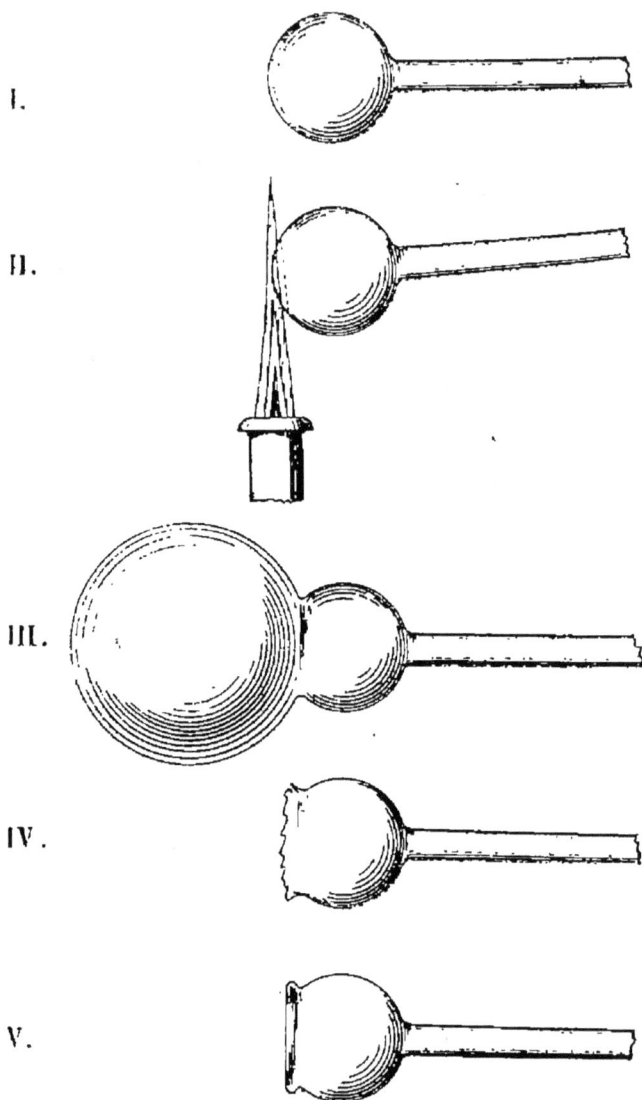

Fig. 102. — Souffler un entonnoir à l'extrémité
d'un tube.

gulièrement, on présente au bord de la flamme le bord de la calotte qui s'affaisse peu à peu (II). On continue ainsi jusqu'à ce qu'on ait ramolli sur l'hémisphère extrême une zone bien perpendiculaire à l'axe du tube. En soufflant alors fortement, on forme dans cette partie une grosse boule de verre excessivement mince (III). On brise ensuite celle-ci à une petite distance du collet qui la rattache à la première sphère (IV); il ne reste plus qu'à fondre le bord mince qui reste adhérent, afin de le régulariser. Il convient de se servir dans ce but d'une petite flamme aiguë, ne fondant que peu de verre à la fois. Le bourrelet formé par le verre en se rassemblant peut au besoin être renforcé et courbé au dehors (V).

OUVRIR LA PAROI D'UN TUBE LARGE OU D'UNE SPHÈRE

Après avoir préalablement chauffé avec précaution toute la portion de surface voisine du point où l'on veut pratiquer un orifice (fig. 103), on dirige sur ce point une flamme très aiguë, de manière à fondre aussi peu de verre que possible, afin d'éviter la formation d'une ouverture plus grande qu'on ne le désire (I).

En soufflant alors dans l'appareil, le verre se soulève dans la partie où il est ramolli et prend la forme d'une protubérance plus ou moins saillante (II).

On réchauffe cette saillie et on l'amène ensuite, en soufflant doucement, à prendre une forme à peu près sphérique (III).

On enlève alors la moitié extérieure de cette sphère, soit en la brisant, soit en la soufflant fortement, après l'avoir ramollie, de façon à produire une grosse boule très mince, facile à détacher. Le bord tranchant et irrégulier qui reste après cette opération est enfin fondu et régularisé en le tournant dans la flamme (IV).

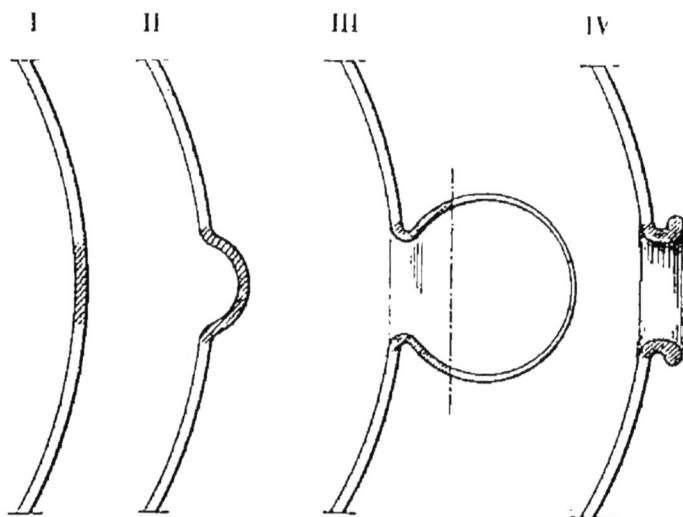

I   II   III   IV

Fig. 103. — Formation d'une ouverture sur une paroi.

La difficulté de ce travail consiste à ne ramollir que la quantité de verre juste nécessaire à la formation de l'orifice. Quand la surface à ouvrir présente une courbure peu prononcée, on la présente normalement à l'extrémité du dard, celui-ci étant bien limité et bien aigu. Mais lorsque la surface a un petit rayon de courbure, comme l'extrémité hémisphérique d'un tube fermé par exemple, il est préférable de la présenter tangentiellement à la flamme, de manière à ne chauffer le verre qu'au point de contact.

Il faut encore faire attention au soufflage de la petite sphère (III) si l'on veut que les bords de l'orifice

ne soient pas trop minces une fois l'opération terminée.

FORMER UNE TUBULURE SUR LA PAROI D'UN TUBE
OU D'UNE SPHÈRE

On fond l'extrémité d'une grosse baguette de verre.
En même temps on chauffe doucement la surface que
l'on veut munir d'une tubulure (fig. 104). Quand la

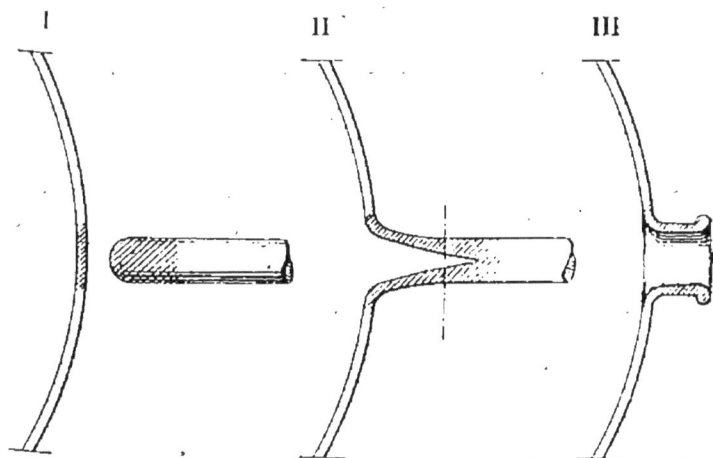

Fig. 104. — Formation d'une tubulure sur une paroi.

baguette est arrivée au rouge blanc, sans la sortir de
la flamme, on produit un dard aigu à l'aide duquel on
fond le verre au point qui doit recevoir la tubulure,
puis on réunit les deux masses en fusion (I). L'adhérence étant complète, on retire de la flamme et on
souffle fortement.

Le verre se trouvant refoulé dans la masse semi-
fluide de la baguette, il se forme une cavité tronco-
nique assez profonde (II). Avant que le verre se
refroidisse, on coupe la baguette un peu en-deçà du

fond de la cavité, et on régularise l'ouverture ainsi
obtenue en en chauffant les bords et en élargissant
au besoin le diamètre à l'aide d'une tige métallique (III).

Pour que l'opération réussisse bien il faut, comme
dans toutes les soudures, que les surfaces à réunir
soient très propres; il est bon de couper le bout de
la baguette au moment de s'en servir, afin d'avoir
une section fraîche et nette.

ÉTRANGLER UN TUBE SANS ÉPAISSIR LA PAROI

On commence par échauffer légèrement le tube
sur une certaine longueur de part et d'autre du point
où l'on veut produire un étranglement, c'est-à-dire
une diminution de diamètre (fig. 105), puis on

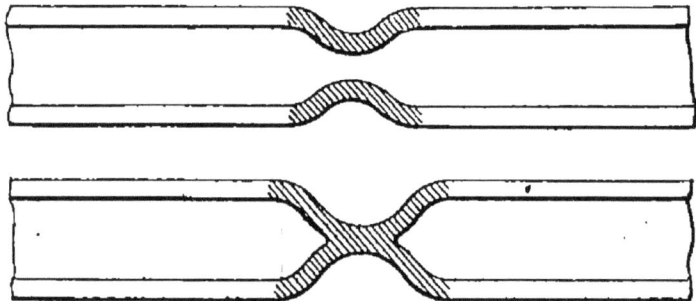

Fig. 105. — Étranglement d'un tube.

chauffe fortement à l'endroit voulu en tournant très
régulièrement.

Comme dans l'opération qui consiste à fermer
l'extrémité d'un tube, c'est la tension superficielle
qui intervient seule pour contracter le verre pâteux.
En prolongeant plus ou moins l'action de la flamme,
le tube diminue plus ou moins de diamètre, et finit

par s'obstruer complètement si on le chauffe assez longtemps.

Le tube doit être tenu avec les deux mains à la fois, et à partir du moment où le verre se ramollit, chaque main doit opérer indépendamment tout en restant en complet accord avec l'autre; la difficulté consiste à maintenir sans cesse les deux portions de tube exactement dans le prolongement l'une de l'autre, et, en même temps, à les tourner avec la même régularité et la même vitesse.

Cette double condition, indispensable pour éviter les mouvements de flexion et de torsion dans la partie contractée, est très difficile à réaliser par les commençants. Ils devront s'y exercer souvent, surtout avec des tubes longs, peu commodes à soutenir, et avec des tubes larges, difficiles à contracter régulièrement.

L'étranglement doit être exécuté sans pression ni traction sur les extrémités du tube.

ÉTIRER UN TUBE

Comme dans l'opération précédente, on chauffe le tube de manière à contracter le verre au point voulu (fig. 106, I). L'épaisseur étant devenue suffisante, on sort le verre de la flamme et on tire le tube dans le sens de la longueur tout *en le tournant sans arrêt entre les deux mains* (II). On cesse la traction dès que la partie étirée a pris la longueur et le diamètre désirés (III), mais on continue de tourner très régulièrement jusqu'à ce que le verre soit refroidi.

Le diamètre du tube étiré est d'autant plus faible que l'on étire plus rapidement. On obtient facilement ainsi des tubes fins comme des cheveux, mais il faut

éviter de les produire dans un atelier de souffleur
à la lampe, à moins de les fondre immédiatement,
car ces minces filaments produisent une poussière
de verre dangereuse pour les mains et les yeux.

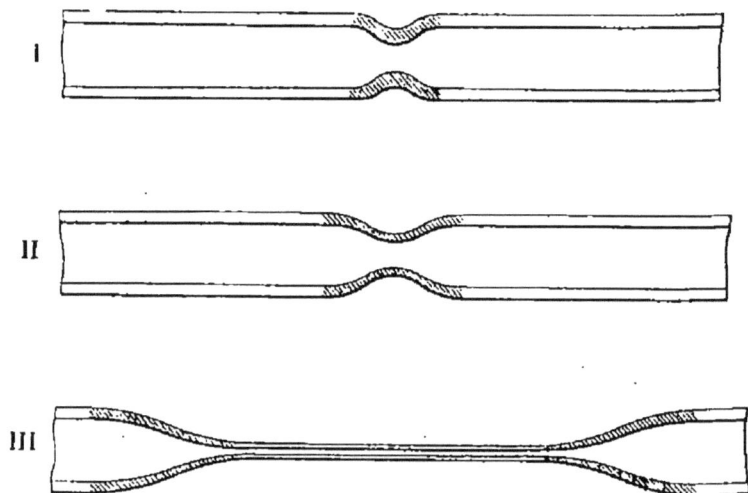

Fig. 106. — Etirement d'un tube.

Lorsqu'il s'agit d'étirer l'extrémité d'un tube, on
commence par y souder un autre bout de tube ou
baguette de verre et l'on étire ensuite en prenant les
mêmes précautions que ci-dessus.

On prépare presque toujours ainsi le bout des
tubes à souffler, en ayant soin d'arrondir les arêtes
vives, afin de les rendre plus commodes à tenir entre les lèvres. Cette opération, qui revient très souvent dans le travail à la lampe, ne présente d'ailleurs aucune difficulté.

FERMER UN TUBE ÉTROIT EN POINTE

On étire d'abord l'extrémité du tube (fig. 107, I),
puis en la portant dans le dard de chalumeau, on
fond la pointe de la partie effilée de manière à en
obstruer l'orifice (II).

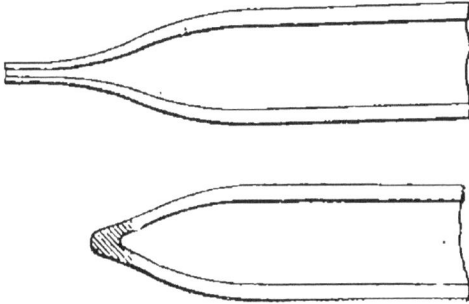

Fig. 107. — Fermeture d'un tube étroit.

Pour obtenir un meilleur résultat, on peut aspirer
par l'autre extrémité du tube, pendant la fusion du
verre ; la différence de pression agissant de l'extérieur vers l'intérieur force le verre à se rassembler
en une masse plus compacte. Si l'autre extrémité est
déjà fermée, on pourra dans le même but chauffer
préalablement tout le tube, afin d'en expulser l'air
en partie, puis le laisser refroidir au moment où la
pointe commence à se fermer dans la flamme. La
contraction de l'air pendant son refroidissement produira le même effet que l'aspiration dans le cas précédent.

FERMER UN TUBE LARGE

On chauffe au rouge une portion du tube (fig. 108
et 109), sur une largeur d'environ le diamètre (I) ;
puis, à mesure que le verre se contracte, et en tour-

nant toujours avec régularité, on tire doucement de façon à conserver l'épaisseur primitive.

Si on réussit à contracter ainsi le tube presque entièrement sans trop l'étirer, comme l'indique la figure II, on termine l'opération en chauffant fortement, à l'aide de la flamme aiguë, la partie la plus étroite de la gorge. Quand la fermeture est faite, on écarte vivement les deux bouts, et il se forme entre eux un fil de verre étiré que l'on fond de suite (IV).

Dans le cas où l'étirement aurait été trop fort relativement à la contraction (III), on répète l'opération précédente sur une portion convenable de la naissance de la gorge. On laisse le verre se contracter en ce point, en faisant en sorte que l'épaisseur reste régulière, jusqu'à ce que l'étranglement soit complet (V) ; après quoi on opère comme ci-dessus en fondant et en étirant rapidement la partie la plus étroite de l'étranglement (IV).

Le tube fermé obtenu de cette manière présente à son extrémité une masse de verre formant saillie, une *goutte* (VI) qu'il est le plus souvent nécessaire d'enlever, — comme par exemple lorsqu'il s'agit de tubes d'essais destinés à être chauffés et dont l'épaisseur doit être partout bien uniforme.

Pour arriver à ce résultat (fig. 109), on amène la goutte de verre à l'état pâteux, puis on y fait adhérer l'extrémité un peu effilée d'un petit tube de verre froid ; en tirant sur ce tube, on peut enlever une grande partie du verre en excès. Il est nécessaire, dans cette opération, de chauffer de manière à ce que la goutte seule soit ramollie. Si les parties voisines se trouvaient portées au rouge, le verre se ras-

I

II

III

IV

V

VI

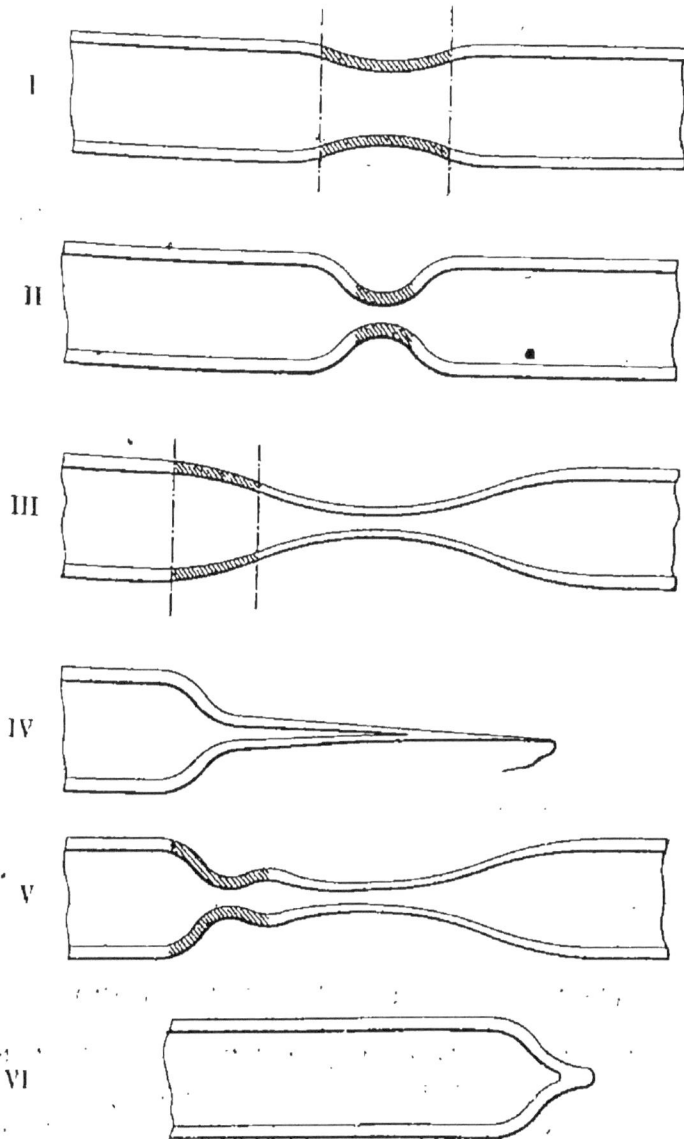

Fig. 108. — Fermeture d'un tube large.

17.

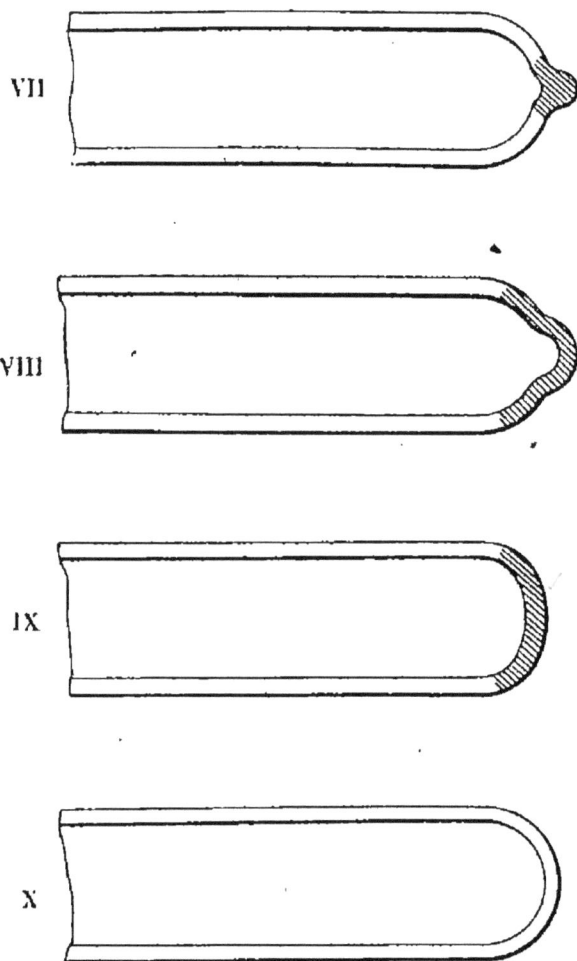

Fig. 109. — Fermeture d'un tube large (*suite*).

semblerait dans la goutte, et, à l'encontre du but visé, augmenterait la masse de celle-ci (VII).

Lorsqu'on est parvenu à ne laisser au sommet de la calotte hémisphérique qu'une très petite saillie, on reporte le bout du tube dans la flamme aiguë du chalumeau, de façon à porter au ramollissement la goutte et la zone qui l'entoure sur une petite largeur, et en même temps, on souffle avec précaution. On doit obtenir ainsi une calotte de faible diamètre en saillie sur la première (VIII). Ceci étant fait, on chauffe, dans une flamme un peu plus large, toute la portion non cylindrique du tube, en tournant régulièrement ; il faut arriver de cette manière à ce que le verre se contracte et que le fond du tube prenne la forme indiquée figure IX. Il ne reste plus qu'à lui donner la forme hémisphérique en soufflant doucement (X).

ÉTRANGLER UN TUBE EN ÉPAISSISSANT LA PAROI

Il s'agit de refouler le verre sur lui-même dans une partie du tube de façon à diminuer en cet en-

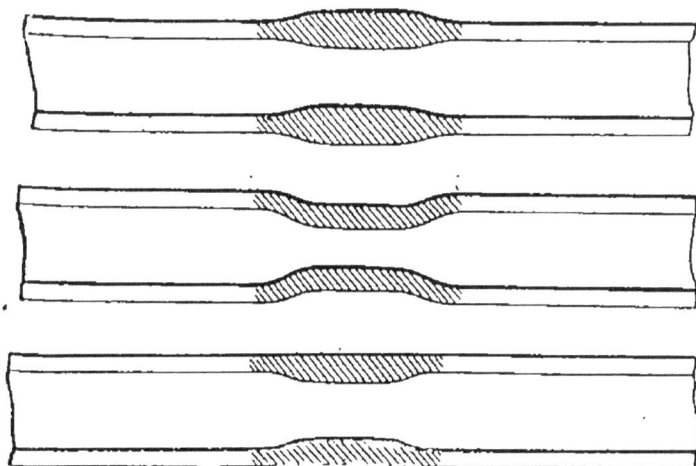

Fig. 110. — Étranglement d'un tube.

droit le diamètre intérieur, avec ou sans augmentation du diamètre extérieur (fig. 110).

On chauffe le tube au point voulu dans une flamme proportionnée à son diamètre. Quand le verre commence à se ramollir et tend à se rassembler, on presse doucement l'une vers l'autre les deux extrémités du tube, en tournant toujours très régulièrement et en ayant bien soin de ne pas produire de flexions dans la partie ramollie.

On arrive à régler les diamètres intérieur et extérieur par des soufflages ou des tractions opérés à propos : lorsqu'on veut augmenter le diamètre extérieur, on souffle légèrement, après avoir fermé une extrémité du tube ; lorsque le diamètre intérieur devient trop étroit, on étire avec précaution, après avoir éloigné le tube de la flamme.

SOUFFLER UNE PETITE BOULE AU MILIEU D'UN TUBE ÉTROIT

On commence par fermer une extrémité du tube à l'aide d'un bouchon en caoutchouc. Puis on rassemble par pression, comme nous venons de l'indiquer, une quantité suffisante de verre à l'endroit voulu. Le verre étant porté au rouge blanc, on souffle alors par petits coups successifs, en augmentant progressivement la pression à mesure que le verre se refroidit, jusqu'à ce que le diamètre définitif soit atteint.

Pendant cette opération, il faut tourner constamment et très régulièrement le tube maintenu horizontal entre les deux mains. On doit prendre soin, surtout si le tube est mince, de ne pas trop chauffer les points où celui-ci se raccorde à la sphère soufflée.

Quand le tube est capillaire, il est préférable de souf-

fler à l'aide d'une poire en caoutchouc au lieu de souffler avec la bouche, afin d'éviter la condensation dans
le tube de la vapeur d'eau contenue dans l'haleine,
qu'il serait ensuite très difficile d'éliminer. Le tube
étant fermé à l'une de ses extrémités, on relie l'autre
par un tube de caoutchouc à une poire également en
caoutchouc, comme celles des pulvérisateurs par
exemple. Il suffit d'une légère pression pour insuf-
fler une quantité suffisante d'air dans le tube capillaire. Une certaine habitude est nécessaire pour bien
réussir les boules par ce procédé à cause de la difficulté de tourner.

SOUFFLER UNE GROSSE BOULE SUR UN TUBE ÉTROIT

Quand la boule qui doit être soufflée est relativement grosse par rapport au tube, il est difficile de
l'exécuter avec une épaisseur suffisante. Il est alors
préférable de prendre un tube de verre plus gros et
de l'étirer de part et d'autre de la portion nécessaire
au soufflage de la boule, après quoi l'on sépare les
parties larges du tube restant en dehors des parties
étirées. On souffle ensuite la sphère, comme précédemment, dans la zone la plus large.

Dans toutes ces opérations il faut veiller avec le
plus grand soin à ce que la pièce conserve son axe
parfaitement rectiligne.

SOUFFLER UNE BOULE A L'EXTRÉMITÉ D'UN TUBE LARGE

On étire d'abord l'extrémité du tube large sur une
longueur de 12 ou 15 centimètres de manière à former un tube étroit devant servir de poignée (fig. 111
et 112). Dans ce but on contracte l'orifice du premier
tube dans la flamme du chalumeau et on y soude

une baguette un peu épaisse. Après avoir rassemblé une quantité de verre suffisante, on étire avec précaution, en tournant constamment et en veillant à maintenir l'axe rectiligne (1).

On coupe le tube ainsi formé, à dix ou douze centimètres de longueur, et on en arrondit les bords, ainsi que ceux du bout opposé du tube large que l'on ferme ensuite avec un bouchon.

Il faut maintenant rassembler à l'endroit où la boule doit être soufflée une quantité de verre suffisante. On procède, comme on l'a vu précédemment pour la contraction d'un tube (page 299), en chauffant une petite longueur et en comprimant dans le sens parallèle à l'axe. On souffle avec précaution pour éviter la diminution du diamètre intérieur (II). Lorsqu'une zone est convenablement renforcée, on opère de la même manière sur la zone voisine jusqu'à ce que l'on juge avoir rassemblé assez de matière (III).

La forme extérieure du renflement, composé d'une série de boursouflures annulaires, doit ensuite être régularisée, ainsi que l'épaisseur du verre. On chauffe au rouge les parties rétrécies et l'on souffle avec précaution afin de les amener au diamètre des parties voisines, jusqu'à ce que les saillies aient disparu. Le renflement doit prendre la forme d'un cylindre d'épaisseur uniforme et assez court pour pouvoir être chauffé en une seule fois dans la grosse flamme du chalumeau (IV).

L'opération suivante consiste à fermer et arrondir la partie extrême du renflement (fig. 112) d'après le procédé indiqué pour la fermeture d'un tube large (V).

Lorsqu'on a fait disparaître la goutte qui se forme

toujours au pôle de la calotte sphérique (VI), on chauffe dans une flamme assez large pour que l'extrémité renflée du tube y soit entièrement contenue. Le verre se ramollit et doit prendre la forme de la figure VII. Il faut éviter, comme dans toutes les opé-

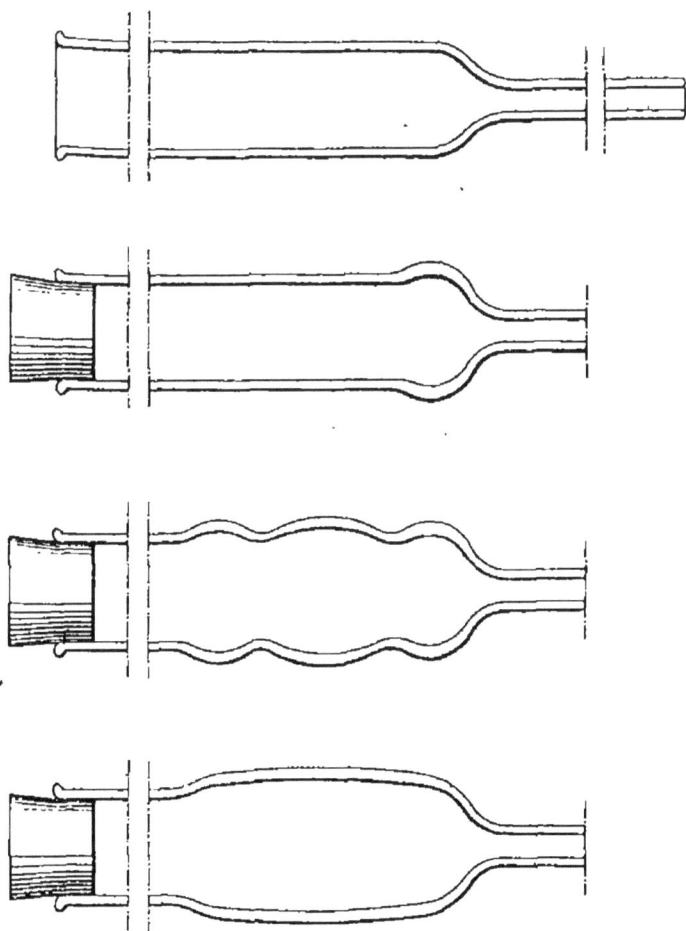

Fig. 111. — Soufflage d'une boule.

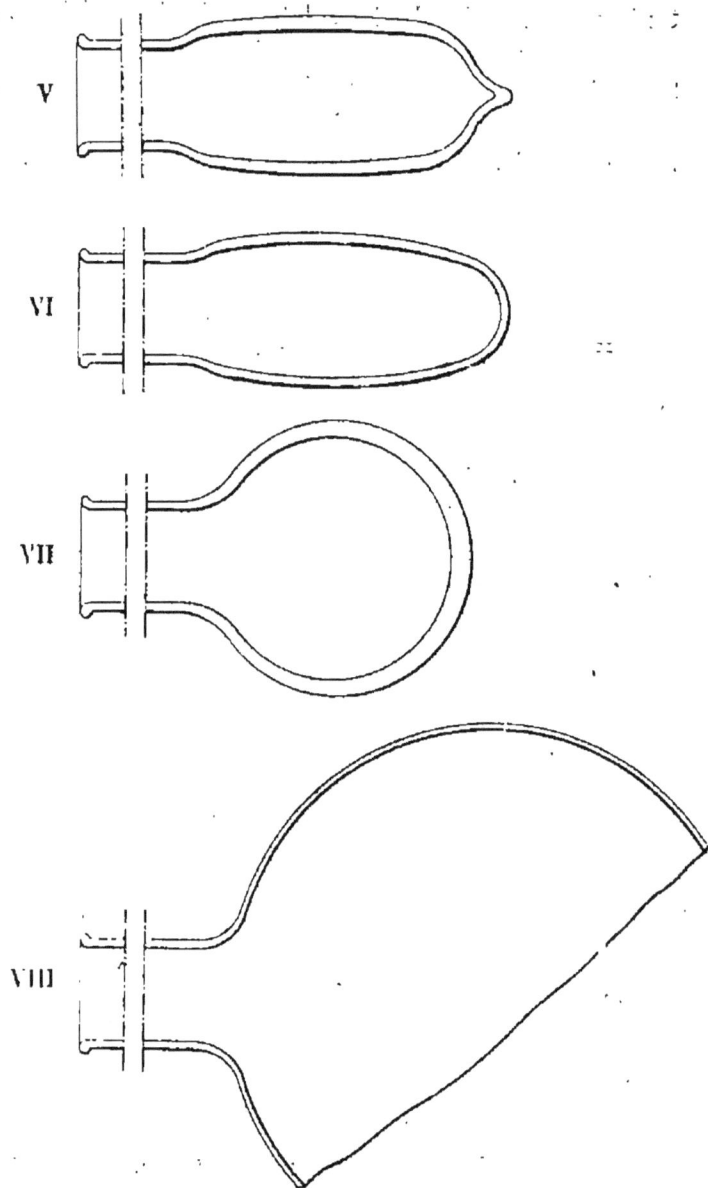

Fig. 112. — Soufflage d'une boule (*suite*).

rations de ce genre, de trop chauffer la jonction du tube et de la sphère, sans quoi le poids de celle-ci ferait infailliblement fléchir cette partie.

Le soufflage proprement dit commence au moment où la boule de verre est suffisamment ramollie dans toute sa masse. Voici, d'après le Dr H. Ebert, la description de ce travail.

« La position dans laquelle il faut tenir la masse chauffée dépend de sa grosseur ; si elle n'est pas trop grosse, il faut tenir le tube horizontalement, comme d'habitude (on doit alors, à la vérité, accélérer un peu le mouvement de rotation). Si, au contraire, la masse du verre est trop grosse, il peut devenir nécessaire de diriger vers le bas l'extrémité et l'on fait agir la flamme de plus bas.

Quand le verre est sur le point de se rassembler, ce qui arrive rapidement si on l'a déjà soufflé trop mince, on l'ôte du feu et l'on souffle avec précaution de manière à ramener la forme exacte, en tournant le tube maintenu verticalement.

Si l'on continue longtemps cette opération, on donne au verre le temps de se rassembler, et il est bon, pour favoriser la régularité de sa distribution, d'ôter de temps en temps du feu les masses de verre chaudes et de les dilater un peu en soufflant modérément.

Quand on a enfin aggloméré une masse de verre bien régulière, comme celle représentée (VII), on sort de la flamme et l'on souffle la sphère.

Pour cette opération, on peut user de petites bouffées isolées qui se succèdent rapidement et deviennent d'autant plus énergiques que le verre se refroidit davantage, parce que la formation du ballon peut ainsi être exactement surveillée et interrompue au moment voulu.

Pendant le soufflage, on tourne continuellement et les lèvres ne quittent pas le tube pendant les quelques moments que demande l'exécution finale ; car, si le ballon est oblique ou déjeté d'un côté, il ne peut pas être corrigé en général ; quand on le porte de nouveau dans la flamme, le verre se rassemble tout à fait irrégulièrement.

Quand on tient les tubes horizontalement pendant ce soufflage de la boule, la forme obtenue est presque toujours aussi parfaite que possible (VIII) ; si on les tient verticalement, la masse légèrement fluide en bas, le ballon prend le plus souvent une forme allongée ; si la masse de verre est en haut, le ballon peut s'affaisser un peu.

Si l'on voit que le ballon ne devient pas tout à fait régulier, on peut, en s'arrêtant à temps et si le verre n'est pas encore trop soufflé, chauffer et souffler de nouveau.

Le réchauffement doit alors être conduit très prudemment au début, afin que le verre ne se rassemble pas en une masse informe, ce qui arrive fréquemment quand on le porte brusquement dans la flamme.

Dans tous les cas, on évite cet accident par des insufflations fréquentes et convenablement dirigées pendant que l'on rassemble de nouveau le verre. »

OBTENIR UN RENFLEMENT CYLINDRIQUE
AU MILIEU D'UN TUBE

Il est assez difficile d'obtenir par soufflage un renflement cylindrique bien régulier au milieu d'un tube. On y arrive en soufflant en des points voisins un certain nombre de renflements sphériques de même diamètre.

On porte ensuite la flamme aiguë du chalumeau dans chacun des anneaux qui séparent les renflements, et l'on souffle successivement ces anneaux de manière à les amener au même diamètre que les parties voisines.

Pour régulariser la forme cylindrique de l'ensemble, on chauffe le tout dans une flamme large et l'on étire légèrement.

On peut arriver plus facilement au même résultat par les deux procédés suivants :

La première manière de procéder est, en quelque sorte, l'inverse de la précédente. Elle consiste à prendre un tube large ayant comme diamètre celui que présentera le renflement, et à l'étirer de part et d'autre de la portion que doit conserver ce diamètre. Cette opération a été déjà décrite à propos du soufflage d'une grosse boule au milieu d'un tube étroit (page 301).

Le second procédé est celui qui convient le mieux pour obtenir un appareil parfaitement régulier. Il consiste à souder un tube étroit à chaque bout d'un tube large.

COURBER UN TUBE ÉTROIT

Pour courber convenablement un tube, il faut *ramollir le verre aussi peu que possible* et opérer sans hâte.

La flamme doit être large, de manière à chauffer une partie du tube un peu plus grande que la longueur développée de la courbure. Elle doit être également peu chaude ; une flamme jaune, c'est-à-dire sans insufflation d'air, développe une température généralement suffisante. Un bec ordinaire à papillon convient très bien à ce genre d'opération.

Pendant le chauffage on tient le tube à l'aide des deux mains, en le faisant tourner sans cesse entre les doigts. La face interne des mains peut indifféremment être placée vers le haut ou vers le bas, bien que certains opérateurs estiment l'une de ces positions plus commode que l'autre.

Quand le verre est arrivé au rouge sombre, on le sort de la flamme avant de le courber. Il faut observer que le côté du tube destiné à se trouver dans la concavité de la courbure doit être un peu plus chaud que le côté opposé, afin que le verre soit, par suite, plus porté à se contracter dans cette partie.

Les remarques suivantes pourront aider à bien conduire l'opération :

Si le tube a été trop chauffé, il est à craindre que ses parois s'affaissent ; s'il ne l'a pas été suffisamment, on risque de le rompre en le courbant ; si enfin on n'a pas ramolli le verre sur une assez grande longueur, il se forme des plis à l'intérieur de la courbure.

On peut combattre l'affaissement des parois, qui a surtout tendance à se produire sur les tubes un peu larges et minces, en soufflant légèrement dans le tube pendant qu'on le courbe ; ou bien, si la déformation existe, on fond chaque pli à l'aide d'un petit dard très aigu et l'on souffle de façon à faire disparaître les irrégularités, ce qui est d'ailleurs peu facile.

On conseille quelquefois de remplir le tube, avant de le chauffer et de le courber, avec du sable fin très

sec que l'on y emprisonne en fermant les extrémités
à l'aide de bouchons (1). Le sable suffisamment tassé
étant incompressible, la capacité du tube ne peut diminuer pendant l'opération, et l'on évite ainsi l'aplatissement du tube. Ce procédé rend surtout service
lorsqu'il s'agit de réaliser des courbures ayant un
rayon relativement faible par rapport au diamètre du
tube.

Quand il s'agit de courber de larges tubes suivant
de faibles rayons, l'épaisseur de la paroi deviendrait
trop faible dans la partie convexe de la courbure si
l'on se bornait à suivre les indications précédentes.
Il convient alors de renforcer le tube dans cette partie avant de le courber.

Dans ce but on commence par boucher une extrémité du tube, puis on le chauffe au point voulu, dans
une flamme soufflante aussi grande que possible et
en tournant sans cesse jusqu'à ce que le verre soit
complètement ramolli. On presse un peu de façon à
augmenter l'épaisseur de la paroi, en soufflant avec
précaution si le diamètre intérieur tend à diminuer.

Lorsqu'une masse de verre se trouve rassemblée
sur une longueur convenable, on éloigne le tube de
la flamme et on tire doucement en même temps
qu'on donne la courbure voulue. Comme précédemment, on a recours à un soufflage modéré si les
parois menacent de s'affaisser pendant cette opération.

_____

(1) L'un des bouchons peut être solidement enfoncé, mais l'autre
doit l'être légèrement, de manière à retenir le sable tout en permettant l'expansion de l'air dilaté par la chaleur.

VI. EXÉCUTION DE DIVERS APPAREILS DE CHIMIE

TUBES EN U, EN V, EN S SIMPLE, DE WOOLF, ETC.

Il suffit, pour préparer ces tubes (fig. 113), de courber un tube droit en prenant les précautions que

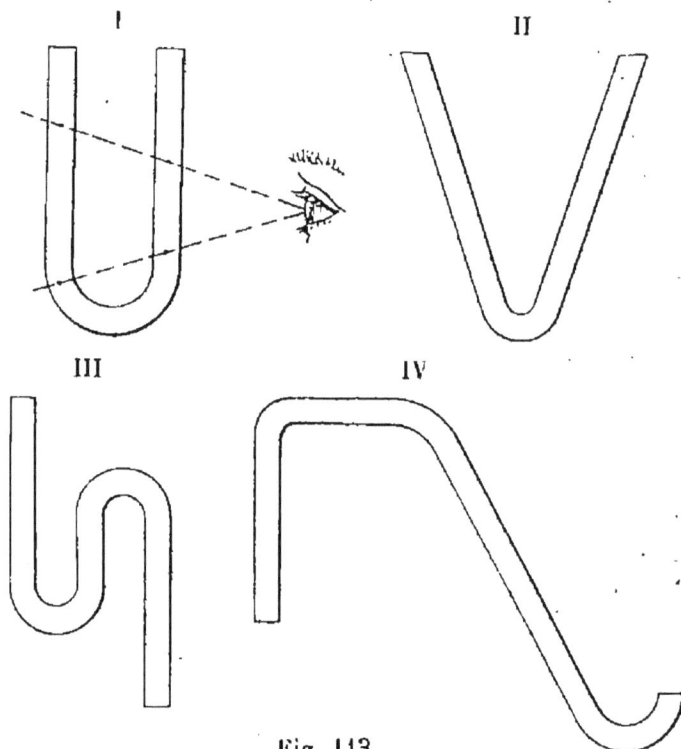

Fig. 113.

Tubes en U (I), en V (II), en S simple (III), de Wolf (IV).

nous avons indiquées précédemment. Pour s'assurer que les portions de tube situées de part et d'autre d'une courbure se trouvent bien dans un même plan, on les regarde de temps en temps pendant l'opération, en plaçant l'œil dans le plan de la courbure : l'un des tubes doit cacher l'autre (I).

De même, quand un tube est replié deux ou plusieurs fois, on doit, en général, bien veiller à ce que les différentes branches soient dans un même plan.

Avant de commencer à courber un tube qui doit présenter plusieurs coudes (III et IV), il est bon d'examiner l'ordre dans lequel il sera le plus commode d'exécuter ceux-ci ; il convient de s'arranger de manière à ne pas avoir, dès le début, de grandes portions coudées qu'il serait embarrassant de soutenir et de faire tourner entre les doigts devant la flamme du chalumeau.

TUBE EN S A BOULE

Au milieu d'un tube d'environ un mètre de longueur (figure 114 I), on souffle une boule de quelques centimètres de diamètre, en rassemblant préalablement une quantité de verre suffisante et en prenant les précautions que nous avons indiquées à ce sujet. Il faut veiller à ce que les parties du tube situées de part et d'autre de la boule restent bien dans le prolongement l'une de l'autre (II).

On procède ensuite à l'exécution de l'entonnoir qui doit se trouver à la partie supérieure du tube (III). Cette opération a été décrite précédemment (page 287).

Pour terminer le travail, il reste à donner au tube la double courbure qui lui est nécessaire ; on y arrive sans difficulté si l'on a soin de ne pas ramollir les parties du tube trop voisines de la boule, et si l'on procède avec précaution (IV).

Une autre façon d'arriver au même résultat consiste à préparer d'avance des boules de verre (fig. 115) qu'il suffit ensuite de souder à des tronçons de tubes de longueur convenable.

I   II   III   IV

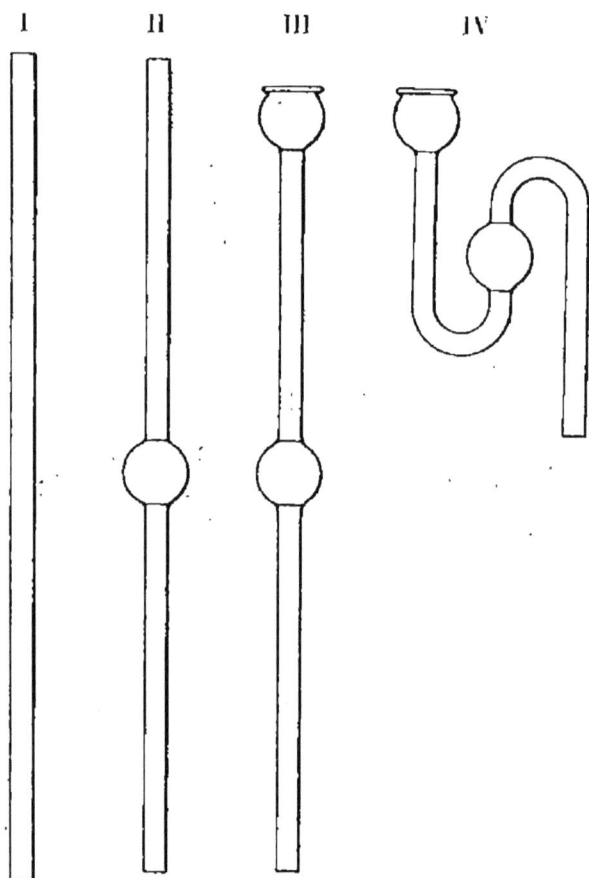

Fig. 114. — Tube en S à boule sans soudure.

Les soudures étant faites et l'entonnoir achevé, on termine l'opération en courbant le tube suivant la forme qu'il doit présenter.

Cette dernière manière de procéder exige pour la réussite des soudures une qualité de verre bien constante et homogène, mais elle a l'avantage de per-

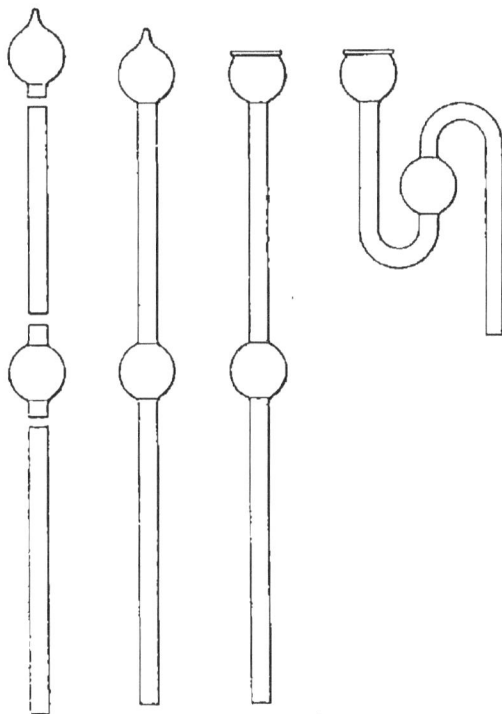

Fig. 115. — Tube en S à boule en parties soudées.

mettre d'obtenir plus facilement des boules de même épaisseur que les tubes, celles-ci pouvant être soufflées au préalable dans des tubes plus épais.

TUBES DE LIEBIG

Ces tubes diffèrent des précédents par le nombre et la position des boules. On peut les obtenir par les mêmes procédés.

Si l'on opère avec soudures, ainsi que l'indiquent les figures 116 et 117, on soude les diverses pièces

A B C D E F G

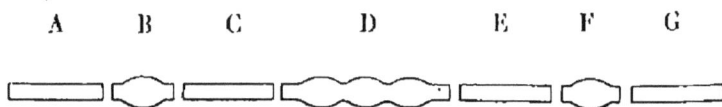

Fig. 116. — Pièces constituant un tube de Liebig.

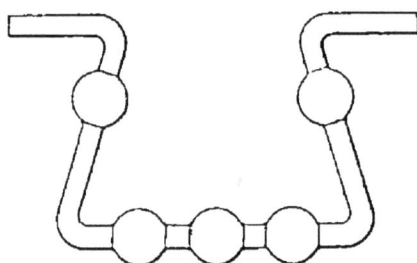

Fig. 117. — Tube de Liebig.

A, B, C, D, E, F, G, puis on souffle les boules B, D, F, et on donne, comme il a été indiqué précédemment, les courbures ainsi que le montre la figure 117.

TUBES DE SURETÉ

On commence par préparer un tube (fig. 118) pourvu d'un entonnoir à une extrémité et d'une boule en son milieu (1). On prépare également un tube doublement coudé, sur lequel on forme en un point convenable de la branche transversale une petite tubulure propre à recevoir une soudure.

On soude alors l'extrémité du premier tube sur la collerette de la tubulure ainsi formée, après avoir fermé à l'aide de bouchons une des extrémités du tube coudé et l'ouverture de l'entonnoir de l'autre tube.

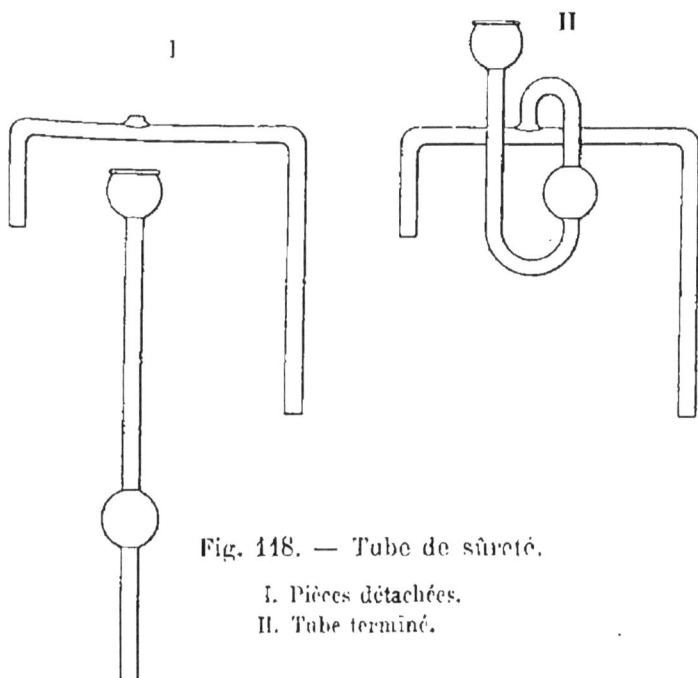

Fig. 118. — Tube de sûreté.

I. Pièces détachées.
II. Tube terminé.

Enfin on lui donne les courbures indiquées sur la figure II.

TUBES D'ESSAI

On coupe dans des tubes à souffler, de largeur convenable, des morceaux dont la longueur soit un peu plus du double de celle du tube d'essai désiré (fig. 119), on les étrangle au milieu et on les fond ; on arrondit les bords et l'on courbe les extrémités, en employant au besoin une tige de fer arrondie, fixée dans un manche en bois.

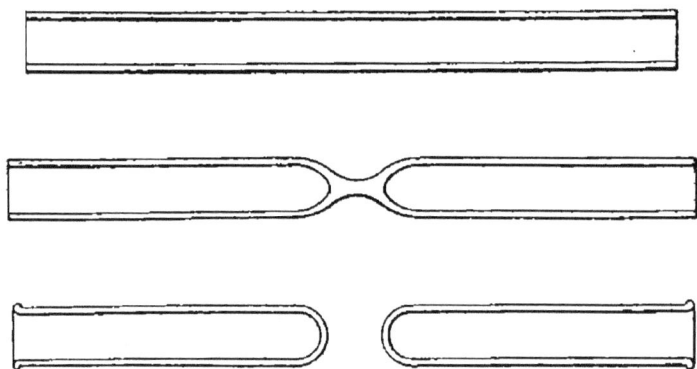

Fig. 419. — Tubes d'essai.

Fig. 120. — Extrémité d'un tube à combustion.

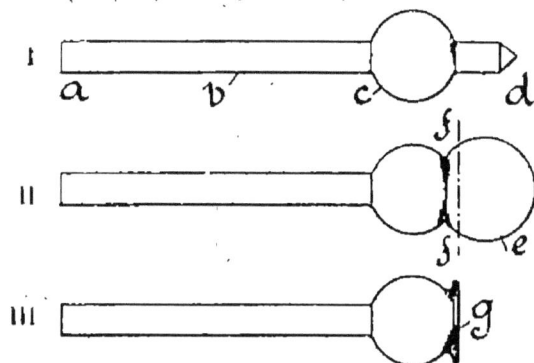

Fig. 121. — Entonnoir à boule.

TUBES A COMBUSTION

Les tubes à combustion et à fusion sont faits en verre de potasse très peu fusible (verre de Bohême). On les étire à un bout d'une manière toute semblable à celle qui a été décrite page 295 pour le verre de soude facilement fusible, mais l'opération demande, au chalumeau ordinaire, plus de temps, de patience et d'immobilité.

La manipulation du verre dur difficilement fusible est beaucoup facilitée lorsqu'on envoie de l'oxygène dans la flamme du gaz au lieu d'air.

Un tube bien étiré a, après avoir été coupé, la forme de la figure 120. Pour que le tube se ferme sûrement à l'extrémité de la partie effilée quand on la fond, on chauffe un peu le tube entier s'il n'est pas encore chaud de lui-même et on le laisse refroidir pendant la fusion. L'air intérieur se contracte, sa pression diminue, et l'excès de pression de l'atmosphère extérieure rassemble à l'extrémité, pendant tout le temps qu'on la chauffe dans le dard du chalumeau, une masse tout à fait compacte.

ENTONNOIRS A BOULE

Nous avons déjà décrit la préparation d'un petit entonnoir à l'extrémité d'un tube. Il s'agit maintenant d'obtenir de gros entonnoirs à boule. Voici comment le travail doit être exécuté d'après le Dr H. Ebert :

On bouche une extrémité a d'un tube b de force moyenne et pas trop large (fig. 121); on chauffe dans une grande flamme une partie du tube, on laisse se rassembler autant de verre que possible et

18.

l'on souffle une sphère c. On ouvre alors l'extrémité fermée et l'on ferme, en tirant en d, de l'autre côté de la sphère (I).

On chauffe alors toute l'extrémité d et une petite partie de c et l'on souffle en tenant le tube horizontalement et en tournant constamment de manière à réaliser la forme e de la figure II. On chauffe ensuite c très lentement et progressivement jusqu'à ce que le verre se ramollisse et retombe le long de la ligne ponctuée f f; puis on souffle rapidement, pour faire éclater le verre. On enlève, au moyen du couteau à verre, les minces pellicules de verre du bord de l'entonnoir, qui doit avoir la forme g (fig. III) et l'on arrondit le bord à la manière ordinaire.

PIPETTES

On prend un tube (fig. 122, 1) dont le diamètre varie suivant les besoins. On expose la partie a à la flamme et on la tire en pointe (II); puis on y souffle des boules dans les positions indiquées en b et c (III) et on courbe enfin le tube (IV).

On fait également les pipettes au moyen d'une boule placée entre deux tubes effilés (fig. 123). On prend un tube de verre de 20 centimètres de longueur et de 2 centimètres de diamètre (I). On expose la partie a à la flamme puis on la tire, et l'on fait de même en b (II). On bouche à la lampe le tube en c et l'on chauffe le renflement (III); lorsqu'il est suffisamment ramolli, on souffle par le tube en d pour donner à la boule la grosseur convenable. On obtient ainsi la pipette représentée (fig. IV). La figure 124 représente des pipettes à réservoir cylindrique obtenues par le même procédé.

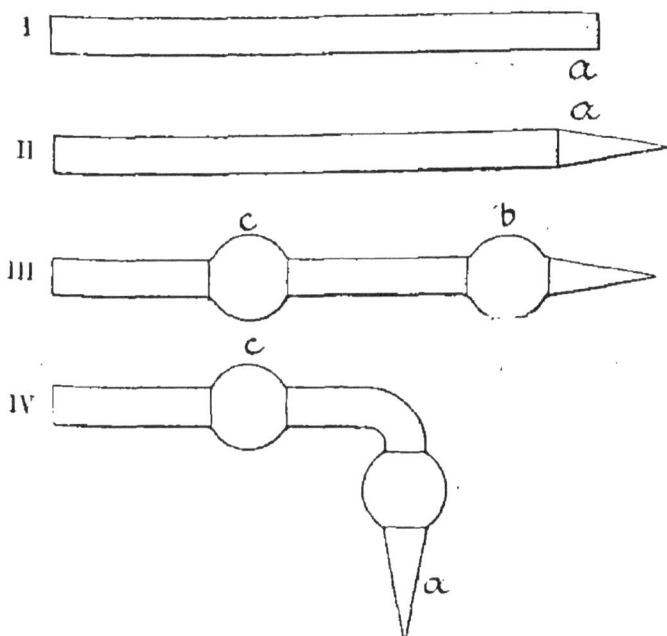

Fig. 122. — Pipette recourbée.

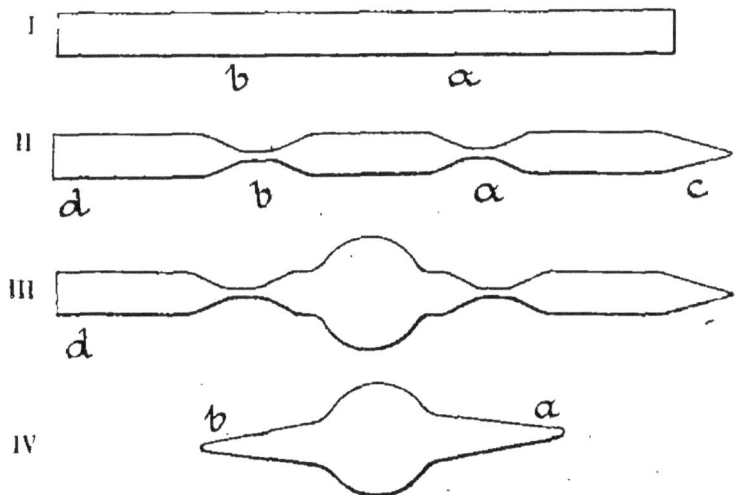

Fig. 123. — Pipette à boule.

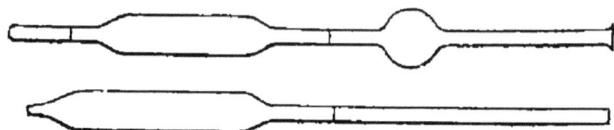

Fig. 124. — Pipettes à réservoir cylindrique.

BURETTES

Les burettes sont de deux sortes : la burette à bec ou de *Gay-Lussac* (fig. 125) et la burette de *Mohr*

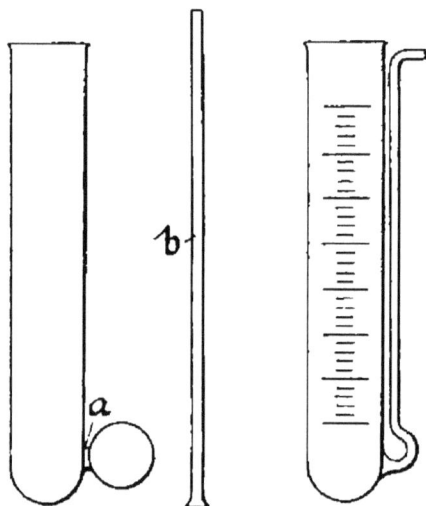

Fig. 125. — Burette de Gay-Lussac.

(fig. 126) dans laquelle on règle l'écoulement à l'aide d'une pince qui comprime un petit tube en caoutchouc. La burette de Mohr n'est autre chose qu'un tube calibré pourvu d'une graduation.

Pour exécuter une burette à bec, on peut opérer de la manière suivante :

Après avoir fermé à une extrémité un tube d'un large diamètre (fig. 125), on chauffe le point *a* et on y forme une grosse boule mince que l'on brise pour garder seulement une petite collerette.

On y soude alors un tube de petit diamètre *b* préparé d'une façon semblable, et quand la soudure est terminée on recourbe le tube *b*, ainsi que l'indique la figure.

EUDIOMÈTRES (H. EBERT)

On ferme à son extrémité, en forme de demi-sphère, un tube à parois épaisses, on l'ouvre à quelques centimètres de l'extrémité fermée, et l'on y soude, normalement à la paroi, un fil de platine atteignant presque au milieu du tube et recourbé en boucle à l'extérieur.

On ouvre alors le tube en un point diamétralement opposé au fil, et l'on y adapte un second fil. Les deux fils de platine doivent être éloignés l'un de l'autre de 1 à 2 millimètres.

On jauge alors le tube et l'on y grave une division en centimètres cubes.

VII. ARÉOMÈTRES

Pour se procurer des indications sur le degré de concentration des liquides, on fait usage dans l'industrie d'appareils flotteurs nommés *aréomètres*.

Fig. 126.
Burette
de Möhr.

Ils sont constitués par un tube de verre renflé à la partie inférieure et terminé par une ampoule contenant du mercure ou de la grenaille de

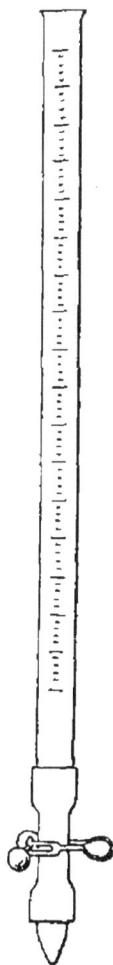

plomb; ce lest a pour but de maintenir l'appareil vertical dans les liquides où on le fait flotter.

Les aréomètres les plus connus sont ceux de Baumé et celui de Gay-Lussac. On emploie également un certain nombre de *pèse-acides*, *pèse-laits*, *pèse-vins*, etc., basés sur le même principe, et qui ne diffèrent entre eux que par la graduation.

CONSTRUCTION D'UN ARÉOMÈTRE A BOULE

On choisit un tube bien cylindrique, dont la longueur et le diamètre varient suivant l'usage de l'aréomètre. On ferme l'extrémité *a* à la lampe ; on chauffe ensuite le tube en *b c* en refoulant la matière et pour y souffler la boule *d*.

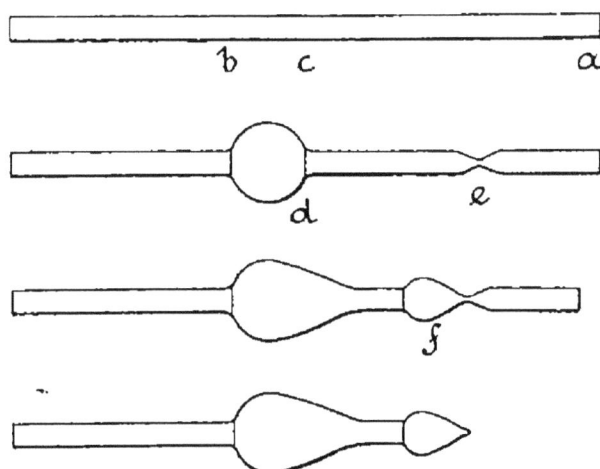

Fig. 127. — Aréomètre à boule.

Cette boule étant soufflée, on ferme la partie *e* qui doit être distante de la première boule de 4 centimètres environ. On refoule un peu la matière pour y souffler la boule *f* dont le diamètre est de 15 millimètres ; l'instrument ainsi préparé se leste avec du menu plomb. Quand on le leste avec du mercure, il faut alors fermer la partie du tube près de la boule *f* et laisser une petite tige à la boule.

Opérant alors comme ci-dessus, on obtiendra l'aréomètre indiqué (fig. 127).

CONSTRUCTION D'UN ARÉOMÈTRE A CYLINDRE

On prend un tube (fig. 128) ayant même diamètre que la partie cylindrique de l'aréomètre, et on l'étran-

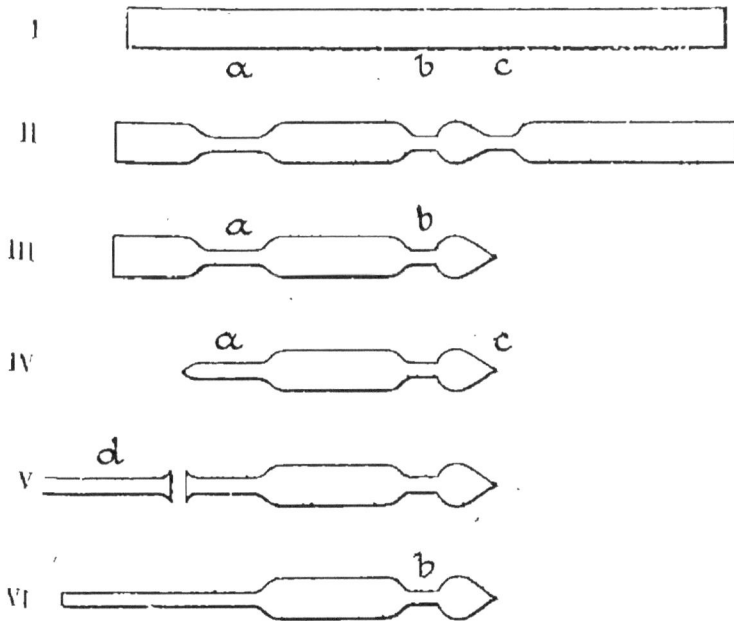

Fig. 128. — Aréomètre à cylindre.

gle successivement aux points *a*, *b*, *c* (1) de manière à former le cylindre, entre *a* et *b*, et la boule desti-

née à contenir le lest, entre *b* et *c* (II). On a soin de
ne pas fermer l'orifice du tube en *b* ni en *c*.

Après avoir séparé la partie inutile située au-delà
de *c* (III), on ferme le tube en *a* et on enlève également la partie qui reste au-delà de *a* (IV). L'extrémité *a* est alors ramollie au rouge blanc et on y
souffle, par l'orifice laissé libre en *c*, une boule mince
que l'on fait éclater et dont on ne conserve qu'un
léger rebord (V). On prépare également un tube *d*
fermé à une extrémité et pourvu à l'autre d'un rebord mince analogue au précédent (V). Ceci étant
fait, on soude les deux parties de l'appareil par rap-
prochement, compression, étirement et soufflage. On
ferme alors le tube dans la partie rétrécie B en l'exposant à la flamme du chalumeau et en refoulant la
matière (VI), après quoi il suffit de lester la boule
avec du petit plomb ou du mercure.

GRADUATION DES ARÉOMÈTRES

1° *Aréomètres de Baumé.* — Les aréomètres de
Baumé se graduent de deux manières différentes,
selon qu'ils sont destinés à des liquides plus denses
ou moins denses que l'eau.

Pour graduer un aréomètre destiné à des liquides
plus denses que l'eau, tels que les acides, les si-
rops, etc., on le plonge dans l'eau pure, à la température de 12° C. environ, et on règle le lest de manière qu'il s'enfonce à peu près jusqu'au sommet du
tube : on marque zéro au point d'affleurement. On
fait ensuite une solution contenant, en poids, 15 parties de sel marin (sec) pour 85 parties d'eau ; on y
plonge l'instrument, qui s'y enfonce moins que dans
l'eau pure, puisque cette solution est plus dense : au

nouveau point d'affleurement, on marque 15. On partage l'intervalle de ces deux points en 15 parties égales, qu'on appelle degrés de l'aréomètre et l'on

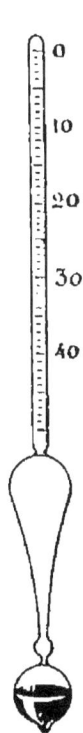

Fig. 129.
Aréomètre de Baumé
(pèse-acides).

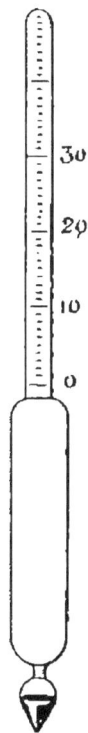

Fig. 130
Aréomètre de Baumé
(pèse-liqueurs).

Fig. 131.
Alcoolomètre
de Gay-Lussac.

continue à marquer des degrés égaux jusqu'au bas de la tige.

Les aréomètres qui sont destinés aux liquides moins denses que l'eau, comme les esprits, les liqueurs, etc., sont gradués de la manière suivante :

On plonge d'abord l'instrument à graduer dans une solution contenant 10 parties de sel marin pour 90 parties d'eau, et on règle le lest de façon que l'instrument s'enfonce seulement jusqu'à la naissance du tube : on marque zéro au point d'affleurement. On plonge ensuite l'instrument dans l'eau pure : au point d'affleurement on marque 10. On partage l'intervalle de ces deux points en dix parties égales ou degrés et on continue la graduation jusqu'au sommet de la tige.

Le plus souvent on se contente de graduer les pèse-liqueurs en les comparant avec d'autres instruments déjà construits ; on se dispense alors de marquer sur la tige les dix premiers degrés qui seraient inutiles dans la pratique.

2° *Alcoolomètre centésimal de Gay-Lussac.* — Ce genre d'aréomètre est gradué de manière à donner la richesse en alcool des mélanges d'alcool et d'eau, ne contenant pas d'autre matière. La graduation est faite à la température de 15 degrés C.

On plonge d'abord l'instrument dans de l'alcool absolu et on règle le lest de façon qu'il s'enfonce jusqu'au sommet de la tige : en ce point, on marque 100. Puis on fait une solution contenant, *en volume*, 95 parties d'alcool pour 100 parties de mélange ; au point d'affleurement on marque 95, et ainsi de suite en opérant successivement avec des solutions contenant en volume 90, 85, 80, etc., d'alcool pur pour 100. Les points ainsi déterminés étant très rapprochés, on peut sans erreur sensible partager en 5 parties égales l'intervalle compris entre deux points consécutifs.

Les degrés voisins du zéro sont beaucoup plus petits que les degrés voisins de 100°.

VIII. THERMOMÈTRES

THERMOMÈTRE A MERCURE

Le thermomètre à mercure se compose d'un tube
en verre d'un diamètre capillaire terminé à sa partie
inférieure par un *réservoir* sphérique ou cylindrique.
Le réservoir est entièrement plein de mercure, et le
tube en contient jusqu'à une certaine hauteur. Lorsque cet appareil est plongé dans un milieu d'une
température différente, il reçoit de la chaleur du milieu, ou il lui en donne, selon qu'il a une température plus basse ou plus élevée; il finit par conséquent par arriver, après un temps plus ou moins
long, à la même température que lui. Le sommet de
la colonne mercurielle varie dans le tube par suite
de la dilatation ou de la contraction du mercure tant
que la température de ce liquide diffère de celle du
milieu; il ne reste stationnaire qu'au moment où les
deux températures sont égales.

On voit par là qu'il est facile de connaître quand
le thermomètre a la même température qu'un corps
donné. On peut donc comparer les températures de
différents corps en comparant les diverses températures qu'accuse un même thermomètre qu'on met
successivement en contact avec ces corps, comparaison qu'on obtient en voyant la position plus ou
moins élevée de la colonne mercurielle dans les différents cas.

Ces notions posées, passons à la construction du
thermomètre à mercure.

On choisit d'abord un tube capillaire *a* (fig. 132)
dont le diamètre intérieur soit aussi égal que possi-

ble en tous ses points; puis on souffle une boule à
l'une de ses extrémités, ou bien on y soude un cylindre *b* (fig. 132).

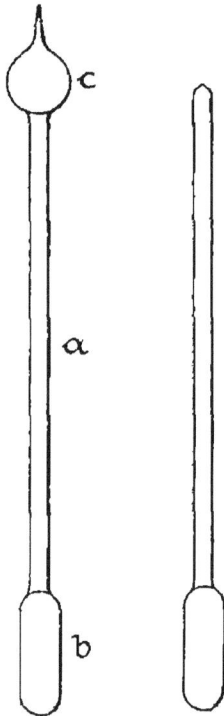

Fig. 132. Thermomètre
à mercure.

Pour éviter l'introduction de
l'humidité de l'haleine dans le
tube de thermomètre lorsqu'on
le souffle, il convient de faire
usage d'une poire en caoutchouc,
analogue à celle des pulvérisateurs, que l'on réunit à l'extrémité ouverte du tube capillaire
par un tube de caoutchouc, et
que l'on presse progressivement
entre les doigts.

L'introduction du mercure
dans le tube thermométrique
présente quelques difficultés à
cause de la capillarité du tube;
on l'effectue de la manière suivante. On soude à l'extrémité
supérieure du tube une boule
de verre *c* terminée par une
pointe effilée que l'on ferme à
la lampe, pour éviter l'introduction de la poussière et de l'humidité, si le remplissage ne doit
pas être effectué immédiatement.

Au moment d'introduire le mercure dans l'enveloppe, on brise l'extrémité de la pointe, on chauffe
légèrement le réservoir et la boule pour chasser une
partie de l'air intérieur, puis on plonge la pointe
dans du mercure pur. La contraction de l'air intérieur
fait monter dans la boule une certaine quantité de

mercure, qui doit être plus que suffisante pour remplir le réservoir et le tube.

On redresse alors l'instrument et l'on chauffe une seconde fois le réservoir, de manière à chasser une nouvelle quantité d'air. Par refroidissement, l'air intérieur se contracte encore et le mercure pénètre dans le réservoir.

Cela fait, on met l'appareil dans une gouttière en tôle qu'on place sur une grille inclinée, et on le chauffe peu à peu, au moyen de charbons ardents, jusqu'à ce que le mercure soit porté à l'ébullition. L'air et l'humidité adhérents aux parois intérieures du verre sont alors chassés par les vapeurs mercurielles. Après le refroidissement, les vapeurs mercurielles se condensent, le réservoir et le tube se trouvent remplis complètement de mercure sans interposition d'aucune bulle d'air ou de vapeur.

Lorsque le mercure est introduit, on chauffe un peu le réservoir afin de faire sortir une petite partie du mercure du tube. La colonne qu'on y laisse doit avoir une longueur telle qu'elle ne rentre jamais totalement dans le réservoir et qu'elle n'atteigne jamais l'extrémité supérieure du tube dans les limites extrêmes des températures qu'on veut apprécier. Lorsque cette condition est remplie, on détache le cylindre supérieur en donnant un coup de lime, ou mieux, en effilant le tube à la flamme d'une lampe. Puis, on chauffe un peu le réservoir pour dilater le mercure, et, dès qu'il parvient à l'extrémité ouverte du tube, on ferme cette extrémité en dirigeant sur elle une flamme ardente. Le mercure, en se refroidissant, revient au point primitif, et comme l'air ne peut rentrer, la partie supérieure du tube capillaire se trouve vide. Si l'on fermait le tube en y laissant l'air, la pression de ce gaz augmenterait de plus en plus à mesure que la colonne mercurielle s'élèverait dans le tube, et le réservoir finirait par éclater. On arrondit ensuite l'extrémité pointue de la manière décrite précédemment.

Graduation. — Un thermomètre ainsi formé peut bien indiquer si la température est plus ou moins élevée dans diverses circonstances; mais il ne peut encore donner des résultats comparables à ceux d'un autre thermomètre de forme et de dimensions différentes. Cette comparaison est cependant d'une extrême importance; on l'obtient en *graduant* convenablement le thermomètre.

La graduation généralement adoptée aujourd'hui est fondée sur deux faits qu'on a observés dans la fusion de la glace et dans l'ébullition de l'eau. Le premier, c'est que la glace fond toujours à la même température et qu'elle conserve une température constante pendant toute la durée de sa fusion; le second, c'est que l'eau bout toujours à la même température sous une même pression et qu'elle conserve une température constante pendant toute la durée de son ébullition. Ces deux faits sont faciles à vérifier par l'expérience. On vérifie le premier en plongeant un thermomètre dans la glace fondante et en l'y laissant un temps assez long pour qu'il en prenne la température; on trouve toujours que le sommet de la colonne mercurielle s'arrête au même point, quelle que soit la source de chaleur qui produise la fusion. On vérifie le deuxième fait de la même manière.

On part de ces faits pour former les *échelles thermométriques*. On forme l'échelle d'un thermomètre quelconque en notant les points qui correspondent à la température de la glace fondante et à la température de l'eau bouillante, puis en divisant l'intervalle compris en ces deux points en un même nombre de parties d'égales capacités.

Pour obtenir le premier des deux points, on remplit un vase de glace pilée ; on y plonge le thermomètre de manière qu'il soit complètement entouré de glace et on met le vase dans un lieu où la fusion puisse se produire. Lorsque la colonne de mercure est stationnaire, on marque le point 0 correspondant à l'encre rouge ou mieux avec la pointe d'un diamant. On doit en outre mettre la glace dans un vase dont le fond soit muni de quelques trous, afin de laisser écouler l'eau qui provient de la fusion. — Dans cette opération, la neige pure convient aussi bien que la glace pilée.

Pour obtenir le deuxième point, on se sert d'un vase cylindrique en laiton dont le couvercle est muni d'un col formé de deux tubes concentriques qui communiquent par la partie supérieure et entre lesquels la vapeur est forcée de circuler avant de sortir. On suspend le thermomètre dans l'axe des tubes au moyen d'un bouchon, et on porte l'eau à l'ébullition en plaçant le vase sur un fourneau. La vapeur qui se forme s'élève dans le tube intérieur, puis elle descend dans l'intervalle compris entre les deux tubes et sort par l'ouverture. On marque encore à l'encre ou au diamant le point où la colonne de mercure reste stationnaire dans le thermomètre. — On employait autrefois un vase dont le col était formé d'un seul tube contenant vers son extrémité supérieure une ouverture qui donnait issue à la vapeur, mais les parois du tube étant alors refroidies par l'atmosphère ambiante, la vapeur qui entourait le thermomètre n'avait pas une température constante comme dans l'appareil qui précède. — On ne fait pas plonger le réservoir dans le liquide, car la position du point fixe varierait avec la profondeur de la couche dans laquelle il serait placé. Le thermomètre prend donc la température de la vapeur d'eau bouillante.

La position du second point dépend de la pression atmosphérique ; on ne forme, par conséquent, des thermomètres comparables, qu'autant qu'on détermine ce point en partant toujours de la même pression. On est convenu d'opérer sous la pression $0^m 76$ ou de faire une correction quand on opère sous des pressions différentes.

Un tube recourbé renfermant une colonne d'eau et servant de manomètre, indique que la vapeur intérieure a la tension de l'atmosphère, et celle-ci est donnée par un baromètre voisin.

La formation de l'*échelle thermométrique* n'offre aucune difficulté quand on a déterminé la position des deux points fixes. On marque 0 au point inférieur et 100 au point supérieur, puis on divise l'espace compris entre ces deux points en 100 parties d'*égales capacités*, et on prolonge les divisions au-dessus de 100 et au-dessous de 0. Chaque division se nomme un *degré* du thermomètre. — La température du thermomètre est représentée par le degré qui correspond au sommet de la colonne mercurielle ; elle est de 10 degrés, de 20 degrés, si ce sommet est au 10e, au 20e degré au-dessus de zéro ; elle serait de — 10°, de — 20°, si ce sommet était au 10e, au 20e degré au-dessous de zéro.

Les indications du thermomètre à mercure peuvent aller jusqu'à 370 degrés au-dessus de zéro, mais elles ne peuvent guère dépasser cette limite, car au-delà le verre est moins résistant, et les vapeurs mercurielles déformeraient le réservoir, ou même le briseraient. Les indications ne peuvent pas aller au-delà de 37° ou 38° au-dessous de zéro, car le mercure se solidifie à une température plus basse. On mesure les températures inférieures à — 38° au moyen du thermomètre à alcool ; quant aux températures supérieures à 370°, on les détermine, à l'aide de thermomètres à air, mais l'opération cesse d'être simple.

Cependant, le laboratoire de physique de Charlottembourg a construit des thermomètres à mercure mesurant les températures jusqu'à 550°. Le tube est en verre très résistant et rempli, au-dessus de la colonne de mercure, d'acide carbonique liquide. Cet artifice permet d'éviter la dilatation irrégulière du mercure, même à des températures très élevées.

Pour exécuter la graduation d'un tube thermométrique, une fois que les points fixes sont déterminés, on commence par l'enduire d'une couche de cire aussi uniforme que possible. Il s'agit de creuser dans cette couche de cire des divisions équidistantes, que l'on grave ensuite à l'acide (1).

Le moyen le plus exact d'opérer cette division consiste dans l'emploi de la machine à diviser. Cet appareil consiste essentiellement en un chariot portant un traçoir, que l'on déplace au moyen d'une longue vis, à pas très petit, susceptible de recevoir des mou-

_____

(1) Voir pour la gravure à l'acide au Chap. XXI.

vements de rotation successifs d'une amplitude parfaitement constante, de telle sorte que le chariot pro-
gresse à chaque fois d'une longueur exactement déterminée.

Longueur des degrés. — La longueur des degrés
du thermomètre dépend du volume du réservoir et
du diamètre du tube ; elle est d'autant plus grande
que le réservoir est plus volumineux et que le tube
est plus capillaire. On peut donc, en donnant au
réservoir un volume assez grand et au tube un diamètre assez petit, former des thermomètres qui ac-
cusent les dixièmes et même les centièmes de degrés.

On emploie rarement les thermomètres à réservoir
très volumineux, car ils mettent trop de temps pour
prendre la température des corps dans lesquels ils
sont plongés. On préfère toujours les thermomètres
à petits réservoirs, qui prennent plus rapidement
cette température ; on les construit d'ailleurs avec
des tubes très capillaires quand on doit apprécier des
fractions de degrés.

On emploie fréquemment aujourd'hui des tubes
capillaires dont la section est une ellipse très allongée ; on y distingue très bien la colonne mercurielle
en la regardant par sa large face (fig. 133).

La forme de la section indiquée par la figure 134
est également très employée ; la réfraction produite
par la saillie A fait paraître la colonne de mercure
beaucoup plus large qu'elle ne l'est réellement (l'œil
de l'observateur étant placé dans la direction de la
flèche).

Lorsqu'on forme des thermomètres à degrés très
étendus, on ne fait comprendre à l'échelle qu'un pe-

tit nombre de degrés, 50 ou 60, par exemple, afin
d'éviter une trop grande longueur dans la tige ; on

Fig. 133.
Tube capillaire
à canal elliptique.

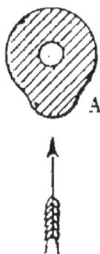

Fig. 134. — Tube capillaire
à réfraction.

gradue chacun de ces thermomètres par comparaison
avec un thermomètre étalon.

Déplacement du zéro. — Lorsqu'on plonge un thermomètre dans la glace fondante quelques mois après
sa construction, on trouve que le sommet de la colonne mercurielle ne revient pas au zéro, mais qu'il
s'arrête au-dessus de ce point. La différence va souvent à un degré ; elle s'élève quelquefois à un degré
et demi et même à deux degrés.

On attribue le déplacement du zéro à la trempe
que le verre éprouve en se refroidissant rapidement
après qu'on y a fait bouillir le mercure. Cette trempe
augmente la capacité du réservoir, et, comme les
molécules du verre ne reviennent que très lentement
à leurs positions primitives, le réservoir met un
temps très long pour arriver au volume minimum
qu'il doit avoir à une température donnée. Le zéro
doit évidemment s'élever pendant toute la durée de
la contraction du réservoir. Le déplacement est assez
grand pendant les premiers mois qui suivent la construction du thermomètre ; il augmente peu après la

première année, et il atteint son maximum au bout de deux ou trois ans.

Lorsqu'on se sert d'un thermomètre de précision, on doit l'entourer de glace fondante pour s'assurer si le zéro s'est déplacé depuis la formation de l'échelle, et alors on retranche du nombre de degrés qu'il marque une quantité égale au déplacement observé.

Echelles thermométriques. — L'échelle dont nous avons parlé jusqu'à présent se nomme l'*échelle centigrade* ou *centésimale* ; il en existe encore deux autres : l'une est attribuée à Réaumur, l'autre due à Fahrenheit. Le *thermomètre centigrade* et le *thermomètre de Réaumur* sont principalement employés en France ; le *thermomètre de Fahrenheit* est en usage en Angleterre et dans le nord de l'Europe. Dans le thermomètre de Réaumur, on marque 0° au point de la glace fondante, 80° au point de l'eau bouillante, et l'on divise l'intervalle compris entre ces deux points en 80 parties égales. Dans le thermomètre de Fahrenheit, on marque 32° au point de la glace fondante, 212° au point de l'eau bouillante, et on divise l'intervalle en 212 — 32 ou 180 parties.

Lorsqu'on connaît le degré marqué par l'un de ces instruments, il est facile de savoir le degré que marquerait l'un des deux autres dans les mêmes circonstances. Donne-t-on des degrés Réaumur à convertir en degrés centigrades, on dira : 80 degrés Réaumur valant 100 degrés centigrades, 1 degré Réaumur vaudra $\frac{100}{80}$ ou $\frac{5}{4}$ degrés centigrades, et par suite 10, 20... degrés Réaumur vaudront 10, 20... fois plus. Le tableau

$$1\,C = \frac{4\,R}{5} = \frac{9\,F}{5} \qquad 1\,R = \frac{5\,C}{4} = \frac{9\,F}{4} \qquad 1\,F = \frac{5\,C}{9} = \frac{4\,R}{9}$$

fait connaître la valeur d'un degré de l'un quelconque des thermomètres en fonctions des degrés de chacun des deux autres. On doit remarquer dans la comparaison du thermomètre de Fahrenheit avec les deux autres, que ce thermomètre indique 32° et non 0° au point de la glace fondante. Si donc on avait 96 degrés Fahrenheit à convertir en degrés centigrades, on commencerait par retrancher 32, afin de partir du même point, la température de la glace fondante, et l'on multiplierait la différence 54 par $\frac{5}{9}$, ce qui donnerait 30 pour le degré correspondant du thermomètre centigrade.

THERMOMÈTRE A ALCOOL

Le thermomètre à alcool se compose, comme le thermomètre à mercure, d'un tube capillaire terminé par un réservoir sphérique ou cylindrique. On y introduit le liquide par le procédé que nous avons indiqué dans la construction du thermomètre à mercure, mais il reste presque toujours dans le réservoir une petite bulle d'air qui provient de l'alcool. On parvient à la chasser en attachant le tube à une ficelle un peu forte et en le faisant tourner comme une fronde, de manière que le réservoir soit à l'extrémité du rayon. L'air traverse l'alcool du tube par l'effet de la force centrifuge, et finit par sortir complètement. — On détermine le zéro comme à l'ordinaire, au moyen de glace fondante. Cela fait, on place le thermomètre dans un bain d'eau qu'on porte à la température de 25°, température indiquée par un bon thermomètre à mercure, et on met 25 au point où s'arrête la colonne alcoolique. On divise ensuite en 25 parties égales l'intervalle compris entre 0 et 25, et on prolonge les divisions au-dessus de 25 et au-dessous de zéro. En adoptant ce mode de graduation, le thermomètre à alcool s'accorde assez bien avec le thermomètre à mercure jusqu'aux températures de 40 ou 45 degrés ; il aurait, au contraire, donné des résultats différents si on l'eût gradué, comme le thermomètre à mercure, au moyen des points de glace fondante et d'eau bouillante.

On n'emploie le thermomètre à alcool, dans les expériences de physique, que pour mesurer les températures inférieures au point de la congélation du mercure ; mais on l'emploie assez fréquemment dans les observations météorologiques lorsqu'elles exigent peu de précision. — On colore toujours l'alcool qu'il renferme avec du carmin, afin de rendre plus visible le sommet de la colonne alcoolique.

CALIBRAGE DES TUBES THERMOMÉTRIQUES (P. LUGOL)

« Pour calibrer la tige d'un thermomètre, il faut détacher d'abord de la colonne mercurielle un index auquel on donne ensuite la longueur voulue. On place le thermomètre verticalement, le réservoir en haut, et l'on donne quelques secousses ; la colonne se rompt quelquefois d'elle-même. Le plus souvent il se forme une bulle qui gagne le haut du réservoir, et que l'on amène à la base de la tige en retournant l'instrument ; on détachera la colonne entière en inclinant le thermomètre (le réservoir en haut) et en

donnant au besoin une légère secousse. Si l'on n'a-
boutit pas ainsi, on incline légèrement la tige vers le
bas et l'on chauffe le réservoir jusqu'à ce que l'extrémité de la colonne pénètre dans l'ampoule terminale ;
deux ou trois chocs donnés avec le doigt vers le bout
de la tige projettent du mercure dans l'ampoule ; en
redressant l'instrument et le secouant, on ramène
dans le canal l'index, *qui ne doit pas suivre le mouvement de retrait du reste de la colonne* lorsqu'on
tient le thermomètre horizontal ; s'il le suit, c'est que
le thermomètre contient un gaz dont une certaine
quantité s'est interposée entre les deux portions de la
colonne ; il n'est plus possible de régler la longueur
de l'index.

Pour la régler, en effet, on redresse légèrement
l'instrument et l'on amène l'extrémité inférieure de
l'index en face d'une division *n* qui doit être d'autant
plus éloignée du réservoir que l'on veut un index
plus court, puis on rend le thermomètre horizontal
et l'on chauffe le réservoir, de manière à souder les
deux portions de la colonne, et à faire en outre éva-
cuer de quelques divisions l'extrémité antérieure ; on
laisse alors refroidir, et lorsque la colonne ne dépasse
plus *n* que de la longueur voulue, on incline brusquement le tube, la colonne se rompt en face de *n*.
(Il est commode d'appuyer le bas de la tige sur la
main gauche posée de champ sur la table et de soutenir l'extrémité avec la main droite ; en abaissant
brusquement cette main à l'instant voulu, on provo-
que la rupture de la colonne). Des index de 4 centimètres ou plus sont faciles à séparer ; il est difficile
d'en obtenir de plus courts ; d'ailleurs leur mobilité
augmente avec leur longueur.

Une fois l'index détaché, on le fait courir de place en place tout le long du tube, au moyen de chocs ; on note sa longueur en chaque point de l'échelle, en prenant bien garde que l'œil se trouve toujours dans un plan perpendiculaire au tube et passant par le trait, ce qui permet une lecture exacte (les traits de l'échelle ne paraissent pas courbés quand l'œil est bien placé). Si le tube capillaire se rétrécit en un point, l'index paraît plus long, dans le cas contraire plus court que la moyenne.

Pour un calibrage exact, surtout avec des divisions un peu serrées, l'emploi d'un microscope faible serait nécessaire. »

IX. BAROMÈTRES

BAROMÈTRE A CUVETTE

On donne le nom de *baromètre* à l'instrument qui sert à mesurer la pression de l'air atmosphérique. Le baromètre ordinaire à cuvette est le plus simple de tous les baromètres.

On construit ce baromètre avec un tube de verre *a* (fig. 135) fermé à l'une de ses extrémités et ouvert à l'autre, d'une longueur de 80 à 84 centimètres et d'un diamètre intérieur de 7 à 8 millimètres. On remplit entièrement le tube de mercure, puis on ferme son extrémité supérieure en y appliquant le doigt, et on le retourne de haut en bas. On fait ensuite plonger son extrémité inférieure au fond d'une *cuvette b* contenant du mercure et on retire le doigt. Le mercure s'abaisse alors dans le tube, mais il ne descend pas jusqu'au niveau *d* du liquide dans la cuvette ; il reste toujours suspendu en *c* à une assez grande hauteur au-dessus de ce niveau.

Cette expérience démontre d'abord l'existence de

la pression atmosphérique, car si l'air n'exerçait aucune pression, le mercure s'abaisserait dans le tube
au même niveau que dans la cuvette ;
elle donne en outre la mesure de cette
pression. Le mercure ne peut en effet
rester en équilibre qu'autant que tous
les éléments situés sur un même plan
horizontal supportent une égale pression. Or, comme la surface extérieure
n'est pressée que par l'air atmosphérique et que le prolongement de cette
surface dans le tube n'est pressé que
par la colonne mercurielle *d*, la pression atmosphérique doit être égale à
la pression de cette colonne. — Cette
égalité suppose évidemment qu'il existe
un *vide parfait* en *c* au-dessus du mercure dans le tube ; s'il y restait un
peu d'air, ce serait la pression de la
colonne mercurielle augmentée de la
pression de cet air qui contre-balan-
cerait la pression atmosphérique.

On voit par là que la mesure de
la pression atmosphérique est ramenée à la mesure de la pression d'une
colonne mercurielle, pression qu'on a appris à évaluer.

Fig. 135.
Baromètre
à cuvette.

La hauteur de la colonne de mercure du baromètre n'est pas constante, dans un même lieu, aux différentes époques de l'année et même aux différentes
heures d'un même jour ; ses variations, toutefois,
sont renfermées dans des limites peu étendues ; sa
hauteur moyenne est de 76 centimètres au niveau
des mers, elle vaut 75 c. 6 à Paris.

La découverte du baromètre est due à Torricelli ; il la fit en 1643, trois ans après que Galilée eut démontré la pesanteur de l'air. C'est à cette époque que commence véritablement la physique, car on n'avait jusqu'alors que des idées inexactes sur l'explication de la plupart des phénomènes de la nature.

On pourrait mesurer la pression atmosphérique avec d'autres liquides que le mercure, mais les colonnes de ces liquides qui lui feraient équilibre auraient des hauteurs beaucoup plus considérables. L'eau, par exemple, aurait une hauteur 13,59 fois plus grande que celle du mercure, puisqu'elle a 13,59 fois moins de densité que ce liquide, et par suite puisqu'elle presse 13,59 fois moins avec une même hauteur. La hauteur de l'eau qui mesure la pression de l'air vaudrait donc $0^m76 \times 13,59$ ou 10^m33 quand la hauteur du mercure qui lui fait équilibre vaut 0^m76. Ce fait a été vérifié par Pascal en 1646.

Construction du baromètre. — Ces principes étant posés, donnons quelques détails sur la construction du baromètre ordinaire à cuvette.

On emploie ordinairement, dans la construction des baromètres, un tube d'un diamètre intérieur de 7 ou 8 millimètres et d'une longueur de 80 à 84 centimètres. Il n'est pas nécessaire que le tube soit parfaitement cylindrique dans tous ses points, car la pression que les liquides exercent sur le fond d'un vase est indépendante de la forme des parois latérales du vase ; mais il est bon cependant de choisir un tube qui n'ait pas un diamètre trop inégal dans ses différentes sections. On pourrait d'ailleurs le prendre d'un diamètre quelconque, car, abstraction faite de l'effet capillaire dont nous parlerons bientôt, la hauteur de la colonne mercurielle qui fait équilibre à la pression de l'air doit être la même quel que soit le diamètre du tube.

Il doit exister un vide parfait dans la *chambre barométrique*. S'il y avait de l'air ou de la vapeur d'eau, ces gaz déprimeraient le mercure par leur force élastique, et la colonne mercurielle n'équilibrerait plus alors à elle seule la pression atmosphérique. On doit donc, dans la construction du baromètre, chasser avec le plus grand soin l'air et l'eau qui adhèrent toujours fortement aux parois intérieures du tube, car ces corps s'élèveraient peu à peu au travers du mercure et finiraient par arriver dans la chambre du baromètre. On y parvient en faisant bouillir le mercure dans le tube même qui doit servir pour le baromètre : l'air et la vapeur d'eau sont alors entraînés par les vapeurs mercurielles, et il n'en reste pas de trace après une ébullition prolongée.

On doit se procurer du mercure bien pur. Celui qui est récemment expédié de la mine est en général tout à fait pur ; quand il a déjà servi dans les laboratoires, il contient souvent un peu d'oxyde et des traces de métaux étrangers ; on le débarrasse de ces impuretés en l'agitant à plusieurs reprises avec de l'acide azotique, lavant ensuite à grande eau, puis séchant avec du papier buvard, et filtrant à travers des entonnoirs de verre effilés.

On fait choix d'un tube de 85 à 90 centimètres de longueur, on le ferme à l'une de ses extrémités *a* (fig. 136) et l'on soude une boule *b* à l'autre extrémité. On emplit ce tube de mercure, puis on le place dans une gouttière en tôle qu'on fixe sur une longue

grille inclinée de 25 ou 30° par rapport à l'horizon.
La gouttière doit être un peu plus longue et un peu
plus large que le tube ; elle doit être munie à son
extrémité inférieure d'un petit rebord qui empêche
le tube de glisser.

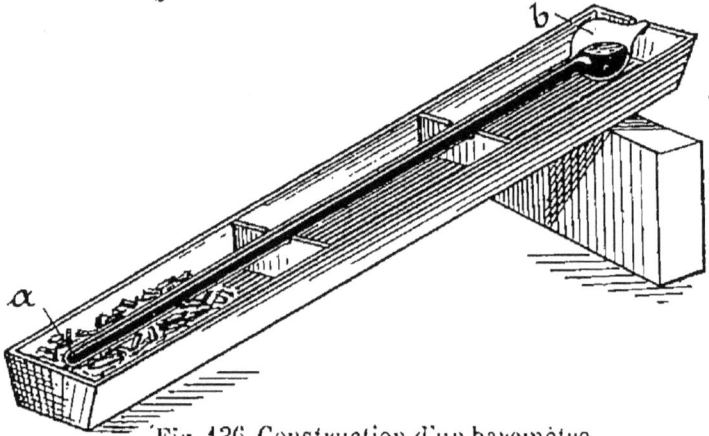

Fig. 136. Construction d'un baromètre

On commence par mettre des charbons ardents
sous la gouttière dans une longueur de 15 à 20 centimètres à partir de l'extrémité inférieure. Le mercure contenu dans la partie correspondante du tube
entre promptement en ébullition. Quand l'ébullition
a duré un temps suffisant, on place les charbons un
peu plus haut afin de faire bouillir une nouvelle
quantité de mercure, et on continue jusqu'à ce que
toute la colonne mercurielle ait été portée à l'ébullition.

Lorsque la surface du mercure paraît brillante
dans toute la longueur du tube, on enlève les charbons et on laisse refroidir : on détache ensuite la
boule b, on achève de remplir le tube avec un peu de
mercure bouilli, on bouche avec le doigt l'extrémité

ouverte et il ne reste plus qu'à retourner le tube
pour le plonger dans la cuvette.

Une fois l'appareil construit, on peut reconnaître
que le tube a été bien purgé d'air et d'humidité en
l'inclinant jusqu'à ce que le mercure en atteigne le
sommet ; si le liquide produit un bruit sec en frap-
pant le sommet du tube, on peut admettre que l'appareil est construit dans des conditions satisfaisantes.
L'ébullition du mercure est toujours une opération
difficile à effectuer sans briser le tube, pour peu
qu'il ait un assez grand diamètre. On procède alors
comme il suit. A l'extrémité a du tube $a\,b$ (fig. 137)

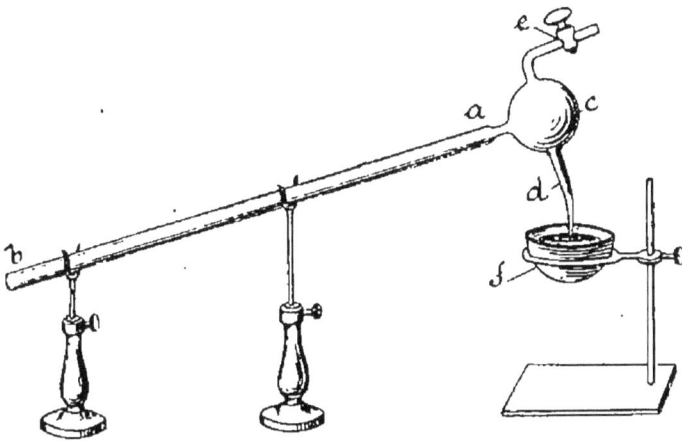

Fig. 137. Remplissage d'un baromètre.

on soude un petit ballon de verre c présentant d'une
part un petit tube d terminé par une pointe très effilée et fermée à la lampe, d'autre part un tube
muni d'un robinet e par lequel il est mis en communication avec une pompe à mercure. On chauffe le
tube $a\,b$ et on y fait le vide ; l'humidité est chassée.
On introduit alors la pointe effilée d dans un vase f

contenant du mercure chauffé au-dessus de 100° et
on brise la pointe. Le mercure pénètre lentement
dans le ballon, puis dans le tube *a b*. La pointe effilée doit être assez fine pour que le remplissage dure
deux heures. Lorsque le tube est plein, on ouvre le
robinet *e*, on détache la boule *c* et on termine l'opération comme il a été dit plus haut.

On fixe ordinairement la cuvette et le tube sur une
planchette de bois qu'on suspend par son extrémité
supérieure en un point tel que l'axe du tube soit
vertical. Des divisions en centimètres et en millimètres sont tracées près du tube sur une ligne parallèle
à son axe. Le zéro des divisions correspond d'ailleurs au niveau du mercure dans la cuvette de telle
sorte qu'il suffit de lire la division à laquelle arrive
le sommet de la colonne mercurielle pour connaître
la hauteur de la colonne qui mesure la pression de
l'air.

On n'obtient pas exactement la hauteur de la colonne mercurielle en prenant le nombre des divisions qui correspondent à son sommet, car le zéro de
l'échelle ne correspond pas toujours au niveau du
mercure dans la cuvette. Le niveau du mercure
s'abaisse évidemment au-dessous du zéro quand la
pression de l'air augmente ; il s'élève au-dessus du
zéro quand elle diminue. Dans le premier cas la
hauteur lue est trop petite ; dans le second elle est
trop grande. Toutefois l'erreur commise est très
faible quand la section de la cuvette est très grande
comparativement à celle du tube (fig. 138) et quand
en outre les variations de la colonne mercurielle ne
sont pas trop grandes ; on la néglige ordinairement
quand on fait des observations barométriques séden-

taires et qu'on ne tient pas à une grande exactitude dans les résultats.

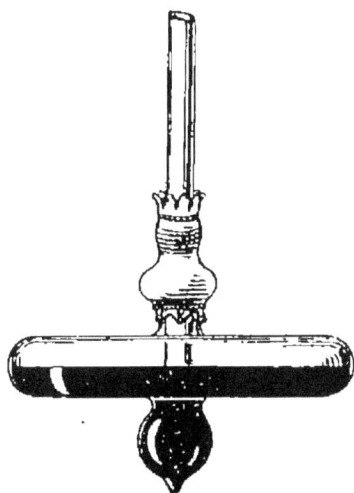

Fig. 138
Cuvette de baromètre.

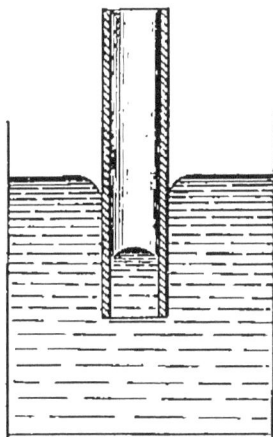

Fig. 139.
Effet de la capillarité.

Correction relative à la capillarité. — Lorsqu'on plonge dans un bain de mercure un tube de verre ouvert à ses deux extrémités (fig. 139), ce liquide ne s'élève pas tout à fait autant en dedans qu'en dehors. La *dépression* qu'il éprouve est d'autant plus grande que le diamètre du tube est plus fin ou plus capillaire; elle est de 4^{mm}45 dans un tube de 2^{mm} de diamètre, et de 0^{mm}44 dans un tube de 10^{mm}. Cette dépression ne provient pas de la pression de l'air puisque le tube est ouvert; elle ne peut être attribuée qu'aux forces moléculaires qui résultent de l'action du verre sur le mercure. Il résulte de ce fait que les forces moléculaires dépriment un peu le mercure dans les tubes barométriques, et qu'elles concourent avec la pression due au poids du mercure pour équilibrer la pression de l'atmosphère. On voit par là que si on veut mesurer la pression de l'air au moyen de la pression résultant du poids de la colonne mercurielle, il faut tenir compte de la dépression due à la capillarité. On y parvient en ajoutant à la hauteur observée dans le baromètre la dépression qui se produit dans un tube d'égal diamètre ouvert à ses extrémités.

Fig. 140.
Baromètre
à siphon.

BAROMÈTRE A SIPHON ORDINAIRE

Le baromètre à siphon ordinaire (figure 140) se forme avec un tube c d a composé de deux branches parallèles d'inégal diamètre et d'inégale longueur. La branche la plus longue est fermée ; la branche la plus courte est ouverte. On introduit d'abord le mercure dans la branche la plus large, puis on incline plusieurs fois le tube pour faire passer ce liquide dans la branche fermée et pour la remplir complètement. On redresse ensuite le tube sans laisser rentrer l'air dans la longue branche. Si le mercure s'arrête au point a dans la branche ouverte et au point b dans la branche fermée, la pression atmosphérique est mesurée par la colonne mercurielle c b qui s'élève depuis le niveau inférieur jusqu'au niveau supérieur. On conçoit la légitimité de cette mesure en remarquant que l'espace b c est entièrement vide et que les deux colonnes a d et c d se font mutuellement équilibre.

On fixe ordinairement le baromètre sur

une planchette de bois et on marque les divisions le long du tube, en ayant soin de les faire partir de l'horizontale *e a* menée par le niveau du mercure dans la branche ouverte. On prend alors pour la hauteur de la colonne barométrique le nombre de divisions qui correspond au niveau supérieur du mercure; mais on commet une erreur analogue à celle du baromètre ordinaire à cuvette, car le niveau ne se trouve au zéro des divisions que pour la pression sous laquelle on a construit l'échelle. L'erreur est toutefois assez faible si la section de la cuvette est bien large comparativement à celle du tube.

BAROMÈTRE DE GAY-LUSSAC

Le baromètre de Gay-Lussac est un baromètre à siphon qui offre de grands avantages pour la facilité du transport et qui n'a d'égal que le baromètre de Fortin pour l'exactitude des observations.

Ce baromètre se compose de deux tubes *a d* et *c b*, d'égal diamètre (fig. 141), qui communiquent par un tube *b d* très fort d'un diamètre de 1 ou 2 millimètres. La branche inférieure *c b* n'est pas tout à fait sur le prolongement de la branche supérieure ; elle la dépasse un peu du côté opposé au tube capillaire, afin que le centre de gravité du baromètre tombe sur l'axe de la branche la plus longue.

On ferme la plus courte branche dès qu'on a introduit le mercure, et l'on

Fig. 141.
Baromètre de Gay-Lussac.

ne pratique qu'une ouverture capillaire *e* à 1 ou 2 centimètres de l'extrémité. Cette ouverture est suffisante pour laisser entrer l'air dans le tube, et trop petite pour en laisser sortir le mercure. On entoure ce baromètre d'une garniture en laiton qui le pro-

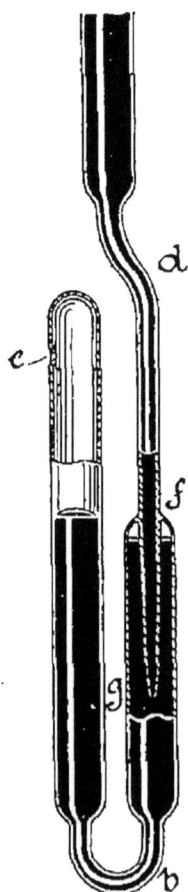

tège contre les chocs, et on laisse dans la garniture deux rainures longitudinales qui permettent de voir les sommets des colonnes mercurielles dans les deux branches. C'est sur l'un des bords de chacune des rainures que sont marquées les divisions. Le zéro est ordinairement placé vers le milieu du tube *c b*, et les divisions vont en croissant au-dessus et au-dessous de ce point. On obtient dans ce cas la hauteur de la colonne barométrique en faisant la somme des deux nombres de divisions qui correspondent aux niveaux du mercure dans les deux tubes. L'influence de la capillarité n'est pas sensible dans ce baromètre, car les dépressions sont égales de chaque côté si les deux branches ont le même diamètre.

Lorsqu'on veut transporter le baromètre de Gay-Lussac, on l'incline de manière à remplir la branche *a d* de mercure, puis on le retourne de haut en bas. Quand on veut s'en servir, on le redresse dans la position ordinaire et on le suspend à un fil attaché à la partie supérieure de la

Fig. 142. — Réservoir du baromètre de Bunten.

garniture métallique. On n'a pas à craindre, en le
redressant, de laisser entrer l'air dans la chambre
barométrique, car l'air ne peut passer dans le tube
capillaire en même temps que le mercure ; et par
conséquent il est refoulé à mesure que ce liquide
descend.

Malgré la capillarité du tube de communication,
l'air s'introduit quelquefois dans la chambre barométrique quand l'instrument éprouve de fortes secousses,
M. Bunten prévient cet accident en formant le tube
d b (fig. 142), d'une partie d g effilée à son extrémité inférieure, et d'une autre partie f b soudée en f
à la première. L'air, s'il rentre dans le tube capillaire, suit les parois du verre et va se loger autour de la partie effilée. Il ne produit ainsi aucune
dépression dans la colonne mercurielle ; on peut du
reste le chasser en retournant l'appareil.

BAROMÈTRE A CADRAN

Ce baromètre se compose essentiellement d'un baromètre ordinaire à siphon dont les deux branches
ont un égal diamètre. Un petit flotteur a en fer
(fig. 143) repose sur le mercure du tube ouvert ; il
est attaché à un fil qui s'enroule autour d'une poulie b et qui se termine par un contre-poids c. L'axe
de la poulie porte une légère aiguille dont l'extrémité
parcourt les divisions d'un cadran circulaire. Lorsque
le niveau du mercure monte ou descend dans le tube
ouvert, le petit flotteur a s'élève ou s'abaisse ; il fait
alors tourner la poulie, et l'extrémité de l'aiguille se
déplace plus ou moins sur son cadran. On met ordinairement sur le cadran des nombres qui donnent
les hauteurs des colonnes barométriques ; ainsi on

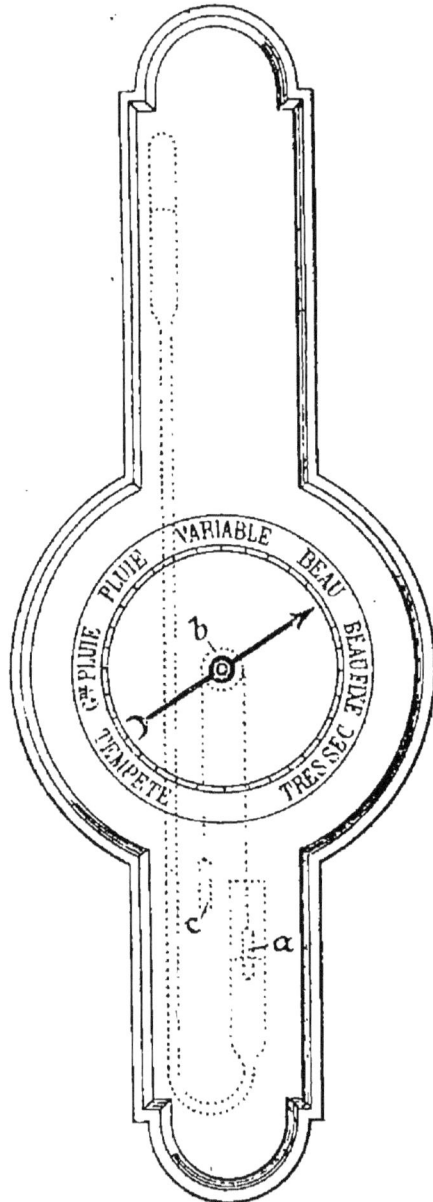

Fig. 143. — Baromètre à cadran.

met 75 au point où l'aiguille s'arrête quand la hauteur de la colonne mercurielle vaut 75 centimètres ; on met 74 au point où elle va quand la hauteur est de 74 centimètres ; puis on partage l'intervalle compris entre les deux points en 10 parties égales, et on prolonge les divisions de chaque côté. La grandeur des divisions varie évidemment avec le rayon du cadran, mais chacune des divisions ainsi tracées correspond à une variation d'un millimètre dans la hauteur de la colonne mercurielle qui équilibre la pression de l'air. — On inscrit quelquefois sur le cadran les mots *pluie, beau, vent...* aux points où se trouve l'aiguille dans les circonstances atmosphériques correspondantes (1), mais ces indications n'ont rien de certain, car l'aiguille arrive souvent à des points très éloignés pour un même état de l'atmosphère, et elle s'arrête souvent à un même point pour des états très différents. — On n'emploie pas le baromètre à cadran pour des observations précises, car le frottement de la poulie sur son axe nuit à sa sensibilité et à son exactitude.

X. TUBES DE GEISSLER (H. EBERT)

« Les tubes à décharges dans l'intérieur desquels arrivent des conducteurs métalliques (*électrodes*) sont appelés *tubes de Geissler*, du nom de leur pre-

(1)
Tempête	731
Grande pluie	740
Pluie	749
Variable	758
Beau	767
Beau fixe	776
Très sec	785

mier constructeur, le souffleur de verre Geissler, de Bonn. Il suffit en principe de sceller les électrodes sur un appareil hermétiquement clos pouvant être relié à la machine pneumatique, pour obtenir un *tube à vide de Geissler*.

TUBE DE GEISSLER SIMPLE, A ÉLECTRODES MASTIQUÉES

Sur un tube large de 3 à 4 centimètres de diamètre (fig. 144), on soude d'abord, de manière à former

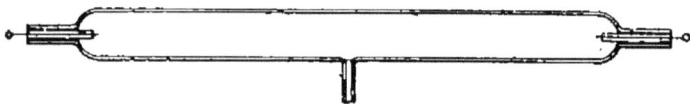

Fig. 144. — Tube de Geissler simple, à électrodes mastiquées.

un **T**, un tube de sûreté plus étroit au moyen duquel on puisse relier le tube large à la machine pneumatique ; on soude ensuite à ses deux extrémités, convenablement rétrécies, deux tubes de sûreté ayant même axe ; on enfonce dans ces derniers deux morceaux de tube capillaire qui y passent exactement. Dans les canaux de ces tubes on mastique d'abord les fils conducteurs (en platine, ou mieux en aluminium) ; on les introduit alors eux-mêmes dans les tubes de sûreté où on les mastique en chauffant légèrement ; la cire à cacheter ramollie doit être disposée dans les tubes de sûreté sur une grande longueur. Il faut enfoncer un peu les fils conducteurs et les tubes capillaires dans le tube large, afin que la décharge électrique ne puisse venir nulle part en contact avec la cire à cacheter.

TUBE DE GEISSLER SIMPLE, A ÉLECTRODES SOUDÉES

On souffle une sphère à l'une des extrémités d'un large tube a (fig. 145), on y soude un tube b court et

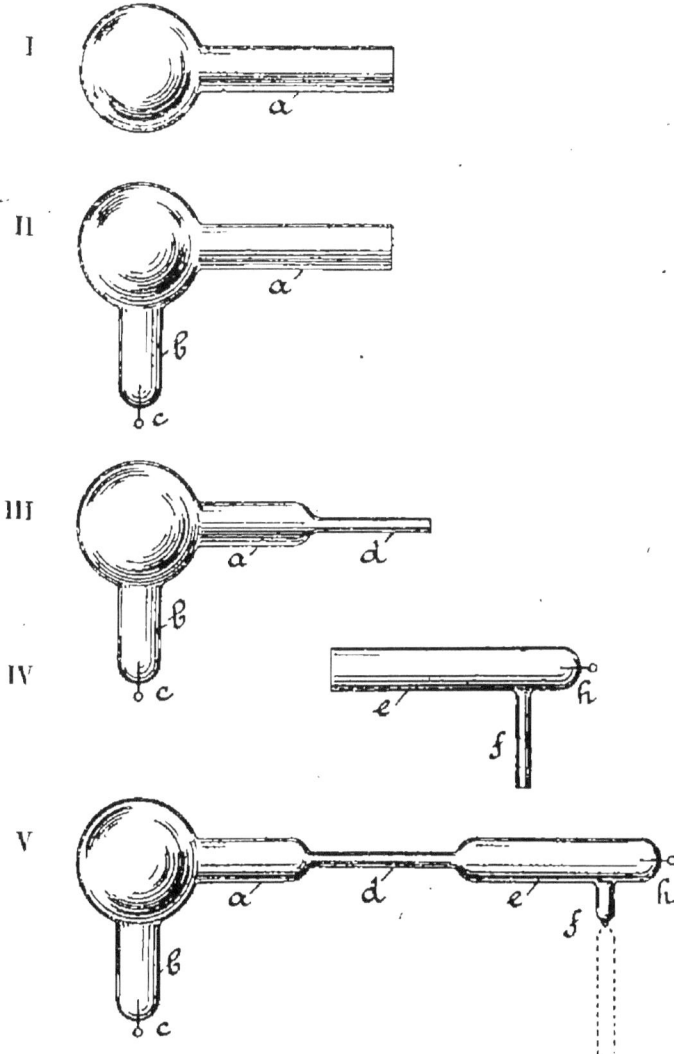

Fig. 145. — Tube de Geissler simple à électrodes soudées.

pas trop étroit, et dans ce dernier on soude une électrode c (II). On étrangle alors a et l'on y soude un
court morceau d'un tube capillaire d pas trop étroit
(III). Dans le tube employé d'abord, on coupe un second morceau e auquel on soude un tube de sûreté
latéral f. On ferme alors une extrémité et l'on y
adapte une deuxième électrode h (IV); enfin on rétrécit aussi e et on l'adapte au tube capillaire d en
soufflant par f. On étrangle alors f au voisinage de e,
on le soude à la machine pneumatique et on fait le
vide. On fait passer dans le tube ch le courant secondaire d'une bobine d'induction pour reconnaître
le moment où la pression a la valeur convenable, et
on le fond à l'étranglement f (V). En regardant le tube
capillaire d à travers la sphère, on doit voir un point
lumineux très brillant (tube à décharges à vision di-
recte).

TUBE DE GEISSLER PLUS COMPLIQUÉ

On soude en a (I) (fig. 146) un tube un peu plus
large que b, on étire son autre extrémité et l'on en
souffle une sphère c; on soude alors l'électrode d
(II).

On souffle une sphère e semblable, mais plus
grande, dans un large tube que l'on ajuste entre
deux tubes de même diamètre que b (III).

On coupe en f l'un de ces tubes et l'on soude e à b
en cet endroit (IV).

On prépare h de la même manière que c, on soude
une électrode i et l'on adapte le tube de sûreté j (V).

Pour augmenter l'effet lumineux que donne le tube,
on établit dans l'axe du tube k (VII) de même diamètre que b, un tube plus étroit l : on commence
par souder l à un tube plus large, en m ; on souffle

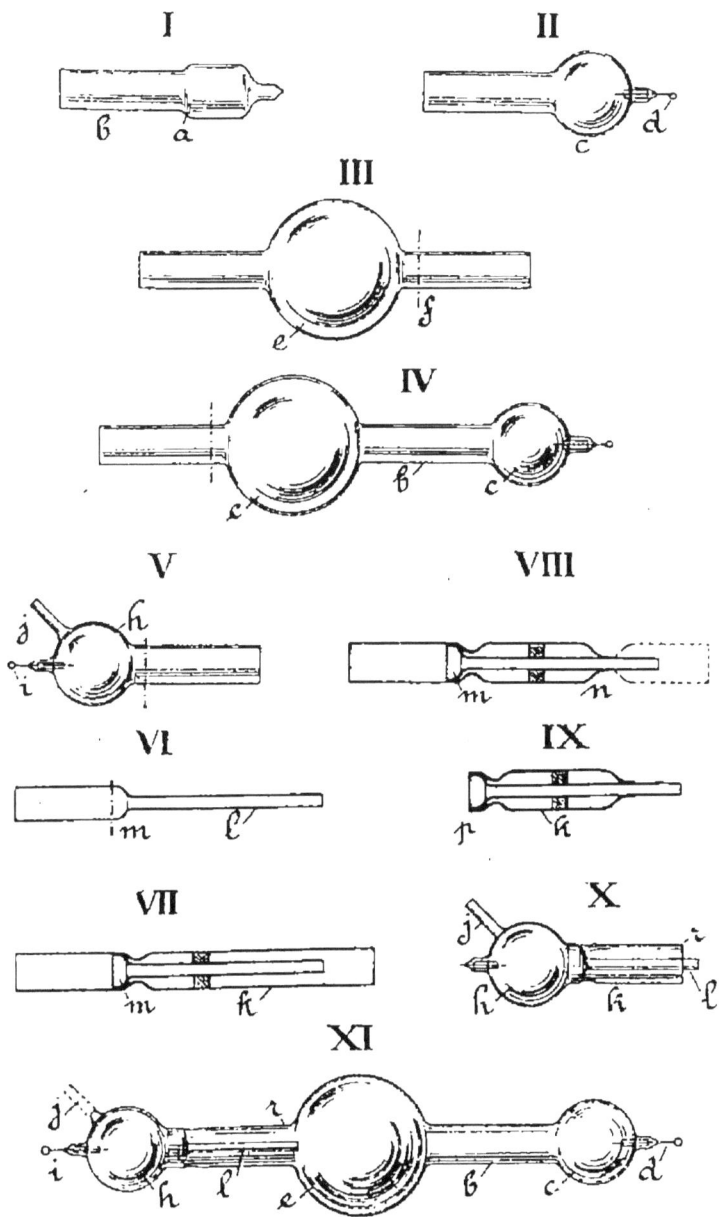

Fig. 146. — Tube de Geissler plus compliqué.

la soudure aussi soigneusement que possible, de manière que le verre soit partout mince et régulier, et l'on coupe en *m* (VI).

On prend alors le tube *k* qu'on laisse plus long que *l*, de façon qu'il le dépasse des deux côtés, et on le rétrécit un peu près d'une de ses extrémités, de sorte que la partie large de *m* s'y applique exactement (VII).

On assujettit alors *l* à l'intérieur de *k* au moyen d'un bouchon percé un peu lâche, et l'on ferme l'extrémité *n* de *k*, soit comme la figure VIII l'indique, en rétrécissant et en fondant *k*, soit au moyen d'un bouchon.

On soude *l* dans *k* en chauffant en *m*; on souffle par l'extrémité opposée à *n* (VIII). Cela fait on coupe *k* près de *m*, en *p* par exemple (IX) et l'on soude en cet endroit *k* dans la sphère *h*, en insufflant de l'air par *j* (X).

On coupe alors *k* en *r*, de telle façon que le tube intérieur plus étroit dépasse un peu *k*, on enlève le bouchon qui avait maintenu *l* dans *k*, et enfin on soude *k* à *e* en *r*.

On introduit alors par *j* un gaz quelconque, on lave plusieurs fois le tube entier en épuisant totalement le gaz et le laissant rentrer alternativement, et, quand la pression est devenue assez faible, on fond en *j* (XI).

Les décharges de la bobine, que l'on envoie dans un pareil tube, sont condensées par *l*, et la lueur y est considérablement accrue. »

XI. LAMPES A INCANDESCENCE (1)

Dans les lampes électriques dites à incandescence, la lumière est produite par l'incandescence d'un filament de charbon dans lequel passe un courant électrique. Ce filament, dont la résistance doit être assez élevée, a une section très faible et doit être protégé par une ampoule de verre dans laquelle on fait le vide.

Dans les lampes Edison, le filament a la forme d'un **U** ; il est produit par la carbonisation en vase clos des fibres d'une espèce particulière de bambou. L'usine reçoit la matière première sous forme de petites lames qui sont débitées en brins de dimensions rigoureusement déterminées. Ces brins sont placés dans des moules réfractaires où ils sont recourbés en forme d'**U**. Les moules sont empilés dans des moufles, à fermeture hermétique, que l'on achève de remplir avec du poussier de charbon pour empêcher le contact de l'air.

Les filaments carbonisés, après avoir été classés d'après leurs résistances, sont envoyés à l'atelier de fabrication.

La pièce à laquelle doit être fixé le filament est un tube de verre *c* ayant la forme représentée à la figure 147 (I), dans lequel on introduit deux fils de platine *a* dont la partie inférieure est soudée à deux fils de cuivre *b* ; on ramollit au chalumeau la partie supérieure du tube *c*, de manière à le fermer hermétiquement en fixant les deux fils (II).

Pour attacher le filament, on soude en *d d* deux

(1) D. MONNIER. *Electricité industrielle.*

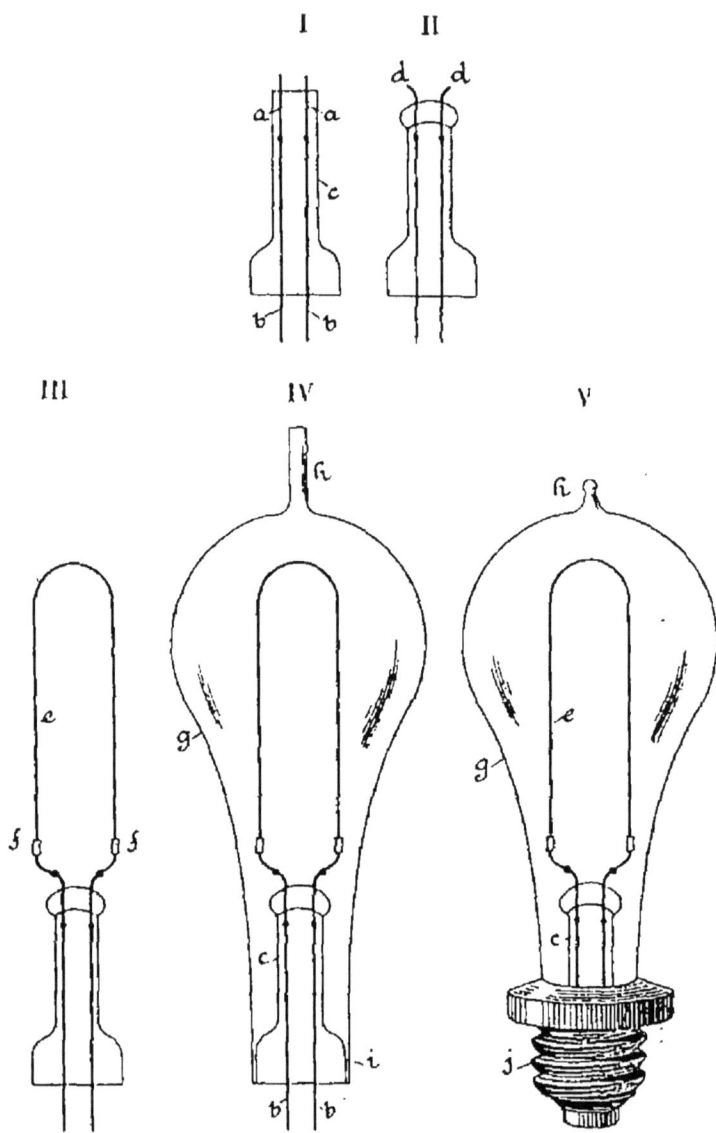

Fig. 147. — Lampe à incandescence.

petites pièces de cuivre dans lesquelles viennent
s'engager les extrémités du filament de charbon e;
la liaison est consolidée par un dépôt galvanoplastique de cuivre f (III).

Le charbon, ainsi préparé et fixé, est introduit
dans l'ampoule g qui doit constituer l'enveloppe de
la lampe et l'on soude hermétiquement en i (IV).

Après avoir subi un recuit méthodique, les lampes
sont portées à l'atelier où se fait le vide ; la raréfac-
tion de l'air s'obtient au moyen de pompes à mercure.

Pendant cette opération, on fait passer dans le filament un courant électrique graduellement croissant,
afin de chasser l'air et les gaz qui se trouvent dans
les pores du charbon.

Lorsque le vide est obtenu (environ 2 m/m de
mercure) on détache la lampe en fermant l'ajutage h
au moyen du chalumeau (V).

La lampe est alors introduite par son pied dans un
cylindre de cuivre j présentant extérieurement un
filet de vis, et à l'intérieur duquel on coule du plâtre
qui maintient l'ampoule ; les fils aboutissent à deux
pièces métalliques isolées l'une de l'autre, par lesquelles doit s'établir le contact avec les conducteurs
extérieurs.

Les lampes à incandescence des autres systèmes
sont construites par des procédés analogues et diffèrent surtout par la forme et le mode de préparation
du filament, ainsi que par le socle qui sert à fixer la
lampe sur sa douille.

———

CHAPITRE XI

FABRICATION DES BOUTEILLES

—

SOMMAIRE. — I. Soufflage. — II. Essai des bouteilles.

I. SOUFFLAGE

MATÉRIEL DU SOUFFLEUR DE BOUTEILLES

La fabrication d'une bouteille occupe successivement trois ouvriers : le *gamin*, le *grand garçon* et le *souffleur*.

L'ouvrier souffleur, chef de place, travaille sur une étroite banquette située à 1 mètre au-dessus du sol, devant un des ouvreaux du four. Ses outils sont la *canne*, le *mabre*, le *moule*, un *pontil*, un *racloir* et une *pince* servant à façonner le goulot des bouteilles.

Fig. 148. — Canne du souffleur.

La *canne* (fig. 148), principal outil du souffleur, est un tube de fer forgé, de 1m30 à 1m80 de longueur; son diamètre intérieur est 1 centimètre et ses parois ont une épaisseur d'environ 1 centimètre également. L'une des extrémités, qui porte le nom de nez, est légèrement renflée et évasée; c'est celle que l'on plonge dans le verre fondu. Près de l'autre extrémité, que l'ouvrier porte à sa bouche, se trouve souvent une poignée en bois entourant la canne sur une longueur de 35 à 40 centimètres.

Le *mabre* (corruption du mot marbre) est un bloc
en bois, en grès poli, en fonte ou en laiton (fig. 149)

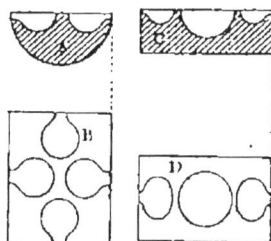

Fig. 149. — Mabres.

dans lequel se trouvent creusées des cavités hémis-
phériques de différents diamètres, qui servent à
arrondir la masse de verre adhérant à la canne.

Le *moule* est un simple bloc de bois ou d'argile
présentant une cavité cylindrique verticale d'un diamètre égal à celui des bouteilles terminées. Pour fabriquer les bouteilles qui doivent avoir une forme
absolument régulière ou celles dont la surface doit
présenter certains reliefs, on se sert de moules métalliques en plusieurs parties qui permettent de façonner immédiatement le col en même temps que le
ventre et le cul de la bouteille.

Tel est par exemple le moule de Rickets; il se
compose d'un corps cylindrique qui forme le ventre
de la bouteille et de quatre autres parties : un fond
fixe avec piston mobile pour faire la cavité du cul et
deux pièces pour le col. Deux pédales mettent ces
différentes pièces en mouvement.

Aussitôt que l'ouvrier a introduit son cylindre de
verre chaud dans le corps du moule, il presse avec
son pied sur la première pédale, rabat les pièces du

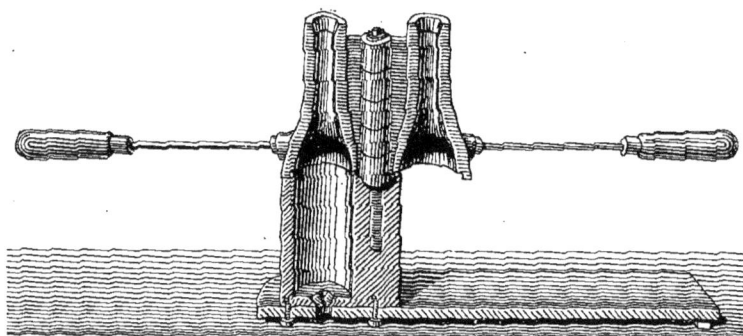

Fig. 150. — Moule à bouteilles système Carillion.

col, souffle fortement le verre pour qu'il s'applique sur toutes les parties du moule et termine en faisant fonctionner la seconde pédale qui chasse le piston dans le fond à la hauteur voulue pour former cette partie. Il ne reste plus, au sortir du moule, qu'à faire l'anneau du col pour que la bouteille soit terminée.

Le moule de Carillion, représenté figure 150, est composé de deux pièces métalliques, articulées au moyen d'une charnière verticale. L'une de ces pièces, fixe, comprend le ventre et une moitié du col; la seconde a la forme de l'autre moitié du col. Les parois sont percées de quelques trous permettant à l'air de s'échapper lorsque la masse de verre soufflée emplit le moule. Comme dans le moule précédent, un piston mobile à travers le fond et manœuvré au moyen d'une pédale est destiné à former le cul des bouteilles. Avant de se servir de ce moule, on le ferme et on le chauffe. On amène la paraison à la forme convenable et on l'introduit dans le moule pendant que le gamin l ouvre et le referme; l'ouvrier souffle d'abord avec la bouche, puis avec la pompe Robinet.

Fig. 151. — Pompe Robinet.

La *pompe Robinet*, du nom de l'ouvrier qui l'a inventée, consiste en un tube en laiton (fig. 151) fermé à l'une des extrémités et dans lequel peut se déplacer un piston en bois, percé au centre, qu'un ressort tend constamment à repousser vers l'extrémité ouverte du tube. Pour souffler une pièce, l'ouvrier place le bec de la canne dans l'ouverture du piston et enfonce vivement le tube de façon à chasser à travers le piston l'air qui se trouvait enfermé au-dessus.

Les *pontils* sont des tiges de fer de la grosseur du doigt, ayant une longueur de 1 mètre à 1m30, qui servent à supporter provisoirement les pièces quand on en détache la canne. A cet effet on chauffe le pontil en le présentant à un ouvreau, on garnit son extrémité d'un peu de verre fondu, et on l'applique aussitôt sur la pièce, en un point diamétralement opposé à celui où la pièce est soudée avec la canne.

Le *racloir* est une lame de tôle fixée sur un manche en bois et présentant une entaille demi-circulaire. Cet outil sert à rassembler le verre fondu vers le nez de la canne lorsque l'ouvrier fait une paraison. On l'emploie aussi pour égaliser le col de la bouteille quand on l'a détaché de la canne.

Les *pinces* (fig. 152) sont utilisées pour façonner la bague qui renforce le bord du col de la bouteille. Cet instrument consiste en une lame d'acier recourbée en $\cup$ et formant ressort, dont les extrémités sont munies, du côté interne, de mâchoires portant en creux le profil de la bague.

Fig. 152. Pinces.

Une tige de fer fixée dans l'axe des pinces sert à centrer l'appareil sur le col de la bouteille.

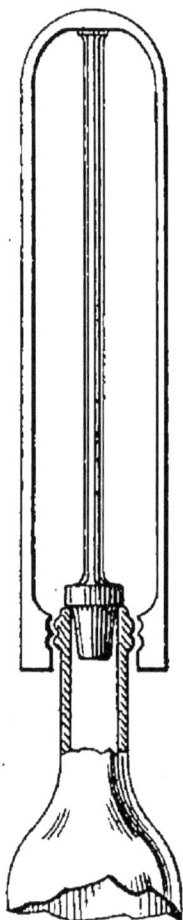

TRAVAIL DU SOUFFLEUR

Lorsque le verre est au point nécessaire pour faire les bouteilles, ce que l'on reconnaît en y plongeant la canne préalablement bien chauffée et la tournant horizontalement sans que le verre coule à terre, l'ouvrier désigné sous le nom de *gamin* cueille avec la canne une petite quantité de verre ; il la laisse un moment à l'air pour la refroidir un peu, puis il la replonge dans le creuset : une nouvelle quantité de verre s'attache au bout de la canne ; si le gamin juge qu'il n'y en a pas assez pour faire une bouteille, il plonge encore une fois la canne dans le creuset. Il la tourne alors sur le mabre, qui est élevé à hauteur d'appui et incliné devant l'ouvrier comme un pupitre, afin d'égaliser la matière autour de la canne.

A côté du mabre se trouve placé un baquet plein d'eau froide, destinée à rafraîchir la canne ; à mesure que celle-ci s'échauffe trop, le gamin jette de l'eau dessus, en la puisant avec la main.

Lorsque la masse de verre est bien dressée sur le mabre, elle présente sensiblement la forme d'une poire (fig. 153, I) ; c'est ce que l'on nomme une *paraison*. A ce moment le verre a besoin d'être réchauffé ; l'ouvrier présente la canne à l'ouvreau, en ayant soin de la tourner pour empêcher la déformation de la masse vitreuse.

La canne étant enfin en état d'être maniée, le gamin la passe au *grand garçon*. Celui-ci la relève verticalement et lui donne un mouvement d'oscillation tout en soufflant dedans. La paraison s'allonge, s'élargit et prend la forme indiquée en II.

Avant de terminer la bouteille, on réchauffe encore

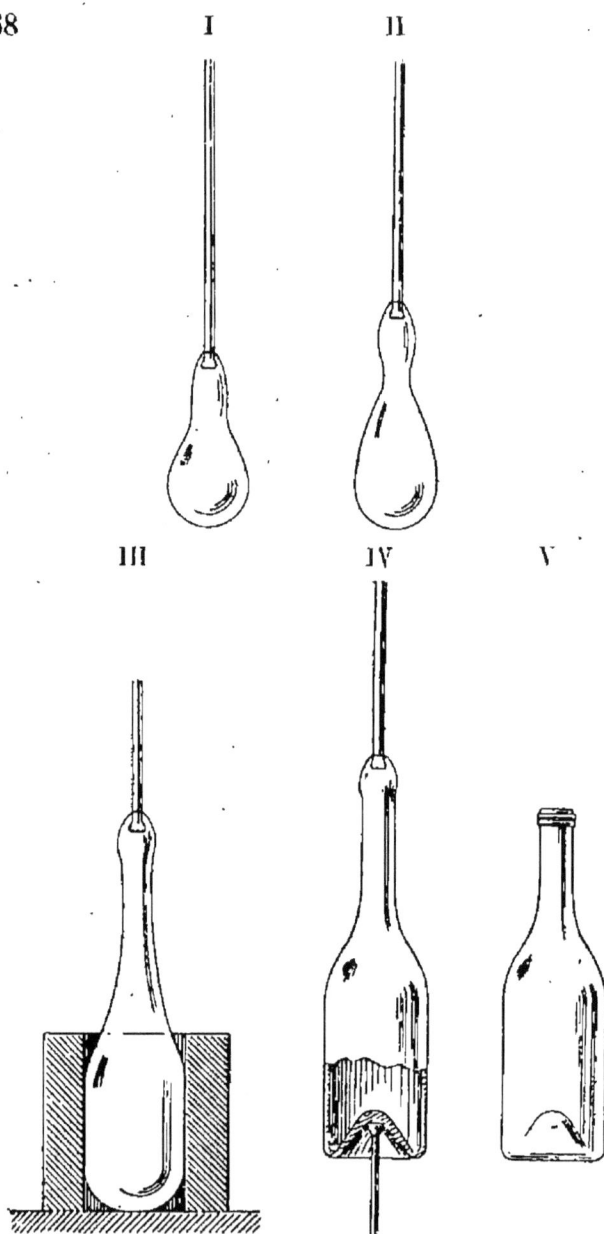

Fig. 153. — Fabrication d'une bouteille.

une fois la masse de verre, en la tournant à gauche
et à droite. Il faut cette fois observer l'effet progressif
de la chaleur avec une grande attention, car le verre
doit être ramolli exactement au point voulu : trop
mou il se déformerait sous l'action de la pesanteur ;
pas assez, il serait difficile à souffler.

Quand le verre a atteint le degré de chaleur convenable, le *souffleur* prend la canne, l'introduit dans
le moule, et souffle énergiquement. A mesure que
le verre soufflé se rapproche des parois du moule, le
souffleur tire la canne vers le haut pour compenser
l'allongement du verre et conserver ainsi au col de
la bouteille la forme que lui avait donnée le grand
garçon (III).

La partie cylindrique, ou ventre, ayant acquis une
hauteur convenable, le souffleur retire la bouteille
du moule et lui imprime quelques mouvements
d'oscillation pendulaire pour allonger le col et lui
faire perdre en même temps un peu de son épaisseur.

Avant de façonner le cul de la bouteille, on la présente encore à l'ouvreau du four, de manière à ce
que le fond seul soit porté au rouge ; quand ce point
est atteint, le grand garçon saisit un pontil préalablement chauffé et garni de verre à son extrémité ; il
l'applique au centre de la calotte qui forme le fond
et l'appuie de manière à repousser le fond vers l'intérieur de la bouteille (IV).

La bouteille est alors séparée de la canne ; elle va
rester fixée à l'extrémité du pontil jusqu'à ce que le
col soit terminé. A cet effet, la bouteille est reportée
à l'ouvreau ; puis le col étant suffisamment réchauffé,
on en façonne le bord à l'aide du racloir ; enfin avant

21.

que le verre soit refroidi, on forme la bague, qui
renforce le bord du goulot. Cette bague est ordinai-

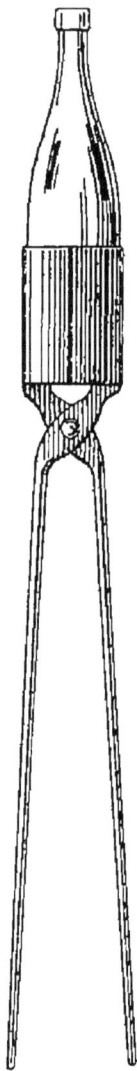

Fig. 154. — Pince à bouteilles.   Fig. 155. — Sabot.

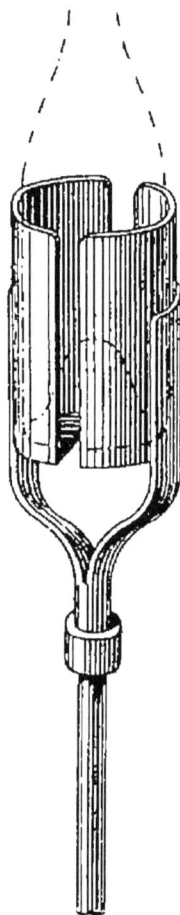

rement faite avec du verre rapporté; on la façonne
souvent avec les pinces que nous avons décrites précédemment.

La bouteille est terminée; un *porteur* la reçoit et
la transporte dans un four à recuire; il en sépare le
pontil par un léger choc (V).

Depuis quelque temps, on emploie à la place du
pontil la *pince à bouteilles* (fig. 154) ou un instrument
appelé *sabot* (fig. 155).

Lorsque le souffleur se sert d'un moule métallique
en plusieurs parties, donnant du premier coup la
bouteille terminée, il souffle avec la bouche pour
commencer, mais, le verre se refroidissant au contact
des parois et durcissant peu à peu, il faut avoir recours à l'insufflation énergique d'une pompe Robinet
pour terminer l'opération.

II. ESSAI DES BOUTEILLES

Les études faites par M. Salleron sur la résistance
des bouteilles, ont permis de constater l'importance
de la pression que peuvent supporter les bouteilles.

Cependant, bien que les bouteilles à champagne arrivant de la verrerie soient très souvent capables de
résister à la pression de 30 atmosphères pendant les
deux ou trois minutes que dure un essai, l'expérience
prouve qu'une bouteille dans laquelle le gaz carbonique parvient à développer 8 atmosphères pendant
quelque temps, est une bouteille perdue.

D'après les essais auxquels MM. Pol Roger et Cie,
d'Epernay, soumirent les bouteilles, ces messieurs
furent amenés à éliminer les bouteilles qui ne résis-

taient pas à la pression intérieure instantanée de
17 atmosphères.

« Cet essai des bouteilles s'effectue à l'aide d'un
appareil imaginé par M. Salleron, appelé *élasticimètre*, que nous ne saurions trop recommander
(fig. 156).

« Le verre est, en effet, un corps élastique et, sous
l'influence de pressions intérieures, on voit les objets
en verre, bouteilles, touries, se gonfler et augmenter
de capacité. Si, sous une certaine pression, les limites
de l'élasticité du verre sont dépassées, la bouteille
conserve une partie du gonflement éprouvé et ne reprend plus sa capacité primitive lorsqu'on cesse de la
soumettre à la pression. Voici comment M. Salleron
l'a démontré : Au col d'une bouteille, on ajoute un
tube *a b* de faible diamètre divisé en centièmes
de centimètres cubes et constituant un prolongement
très étroit du col de la bouteille *c*.

« Ce tube permettra de mesurer exactement, par
la diminution du volume du liquide dont la bouteille
et l'ensemble du matériel sont remplis, les changements de capacité qui peuvent se produire dans la
bouteille. La partie supérieure *a* du tube gradué est
mise en communication à l'aide du tube de raccord
d avec une petite pompe foulante *e* qui comprime de
l'air au-dessus de l'eau qui remplit la bouteille. Un
manomètre *f* mesure à chaque instant la pression à
laquelle la bouteille est soumise. Enfin la bouteille
est immergée au sein d'un bain-marie *g* qui la maintient à une température déterminée qu'on rend fixe
à l'aide d'un thermo-régulateur.

« Une bouteille du poids de 985 grammes et d'une
capacité de 825 centimètres cubes, maintenue dans

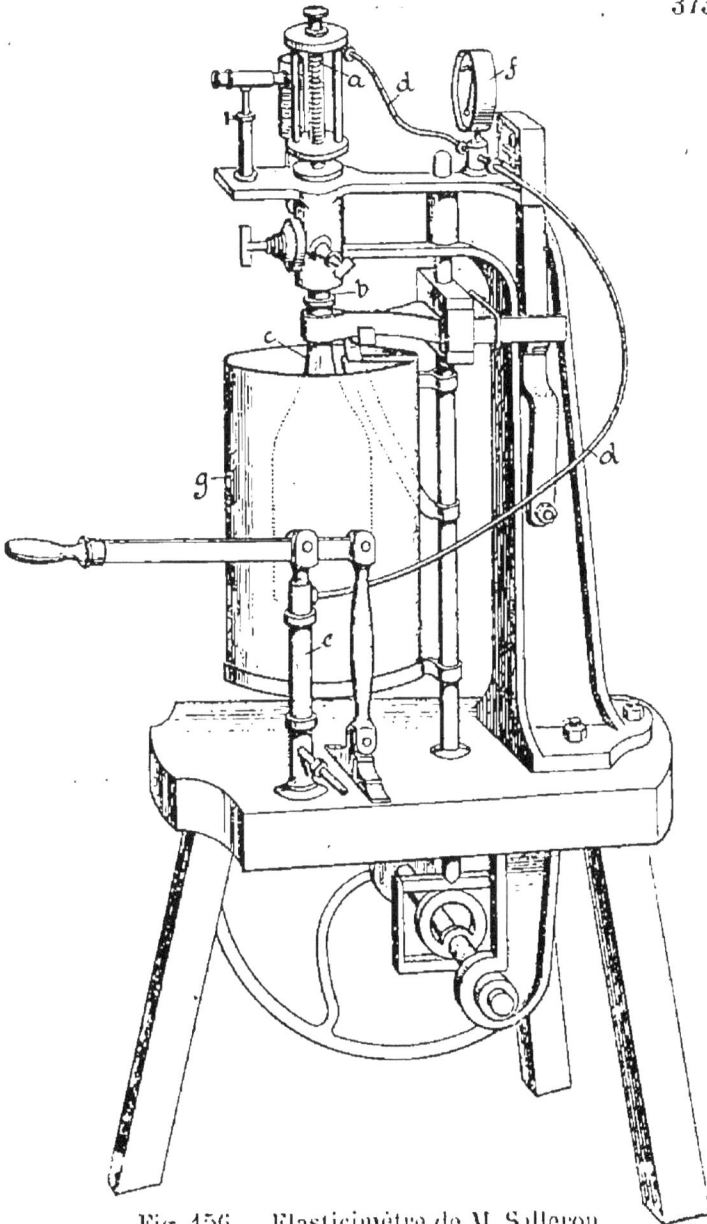

Fig. 156. — Élasticimètre de M. Salleron.

le bain-marie à une température de 10°, et soumise graduellement à 10 atmosphères de pression, a augmenté de capacité de 0 cc. 600.

« Pour 13 atmosphères, l'augmentation a été de 0 cc. 800.

« Pour 14 atmosphères, 0 cc. 900.

« Donc cette bouteille a subi dans sa constitution une modification profonde, qui doit nécessairement diminuer sa résistance. Quand, à un moment donné, les molécules sont parvenues à la limite de l'écartement qui correspond à la largeur d'un de leurs côtés, ou l'ont plus ou moins dépassée, le verre se rompt dans certaines régions internes ; si l'effort persiste, les lésions s'agrandissent, se propagent jusqu'à ce que le verre se détache en morceaux ; en examinant à la loupe la tranche des fragments de verre cassé, très souvent on voit des « esquilles », des fissures produites par ce changement d'état permanent du verre.

« Toutes les actions extérieures qui tendront à déplacer les molécules du verre : élévation de la température, vibrations, chocs plus ou moins violents, auront une influence considérable sur la résistance du verre et auront pour effet de diminuer considérablement cette résistance.

« Dans un autre ordre d'idées, l'inégale épaisseur du verre et la composition chimique joueront également un rôle important : une épaisseur irrégulière amène, en effet, généralement une recuisson inégale des diverses parties du verre ; quant à la composition chimique, elle fait varier dans d'énormes proportions la ténacité du verre, sa résistance aux actions chimiques des divers liquides que les objets en verre sont généralement appelés à recevoir. A ce point de vue, il faudrait pour ainsi dire avoir un verre de composition spéciale pour chaque liquide à conserver. » (*Revue technique de l'Exposition universelle de 1889.*)

CHAPITRE XII

FABRICATION DES VITRES

—

Sommaire. — I. Procédé des cylindres. — II. Fours à étendre et à recuire. — III. Procédé Oppermann. — IV. Fabrication des vitres par le procédé des plateaux.

Deux procédés sont en usage pour la fabrication des verres à vitres. Le premier consiste à souffler des *cylindres* que l'on coupe aux deux extrémités, que l'on fend suivant une génératrice, et que l'on étend à plat lorsqu'ils sont ramollis par la chaleur.

Le second procédé consiste à souffler une sphère aplatie, que l'on ouvre au point opposé à la canne, et que l'on développe progressivement, sous l'effet de la rotation et de la chaleur, jusqu'à l'amener sous forme de *plateau*. Le verre en plateau est d'un éclat parfait, mais il ne fournit que des vitres de petit échantillon et d'épaisseur inégale. Aussi ce procédé, employé concurremment avec celui des cylindres depuis le onzième siècle, est-il généralement abandonné depuis la fin du siècle dernier : il ne s'est guère conservé qu'en Angleterre.

I. PROCÉDÉ DES CYLINDRES

Devant chacun des ouvreaux du four de fusion (fig. 6 a 8) s'étend une planche soutenue par des tréteaux à une hauteur suffisante pour permettre le balancement des cylindres, c'est-à-dire 2^m50 à 3 mètres. Les cannes des souffleurs de cylindres, sont un peu plus longues que celles des souffleurs de bouteilles ; elles ont de 1^m60 à 2 mètres.

A l'extrémité de l'estrade, sur laquelle se place le souffleur, on a disposé un petit établi pourvu d'une plaque en fer servant à trancher la paraison ; un peu au-dessus est une pièce en bois de pommier ou de hêtre, creusée en forme de calotte sphérique; elle sert à souffler la boule du manchon de verre.

Les autres outils du souffleur consistent en une palette en fer (fig. 157) servant à parer le verre au commencement de l'opération, et des ciseaux (fig. 158, 159, 160) destinés à couper le verre quand il est encore mou.

Lorsque tout est bien disposé et que la canne est chauffée, le gamin qui aide le souffleur cueille du verre dans le creuset ; il le tourne afin que le courant d'air qu'il produit refroidisse le verre, lui donne de la consistance et l'empêche de couler. Après cela il prend une nouvelle quantité de verre, mais plus forte, avec la même canne, et la donne au souffleur (fig. 161). Celui-ci prend la canne garnie de la main droite, la pose par le bout sur la plaque de fer, toujours en tournant; il tranche le verre près de l'extrémité ; il replonge la canne dans le creuset, cueille de nouvelle matière et revient promptement à son établi avec une masse de verre rouge ; il la pose en tour-

nant dans la cavité du bloc de bois dont nous avons
parlé, qui a préalablement été remplie d'eau. Pendant qu'il fait tourner le verre en divers sens dans

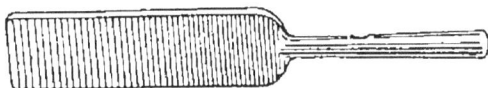

Fig. 157. — Palette en fer.

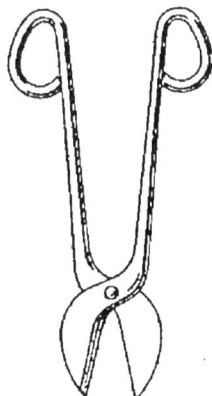
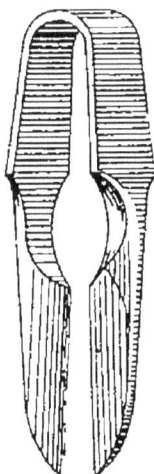
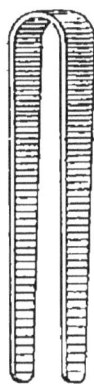

Fig. 158. — Ciseaux   Fig. 159.   Fig. 160.
pour couper le verre   Ciseaux (ou forces) pour rogner,
de la première canne.   couper et ouvrir les manchons.

cette cavité, un gamin verse de l'eau sur la partie du
verre qui doit former la meule. Par cette aspersion on
atteint le double but de refroidir la canne et de rendre moins adhérent le verre qui s'y trouve attaché.
La masse de verre est ensuite portée à l'ouvreau
pour être ramollie et acquérir une plasticité capable
de la faire céder facilement à l'action du soufflage.

Lorsque l'ouvrier juge que le verre est assez pénétré de chaleur, il le retire et recommence la même manipulation avec de l'eau, mais en soufflant dans la

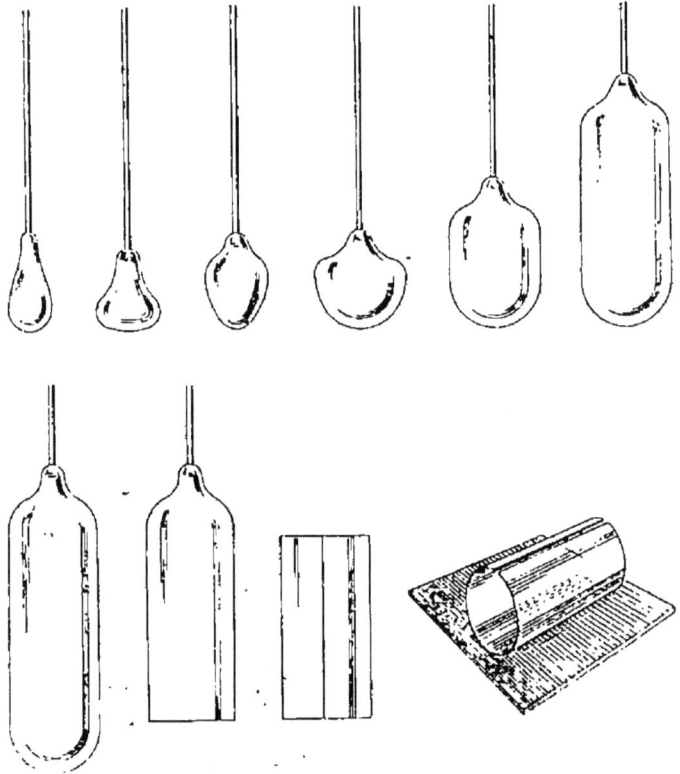

Fig. 161. — Fabrication d'un manchon.

canne au point de dilater le verre et de lui donner à peu près la dimension d'un melon ; en redressant la canne verticalement en l'air, il fait prendre une forme aplatie à la portion de sphère qui avoisine la canne. Après avoir réchauffé le fond de la pièce à l'ouvreau, le souffleur saisit la canne et lui imprime un mouvement pendulaire dont l'amplitude atteint environ une demi-circonférence. Dans ce mouvement de va-et-vient l'ouvrier souffle dans la canne à l'instant où celle-ci arrive à la position horizontale ; le verre s'allonge et prend la forme d'un cylindre. Cet allongement doit se faire autant par le propre poids du verre que par l'action du soufflage.

Pour que la forme du cylindre soit régulière, le souffleur fait tourner peu à peu la canne sur elle-même tout en la faisant osciller comme il vient d'être dit.

On n'arrive pas à d'assez grandes dimensions sans être obligé de réchauffer plusieurs fois le fond de la pièce en l'exposant à l'ouvreau du four. Lorsque la longueur voulue est atteinte, le souffleur pose la canne sur un crochet mobile placé par un aide devant l'ouvreau ; il introduit le cylindre soufflé dans le four, et quand l'extrémité m est suffisamment ramollie, un gamin la perce avec une tige de verre. L'ouverture ainsi produite est agrandie par balancement ; après l'avoir régularisée au moyen des ciseaux, le souffleur fait tourner la canne avec une grande vitesse en forme de moulinet, afin que la force centrifuge redresse complètement les bords de l'ouverture.

Dès que le verre a perdu sa plasticité par refroidissement, un gamin prend la canne et la pose sur un tréteau à deux appuis, en même temps qu'il prend une goutte d'eau avec un outil de fer, la pose sur le bout du cylindre près de la meule et d'un coup de cet outil appliqué sur le milieu de la canne, la pièce soufflée se détache avec une cassure plus ou moins régulière.

On enlève ensuite la calotte du cylindre en enroulant dessus un fil de verre très chaud, que l'on enlève aussitôt, et en touchant un des points de la ligne qui a subi ce contact, avec un objet froid ou mouillé.

Il reste à fendre le cylindre, qui a maintenant la forme d'un tube ouvert à ses extrémités ; on y parvient soit en échauffant le verre suivant une des génératrices intérieures du cylindre, par le contact d'une tige de fer chaude, et touchant avec un objet mouillé un des points de cette ligne, soit encore, ce qui est préférable, au moyen d'un diamant que l'on fait passer dans le manchon, le long d'une règle.

La dernière opération, celle de l'étendage, consiste à chauffer le manchon fendu jusqu'à le ramollir au point qu'il puisse être plié ; puis à abaisser les deux côtés du cylindre sur une surface bien plane, et à promener vivement sur la surface du verre une masse métallique bien polie pesant de 6 à 8 kilogrammes, afin de la bien unir ; enfin à recuire la feuille de verre plane. Ces opérations se font dans des fours particuliers nommés *fours à étendre*, dont nous allons donner une courte description.

II. FOURS A ÉTENDRE ET A RECUIRE

Les fours à étendre et à recuire présentent plusieurs dispositions : dans les uns la plaque horizontale sur laquelle on étend les manchons est fixe ; c'est le type de tous les anciens appareils. Dans les fours plus récents, tels que les fours à pierres roulantes, à pont mouvant, les fours du système Bievez, etc., la plaque est mobile ; cette disposition présente plusieurs avantages comme on le verra plus loin.

FOURS A ÉTENDRE A PIERRE FIXE

Les figures 162 et 163 montrent la disposition d'un ancien four à étendre et à recuire les manchons de

Four à étendre à pierre fixe.

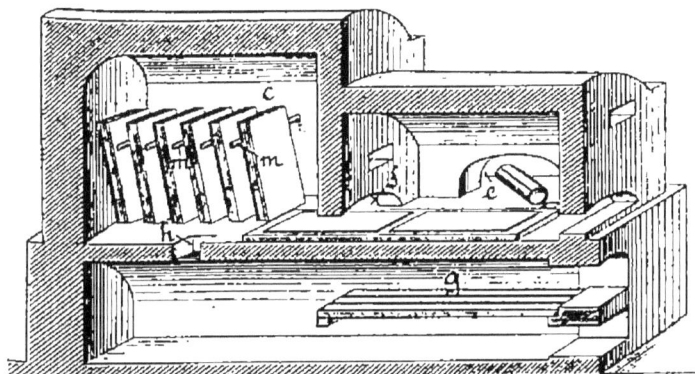

Fig. 162. — Vue perspective de l'intérieur.

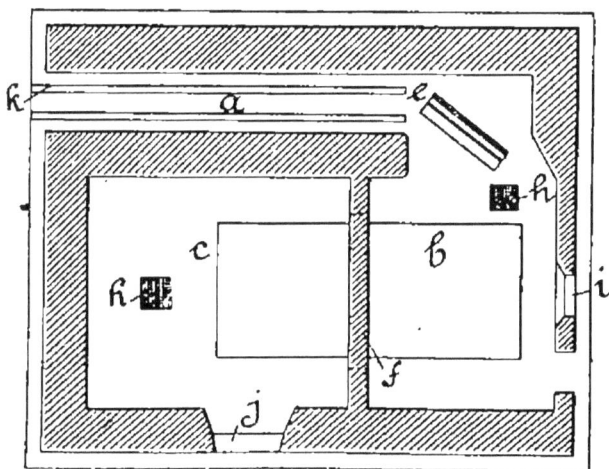

Fig. 163. — Plan.

verre. Il se compose de trois compartiments *a*, *b*, *c*, placés au même niveau et communiquant entre eux par des ouvertures e f ménagées près de la sole du four. Le foyer g est placé au-dessous des comparti-ments b et c, qui sont traversés par les gaz chauds de la combustion passant à travers les ouvertures h h h réservées dans la sole ; ces gaz traversent en-core la galerie a avant de passer à la cheminée. C'est en b que la température est la plus élevée et c'est à l'entrée de la galerie a qu'elle l'est le moins.

Sur la sole du four b b se trouve une plaque de verre épaisse nommée *lagre* ; elle sert à étendre les manchons.

Il y en a une semblable dans le four c ; elle re-çoit les feuilles de verre étendu qu'on y fait glisser à travers l'ouverture f. Deux portes i j, sont placées en regard de ces plaques afin de permettre le travail de l'étendage des manchons en b et de l'empilage des vitres pour le recuit, en c.

Les manchons, coupés et fendus comme il a été dit précédemment, sont introduits dans la galerie a, et posés sur les deux coulisses k qui servent à les gui-der jusqu'en c ; ils avancent dans cette galerie à mesure que de nouveaux manchons y sont amenés, et s'échauffent progressivement au contact des gaz de la combustion.

Lorsqu'un manchon est amené sur le lagre, il doit être assez ramolli pour que l'ouvrier puisse l'étendre sans trop de peine, sans cependant l'être au point de s'affaisser de lui-même.

La conduite du feu est l'un des points importants du travail ; l'excès de température est d'ailleurs aussi bien à craindre dans le four de recuisson c que dans le four d'étendage, car le verre étendu, qui y est placé debout, se gauchirait, s'affaisserait et serait perdu.

Avant chaque opération, l'ouvrier étendeur projette dans le foyer du plâtre fin ou de la chaux en poudre fine; ces matières, entraînées par les flammes, viennent tomber en poussière sur les plaques de verre b, c, et ont pour effet d'empêcher l'adhérence avec le verre qu'on doit étendre à leur surface.

L'ouvrier amène alors un manchon sur le lagre et l'étend à l'aide d'une règle en bois qu'il introduit par l'ouverture i et qu'il promène plusieurs fois à droite et à gauche sur les côtés du manchon, jusqu'à ce que celui-ci soit transformé en une feuille de verre plane. L'aplanissage est ensuite complété en promenant rapidement sur la feuille un lourd rabot en bois ou en métal, adapté à un manche en fer.

Une fois que le carreau est fait il n'y a plus qu'à le recuire; pour cela, l'ouvrier pousse le carreau avec un nouvel outil par l'ouverture f dans le four de recuisson c, où la température est moins élevée que dans l'autre, le verre acquiert tout de suite plus de consistance. Un ouvrier, placé en face de la porte j, fait glisser au-dessous un outil en fer très mince et disposé en x, au moyen duquel il enlève le carreau et le place dans une position presque verticale. Lorsque 30 ou 40 feuilles de verre ont été placées l'une contre l'autre au fond du four, l'ouvrier pousse une des barres de fer m qui traversent la paroi et il appuie les feuilles suivantes sur cette barre; il continue ainsi jusqu'à ce que le four soit plein.

Lorsque le four est complètement rempli, on arrête le feu, on ferme toutes les ouvertures, et on laisse le fourneau se refroidir lentement.

Les inconvénients de ce système de four sont de plusieurs sortes : au bout de cinq ou six heures de travail le lagre se dévitrifie, sa surface devient rugueuse et, par suite altère celle du verre étendu; quand on pousse les feuilles de verre, il se produit des stries sur leur surface inférieure. Leur bord antérieur est en outre déformé par la poussée de l'outil.

D'autre part, les feuilles risquent beaucoup de gauchir et de s'onduler dans le four de recuisson, en raison de leur mode de support défectueux.

Les vitres obtenues par ce procédé sont donc, en général, de mauvaise qualité, et leur fabrication n'est pas économique au point de vue du combustible, le fonctionnement du four étant intermittent.

Tels sont les inconvénients qu'on a cherché à faire disparaître par l'emploi des fours suivants.

FOURS A PIERRE ROULANTE

Four à étendre système Bontemps-Frison. — Dans ce système de four, représenté à la fig. 164, la sole du four porte trois voies ferrées parallèles, dont deux sont reliées par une plaque tournante, et sur lesquelles peuvent se déplacer des chariots a, b, c, c^1, c^2.

Les manchons à étendre arrivent en d par une galerie où ils s'échauffent graduellement jusqu'au degré de ramollissement convenable. De là, l'ouvrier étendeur, placé devant l'ouverture e de l'arche à étendre ou *stracou*, fait passer chaque manchon sur la plaque à étendre adaptée au chariot a (pierre roulante); puis, ayant procédé à l'étendage de la façon ordinaire, il pousse le chariot sur le plateau tournant, dans la position f.

On fait alors tourner le plateau d'un demi-tour. La pierre a vient prendre la position b en même temps que la pierre vide placée en *b* vient à la place de *a*. Pendant que cette pierre vide est amenée dans le

Four à étendre à pierre roulante.

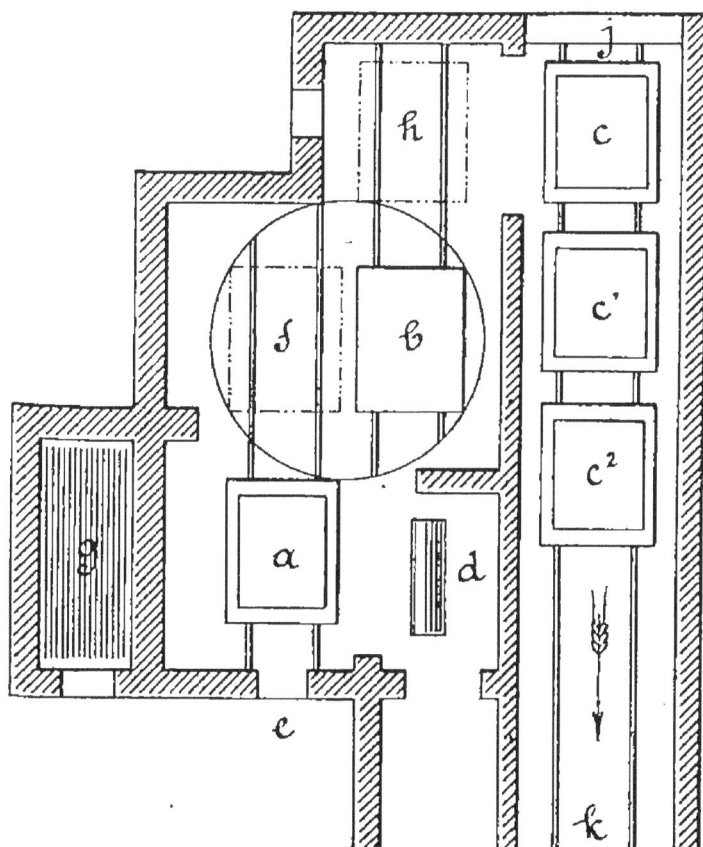

Fig. 164. — Système Bontemps Frison.

stracou pour servir à étendre un second manchon, l'autre pierre roulante portant la feuille étendue est amenée de *b* en *h*; là se trouve une ouverture par laquelle un deuxième ouvrier enlève la feuille de verre à l'aide d'une fourche, et la dépose sur le chariot *c* (ferrasse à recuire). Celui-ci se déplace lentement dans une longue galerie *j k* (arche à tirer) traversée par une partie des gaz de la combustion et où s'effectue le recuit progressif des vitres. A l'extrémité de cette galerie on retire les vitres recuites et refroidies complètement. La marche du four est continue.

Four à étendre système H. Chance, de Birmingham. — Ce four (fig. 165) présente beaucoup d'analogie avec le précédent dans sa disposition générale ; il en diffère en ce que la plaque tournante est supprimée et que les chariots mobiles ou ferrasses sont remplacés, dans l'arche à tirer, par des caisses en fer où les feuilles de verre sont entassées comme dans l'arche à recuire d'un four à pierre fixe.

Le manchon réchauffé en *a* est mis en *b* sur une pierre roulante à étendre.

De *b* la pierre roulante portant la feuille étendue passe en *c* où elle se refroidit. Un ouvrier l'enlève de *c* à l'aide d'une fourche pour la placer en *d* sur une nouvelle pierre roulante qu'on pousse en *e*. En *e* on enlève la feuille et on la met dans une caisse *f* en tôle. Quand cette caisse est pleine de feuilles, on la ferme et on l'avance en *f* dans l'arche à tirer, pendant qu'une nouvelle caisse prend sa place. Les vitres sortent recuites à l'extrémité de l'arche *m n*.

Four à étendre système Frison. — Comme dans les appareils précédents, le transport des feuilles entre l'arche à étendre et la galerie de recuisson est effectué, dans le four Frison (fig. 166), par des chariots ou pierres roulantes mobiles sur des voies ferrées ; mais ici la voie intermédiaire est transversale aux deux autres au lieu de leur être parallèle.

Fours à étendre à pierre roulante.

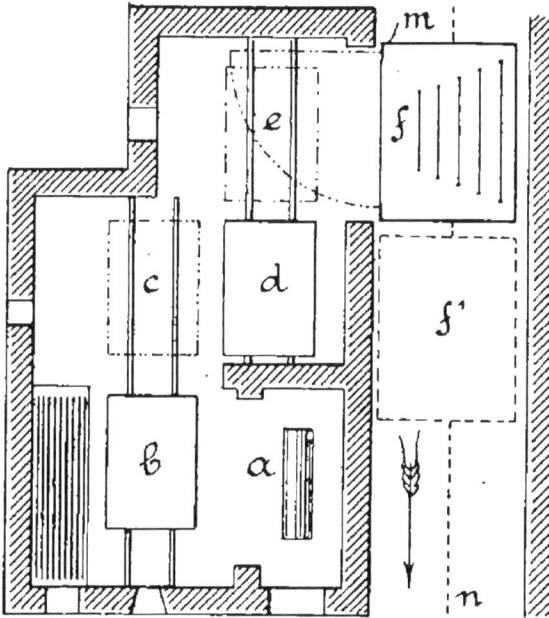

Fig. 165. — Système Chance.

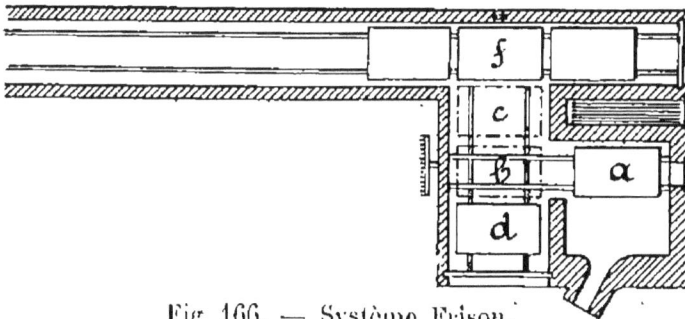

Fig. 166. — Système Frison.

Voici comment se fait une opération :

Le manchon introduit chaud dans l'arche à étendre est placé sur la pierre *a* et travaillé comme à l'ordinaire. Une fois le verre étendu, on pousse la pierre de *a* en *b* puis de *b* en *c* et on y laisse durcir la feuille étendue. Pendant ce temps, on pousse de *d* en *b* puis de *b* en *a* la pierre vide qui se trouvait en *d*. On peut alors étendre sur cette pierre un nouveau manchon ; durant cette opération, on pousse la feuille étendue, qui se trouve en *c*, sur l'une des ferrasses à recuire, *f*, placées sur des rails dans l'arche à tirer ; on ramène ensuite la pierre en arrière, dans la position *d* qu'occupait l'autre pierre au début de l'opération.

Four à pont mouvant de M. Segard, d'Anzin. — La disposition générale de ce four est analogue à celle du four précédent ; ce qui caractérise l'invention de M. Segard réside dans le procédé employé pour substituer, plus rapidement qu'avec les dispositifs précédents, une pierre vide à une pierre chargée d'une feuille étendue.

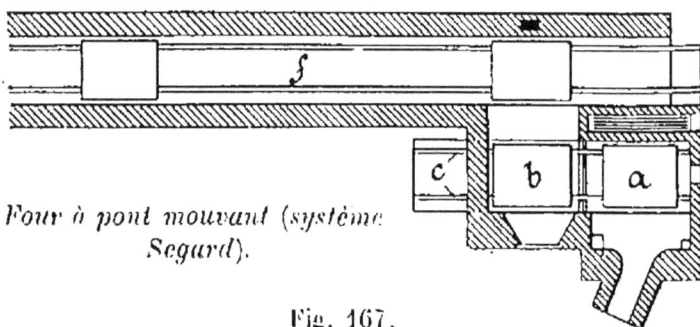

Four à pont mouvant (système Segard).

Fig. 167.

A cet effet, l'une des pierres peut passer au-dessous de l'autre en se déplaçant sur la voie indiquée par *c c* dans la figure 167 ; un mécanisme approprié (fig. 168 et 169) permet de relever à volonté la pierre inférieure au niveau de la sole du four à étendre.

Four à pont mouvant (système Segard).

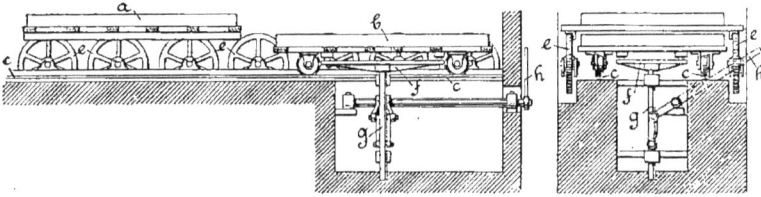

Fig. 168

Coupe longitudinale.

Fig. 169.

Coupe transversale.

Voici le fonctionnement de ce four :

Le chariot *a*, pourvu de sa pierre à étendre, porte à sa partie inférieure des rails qui reposent sur la jante des roues *e* dont les axes sont fixes ; le chariot *b*, qui est également muni d'une pierre, se trouve à 15 centimètres au-dessous du chariot *a*, sous lequel il peut passer ; il est porté par quatre roues mobiles sur des rails fixes *c*, placés entre les roues fixes qui constituent la voie du chariot *a*.

Dans l'axe du four à étendre et au-dessous de la sole, une fosse est ménagée pour recevoir la plate-forme *f* ; celle-ci est portée par une tige verticale à laquelle on peut donner un mouvement de bas en haut ou de haut en bas, de 15 centimètres d'amplitude, à l'aide du levier *h*.

Pour étendre un manchon, le chariot *a* se trouvant dans l'arche à étendre (position *a*, fig. 167) et le chariot *b* étant dans le four à refroidir (position *b*, fig. 167), on fait l'étendage sur le chariot *a*. Aussitôt qu'il est terminé, on repousse ce chariot dans le four à refroidir et on ramène le chariot *b*, vide, qui vient se placer au-dessus de la plate-forme *f* ; on l'élève ensuite au niveau convenable en abaissant le levier *h*. On y place le manchon à étendre ; pendant qu'on l'ouvre, un aide enlève avec une fourche la feuille qu'on vient d'étendre pour la poser sur un des chariots en tôle placés dans la galerie à recuire, qui est contiguë au four à refroidir.

Le nouveau manchon étant étendu, on abaisse le chariot *b*, qui vient reposer sur ses rails, on l'envoie dans le four à refroidir et on ramène par-dessus le chariot supérieur *a* qui vient d'être débarrassé de sa feuille de verre.

La production de ce four est, paraît-il, de 600 manchons par vingt-quatre heures.

Fours à étendre système de Bievez. — Ces fours, imaginés par M. de Bievez, de Haine-Saint-Pierre, et perfectionnés par M. Casimir Lambert, de Charleroi, ont des avantages qui les font généralement adopter dans les usines, de préférence aux fours précédents. Les fig. 170 à 172 indiquent leur disposition; les manchons sont introduits, par la trompe *a,* dans un four à réverbère où ils sont étendus sur une pierre roulante *b.* Celle-ci est ensuite amenée en *c,* à l'entrée de l'arche à recuire *d e.* Par l'ouverture *e* un ouvrier saisit, à l'aide d'une fourche plate, la feuille de verre étendue et la pose dans l'arche à recuire, en *f.*

La sole de l'arche est creusée d'un certain nombre de sillons longitudinaux dans lesquels viennent se loger les tringles d'un long gril en fer; ce gril *g* est supporté par une série de galets *i, i, i* montés sur des arbres horizontaux placés sous la sole, de distance en distance; il peut être soulevé entièrement, de quelques centimètres au-dessus de la sole, au moyen de cadres verticaux *j* reliés aux extrémités des arbres et manœuvrés tous ensemble par l'intermédiaire de leviers coudés, à contrepoids, *k,* et d'une tringle longitudinale *m.* Grâce à ce mécanisme, le gril peut être amené au-dessus ou au-dessous de la sole et, d'autre part, être déplacé dans le sens de sa longueur. On conçoit par suite que la vitre placée sur la sole en *f* puisse être amenée dans les positions successives *n, o, p*; à chaque fois il suffit à l'ouvrier placé en *s,* de soulever le gril en tirant sur la chaîne de manœuvre des cadres, et de le faire avancer d'une quantité un peu supérieure à la largeur d'une

Four à étendre (système de Bievez).

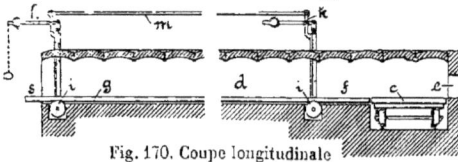

Fig. 170. Coupe longitudinale

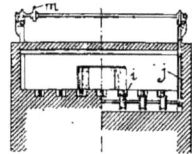

Fig. 171.
Coupe transversale.

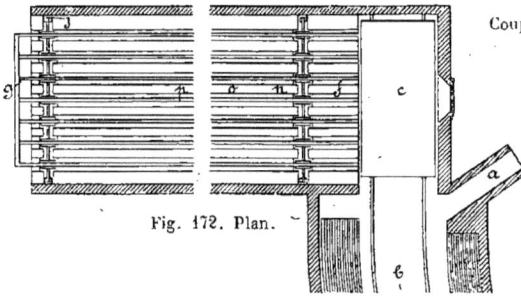

Fig. 172. Plan.

vitre en tirant sur la traverse extrême qui fait saillie
en dehors du four. Il laisse ensuite redescendre le
gril et le repousse dans sa position primitive. Les
feuilles de verre qui se trouvaient sur la sole en *f*,
n, *o*, ont suivi le gril dans son premier mouvement
horizontal et ont été déposées en *n*, *o*, *p*, lorsqu'il est
rentré dans la sole ; elles occupent ainsi successivement neuf positions, dans l'espace de vingt-cinq à
trente minutes. A chaque manœuvre du gril, on enlève en *s* une feuille refroidie et recuite.

En raison de ce que les feuilles se trouvent de
temps en temps soulevées sur des tringles, leurs
deux faces subissent à peu près le même recuit et le
verre se coupe mieux que lorsqu'il est refroidi dans
les autres fours.

III. PROCÉDÉ OPPERMANN

Un verrier belge, M. A. Oppermann, a fait breve-
ter récemment un nouveau système, fort ingénieux,
pour la fabrication des objets cylindriques en verre,
de section quelconque ; le mot cylindrique étant pris
dans son acception la plus large et la plus étendue,
et pouvant désigner aussi bien un prisme plein ou
creux, voire même une feuille plane, dans le cas spécial où la directrice du cylindre se réduit à une
ligne droite.

L'application la plus intéressante, ou du moins la
plus immédiate, est la fabrication des cylindres creux
à section circulaire, appelés *manchons* ou *canons* en
terme de métier, qui, fendus suivant une génératrice
rectiligne et soumis à l'étendage dans un four à recuire, donnent la feuille de verre à vitres.

Le système de M. A. Oppermann supprime complètement, pour la confection du manchon, le soufflage avec ses préliminaires et ses opérations multiples, qui demandent un personnel nombreux et exercé.

Le principe en est l'*étirage*, dans le sens vertical, d'une masse vitreuse, étirage effectué à l'aide d'un moule, de forme quelconque correspondant exactement à la section droite du cylindre à obtenir, qu'on plonge dans le verre fondu, et auquel on imprime un mouvement de bas en haut ; tandis que le verre, par suite de sa cohésion et de son adhérence au moule, suit celui-ci dans son mouvement ascensionnel, et forme une nappe verticale, dont le pied est fixe, alors que la partie supérieure s'élève avec le moule lui-même.

Le mot *moule* n'est pas absolument exact, et la signification doit s'étendre à un corps solide, à une pièce soit métallique, soit réfractaire, dont la tranche inférieure est la représentation de la section horizontale du cylindre à génératrices verticales.

Supposons une certaine quantité de verre, au degré de fluidité voulu, contenu dans un récipient quelconque, et la surface libre de ce verre au repos parfaitement horizontale. Si l'on fait descendre verticalement le corps solide en question, jusqu'à ce qu'il affleure le verre fondu et qu'il y pénètre d'une certaine quantité, le verre se colle aux parties du corps en contact avec lui. En faisant mouvoir alors verticalement, de bas en haut, le corps à la tranche duquel adhère la matière vitreuse, celle-ci se trouve entraînée dans le mouvement ascensionnel ; la partie soulevée hors du bain se refroidit et se solidifie, et, faisant elle-même office de moule pour le reste du bain, entraîne avec elle une autre partie du verre ; et ainsi de suite, jusqu'à épuisement du récipient de matière fondue.

On comprend que chaque point de la tranche du moule donne naissance à une génératrice verticale du cylindre de verre, dont cette tranche est la section droite, et qu'en faisant varier la forme de la tranche, on puisse obtenir des cylindres de toutes formes. Si le moule touche la surface du verre suivant une ligne droite, le cylindre se réduira à un plan, et l'opération décrite donnera une feuille de verre ; si la tranche est un cercle, le produit sera un manchon.

Le principe de l'étirage était appliqué depuis longtemps à la fabrication des baguettes et des tubes en verre ; mais l'étirage s'opérait alors dans le sens horizontal, et ne pouvait produire que des objets de dimensions transversales très réduites.

M. A. Oppermann a d'ailleurs donné un corps, une forme pratique, à son invention.

Pendant la formation du cylindre, les parties de verre entraînées doivent se refroidir, se durcir, au fur et à mesure qu'elles quittent le bain de matière fondue, au point voulu pour entraîner d'autres parties de verre à leur suite. Le refroidissement par l'air ambiant sera quelquefois suffisant : c'est le cas des tubes et des baguettes. Mais M. A. Oppermann emploie de préférence le refroidissement artificiel, au moyen d'une soufflerie. Il se réserve ainsi la possibilité, dans le cas de fabrication d'un cylindre creux, de faire pénétrer à volonté de l'air à l'intérieur de ce cylindre. Le moule porte, dans ce cas, un clapet s'ouvrant de dehors en dedans, afin que l'air atmosphérique puisse remplir librement le cylindre au fur et à mesure de l'augmentation de volume ; ce clapet se fermera, par contre, aussitôt que l'on fera pénétrer dans le cylindre de l'air à une pression supérieure à la pression atmosphérique.

Jusqu'ici, il n'a été question que de cylindres droits, à directrice invariable. Mais l'introduction d'air, réglée à volonté, permet d'élargir ou de rétrécir à volonté le cylindre en cours de formation : de l'élargir par l'admission d'air comprimé, de le rétrécir par la détente résultant de la fermeture du clapet; d'où, au lieu de cylindres à génératrices rectilignes, des surfaces de révolution aussi variées que possible.

Le refroidissement artificiel servira enfin à régler l'épaisseur des parois du cylindre : on conçoit en effet, que le verre soit moins étiré, et par suite d'épaisseur plus forte, lorsque ce refroidissement sera plus intense; plus étiré, et d'épaisseur plus réduite, dans le cas d'un refroidissement moindre.

L'opération d'étirage terminée, le cylindre se trouvera fixé, à sa partie supérieure, à la tranche du moule, tandis que le pied adhérera au résidu de verre restant dans le récipient. On le détachera par un artifice quelconque ; fil de verre chaud, roue taillante ou diamant. L'appareil, breveté par M. A. Oppermann, comprend toutefois un moyen mécanique pour obtenir ce résultat : un bras, portant le corps tranchant, pressé contre le verre par un ressort, est fixé sur un cercle dont le centre coïncide avec l'axe du cylindre; un mouvement de rotation imprimé au cercle suffira pour détacher le cylindre, soit en haut, soit en bas.

Il nous reste à décrire sommairement la machine à étirer le verre, représentée à la fig. 173.

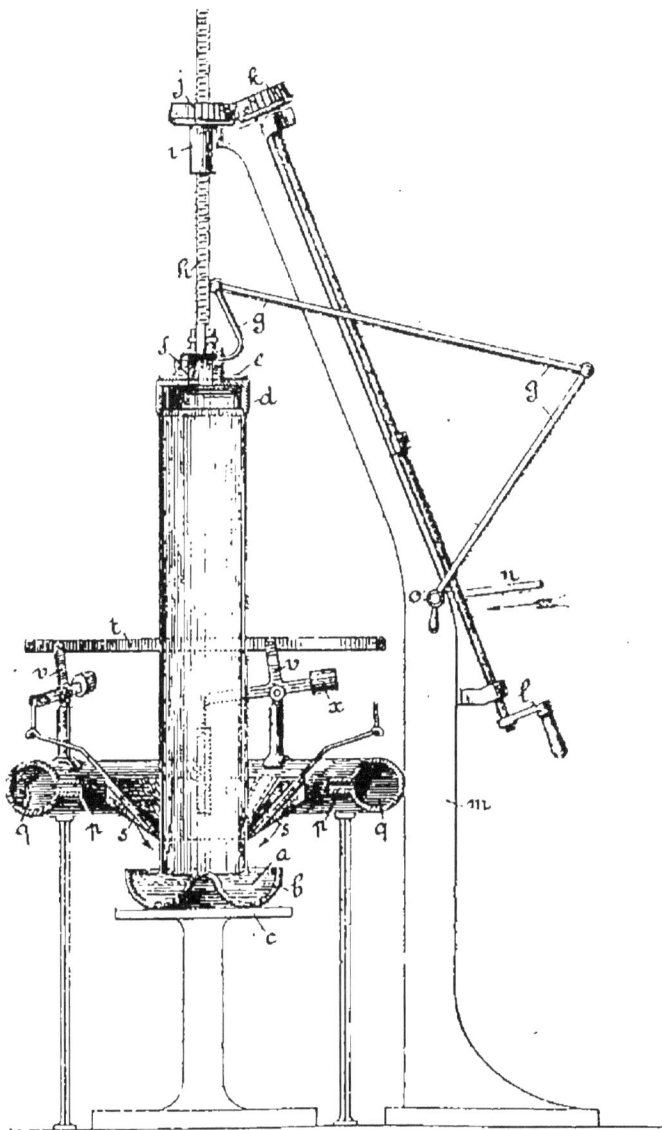

Fig. 173. — Machine à étirer le verre
(système Oppermann).

Le verre *a*, puisé à l'état fluide dans le récipient circulaire *b* muni d'un manche amovible, est porté à la machine à étirer. Le vase repose sur une plate-forme fixe *c*. Dans le cas où son poids, ajouté au poids du verre, ne suffirait pas à équilibrer la traction de bas en haut résultant de l'adhérence de la matière vitreuse'au moule, on le fixerait par des boulons ou par quelque autre mode d'attache.

Le moule a, dans le cas usuel, une forme cylindrique, et, pour faciliter le changement des parties usées, il est constitué de deux pièces *d* et *e*, boulonnées ensemble. La pièce inférieure *d* porte une arête plus ou moins vive suivant que l'on veut obtenir un contact plus ou moins étendu avec le verre. La partie supérieure *e* porte le clapet *f* dont il a été question, pour l'admission de l'air atmosphérique dans l'intérieur du manchon, et reçoit l'extrémité du tuyau *g* qui amène l'air sous pression dans le moule.

Ce tuyau est fixé à la tige *h*, qui porte le moule. La tige porte-moule est filetée sur toute sa longueur; elle passe dans un écrou vertical *i*, supporté par le bâti de la machine et qui ne peut que tourner. Le mouvement de rotation est communiqué par une paire de roues d'angle *j* et *k*, actionnées elles-mêmes par un arbre incliné, muni d'une manivelle à bras *l*. Le bâti en fonte *m* supporte l'ensemble de la transmission. On conçoit que l'écrou *i*, en tournant, appelle la tige filetée *h* qui porte le moule ; d'où le mouvement vertical de celui-ci dans un sens ou dans l'autre.

L'air sous pression est amené dans l'intérieur du moule par le tuyau mobile *g* et par le tuyau fixe *n* qui porte le robinet *o*, destiné à régler le débit.

Quant au refroidissement extérieur du manchon, l'air destiné à le produire sort des tubulures *p* ménagées dans le conduit circulaire *q* ; il vient frapper un cône mobile en tôle *r*, dont la position doit être réglée de manière à amener des jets d'air réfrigérants sur une zone plus ou moins éloignée du bain fluide. Des ailettes radiales *s* servent à diriger les jets. Pour relever ou abaisser le cône, on agira sur le cercle en fer *t*, qui actionne les leviers *v*, et, par leur intermédiaire, le cône lui-même, équilibré par les contrepoids *x*. Le conduit circulaire d'air sous pression supporte l'attirail.

La construction de la machine à étirer peut se concevoir de bien des façons. La partie caractéristique de l'invention est l'étirage avec refroidissement artificiel du verre, quel que soit d'ailleurs le type de l'appareil.

Si l'on fabrique la feuille de verre plate, sans passer par la forme de manchon, on substituera au récipient circulaire un vase en forme d'auge, et on donnera au moule la forme d'une règle droite avec chanfrein plus ou moins accentué pour réaliser le contact avec la matière vitreuse.

Si on imprime un mouvement de rotation au manchon, ou à la plate-forme qui supporte le récipient de verre fondu, on obtiendra des cylindres tordus en hélice.

Si on substitue au verre fondu, de composition unique, des verres de deux ou de plusieurs colorations différentes, en couches superposées dans le récipient, il sera possible de fabriquer des cylindres dont la tranche présente plusieurs teintes : le bord inférieur du moule devra, dans ce cas, traverser de

haut en bas les diverses couches de verres avant le
commencement du mouvement ascensionnel, en sens
inverse.

On peut enfin concevoir une fabrication continue,
par la suppression du récipient, et l'installation de la
machine à étirer au-dessus du bassin d'un four, où
la matière fondue afflue au fur et à mesure de l'étirage du verre.

IV. FABRICATION DES VITRES PAR LE PROCÉDÉ DES PLATEAUX

Dans ce mode de fabrication des vitres, usité encore en Angleterre, on façonne une sorte de vase
aplati devant un four approprié, et on le convertit
sans aucune interruption dans la marche des opérations en un disque plat, plus épais au centre que sur
les bords. De là vient le nom de crown-glass (verre
en couronne).

Les figures 174 à 177 représentent un four complet à
crown-glass employé par MM. Chance, à Birmingham.

Voici comment M. Chance décrit la fabrication d'un
plateau :

« Lorsque le verre a été amené de l'état de fluidité
absolue à celui d'une consistance qui permette de le
travailler, l'ouvrier chargé de cueillir le verre plonge
sa canne dans le creuset, au milieu de l'anneau, en
la tournant sur son axe pour égaliser l'épaisseur de
la masse cueillie, il enlève à l'extrémité, sur le *nez*,
comme on l'appelle en termes techniques, une masse
de verre présentant la forme d'une poire (fig. 178).
Posant alors sa canne sur un chevalet, il la tourne
doucement, et laisse la surface se refroidir de manière
à pouvoir cueillir une deuxième quantité de verre.

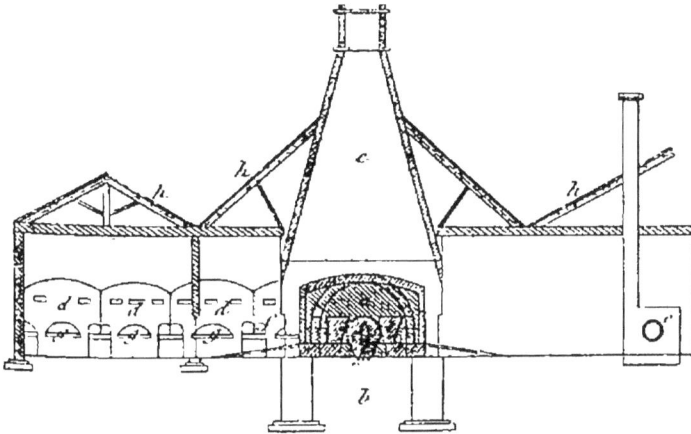

Fig. 174. — Vue générale de la halle au crown-glass
dans l'usine anglaise de MM. Chance.

a Four de fusion.
b Cave ou carneau souterrain.
c Cône pour produire le tirage.
d d d Arches à recuire.
e Four à souffler.
f f Foyers.

g g Ouvertures par lesquelles on
introduit les feuilles de verre
dans les arches à recuire.
h h h Couverture du bâtiment,
reposant en partie sur le
cône.

Lorsque la masse est à la grosseur convenable,
l'ouvrier, après avoir refroidi sa canne dans un auget
plein d'eau de manière à pouvoir la tenir à la main,
commence à rouler le verre sur le mabre, jusqu'à ce
qu'il prenne une forme conique, le sommet du cône
formant le bouillon (fig. 179). Un gamin souffle alors
dans la canne pendant qu'on mabre encore le verre et
lui fait prendre ainsi la forme d'un flacon florentin,
et l'on prépare le rebord que doit plus tard présenter
la feuille développée en roulant la pièce près du nez
de la canne, sur l'extrémité du mabre. On chauffe
encore la masse, et le souffleur lui fait prendre la

Four anglais à crown-glass (système Chance).

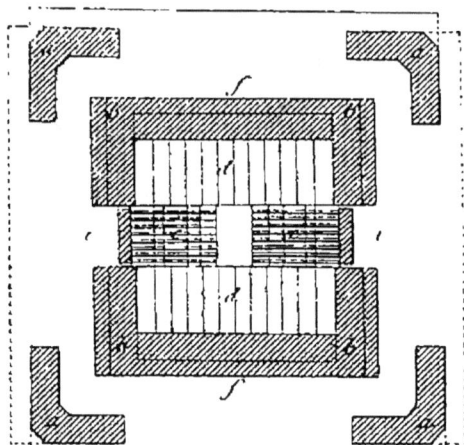

Fig. 176.
Elévation par devant.

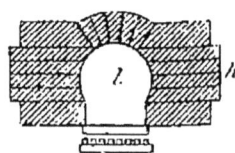

Fig. 177.
Elévation sur le côté.

Fig. 175. — Plan du four de fusion.

a a a a Piliers en pierre qui portent le cône.
b b b b Murs du four.
c c Grilles des foyers.
d d Sièges pour les pots qui sont placés un devant chaque ouvreau *e c e*.
g Elévation des côtés *ff*.

h Elévation des faces *i i*.
k k k Ouvertures temporaires ou tonnelles pour permettre à l'ouvrier l'introduction de gros leviers en fer, servant à mettre en place les pots amenés dans le four par l'autre ouverture temporaire *l*.

forme d'un grand globe. Pendant ce développement, il est nécessaire de maintenir le bouillon exactement dans la position qu'on lui a d'abord donnée, c'est-à-dire sur une ligne qui coïncide avec l'axe de la canne. Pour y parvenir, le souffleur maintient sa canne sur un support en fer et tandis qu'il souffle la masse et la tourne à la fois, un gamin maintient contre le bouillon une pièce de fer qui se termine sous la forme d'une petite capsule. On présente alors au feu de nouveau, et là, par un tour de main de l'ouvrier et en

Légende de la figure 179 :

a Cuve remplie d'eau.
b Tuyau en fer percé de nombreux petits trous *c c*.
d Auge pour recueillir l'eau.
e Tuyau de trop plein.
f Canne posée sur deux supports en fer.
g Robinet servant à régler l'écoulement de l'eau sur la canne.

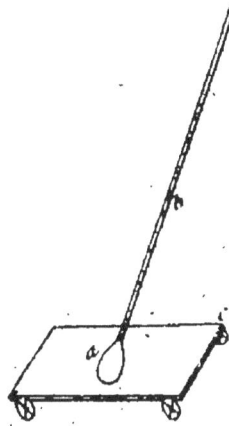

Fig. 178.

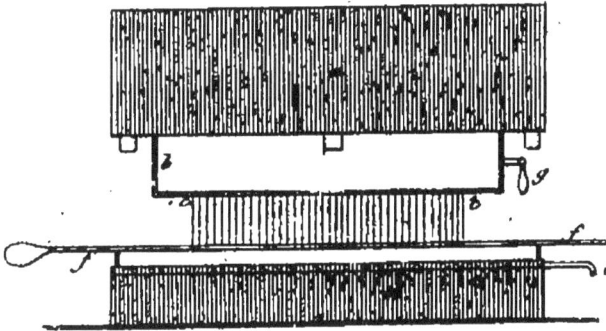

Fig. 179. — Appareil à refroidir les cannes.

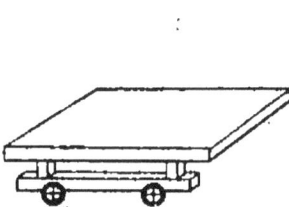

Fig. 180.
Mabre ordinaire.

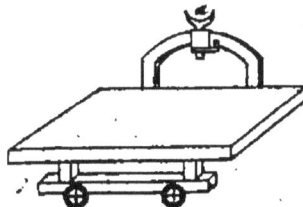

Fig. 181.— Mabre pourvu d'un couteau *a*, servant à travailler le verre près du nez de la canne

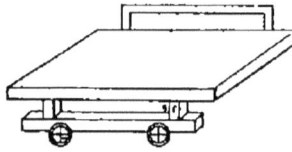

Fig. 182. — Marbre pourvu d'une barre pour appuyer le col de la pièce.

Fig. 183.
Première forme
de la pièce.

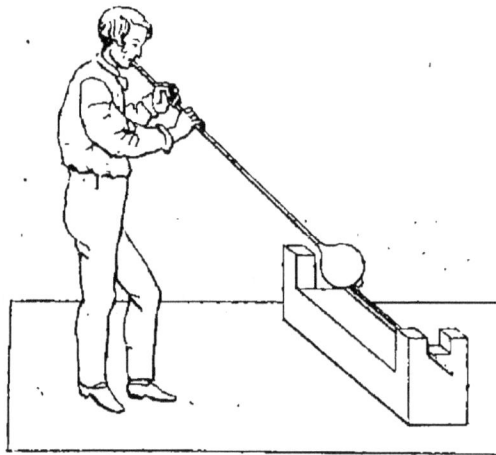

Fig. 184. — Deuxième forme de la pièce.

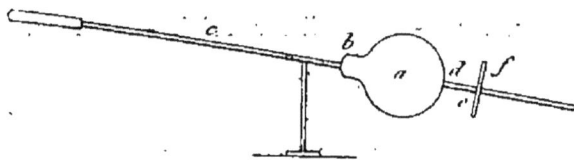

Fig. 185. — Soufflage de la pièce.

a Pièce soufflée en forme de globe.
b Col de la pièce.
c Canne.

d Bouillon soutenu par l'extrémité creuse de la tige e.
f Bouclier protégeant le gamin qui tient la tige e contre la chaleur rayonnée par le globe chaud

dirigeant la flamme d'une certaine manière sur le globe, on aplatit le front de celui-ci (bottoming the piece); on évite, d'ailleurs, qu'il ne s'écrase pendant cette opération, en faisant faire à la canne une révolution rapide sur son axe. La pièce ressemble alors à un énorme vase à décanter dont le fond serait très plat et le col très court (fig. 186).

Fig. 186. — Troisième forme de la pièce.

Le bouillon peut encore se voir au centre du fond plat, et c'est alors que l'on se rend compte de son utilité. La canne est maintenue horizontalement sur un chevalet en fer; un ouvrier s'approche, tenant à la main une longue baguette en fer appelée *pontil*, munie à son extrémité d'une petite masse de verre fondu (fig. 187).

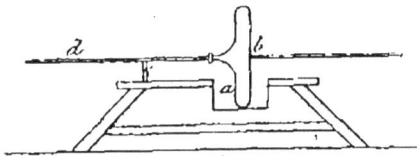

Fig. 187. — Fixation de la pièce à l'extrémité du pontil.

a Lit de charbon et de scories pilées sur lequel la pièce repose par son bord.

b Pontil garni de verre chaud et appliqué sur le bouillon.
c Nez de la canne *d*.

Il presse cette masse contre une pointe en fer de manière à lui donner la forme d'une petite capsule, puis l'applique quand elle en a pris la forme sur le

23.

bouillon où elle adhère bientôt solidement. La masse
ainsi formée prend le nom d'*œil de bœuf* ou *bouillon*
(fig. 188). Une incision faite au verre près du nez de

Fig. 188. — Quatrième forme de la pièce.

la canne, avec un morceau de fer froid, et un souffle
vigoureux, détachent bientôt la canne qui quitte alors
la pièce ; on la laisse reposer quelques instants jusqu'à ce que le verre qui y reste adhérent se soit fen-
dillé.

L'extrémité de la pièce qui se trouvait près de la
canne, qui maintenant est détachée, se nomme le *nez*,
et c'est elle qui a donné son nom au fourneau ou *trou
de nez* (nose hole) devant lequel on la chauffe pour
l'opération suivante.

Le verre arrive alors à sa dernière et plus terrible
épreuve. Il est placé entre les mains d'un homme
qui, un voile sur la figure, se tient droit devant un
grand cercle de flamme, dans lequel il enfonce sa
pièce, tout en tournant rapidement son pontil. L'effet
de la chaleur et de la force centrifuge combinées se
montre bientôt (fig. 189).

Le nez de la pièce s'étend, les parties qui en sont
proches ne peuvent échapper à ce mouvement : l'ouverture devient de plus en plus large ; un instant la
vue saisit au passage la figure d'un cercle avec un
double rebord. Un instant après le spectateur étonné
voit tournoyer devant ses yeux une table circulaire
de verre qui, quelques minutes auparavant, gisait

dans le pot de verrerie, sans que rien la distinguât
du reste de la masse.

Fig. 189. — Développement et aplatissage de la pièce.

Cette feuille de verre peut avoir un diamètre de
deux mètres et une épaisseur à peu près uniforme,
excepté dans la portion centrale (fig. 190).

Fig. 190. — Dernière forme de la pièce ou plateau.

Il est évident qu'une feuille de verre de cette dimension s'affaisserait promptement sur elle-même,
dans l'état de mollesse où elle est, si on ne la main-
tenait pas dans un état constant de rotation.

L'ouvrier continue ainsi à la faire tourner après
l'avoir soustraite à l'action de la flamme du fourneau,

jusqu'à ce qu'il atteigne le four à recuisson où il la place sur un petit banc circulaire pour en détacher le pontil au moyen d'une paire de fortes pinces, ce qui laisse une loupe ou noyau épais qu'on appelle *bouillon, œil de bœuf, pontis.*

Un autre ouvrier est chargé du recuit ; il enlève la table de verre sur un instrument en forme de fourche et la transporte dans l'arche du four à recuire, tandis qu'un aide en soulève un des bords avec précaution pour la disposer dans une position verticale.

Les feuilles ou tables ainsi posées sur champ sont soutenues par deux supports en fer, disposés parallèlement sur presque toute la longueur du four à recuire.

Le verre, après être resté dans le four à recuire pendant un temps considérable, durant lequel on a réglé soigneusement son refroidissement, est enfin retiré en démolissant la muraille qui bouchait temporairement l'ouverture de l'arche, et les feuilles sont enlevées par des aides qui les transportent au découpage.

CHAPITRE XIII

FABRICATION DES CYLINDRES ET DES TUBES

—

Sommaire. — I. Cylindres de pendules. — II. Fabrication des tubes. — III. Fabrication des verres de montres.

I. CYLINDRES DE PENDULES

Les *globes* ou *cylindres* qui servent à protéger les pendules contre la poussière, sur les cheminées d'ap-

partements, ont rarement une forme circulaire ; ils
sont, en général, aplatis sur deux faces ou sur quatre.

Leur procédé de fabrication est le même que celui
d'un manchon de verre à vitres, jusqu'au point où ce
manchon va être débarrassé de ses deux calottes

A ce moment le souffleur réchauffe la tête du cylindre en la présentant à l'ouvreau du four ; lorsque le
verre est suffisamment ramolli, il relève sa canne verticalement et la tient ainsi un instant : sous l'action
de la pesanteur, la calotte supérieure s'affaisse légèrement vers l'intérieur du cylindre ; en soufflant alors
dans la canne, le souffleur lui fait prendre une forme
hémisphérique régulière.

Le cylindre étant séparé de la canne, on le coupe
comme il a été dit à propos de la fabrication des vitres, et il ne reste plus qu'à le recuire.

Pour obtenir l'aplatissement sur deux ou quatre
faces du cylindre, il suffit d'employer pendant le
soufflage un moule en bois (fig. 191) présentant des

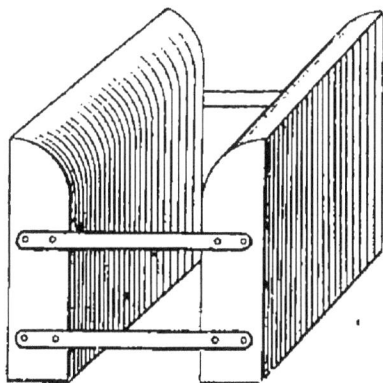

Fig. 191. Moule pour le soufflage des cylindres de pendules

faces planes verticales. Après avoir balancé la canne
afin d'allonger le manchon, le souffleur introduit ce-

lui-ci dans le moule, en même temps qu'il y souffle, et l'y fait monter et descendre à plusieurs reprises pour en régulariser la forme ; la même opération est répétée jusqu'à ce que le cylindre ait acquis la longueur voulue.

Dressage des cylindres. — Avant de livrer les globes au commerce, on les recoupe au diamant pour les amener aux dimensions courantes et rendre leur base bien horizontale.

Cette opération se fait sur une table bien plane (fig. 192), au-dessus de laquelle le globe est soutenu

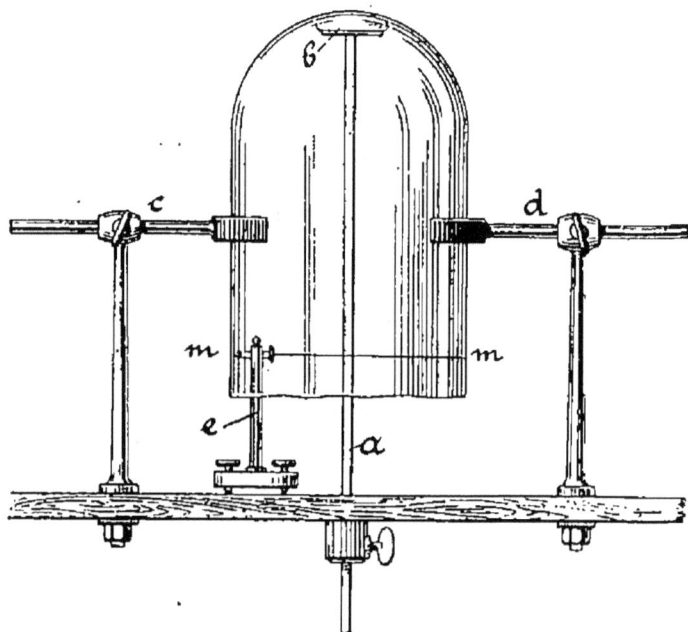

Fig. 192. — Dressage des cylindres.

par une tige verticale *a* terminée par un tampon de feutre *b* et dont on peut régler la hauteur. Deux supports *c, d*, placés latéralement sur deux tiges verticales traversant aussi la table, permettent d'assurer au globe une position bien verticale. Le diamant est monté sur un instrument *e* susceptible d'être promené en tous sens à la surface de la table ; il est supporté par trois pieds à vis permettant d'assurer sa verticalité.

L'ouvrier déplace cet instrument en suivant le contour du globe, à l'intérieur, et en pressant légèrement le diamant contre le verre. Quand l'entaille *m. m* a fait le tour complet, une pression un peu brusque sur le bord du verre suffit à en détacher la portion inférieure, que l'on jette aux déchets.

II. FABRICATION DES TUBES

Lorsque la matière est en fusion, un ouvrier rassemble à l'extrémité de sa canne, en une ou plusieurs fois, une masse de verre de grosseur convenable, puis il la souffle en forme de poire (fig. 193). Au mo-

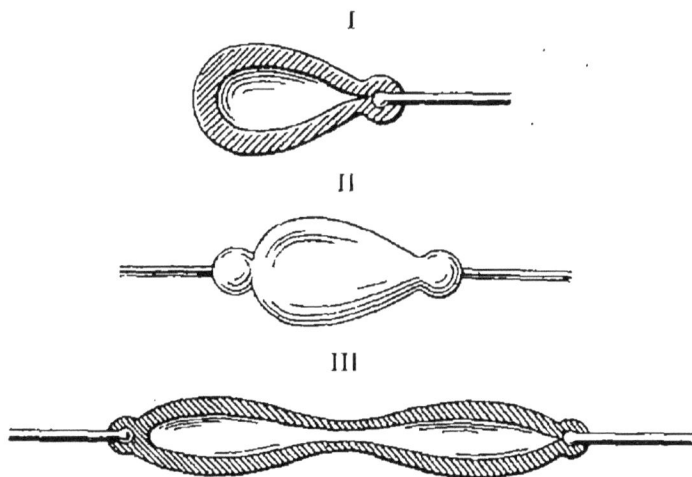

Fig. 193. — Fabrication des tubes.

ment où cette poire a acquis la dimension voulue, un autre ouvrier applique à son extrémité le bout aplati d'une tige de fer garnie de verre (II). Dès que la soudure est faite, les deux ouvriers s'éloignent l'un de l'autre, en faisant tourner rapidement et régulièrement, l'un sa canne, l'autre sa tige de fer ; la pâte s'étend et conserve la section annulaire qu'elle présentait au milieu de la poire soufflée (III). Les ouvriers cessent de s'éloigner quand le tube a atteint la longueur voulue. Son diamètre est d'autant plus faible que le verre était plus chaud et que les ouvriers se sont écartés plus promptement.

On arrive à filer ainsi quelquefois des tubes forés aussi fins qu'un cheveu et excessivement longs.

Pendant qu'ils sont encore rouges, on dépose les tubes sur un châssis horizontal bien plan, afin de corriger la courbure qu'ils ont prise sous l'action de la pesanteur quand on les a étirés, et on les coupe aussitôt en tronçons de longueurs déterminées, en appliquant un fer froid aux points de division.

Il ne reste plus qu'à recuire les tubes, opération qui demande de grands soins, surtout pour les tubes destinés à subir de fortes pressions, comme les tubes de niveau des chaudières par exemple.

Tubes de niveau d'eau pour chaudières à vapeur. — Le moindre indice de trempe provenant d'un recuit défectueux rend les tubes de niveau d'eau fragiles et par suite très dangereux. Aussi croyons-nous intéressant de faire connaître, aussi bien aux fabricants qu'aux personnes qui emploient des chaudières à vapeur, l'opinion de M. *Appert* au sujet des précautions à prendre dans la fabrication de ces tubes spéciaux.

« Quoiqu'il n'ait pas été fait, à ma connaissance, dit M. Appert, d'expériences directes permettant de déterminer le coefficient de résistance du verre à la rupture, et en disant verre, je veux parler et du verre à base de chaux et du cristal à base d'oxyde de plomb, il est certain que cette résistance est considérable et de beaucoup supérieure à celle qui lui est attribuée généralement par les constructeurs qui confondent inconsciemment la *résistance* avec la fragilité.

« Il est possible de se rendre compte de la valeur de cette résistance d'une façon pratique assez simple : si on chauffe à des températures connues, relativement élevées, telles que celles correspondant au point du fusion de certains métaux, comme l'étain, le plomb, le zinc, l'antimoine, et oscillant par suite entre 228° et 432°, un tube de verre de diamètre et d'épaisseur ordinaires rempli à moitié d'eau et scellé à la lampe d'émailleur, expérience qu'on peut faire facilement en mettant ce tube dans un contre-tube en fer plongé lui-même dans le bain métallique, on constate qu'il peut supporter sans inconvénient et sans rupture des pressions correspondant à la tension de la vapeur à ces températures et s'élevant par suite à plusieurs dizaines d'atmosphères.

« Il est peu de personnes qui n'aient eu occasion de remarquer l'épaisseur extrêmement faible, quelquefois moins de 1/2 millimètre, qu'acquièrent des tubes de niveau au contact prolongé de l'eau bouillante et dont la mise hors de service, provoquée par cet affaiblissement, était sans influence jusque là sur leur résistance.

« Le coefficient d'élasticité du verre à la traction

donné par *Wertheim* est assez élevé et tel qu'une tige de 1 mètre de longueur et 1 millimètre carré de section, soumise à une traction de 1 kilog., éprouve un allongement élastique de $0^{mm}17$, celui du fer dans les mêmes conditions étant de $0^{mm}05$ et celui du cuivre $0^{mm}10$.

« On conçoit donc que le verre puisse être employé pour les chaudières marchant aux plus hautes pressions pratiques, 15 et 20 kilogr. par centimètre carré, par exemple, en ayant soin d'observer certaines conditions de fabrication et de construction qui écartent les difficultés que peuvent présenter son emploi et en particulier ceux provenant de sa fragilité.

« La fragilité des tubes en verre soumis à des variations de température pouvant s'élever à 200°, comme dans le cas de certaines chaudières, provient de la mauvaise conductibilité du verre lui-même, et souvent de l'état de tension dans lequel sont ces tubes, quand ils ont été recuits d'une façon insuffisante ou incomplète.

« La dilatation qu'éprouve le verre dans les mêmes circonstances peut être aussi une occasion de rupture, par la façon défectueuse dont les tubes peuvent être montés, et par la longueur exagérée qui leur est souvent donnée sans utilité.

« Le coefficient de dilatation cubique du verre, d'après Regnault, est pour le verre de 0,000298 et pour le cristal de 0,000212 pour un écart de température de 0° à 250°; il est assez considérable pour montrer la nécessité d'en tenir compte dans la construction.

« Les précautions que l'on devra prendre pour combattre les effets de la mauvaise conductibilité du verre consisteront simplement à employer des tubes au minimum d'épaisseur ; on peut dire que, dans la majorité des cas, se basant sur les idées erronées répandues dans le public, on emploie des tubes d'une épaisseur double et quelquefois triple de celle qui est nécessaire et qu'il serait rationnel d'employer.

« En même temps qu'on diminuera l'épaisseur des tubes de verre, il faudra limiter leur diamètre en évitant ce que font, à tort, bon nombre de constructeurs qui subordonnent, on ne sait pourquoi, les dimensions des tubes en diamètre et en longueur à l'importance de la chaudière elle-même.

« En dehors de l'avantage que présentent les tubes minces de s'échauffer presque instantanément dans toutes leurs parties, malgré la mauvaise conductibilité du verre, et d'éviter les effets d'une dilatation inégale, on peut avoir d'une façon plus certaine des tubes suffisamment recuits et au minimum de trempe.

« Enfin, l'emploi de verre basique à bases multiples et en particulier à base d'oxyde de plomb devra être préféré, puisqu'il donnera des tubes au maximum de conductibilité et au minimum de dilatation.

« Le seul inconvénient que peut présenter l'emploi de cette qualité de verre est la corrosion qui pourra se produire sous l'action de la vapeur et de l'eau en mouvement à haute température, d'autant plus rapidement que cette température sera plus élevée.

« Pour éviter les difficultés et les inconvénients que peut présenter l'emploi des tubes de niveau en verre pour indiquer le niveau de l'eau dans les chaudières à vapeur, il sera nécessaire, comme dans tous les appareils où les tubes de verre peuvent être soumis à des variations de température, qu'ils remplissent à mon avis, les conditions suivantes :

« 1° Qu'ils soient minces et que leur épaisseur ne dépasse pas 2^{mm} à 2^{mm} 1/2 ;

« 2° Que leur diamètre correspondant soit de 16^{mm} à 22^{mm} au maximum, quelles que soient les dimensions de la chaudière qu'ils accompagnent ;

« 3° Que leur longueur ne dépasse pas 30 cm. et que, dans le cas où les écarts de niveau à constater seraient plus considérables, on multiplie le nombre d'appareils indicateurs en les étageant ;

« 4° Que les tubes soient parfaitement recuits et que, vus dans la tranche à la lumière polarisée, ils ne présentent aucun indice de trempe ;

« 5° Employer, de préférence, à la confection des tubes, des verres à bases multiples, au nombre desquelles sera l'oxyde de plomb ».

III. FABRICATION DES VERRES DE MONTRES

Les verres de montres sont de deux espèces. Les uns, simplement découpés sur des boules soufflées de 15 à 20 centimètres de diamètre, ne reçoivent, pour ainsi dire, d'autres préparations que celles de l'amincissement de leur bord circulaire et du polissage : ce sont les verres bombés ordinaires, qu'on réserve aux pièces communes ou anciennes d'horlogerie, et qui se vendent à très bas prix. Les autres sont des verres primitivement bombés qu'on a transformés en verres plats par un façonnage qui les rend plus coûteux, il est vrai, mais infiniment plus commodes que les précédents ; on les appelle *verres chevés*.

Découpage. — La première opération est celle du découpage ; elle consiste à découper à l'aide d'un outil spécial les boules soufflées provenant de la cristallerie, qui ont ordinairement une épaisseur de 1,5 millimètre et un diamètre variable de 30 à 80 centimètres, quelquefois même 1ᵐ 50 (ce qui représente 1760 litres environ). Cet outil consiste en une sorte de compas (fig. 194) dont l'une des branches,

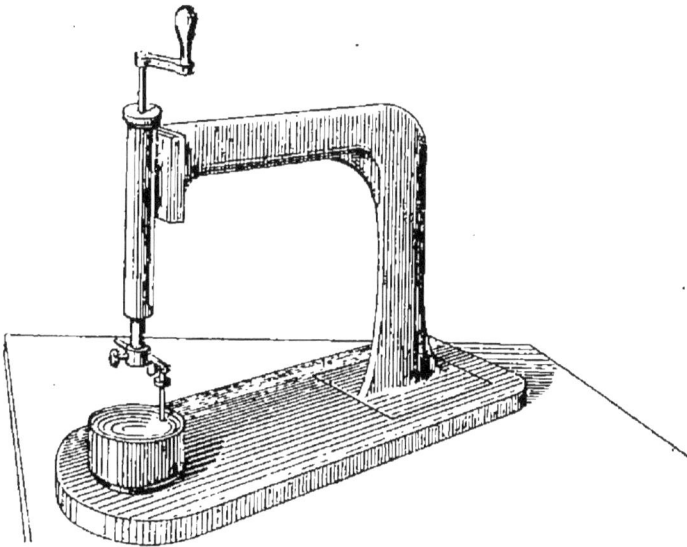

Fig. 194. — Découpage des verres de montres.

verticale, tourne dans un support fixe, situé au-dessus de la table de travail ; on agit sur cette branche à l'aide d'une manivelle placée à la partie supérieure. L'autre branche du compas est munie d'un diamant, de telle sorte qu'il suffit de faire décrire un tour à la manivelle pour découper un cercle dans le morceau de verre placé sur la table. Un support concave disposé sur cette table dans l'axe du compas permet de centrer sans tâtonnement les portions de sphère à découper.

Une ouvrière d'une habileté moyenne découpe environ six mille verres dans sa journée.

Chevage. — Les verres découpés sous forme de calottes, comme on vient de le voir, et ayant déjà subi un premier triage qui les classe suivant leurs qualités (homogénéité d'épaisseur, blancheur, transparence, etc.), sont placés un par un sur de petits *têts* ou godets en terre réfractaire et soumis au ramollissement dans un *moufle* chauffé au rouge et constamment ouvert (le moufle est une espèce de boîte demi-cylindrique, dans laquelle se placent les objets à chauffer pour les soustraire au contact de la flamme du four). L'ouvrier prend successivement chaque godet avec une petite pince, l'introduit dans le moufle, puis, le retirant au bout de quelques secondes, applique un tampon de papier sur le verre ramolli et par une pression rapide en tout sens lui fait perdre sa convexité, pour épouser la forme du godet qui est plus ou moins plate et se relève légèrement sur les bords.

C'est cette opération qu'on appelle *chevage*, d'où le nom de *chevé* donné au verre qui l'a subie et celui de *cheveur* à l'ouvrier qui la pratique. Les têts ou moules sont fabriqués avec le plus grand soin par des tourneurs à façon et classés suivant leurs dimensions, qui correspondent à celles que le commerce a adoptées pour les verres de montres. Quant aux moufles, il y en a plusieurs accolés dans le même four les uns à côté des autres, et desservis chacun par un cheveur qui produit en moyenne six grosses par jour.

Biseautage. — Une fois chevés et classés suivant leur épaisseur et leur diamètre, les verres sont soumis au biseautage. Collé avec de la poix sur une poupée de bois que l'ouvrier tient à la main, le verre subit à la meule et au sable un premier dégrossissement, qui a pour effet de préparer le bord biseauté destiné à s'enchâsser dans le cercle qui forme le couvercle supérieur de la montre ; on le place ensuite sur un tour et l'on termine le biseau à la pierre ponce.

Polissage. — Sorti des mains du biseauteur, le verre est porté à l'atelier de polissage où il est soumis à l'action d'une meule en drap montée sur un axe horizontal, et sur laquelle on verse de temps en temps de la poudre de pierre ponce avec de l'eau. Cette meule, qui a un diamètre de $0^m 40$ lorsqu'elle est neuve, est formée de deux joues circulaires en bois entre lesquelles on enroule et serre fortement des déchets de drap.

Eclaircissage. — Enfin le verre de montre est terminé ; mais les différentes façons qu'il a subies l'ont rendu terne, rugueux, et le commerce ne saurait l'accepter dans cet état ; de là une dernière opération, celle de l'éclaircissage, qui consiste à le polir et à le doucir à la meule avec du rouge anglais ou de la potée d'étain. La meule ou *champignon* est en drap, comme les précédentes, mais elle est montée sur un axe vertical que l'ouvrier commande avec son pied ou par une transmission de force motrice quelconque.

CHAPITRE XIV

SOUFFLAGE A L'AIR COMPRIMÉ

—

M. L. Appert, l'éminent verrier de Clichy, bien connu par ses nombreux travaux sur le verre (1), a cherché à supprimer complètement le rôle de l'ouvrier souffleur, rôle si pénible et si dangereux pour la santé, en remplaçant le souffle par une injection d'air comprimé dans la canne. Il a inventé un appareil très ingénieux pouvant se prêter au travail du soufflage pour des objets de toutes formes, bouteilles, nianchons pour vitres, etc., et suivant la nature de l'objet à souffler, l'appareil a reçu diverses modifications rendant possibles tous les mouvements que l'ouvrier doit donner à la canne; rien ne le gêne dans son travail; il peut soit la faire tourner rapidement sur elle-même, soit la tenir verticalement le « nez » en haut ou en bas, soit lui donner le mouvement de pendule.

APPAREILS A SOUFFLER

Sur le bras gauche *a* (fig. 195 et 196) du banc du verrier, est fixé le support d'un chariot muni de cinq galets dont quatre *b b b b*, placés horizontalement, sont à rainures et servent de guides; le cinquième est vertical et porte le chariot. Ces cinq galets roulent dans un cadre *c* qui est rattaché à

(1) *Dictionnaire encyclopédique et biographique de l'industrie et des arts industriels*, par E.-O. Lami.

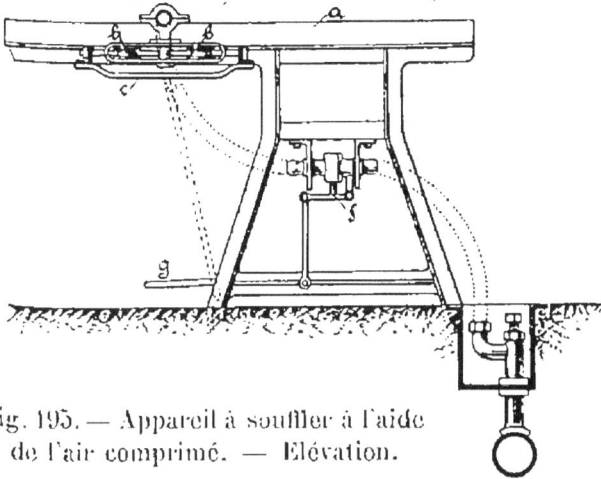

Fig. 195. — Appareil à souffler à l'aide
de l'air comprimé. — Élévation.

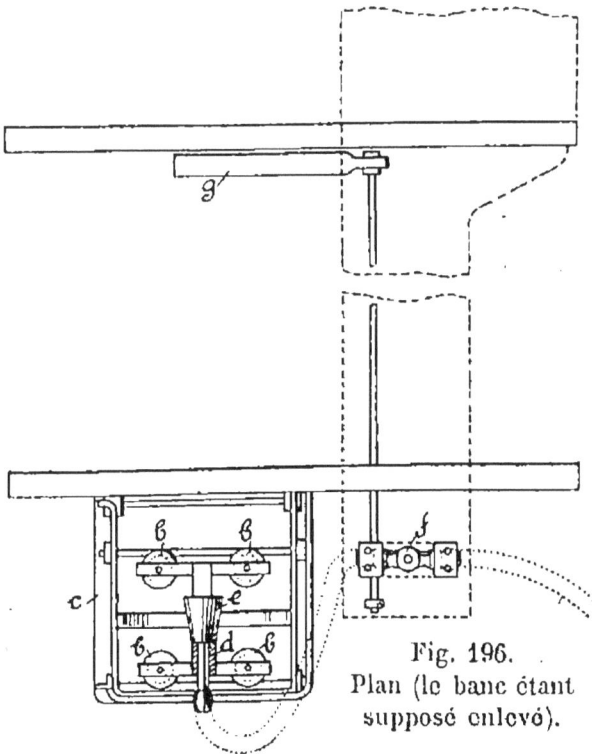

Fig. 196.
Plan (le banc étant
supposé enlevé).

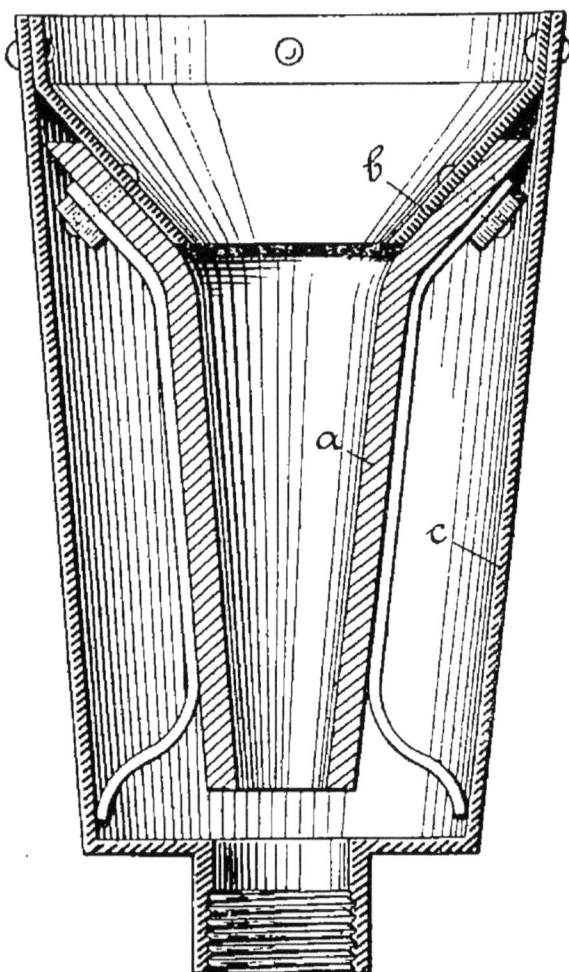

Fig. 197. — Détail du manchon à souffler.

charnières au bras du banc, et qui par conséquent peut être rabattu à volonté. Le chariot porte une boîte à étoupe dans laquelle peut tourner le *manchon à souffler* (fig. 197) après lequel on fixe la canne.

Ce manchon à souffler est composé d'un cône en caoutchouc *a* fixé à son extrémité supérieure à un anneau conique *b*, qui est lui-même fixé sur le revêtement du manchon à souffler *c*.

La canne est reliée à un tuyau de caoutchouc et y est maintenue au moyen d'un anneau en cuivre serrant à baïonnette. Un tube en fer est fixé sur le tube en caoutchouc pour empêcher sa torsion pendant le mouvement de rotation que l'ouvrier donne à la canne, et le col de cygne doit être suffisamment long pour ne pas gêner l'ouvrier.

En fixant la canne dans le cône en caoutchouc, elle en devient une partie intégrante et emporte avec elle dans tous ses mouvements le tuyau amenant l'air. Le chariot roule et suit le mouvement de va-et-vient que la canne possède en roulant sur les bras du banc, et l'arrivée de l'air est réglée par un robinet mû par une pédale sous le pied droit de l'ouvrier.

Le banc muni de l'appareil que nous venons de décrire peut être employé pour le soufflage de pièces n'exigeant que des mouvements horizontaux de la canne, notamment pour le perçage d'une masse de verre, pour le soufflage de la partie élargie des verres de lampes, etc.

APPAREIL UNIVERSEL A SOUFFLER LE VERRE

M. L. Appert a donné une disposition pour souffler toutes sortes d'objets en verre et dans toutes les positions possibles, et en particulier les manchons et les cylindres en verre à vitres, et il a désigné cet appareil sous le nom d'*appareil universel à souffler le verre*.

Cet appareil comprend deux pédales *a* (fig. 198)
qui font saillie au-dessus de la plate-forme de travail et mettent en mouvement par les tiges *b c* un
robinet d'arrêt automatique *d* situé à la partie supé-

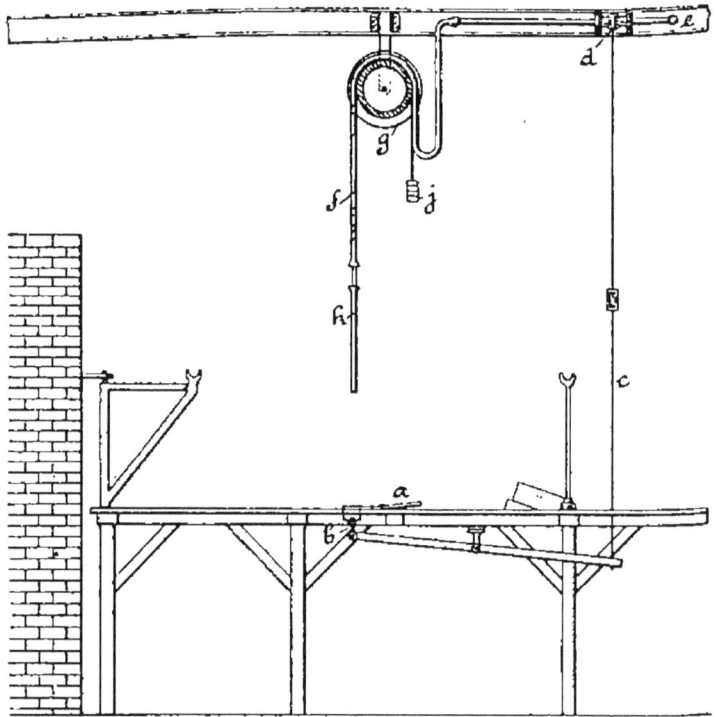

Fig. 198. — Appareil universel à souffler le verre.

rieure de l'atelier. En pressant sur l'une ou l'autre
des deux pédales, l'ouvrier ouvre le robinet *d* ; ce
robinet communique d'un côté avec le tuyau *e* amenant l'air comprimé, de l'autre avec un tuyau
flexible *f* qui passe sur une poulie *g*, et qui est relié
avec une branche d'accouplement *h* au moyen d'un

presse-étoupe de façon à ne jamais tordre le tube f.
La canne s'adapte à la branche h. Un contrepoids j
équilibre le poids du tuyau f, de telle sorte qu'il
s'allonge ou se raccourcit de lui-même pour ne
point gêner l'ouvrier.

PRESSION A DONNER A L'AIR POUR LE SOUFFLAGE

La pression de l'air, qui doit être constante pour le
même travail, doit évidemment varier suivant la
nature du verre. Cette pression peut aller de
50 grammes à 200 grammes par centimètre carré.

L'air comprimé est fourni par un compresseur à
deux cylindres mû par la machine motrice de l'u-
sine et est emmagasiné sous la pression de 3 atmosphères dans plusieurs réservoirs pouvant être isolés
les uns des autres de manière à les décharger successivement. De ceux-ci l'air est envoyé dans d'autres réservoirs appelés *cylindres détendeurs*, qu'on
charge de 500 grammes à 1 kilogramme par centimètre carré, suivant la nature du travail, puis enfin
par une canalisation spéciale en relation avec les
réservoirs à haute pression, on envoie, à l'aide du
régulateur sec Delamarre (fig. 199), de l'air détendu
obtenu à 180 grammes par centimètre carré, dans
les cylindres qui sont directement reliés aux manchons de soufflage. Cet air détendu à 180 grammes
est employé au soufflage des pièces de gobeleterie
et au soufflage des bouteilles. L'ouvrier souffleur est
d'ailleurs maître de la pression à maintenir dans sa
canne, en laissant ouvert plus ou moins longtemps
le robinet d'arrivée d'air.

Dans le cas où la pression à donner est faible, on
peut simplement accumuler l'air dans un gazomètre

24.

télescopique pouvant suffire au travail de douze ou
de vingt-quatre heures.

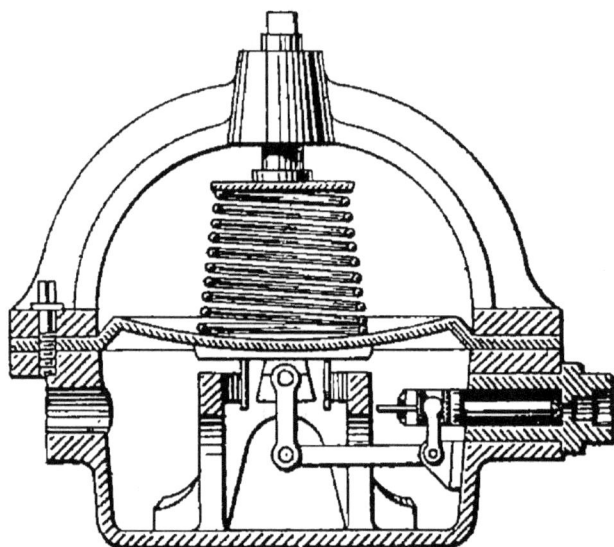

Fig. 199. — Régulateur Delamarre.

Une installation de cette sorte réaliserait une notable économie sur celle des réservoirs à haute pression qu'on doit charger assez fréquemment, si l'on
en juge par les chiffres que nous donnons ci-dessous, représentant le cube d'air employé au soufflage
de divers objets.

Pour certaines fabrications de gobeleterie, le cube
d'air à expirer est de 2 mètres cubes et demi à une
pression de 25 grammes par ouvrier et par jour.
Pour les manchons de verre à vitres, la quantité
d'air va jusqu'à 7 mètres cubes à une pression de
20 à 75 grammes. Un ouvrier bouteiller chasse de
ses poumons en une journée, 1 mètre cube d'air à
une pression de 25 à 75 grammes et plus.

Ces conditions de travail, si pénibles par l'effort musculaire réitéré auquel il oblige les souffleurs sont encore aggravées par la sécheresse et la température élevée de l'atelier; aussi au point de vue hygiénique et humanitaire, l'invention de M. L. Appert doit-elle être envisagée comme un véritable bienfait.

APPAREIL PERMETTANT DES MOUVEMENTS VERTICAUX A LA CANNE, LA MASSE DE VERRE ÉTANT EN HAUT

Dans le cas où l'on veut fabriquer certaines pièces qui nécessitent une position verticale de la canne, M. Appert donne au banc la disposition représentée par les figures 200 et 201. Dans ce cas le manchon

Appareil à souffler le verre.

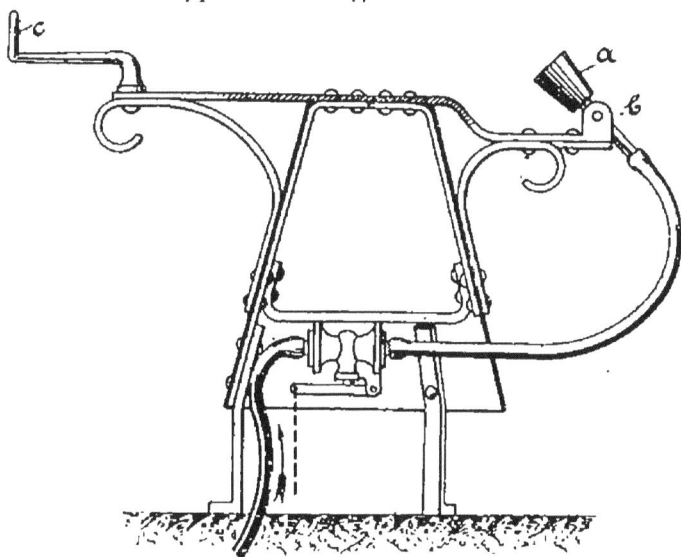

Fig. 200. — Élévation.

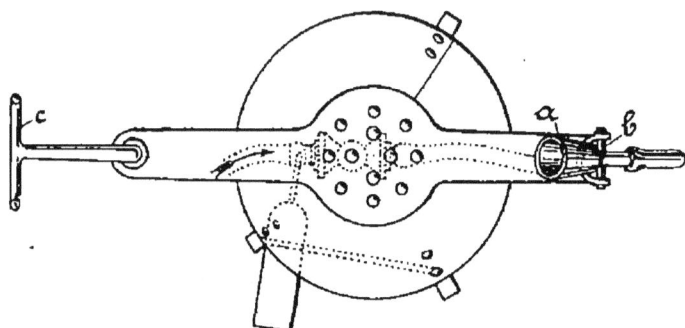

Fig. 201. — Plan.

soufflant *a*, au lieu d'être porté sur un chariot permettant un mouvement horizontal de va-et-vient, est monté sur un pivot horizontal *b*, autour duquel il oscille, et qui est fixé sur un support pouvant tourner autour d'un axe perpendiculaire au premier; une fourchette *c* est placée de façon à recevoir la canne quand il n'y a pas lieu d'en faire usage. L'appareil, ainsi disposé, est spécialement employé au soufflage de globes en verre épais de grandes dimensions, de matras pour laboratoires; il sert aussi à souffler les ballons dont on fait les petites pièces annulaires ou bobèches que l'on place sur les chandeliers.

APPAREIL A COL DE CYGNE PERMETTANT DES MOUVEMENTS VERTICAUX DE LA CANNE, DONT LE NEZ EST DIRIGÉ VERS LE SOL.

Dans ce cas le banc est transformé en un tabouret avec gradins *a* (fig. 202), qui porte une pièce *b* ayant la forme d'un col de cygne, par laquelle l'air comprimé est amené, au moyen d'un tube flexible, jusqu'au robinet *c*, adapté au manchon soufflant *d*. La

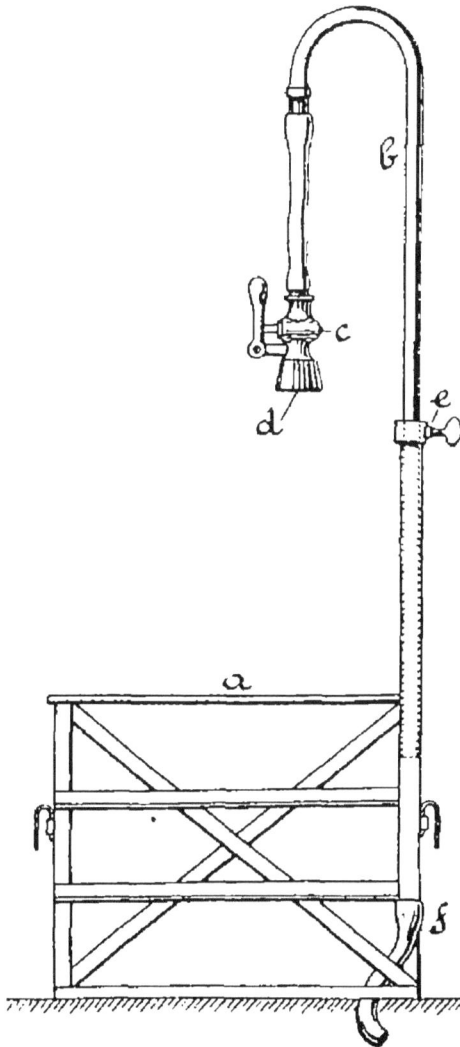

Fig. 202. — Appareil à souffler à col de cygne.

pièce c étant mobile dans une gaine métallique peut être fixée en un point quelconque à l'aide de la vis e. En f, on adapte un tube flexible reliant l'appareil à la prise d'air, et le manchon soufflant est réuni au robinet *c*, au moyen duquel l'ouvrier règle la quantité d'air dont il a besoin. Cet appareil sert au moulage, dans des moules fixes ou tournants, de bouteilles, verres à gaz, carafes, flacons, etc.

Quand le moulage doit avoir lieu dans un endroit fixe, cet appareil peut être remplacé par un simple tuyau flexible muni d'un robinet.

CHAPITRE XV

TREMPE DU VERRE ET DU CRISTAL

—

Le verre pour subir la trempe (1) doit être chauffé à la température voisine de celle qui produirait sa déformation, c'est-à-dire jusqu'au ramollissement.

La trempe est d'autant plus énergique que le ramollissement a été plus considérable. Mais le verre trempé dans un bain dont la température est trop basse se brise. La réaction étant trop brusque, le déplacement des molécules se produit d'une façon trop accentuée, et l'équilibre est rompu. Dans une certaine limite, la température du bain est fonction de celle du verre.

On est amené à chercher la température minima du bain à laquelle le verre, chauffé jusqu'au ramollissement, est susceptible d'être trempé.

(1) J. Henrivaux: *Le verre et le cristal.*

Elle se trouve par tâtonnements et varie :

1° Avec la composition du verre ;

2° Avec la forme, l'épaisseur et les dimensions de la pièce ;

3° Avec la température du verre.

INFLUENCE DE LA NATURE DU VERRE SUR LA TREMPE

Suivant sa composition, un verre entrant en fusion et passant par ses différents états de malléabilité à des températures très variables, celle du bain doit aussi varier.

Des expériences multipliées restent à faire ; on devrait pouvoir déterminer *a priori* quelles sont la température et la nature du bain qui conviendraient le mieux pour un verre dont la composition exacte est donnée.

On peut dire en général que le bain doit être d'autant plus chaud que le moment où le verre se ramollit est plus retardé.

Cristal. — Tout cristal se trempe dans un bain de graisse pure dont la température varie entre 60 et 120 degrés centigrades.

Des essais concluants ont été faits avec le cristal de Baccarat.

Le mélange suivant :

> 300 de sable,
> 100 de potasse,
> 50 de minium,

donne un cristal qui réussit très bien à la trempe.

Verre. — Le verre se trempe dans un mélange d'huile et de graisse dont la température varie entre

150 et 300 degrés et qui est d'autant plus haute que ce verre fond plus difficilement.

Les proportions dans lesquelles la chaux et la soude entreront dans les compositions influeront donc d'une manière notable sur la température du bain.

Le verre de Bohème à base de potasse se trempe dans un bain atteignant au moins 300 degrés.

La température du cristal varie avec la forme et l'épaisseur des pièces.

Suivant leur forme, leur épaisseur et leurs dimensions, les pièces façonnées avec le même cristal, d'un même creuset, doivent être plus ou moins réchauffées avant de subir la trempe; la température du bain doit aussi varier dans certaines limites.

Les pièces épaisses, demandant à être réchauffées plus fortement, nécessitent un bain un peu plus chaud.

Ainsi, à Choisy-le-Roi, les tubes à gaz, les verres de lampes, etc., sont trempés dans un bain à 60 degrés. Les verres à boire, les gobelets, suivant leur forme et les dimensions, sont trempés dans des bains accusant 60, 65, 70 et 75 degrés.

Les carafes, les soucoupes, les « manchesters » sont trempés dans des bains variant entre 75 et 90 degrés.

Composition du bain pour le verre et le cristal. — La composition du bain a une influence notable. Tous les liquides ne sont pas propres à la trempe. *M. R. de La Bastie*, l'inventeur des procédés de trempe, a commencé par déterminer pour chaque liquide le coefficient de solidité qu'il donne au verre. Dans l'eau, le verre se brise presque toujours. La graisse parfaitement épurée et les huiles vierges exemptes de tout mélange donnent de très bons résultats.

La graisse pure est employée pour la trempe du *cristal*, de préférence à l'huile, les pièces trempées dans l'huile étant d'un nettoyage beaucoup plus dispendieux.

La trempe du *verre* exigeant un bain dont la température varie entre 150 et 300 degrés, la graisse pure ne peut plus être employée en raison de son degré d'ébullition; on a recours à un mélange de 3/4 d'huile de lin et de 1/4 de graisse.

La glycérine pure ou certains mélanges de graisse et de glycérine, qui n'entrent en ébullition que vers 300 degrés, pourraient être employés avec avantage pour la trempe du verre.

Un bain de graisse qui ne serait pas parfaitement homogène, qui contiendrait des impuretés ou la plus petite quantité d'eau serait impropre à la trempe.

C'est pourquoi une graisse nouvelle ne doit jamais être employée avant d'avoir été préalablement chauffée, pendant quatre ou cinq jours, à une température constante de 150 degrés. Elle sert ensuite indéfiniment et est d'autant meilleure qu'elle est plus ancienne.

Dans une usine, il faut avoir, à poste fixe, un bain de graisse chauffant constamment qui sert à alimenter toutes les cuves.

Température parfaitement uniforme que doit avoir le verre pour être trempé. — Une condition indispensable pour le succès de la trempe est que la température du verre soit parfaitement uniforme en tous les points de sa surface.

Un verre irrégulièrement chauffé se brise dans le bain. La trempe n'étant plus uniforme, l'inégale tension des molécules rompt l'équilibre.

Dans la gobeleterie, l'objet sortant fini des mains du chef de place est loin d'avoir une température uniforme en tous les points de sa surface, il est toujours plus chaud à son extrémité qui a été façonnée la dernière et réchauffée davantage.

Dans cet état, il n'est pas susceptible de recevoir la trempe, parce qu'il n'est pas assez chaud ; il doit être remis dans l'ouvreau et le plus profondément possible pour assurer l'égale répartition de la chaleur en tous ses points. En le retirant, l'ouvrier s'assurera avant de le plonger dans le bain si cette condition est bien réalisée ; si les parties extrêmes lui semblent plus rouges que d'autres, il les essuiera délicatement avec un morceau de papier imbibé d'eau ou soufflera dessus, et replacera la pièce dans l'ouvreau pendant quelques secondes avant de la tremper.

Pendant combien de temps le verre doit-il rester ainsi dans l'ouvreau ? c'est à l'ouvrier de savoir apprécier ce temps. Je dirai cependant qu'un bon ouvrier trempe chaud. Telle pièce qui, amenée au ramollissement, se déforme dans des mains inhabiles, conserve au contraire parfaitement sa forme si elle est confiée à un trempeur exercé. Il importe aussi que la température dans l'ouvreau soit bien uniforme. On l'obtient en faisant brûler des bûchettes qu'on a le soin de répartir uniformément.

Les courants d'air dans l'usine, qui viendraient refroidir le verre au moment de la trempe, doivent être soigneusement évités.

Homogénéité du verre nécessaire pour la trempe.
— La bonne conduite des fours de fusion a une importance capitale, la parfaite homogénéité de la matière étant aussi une des conditions de succès.

Un verre qui a séjourné longtemps dans un creuset et qui, par ce fait, a été maintenu trop longtemps à une température élevée, tend à subir un commencement de dévitrification ; dans cet état, il se brise dans le bain. Aussi le travail doit-il être mené rapidement et n'être jamais interrompu, quand on veut utiliser la presque totalité de la matière contenue dans le creuset.

Un verre présentant des stries, défectuosité qui tend à se produire si la conduite du four n'est pas régulière, ne réussit pas à la trempe.

APPAREILS SERVANT A TREMPER LES PIÈCES DE GOBELETERIE

Le bain de graisse est contenu dans des cuves cylindriques en tôle placées sur le sol de l'usine et le plus près possible de l'ouvreau.

On leur a donné :

0^{m}75 de hauteur ;

0^{m}60 de diamètre.

Pour la commodité du dépontillage, leur hauteur ne doit pas dépasser celle de l'ouverture de l'ouvreau au-dessus du sol.

Leur capacité est limitée par la nécessité de pouvoir les déplacer facilement dans l'intérieur de l'usine : elle est cependant suffisante pour que l'on puisse y tremper 2 ou 3 heures consécutives des pièces de dimensions moyennes.

En plaçant les cuves à une certaine profondeur

dans le sol et en les faisant mouvoir sur rails dans les tranchées, on pourrait augmenter leur capacité et leur profondeur, tout en rendant leur déplacement plus facile.

Il conviendrait pour cela d'avoir des ouvreaux chauffés dans des fours indépendants de ceux qui contiennent les creusets, afin que les abords de ceux-ci restent entièrement libres.

Dans chaque cuve s'emboîte un panier de 0ᵐ30 de hauteur et de 0ᵐ55 de diamètre : ses parois, en treillis de fil de fer à mailles larges, sont élastiques et soutenues par des armatures en tôle.

C'est dans ces paniers que tombent les verres au moment de la trempe.

MANIÈRE DE TREMPER LES OBJETS DE GOBELETERIE

La pièce étant bien uniformément réchauffée, l'ouvrier la retire de l'ouvreau, la plonge rapidement dans le bain, la détache ensuite du pontil par un petit coup donné latéralement sur la tige avec un coin en bois et la fait tomber au fond du panier.

Cette opération demande une grande surveillance, et, de la part de l'ouvrier trempeur, beaucoup de soin et d'attention.

Il y a de nombreuses précautions de détail à observer pour éviter la déformation du verre au moment de son immersion.

Ces précautions varient avec la forme des pièces, et il y a une étude à faire pour chacune d'elles.

Différents appareils ont été imaginés pour faciliter l'opération.

Trempe des verres d'éclairage et des pièces lourdes. — Une poche à fond mobile dont les parois sont en toile métallique, est fixée sur le bord de la cuve et immerge de 0ᵐ30 à 0ᵐ35 dans le liquide. Elle est destinée à recevoir préalablement les pièces qui, en raison de leur poids ou de leur forme viendraient, par une chute trop brusque, briser les verres qui garnissent le fond de la cuve.

Trempe des gobelets. — Les gobelets sont détachés du pontil directement dans la cuve, sans que l'on ait à redouter de casse.

Trempe des carafes. — La trempe des carafes et de tous les récipients à col présentait une difficulté, puisqu'il fallait réaliser en même temps que l'immersion l'introduction simultanée du liquide à l'intérieur. On a résolu le problème à l'aide du siphon.

Le col de la carafe est introduit dans la petite branche d'un siphon qui s'élève d'un demi-centimètre au-dessus de la surface du bain. L'air comprimé s'échappe par le tube et le liquide prend sa place ; en même temps, un mouvement de bascule fait tomber la pièce au fond du panier.

On peut adapter au siphon une pompe pour aspirer l'air du flacon ; par ce moyen on réussit à tremper les bouteilles aux goulots les plus étroits.

On n'est pas encore parvenu à tremper les objets fabriqués en plusieurs morceaux ; ils se dessoudent dans le bain.

Refroidissement, nettoyage et rinçage du cristal trempé. — Il importe de laisser le cristal trempé se refroidir graduellement avant de le retirer du bain.

A cet effet, les cuves placées sur des tricycles, sont éloignées des ouvreaux et amenées dans une chambre où l'on maintient la température constante de 40 degrés, celle de la fusion de la graisse.

Au bout de quatre ou cinq heures, les paniers sont retirés des cuves, et les verres, mis à sec, sont enlevés un à un et rangés sur des claies. Les claies sont portées dans une étuve, appelée four d'égouttage, qui est maintenue à la température de 70 degrés. Au bout de deux heures, les verres sont dépouillés de la graisse qui était restée adhérente aux parois. Retirés de l'étuve, ils sont replacés dans les paniers en treillis de fer à mailles larges.

Ces paniers sont successivement plongés dans trois cuves : la première contient un bain saturé de soude caustique et chauffé à 60 degrés, la seconde renferme de l'eau à 50°, la troisième de l'eau à la température ambiante.

Les verres, lorsqu'ils sortent de la troisième cuve, sont parfaitement rincés, essuyés et portés au magasin, où ils subissent un premier triage avant d'être envoyés à la taillerie.

Refroidissement, nettoyage et rinçage du verre trempé. — Lorsque au lieu de graisse on se sert d'un bain d'huile, on laisse les pièces se refroidir davantage avant de les retirer de la cuve. Mais le nettoyage est beaucoup plus dispendieux, il faut se servir d'essence de térébenthine.

Prix de revient de la trempe du cristal. — L'installation de la trempe dans une cristallerie exige par four, trois places travaillant d'une façon continue :

1° Comme personnel :

Un ouvrier de plus par place, appelé trempeur, — soit six trempeurs ;

Deux releveurs de cuves ;

Trois hommes préposés au nettoyage du cristal ;

2° Comme matériel :

Quatre cuves par place, — soit douze cuves, contenant chacune 150 à 170 litres de graisse ;

Deux ou trois poches, autant de siphons ;

Trois cuves en tôle de la capacité d'un mètre cube pour le nettoyage et le rinçage ;

Une certaine quantité de claies et de paniers, pour le transport du verre dans les cuves à nettoyage.

Une cuve à tremper avec ses accessoires revient de 100 à 120 francs. La graisse coûte 120 francs les 100 kilogrammes. Par four de fusion de trois places (contenant 6 creusets et 4 ouvreaux) les frais de la trempe du cristal s'élèvent, par mois de vingt-six jours, à la somme de 2,200 francs environ, soit :

Six trempeurs, à 150 francs par mois. Fr.	900	»
Deux releveurs de cuves à 130 francs par mois.	260	»
Trois hommes préposés au nettoyage, à 110 et 120 francs par mois.	350	»
Perte de graisse par l'évaporation et dans la manutention du verre.	200	»
Combustible pour le four d'égouttage, pour les cuves à tremper et celles de nettoyage.	100	»
Soude pour le nettoyage	150	»
Entretien des appareils et des fours d'égouttage, intérêts et amortissement du capital engagé pour leur construction. .	250	»
	2.210	»

La perte occasionnée par la casse et la déformation des pièces dans le bain était dans les premiers temps assez importante. Mais elle tend chaque jour à diminuer, avec les perfectionnements que l'on apporte dans la manière de tremper.

D'après ces données, connaissant exactement le nombre de pièces d'un même modèle que l'on pourrait fabriquer dans une journée, il sera facile d'établir le prix de revient de la trempe pour chaque objet.

En admettant 10 pour 100 de casse et de déformation, ces prix seront approximativement :

De 0,022 à 0,025 pour les gobelets (de toutes formes) ;

De 0,030 pour les verres à gaz ;

De 0,040 pour les verres de lampes ;

De 0,050 pour les globes de lampes.

Prix de revient de la trempe du verre. — La trempe du verre est d'un prix plus élevé que celle du cristal.

Le verre se trempant dans l'huile, et à une température beaucoup plus élevée que le cristal, la perte de liquide due à l'évaporation est plus considérable, et le nettoyage des pièces est plus dispendieux.

Puis le refroidissement du bain étant plus lent, la continuité du travail exige, par place, un grand nombre de cuves à tremper : au lieu de quatre, il est nécessaire d'en avoir huit ou dix.

VERRE TREMPÉ AU MOYEN DE LA VAPEUR

Nous allons résumer brièvement le travail présenté par *M. Léger*, l'un des inventeurs de ce procédé, à la Société des sciences industrielles de Lyon et publié dans ses *Annales* de 1877.

L'auteur commence par passer successivement en

revue les tentatives faites jusqu'à ce jour. Il s'occupe ensuite des appareils de la méthode de M. de la Bastie qu'il apprécie de la manière suivante :

« Jusqu'ici, le procédé de M. de la Bastie semble enfermé dans le cercle étroit des objets plats ou ouverts, d'épaisseur sensiblement uniforme, plus spécialement en cristal, mais ne paraît pas, si l'on en juge par les seuls échantillons mis dans le commerce, s'appliquer avec bonheur aux objets en verre, aux pièces de formes irrégulières et inégales, ou composées de plusieurs parties, ou de grandes dimensions, comme les bouteilles, les verres à pied, les grandes vitres, etc. ; celles qui ont précisément le plus d'intérêt à être rendues plus résistantes. »

L'auteur développe les avantages que présente la vapeur pour opérer la trempe du verre. Elle a surtout celui de s'appliquer avec une économie et une simplicité d'outillage qui n'apportent aucune modification aux installations et aux pratiques actuelles de l'industrie verrière et qui les conserve presque entièrement, souvent même en les simplifiant.

« On peut, en trempant le verre, avoir non du verre incassable, mais du verre trois ou quatre fois plus résistant toutes choses égales d'ailleurs, et obtenir une matière, qui avec les facilités et l'économie de façonnage, avec les avantages propres que l'on sait, offre une résistance à la traction par millimètre carré de section transversale allant jusqu'à 11 et 12 kilogrammes ; soit des qualités de résistance comparables à celle de la fonte (12 kilogrammes), ou du laiton (12 kil. 6). Voilà la mesure exacte de l'intérêt que présente le trempage du verre ; elle suffit à en faire apprécier l'importance véritable. L'élasticité et la sonorité croissent dans une proportion comparable et deviennent encore caractéristiques. »

L'auteur décrit les installations nécessaires au mode de trempage à la vapeur et qu'il a cherché à établir en restant dans les conditions que l'on rencontre actuellement dans le travail des verreries. Il fait connaître les modifications à adopter, ainsi que la marche des opérations, détails qu'il nous suffit de signaler ; les industriels intéressés pourront recourir au travail dont nous indiquons plus haut l'origine.

CINQUIÈME PARTIE

Travail du Verre solidifié

CHAPITRE XVI

DÉCOUPAGE ET PERÇAGE

—

SOMMAIRE. — I. Découpage au diamant. — II. Rognage à l'égrisoir. — III. Emploi des couteaux a verre. — IV. Coupage des tubes. — V. Fendage des tubes de verre. — VI. Perçage du verre. — VII. Crayons pour écrire sur le verre.

I. DÉCOUPAGE AU DIAMANT

Le découpage des *glaces* se fait au diamant sur une grande table bien dressée, sur laquelle sont tracées dans deux directions perpendiculaires des lignes espacées de 1 ou de 3 centimètres.

Le *diamant brut* cristallisé sert communément à couper le verre; la grosseur la plus convenable est celle de 8 à 10 grains au carat; les cristaux à vives arêtes sont les plus recherchés.

Le coupeur enchâsse le grain de diamant dans une tige ayant à son bout inférieur un tube creux, garni d'un alliage très fusible composé de 3 parties d'étain, de 6 parties de plomb et de 4 parties de bismuth. Cet alliage est fusible à la flamme d'une lampe.

Aussitôt que le métal entre en fusion, le coupeur y dépose le grain de diamant; il le tourne dans ce bain au moyen d'une pointe en fer, jusqu'à ce qu'une des pointes du diamant vienne en l'air ; aussitôt il retire le tube de la flamme ; l'alliage refroidit et durcit, et le grain se trouve fixé dans la tige. Il égalise ensuite l'alliage autour du diamant au moyen de la même pointe de fer, chauffée à la flamme de la lampe, qu'il passe sur les aspérités de la soudure. Après avoir cherché le bon tranchant par des essais faits sur un morceau de verre, le coupeur passe le tube dans le rabot.

Quand la pointe du diamant a perdu son tranchant, le coupeur chauffe un instant le tube dans la flamme de la lampe pour liquéfier l'alliage, et il fait saillir une nouvelle pointe du grain de la manière indiquée. Comme le grain est spécifiquement plus léger que l'alliage en fusion, il flotte à la surface, et lorsqu'il est d'une forme irrégulière, le centre de gravité du diamant contrarie souvent le tournage convenable, de manière que l'ouvrier perd quelquefois beaucoup de temps avant d'arriver à faire saillir la pointe qu'il désire.

Pour parer à cet inconvénient, on peut avoir recours à un porte-diamant fort en usage dans les verreries de Bohème, qui permet d'enchâsser le grain en quelques instants (fig. 203).

Un petit tube de fer *a* rétréci en bas de manière à ne laisser qu'une ouverture étroite, se visse à la tige *b* qui entre dans l'intérieur du tube, et qui est attachée au bout d'un manche plat en bois *c*.

Pour monter un grain de diamant on le jette dans le tube que l'on tient verticalement entre les doigts de la main gauche, l'ouverture rétrécie en bas. On frappe avec l'index de la main droite contre le tube

jusqu'à ce qu'une pointe du diamant *d* sorte. On passe
dans le tube sur le grain de diamant un petit plomb
de chasse *e*, sur lequel on visse la tige *b* qui fera pression sur le plomb et celui-ci sur le diamant. Après
avoir cherché le tranchant, on tourne le manche
plat dans la direction de la coupe.

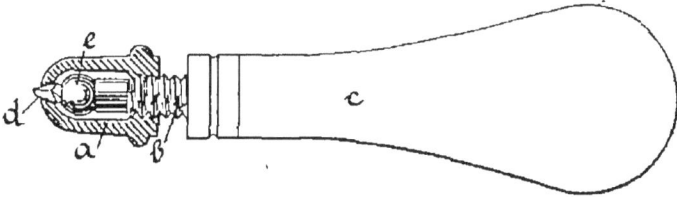

Fig. 203. — Porte-diamant.

Pour couper du verre, l'ouvrier saisit la partie
plate du manche entre l'index et le médium pliés de
la main droite et en appuyant le pouce contre la bu-
sette. Cette monture n'exige pas de rabot.

Les diamants destinés à couper les glaces sont
d'un grain plus gros ; quand on garnit la monture
d'un grand rabot, on dirige le tranchant de manière que
la partie antérieure du rabot appuie et glisse sur la
glace, afin qu'il serve de guide en même temps que
la règle.

Les vitriers se servent rarement de grains cristallisés, mais le plus souvent ces grains sont des débris
de diamants fendus.

Les monteurs de diamants rachètent les diamants
usés par le coupeur pour les fendre et en remonter
les débris. Les grains se fendent aisément en deux,
en les posant séparément entre les tranchants d'une
paire de tenailles, enveloppées d'un petit linge, le

tout plongé dans un bassin plein d'eau, et en serrant fortement les branches dans la main.

Le diamant qui coupe par une arête naturelle, est préférable à celui qui résulte du travail du lapidaire, et qui, par conséquent, ne tranche que par un angle produit artificiellement. On reconnaît ce dernier à la loupe, à ce que ses faces sont planes, et forment en se réunissant une arête droite.

Celle du diamant naturel n'est pas parfaitement droite; elle est toujours convexe suivant sa longueur. C'est la conformation qui convient le mieux pour couper le verre.

En agissant sur le verre par une de ses arêtes, le diamant le coupe ou le raie. Il faut distinguer ces différences, le verre simplement rayé se coupant toujours mal. Sur le verre bien coupé, le diamant ne laisse qu'une trace à peine perceptible; le verre rayé, au contraire, offre un sillon frangé très manifeste.

Quand le diamant coupe bien, il fait entendre un bruit uniforme peu prononcé; quand il raye au contraire, il produit un crépitement dur, très sensible à l'oreille et même à la main.

Lorsqu'un trait a été fait avec le diamant, et que l'effort que l'on exerce pour terminer la fissure est sans effet, il importe de ne pas insister davantage : il suffit de frapper à petits coups avec la monture du diamant ou un autre corps dur, du côté opposé au trait du diamant, pour produire un commencement de division; il ne faut plus alors qu'un léger effort pour l'achever dans toute sa longueur. On évite ainsi les accidents de la cassure.

Lorsqu'on doit former des découpures à angles vifs,

on perce d'abord, dans chaque angle, un petit trou
et l'on réunit ces trous par des traits de diamant.

II. ROGNAGE A L'ÉGRISOIR

Il arrive souvent que le diamant ne suffit pas pour
découper le verre suivant un modèle donné ; dans ce
cas on a recours au fer incandescent et quelquefois
au rognage à l'égrisoir.

Cet outil consiste en une lame d'acier non trempé
(fig. 204), de 3 millimètres d'épaisseur, sur 15 milli-

Fig. 204. — Egrisoir.   Fig. 205. — Egrisoir à coulisse.

mètres environ de largeur. Il présente, vers ses
extrémités, des échancrures peu profondes, creusées
dans son épaisseur. C'est au moyen de ces échancrures qu'on détache du verre de petits fragments
nombreux et successifs, de manière à retrancher
assez rapidement les parties qui sont en dehors des
contours désignés. Le verre à égriser étant tenu
d'une main, et l'égrisoir de l'autre, on engage légèrement le bord du premier dans l'une des échancrures du second ; ensuite, par un mouvement de
bascule de l'instrument, on force la partie introduite
à se briser. Cette manœuvre est répétée rapidement

et d'une manière continue. L'usage de cet outil exige un peu d'habitude. L'égrisoir doit être d'acier non trempé; il doit être assez tendre pour que l'angle du verre s'y accroche, et assez dur pour résister longtemps à cette action prolongée. Le fer serait trop doux.

On construit un autre égrisoir qui s'approprie à toutes les épaisseurs de verre et que l'on peut réparer avec facilité (fig. 205).

Il consiste en deux règles égales de 0m45 de longueur, offrant à l'une de leurs extrémités un élargissement à angle droit de quelques millimètres d'étendue.

Ces règles s'ajustent ensemble, de manière à ce que la petite extrémité de l'une soit reçue dans l'angle de l'autre, où elle forme l'échancrure de l'égrisoir. Elles peuvent glisser l'une sur l'autre dans une bague pourvue d'une vis dont la pression sert à les fixer.

On peut, au moyen de cet appareil, donner à l'échancrure la largeur convenable, et la réparer facilement en dissociant les deux règles qui la forment.

Le rognage à l'égrisoir consiste à introduire le bord de la feuille de verre dans la petite entaille pratiquée dans l'outil ; en forçant légèrement la lame, on produit de petits éclats de verre, et par la répétition de ces mouvements on finit par obtenir les contours désirés.

Le rognage soit à l'égrisoir, soit aux ciseaux, se fait avec plus de sûreté lorsqu'on plonge le verre et l'outil entre deux eaux d'une cuvette pendant l'opération du rognage ; l'eau environnant la feuille de verre empêche dans une certaine mesure les fortes vibrations de se produire dans celle-ci et de la rompre.

III. EMPLOI DES COUTEAUX A VERRE

Pour avoir la certitude de couper les pièces cylindriques, tubes, flacons, baguettes, etc., exactement suivant un plan perpendiculaire à leur axe, il faut toujours commencer par entailler la surface du verre. Cette entaille peut n'avoir que quelques millimètres si le tube est d'un faible diamètre ; mais s'il est large et surtout s'il est épais, l'entaille doit être assez profonde et prolongée sur la moitié ou même la totalité du périmètre du tube.

Les instruments que l'on emploie à cet usage sont les diamants, dont nous avons déjà parlé, et les *couteaux à verre*, dont plusieurs dispositions existent dans le commerce.

Le plus simple de ces outils consiste en une plaque d'acier, de la grandeur d'une petite carte de visite, dont on aiguise une des arêtes sur une meule de grès à grain grossier. Un outil de ce genre, à condition qu'il soit bien trempé, rend les plus grands services lorsqu'on est un peu habitué à son maniement.

On obtient encore un excellent coupe-verre en usant à la meule les faces d'une bonne lime triangulaire (tiers-point). On l'aiguise jusqu'à ce que les stries aient presque complètement disparu. Il reste alors sur les arêtes bien affûtées une fine denture qui permet à l'outil de mordre sur le verre.

On pourrait également faire usage d'un éclat de silex (pierre à fusil) pourvu d'une arête tranchante et fixé au moyen de cire à cacheter sur un manche en bois.

Pour se servir de ces instruments, il faut observer que le verre ne doit pas être *scié*, c'est-à-dire qu'il ne convient pas de donner au tranchant un mouvement alternatif ; le verre se coupe bien mieux lorsqu'on *presse* sur lui l'arête tranchante, en allant toujours dans le même sens ; dès qu'une des fines dentelures du tranchant a mordu le verre, l'entaille se prolonge d'elle-même sous le couteau par l'effet de la pression.

Si le tranchant attaque difficilement le verre, c'est qu'il n'est pas trempé assez dur, ou qu'il a besoin d'être affûté.

Il faut encore faire remarquer que la pression de l'outil sur le verre est beaucoup plus facile à régler lorsqu'on tient à la main ces deux objets que lorsqu'on tient seulement le couteau à verre, la pièce à couper étant appuyée contre un support fixe. Si l'on emploie, par exemple, la plaque d'acier rectangulaire pour entailler un tube, on la prendra entre les doigts de la main gauche, le médius et l'annulaire étant placés sous le bord opposé au tranchant, et on posera le pouce sur le tube, que l'on fera tourner sur lui-même à l'aide de la main droite.

Quand les tubes de verre sont d'un grand diamètre, il est indispensable de guider l'outil pour que l'entaille soit faite exactement suivant la ligne voulue.

On obtient ce résultat en fixant un diamant de vitrier sur un support de longueur réglable et pouvant se déplacer le long d'une surface de guidage.

Pour couper les cylindres de pendules, par exemple, on fait usage de l'instrument que nous avons déjà décrit page 410.

Un autre instrument servant à couper les tubes
épais, est basé sur le même principe. Il consiste en
une baguette (fig. 206) munie d'un bon diamant de

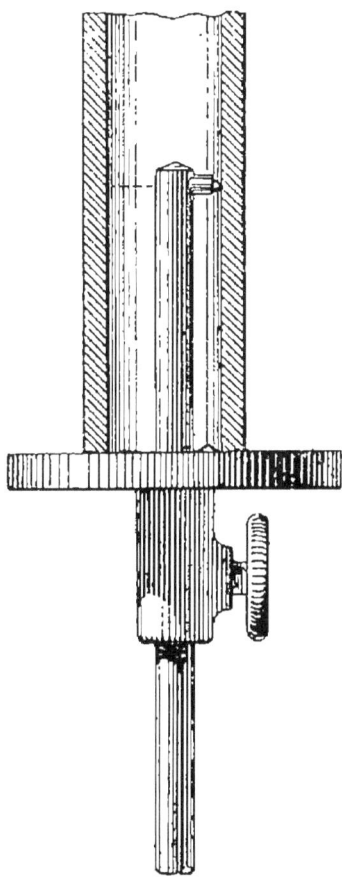

Fig. 206. — Instrument pour couper les tubes.

vitrier à l'une de ses extrémités, latéralement, et
dont l'autre bout peut coulisser dans un manche
pourvu d'une vis de pression. Le manche est ter-

miné en avant par une plaque transversale contre laquelle vient buter l'extrémité du tube de verre que l'on enfile sur la baguette. On fait saillir celle-ci, hors du manche, de la longueur que l'on veut couper sur le tube, et on la fixe au moyen de la vis de pression. En tournant le manche, le diamant entaille la paroi interne du tube suivant un plan parallèle à la plaque de butée, et par suite normal à l'axe.

IV. COUPAGE DES TUBES

Deux cas sont à distinguer :

1° Le tube n'a pas plus de 2 à 3 centimètres de diamètre, il n'est ni trop mince, ni trop épais et il est assez long pour être saisi commodément avec les mains ; on procède par rupture sous l'effet d'une pression ou d'un choc.

2° Le tube ne remplit pas les conditions ci-dessus ; on a recours aux procédés par fêlure sous l'action de la chaleur.

1° Rupture par pression ou par choc

Une fois l'entaille faite, on saisit le tube de part et d'autre de celle-ci, les mains étant placées comme l'indique la figure 207 ; les pouces allongés le long du tube, du côté du trait de lime, sont distants de 2 centimètres environ.

Pour rompre le tube il suffit de tirer les deux parties en sens opposés, en les inclinant *très légèrement* en dehors, comme si on voulait ouvrir l'entaille. Il faut surtout éviter de trop fléchir le tube, car on courrait grand risque de le faire éclater et de se blesser.

Quand le tube a une faible épaisseur, on le rompt

par choc sur l'arête de la lime triangulaire; on le
tient par ses extrémités, l'entaille se trouvant en

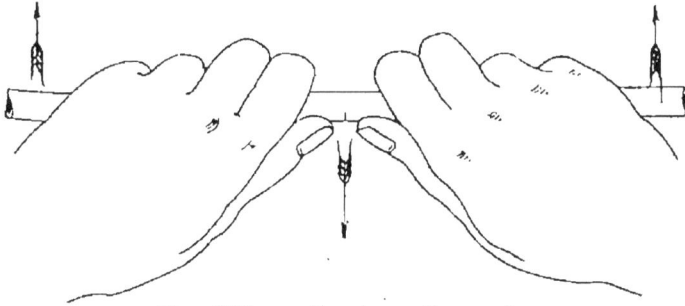

Fig. 207. — Rupture d'un tube.

dessus, et on donne, au point diamétralement opposé, un coup sec sur la lime posée à plat sur la
table.

2ᵉ Rupture par fêlure

Premier procédé. — On entaille le tube sur tout son
périmètre à l'endroit où l'on veut le couper, et on le
fait ensuite tourner rapidement devant la flamme du
chalumeau, que l'on a rendue *aussi fine que possible.* Sous l'influence du changement brusque de
température, l'entaille se propage vers l'intérieur.
S'il en est besoin, on souffle dessus quand on retire
le tube de la flamme, et l'on arrive rapidement à
la rupture complète.

Deuxième procédé. — On coupe des bandes de papier à filtrer épais de 10 à 15 millimètres de largeur.
Après avoir mouillé deux de ces bandes on en entoure le tube à couper préalablement entaillé à l'endroit voulu, en les plaçant à un demi-centimètre de
distance. Quand ceci est disposé, on chauffe l'intervalle, à l'aide d'un chalumeau donnant une flamme

pointue de 5 à 6 centimètres de longueur, en faisant tourner le verre pour le chauffer tout autour. Au bout de quelques instants, le verre se sépare avec une coupure très nette le long de la ligne chauffée, exactement au milieu des coussinets de papier. C'est un des meilleurs procédés pour couper les tubes épais et larges.

Troisième procédé. — Lorsqu'on dispose de six ou huit piles Bunsen ou de trois ou quatre accumulateurs, il est commode de se servir du dispositif suivant, indiqué par *M. P. Lugol* :

Dans un gros bouchon de liège (fig. **208**), on en-

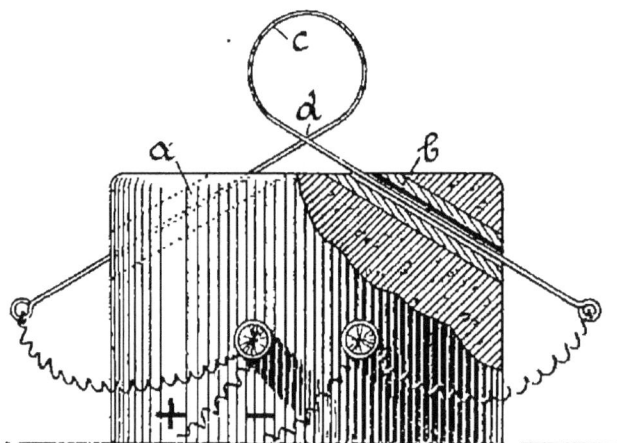

Fig. 208. — Coupage d'un tube par fêlure, à l'aide de l'électricité.

gage deux tubes capillaires *a b* inclinés en sens opposés et aboutissant en des points voisins sur la face supérieure du bouchon. On enfile dans ces tubes les extrémités d'un fil de platine mince, recourbé de manière à former une boucle *c*.

Si on relie les crochets qui terminent le fil de platine aux bornes de la pile au moyen de fils de cuivre épais, le platine devient incandescent.

Au moment de se servir de cet appareil, on place dans la boucle le tube à couper, entaillé préalablement d'un trait de lime faisant le tour complet ; on tire les bouts du fil de platine pour l'appliquer exactement contre le trait de lime, en veillant à ce que les deux parties de la boucle *ne se touchent pas* au point de croisement *d*, car cela empêcherait le courant de passer dans la boucle et de la faire rougir. On ferme le circuit électrique et la rupture ne tarde pas à se produire.

Quatrième procédé. — On enroule autour du tube un fil de verre chaud, puis on l'enlève et on touche immédiatement l'un des points chauffés avec un objet métallique froid ou mouillé. Il se produit aussitôt une fêlure tout le long de la ligne de contact.

Pour obtenir un fil de verre chaud, on chauffe un tube ou une baguette au rouge blanc, on l'étire, et sans le sortir de la flamme on fait adhérer un point du fil à étirer au tube à couper. En tournant celui-ci sur lui-même, le fil tiré du bout resté dans la flamme l'entoure complètement ; on détache aussitôt le fil et on détermine la fêlure comme il est dit ci-dessus.

Les ouvriers verriers qui coupent les manchons de verre à vitres emploient toujours ce procédé. Ils tirent le fil chaud d'une petite masse de verre fondu prise à l'extrémité des deux tiges de fer.

Cinquième procédé. — Le procédé suivant repose sur le même principe que les précédents.

On prépare un crochet en fil de fer formant une boucle d'un diamètre égal à celui du tube à couper.

On le chauffe au rouge, puis on le fixe de manière que son ouverture soit en haut ; on y introduit le tube et on l'y fait tourner lentement, de manière à chauffer toute la ligne de séparation. Si le tube ne se rompt pas de lui-même, on le retire vivement du crochet et on touche avec un corps froid la ligne échauffée par le fil de fer.

Sixième procédé. — On appelle *crayons de Berzélius* des baguettes formées avec le mélange suivant :

5 parties de gomme arabique dans 8 parties d'eau.
2   —   gomme adragante dans 12 parties d'eau.
1   —   storax calamite dans 3 1/2 parties d'alcool.
1   —   benjoin dissous dans 2 parties d'alcool.
12 à 14 parties de charbon de bois en poudre.

Le mélange étant bien homogène, on le moule sous la forme de petits cylindres qu'on laisse sécher lentement.

Ce charbon une fois allumé continue à brûler, sans s'éteindre, quand on souffle dessus.

On obtient le même résultat avec du fusain trempé dans une dissolution d'azotate de plomb, et séché, ou bien avec de simples règles en bois blanc qu'on fait bouillir avec de l'eau chargée d'azotate de potasse et qu'on soumet ensuite à une complète dessiccation (*Peligot*).

Si, après avoir fait une entaille sur le verre, à l'aide de la lime ou du couteau à verre, on approche de celle-ci la pointe du charbon allumé, la fêlure s'approfondit et s'étend dans la direction où on déplace le charbon.

La pointe doit être très voisine du verre, mais *ne doit pas le toucher*, et il faut souffler constamment dessus pour la maintenir incandescente, en même temps qu'on tourne le charbon sur lui-même pour que la pointe s'use également et reste conique.

Quand on a fini de se servir du crayon de Berzélius, on l'éteint en enfonçant la pointe dans un godet rempli de sable fin et sec.

Lorsqu'il s'agit de couper des pièces cylindriques suivant un plan perpendiculaire à l'axe, il est commode de les placer sur un support permettant de les faire tourner autour de leur axe ; le charbon étant également fixé sur un support réglable en hauteur, il suffit de faire faire au cylindre une révolution complète devant le charbon, à partir de l'entaille, pour le couper très exactement.

Cette propriété du crayon de charbon de Berzélius de déterminer la rupture du verre, au point juste où il est appliqué, rend possible une expérience vraiment curieuse.

Si, autour d'une bouteille en verre ordinaire, on promène lentement le charbon allumé, on peut arriver à déterminer une cassure qui suivra une ligne en hélice (fig. 209). En prenant cette bouteille par son extrémité supérieure, on s'apercevra que l'hélice de verre se tend et se détend comme un ressort élastique.

C'est là une des plus curieuses expériences faites pour démontrer et la mauvaise conductibilité du verre pour la chaleur et l'élasticité relative du verre.

Septième procédé. — On peut également couper le

col d'un vase de verre quelconque, d'un verre à boire ou d'une éprouvette de chimie en entourant cet objet

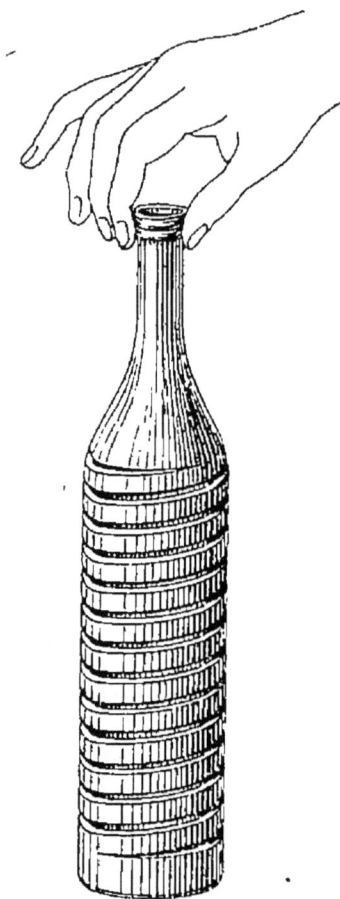

Fig. 209. — Découpage d'une bouteille.

d'une mèche combustible que l'on enflamme. La mauvaise conductibilité du verre en détermine la cassure juste sur la ligne que marque la mèche.

On prend pour cela un fil de fer assez fort et on le courbe en rond autour du tube ; puis avec une roulette ou une pointe à marquer le verre, on fait une trace, en suivant le fil de fer comme guide, à la place où l'on veut le couper. Remplaçant alors le fil de fer par une ficelle, on imbibe celle-ci avec du pétrole ou de la benzine, ou encore par une ligature de coton à repriser, saupoudré de soufre pulvérisé, puis on y met le feu et au moment où la flamme s'éteint on plonge le tube dans l'eau froide. Il suffit alors d'une petite pression pour que la brisure se fasse régulièrement à l'endroit précis où le fil a brûlé.

Ce procédé réussit bien pour couper, par exemple, des fonds de bouteilles.

Huitième procédé. — On indique encore le procédé suivant pour déterminer la rupture du verre à un point voulu. Étant donné un verre à boire, un flacon, une éprouvette, on les remplit d'huile jusqu'à la hauteur de la ligne à laquelle doit avoir lieu la rupture, puis on plonge dans cette huile un charbon ardent ou un barreau de fer rougi à blanc. Sous l'action de l'huile brusquement échauffée, le verre se fend au niveau du liquide.

Neuvième procédé. — L'échauffement local qu'il faut amener dans le verre suivant la rupture peut être provoqué au moyen du frottement d'une ficelle. S'agit-il par exemple de couper une bouteille ; on entortille au-dessus et au-dessous de la ligne de séparation deux morceaux de carton assez épais que l'on colle fortement sur la bouteille.

Dans l'espace laissé libre, c'est-à-dire dans l'interstice des deux bandes de carton, on entortille d'un tour une ficelle un peu grosse et bien solide.

que l'on tend fortement et que l'on tire tantôt dans un sens, tantôt dans l'autre, jusqu'à ce que la place soit bien chauffée. En y jetant alors quelques gouttes d'eau, la bouteille se fendra tout autour, comme si elle était coupée avec un diamant.

Certains des procédés que nous venons d'indiquer ne peuvent, bien entendu, s'appliquer que dans des cas spéciaux, mais on a vu souvent des personnes devenir très adroites pour découper des feuilles de verre suivant les contours voulus au moyen du charbon de Berzélius ou simplement d'une tige de fer pointue et rougie au feu. En promenant ce charbon, ou cette pointe, de manière à former des zigzags, des dents de scie, des volutes, etc., on peut arriver à obtenir des feuilles de verre aux bords dentelés, enroulés, tourmentés de mille manières.

Sur le bord du verre, au point où doit commencer la fêlure, on fait une petite encoche avec l'angle d'une lime, en frottant d'un mouvement sec du haut en bas. Puis on fait rougir à la lampe soit un bout de fer, soit un tuyau de pipe d'un sou. A l'aide de cette tige rougie, quelle qu'elle soit, on trace sur le verre la ligne voulue, lentement et en commençant par l'encoche. Enfin, on prend à deux mains la vitre, les pouces près de l'encoche et l'on casse brusquement en ramenant les ongles en dessus. La brisure se fait suivant la ligne dessinée par la tige chauffée, et l'opération ne présente aucun danger.

V. FENDAGE DES TUBES DE VERRE

Il est utile d'indiquer ici plusieurs procédés qui peuvent trouver leur application en certains cas, ou se combiner entre eux selon les besoins, pour fendre des tubes de verre dans le sens de leur longueur:

1° Le moyen par le diamant; mais outre qu'il est fort difficile de le faire mordre sans égrisage, il devient impossible de séparer les deux parties quand le tube est épais et de petit diamètre.

2° Le moyen par addition de calorique, employé pour fendre les manchons destinés aux verres à vitres, lequel consiste à promener dans l'intérieur de ces grands cylindres une barrette de fer rougie à blanc; mais ce procédé laisse des taches de rouille ineffaçables, et n'est pas applicable aux petits tubes de diamètres variables.

3° Par le charbon de Berzélius; ce procédé est bon, quoique trop lent pour être appliqué d'une manière industrielle.

4° Par l'incandescence d'un fil imprégné d'une substance vivement inflammable; nous devons faire remarquer que cet artifice, vrai en théorie, réussit rarement en pratique.

5° Par le frottement continu du bois ou d'une ficelle sur une ligne donnée.

6° Par l'application d'un fil de platine tenu au rouge-cerise à l'aide d'un courant produit par une forte batterie.

7° En recouvrant le verre d'une couche de barbotine (1) assez épaisse; quand elle est sèche on découvre avec une pointe les lignes selon lesquelles on veut que la fente s'opère et l'on applique le verre sur un bain de plomb fondu avec lequel les parties dé-

(1) *Barbotine*: bouillie de terre réfractaire.

26.

couvertes entrent en contact immédiat et produisent les fêlures désirées.

8° Par le persil ou l'ail écrasés sur une fente pratiquée dans une feuille de cuivre mince ; ce procédé inexplicable reste encore à vérifier.

9° Par soustraction de calorique, en posant le verre encore rouge sur un cylindre de fer froid ; mais des tubes fendus de la sorte aux verreries d'Herbatte ont donné 55 0/0 de perte.

La chose a mieux réussi en enfilant les tubes chauds sur une tringle de fer froid ou vice versa ; mais le meilleur succès a été obtenu avec une sorte de peigne à dents de fer, mobile entre deux règles plates, qui épousent toutes les ondulations du verre.

10° Par le déchirement opéré à l'aide d'une vis qui dilate un élargissoir introduit dans le tube, la fente étant déterminée par un léger coup de lime ou de diamant.

VI. PERÇAGE DU VERRE

Pour percer un trou dans le verre, on commence par entourer la place à percer d'un petit bourrelet de mastic de vitrier formant cuvette (fig. 210). Dans ce récipient, on verse un peu d'essence de térébenthine dans laquelle on a fait dissoudre un morceau de camphre ; on y ajoute quelquefois de l'acide oxalique ou des oignons écrasés, ces produits n'ayant, du reste, qu'une action toute mécanique.

Après avoir couché la feuille sur un carton uni et mou, on pose dessus, verticalement, au centre de la petite cuvette, la pointe d'un burin carré de graveur sur métaux, trempé dur ; la pointe est formée par la coupure en sifflet suivant la diagonale ; en tournant

et en le pressant légèrement sur le verre, le trou se
produit promptement.

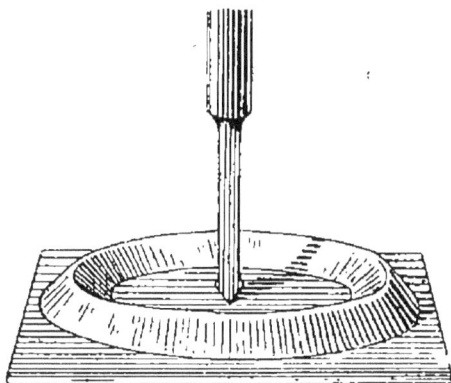

Fig. 210. — Perçage du verre.

Par le même procédé, on peut scier ou limer le
verre, en ayant soin d'humecter très abondamment
l'outil et le verre de térébenthine camphrée.

Un physicien, M. Dujardin, a cherché à expliquer
cet effet, en supposant que le verre est dans un état
de cristallisation confuse, et que l'essence de térébenthine, s'insinuant entre les joints des particules
vitreuses, tend à diminuer leur adhérence. M. Dujardin, ayant voulu voir si le même effet aurait lieu
sur des silicates naturels, a trouvé que le feldspath,
après avoir été plongé dans l'essence, se laisse limer
beaucoup plus aisément.

On peut encore percer des trous dans la porcelaine, le verre ou le grès, en employant avec un tour
ou un archet, une baguette de cuivre doux et un
mélange d'émeri en poudre et d'huile de lin.

L'émeri se fixe par le frottement à l'extrémité de
la baguette de cuivre et l'instrument ainsi armé

peut percer la substance la plus dure dans un espace de temps extrêmement court.

VII. CRAYONS POUR ÉCRIRE SUR LE VERRE

On obtient par le procédé suivant des crayons qui écrivent très facilement sur le verre sec :

Prenez 40 grammes de spermaceti (blanc de baleine), 30 grammes de suif et 20 grammes de cire d'abeilles. Fondez le tout dans un petit pochon, sur un feu doux, et ajoutez-y un mélange de 60 grammes de minium et 40 grammes de carbonate de potassium en poudre très fine. Conserver la masse fondue pendant une demi-heure en remuant continuellement, puis coulez dans des moules et refroidissez aussi rapidement que possible.

En coulant le mélange dans des tubes de verre de diamètre convenable, on peut ensuite pousser le cylindre de matière refroidie et le tailler en pointe en conservant le tube comme enveloppe.

CHAPITRE XVII

TAILLE ET POLISSAGE

—

SOMMAIRE. — I. Polissage des glaces. — II. Moyens propres à reconnaître l'épaisseur des glaces. — III. Taille des cristaux.

I. POLISSAGE DES GLACES

Les glaces brutes coulées ne sont pas transparentes : leurs faces sont rugueuses, surtout du côté qui s'est trouvé en contact avec la table, sur laquelle, avant la coulée, on a semé du sable pour éviter l'adhérence. Elles ont une épaisseur moyenne de 10 à 13 millimètres et présentent des inégalités d'épaisseur relativement considérable. Il faut les *polir* pour les rendre absolument planes et transparentes.

Le polissage comprend quatre opérations : 1° le *dégrossissage* ou *débrutissage* avec du gros sable : 2° le *doucissage* avec des sables demi-fins et fins ; 3° le *savonnage* à l'émeri ; 4° le *polissage* proprement dit avec le rouge à polir (colcotar).

APPAREILS A DÉGROSSIR ET A DOUCIR

Les deux premières opérations se font ordinairement sur la même machine, au moyen de blocs de fer ou de fonte mobiles usant les glaces par frottement avec interposition de sable de plus en plus fin. Les dispositions que présentent les appareils à doucir sont extrêmement variables. Nous nous bornerons à indiquer le principe des anciennes machines (1) et celui des plus récentes.

Dans les anciens appareils, la glace est scellée au moyen de plâtre sur une dalle de pierre bien lisse. L'ensemble de la glace et de la dalle ainsi réunies, est placé sous un ou plusieurs plateaux en fonte, nommés férasses. Les férasses sont liées à un grand balancier en bois ou en fer, suspendu par des chaînes au plafond de l'atelier, et animé d'un mouvement horizontal de translation circulaire.

Pendant que cet appareil est en mouvement, on

---

(1) Jusqu'en 1768, en Angleterre, et même jusqu'en 1820 à Saint-Gobain, les opérations de doucissage et de polissage étaient entièrement manuelles. Il fallait trente-six jours pour que deux ouvriers puissent dégrossir et doucir une glace de 2m60 sur 3m.

jette du grès entre la surface frottante des térasses et la glace, et on arrose constamment avec un filet d'eau. Le frottement du grès fait disparaître toutes les aspérités, égalise la surface et lui donne l'aspect du verre dépoli. Lorsqu'un côté du verre est égalisé, la glace est descellée, puis retournée et rescellée pour que le dégrossissage s'opère sur la face opposée.

La seconde opération, le doucissage proprement dit, s'achève en disposant deux glaces sur des bâtis de bois animés de mouvements de va-et-vient, de telle manière que les surfaces de ces deux glaces, marchant en sens contraire, s'usent réciproquement.

On aide à l'usure en projetant entre les deux surfaces du sable très fin, lavé et tamisé, puis après le sable, de la poudre d'émeri.

Les appareils employés actuellement pour doucir les glaces dans la plupart des grandes usines françaises, anglaises et belges sont connus sous le nom de *plateformes* ; ils sont usités depuis longtemps en Angleterre.

Ils consistent en principe en une table circulaire *a* (fig. 211) en fer ou en fonte, animée d'un mouvement de rotation autour de son centre. Au-dessus de cette table sont disposées deux térasses *b*, *c*, circulaires ou polygonales, également mobiles autour de leur centre ; elles sont constituées par de lourds plateaux en bois sous lesquels sont vissées des plaques de fonte ou de fer. Les arbres des térasses sont maintenus à égale distance du centre et du bord de la table par un bâti *d*, qui est d'un poids très élevé, et peut se déplacer transversalement sur des rails.

La table ou plateforme *a*, sur laquelle on scelle les glaces à doucir au moyen de plâtre fin, est mise en

mouvement par un puissant moteur, de manière à
faire environ 30 à 40 tours par minute. Les férasses
ne sont pas commandées par le moteur; elles sont

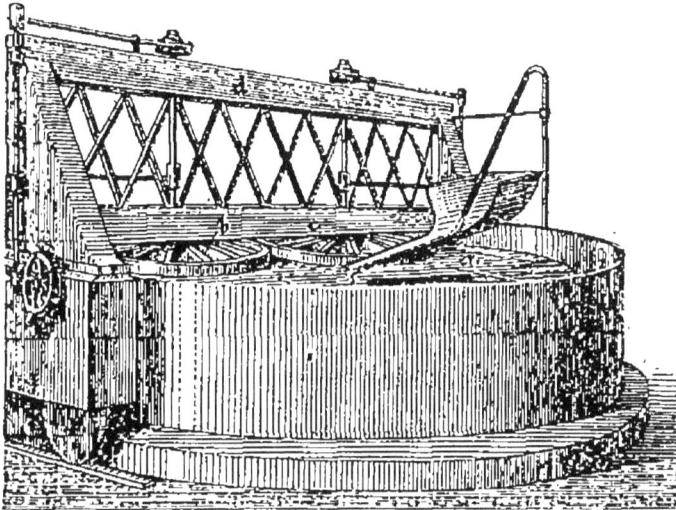

Fig. 211. — Plateforme pour le doucissage des glaces.

simplement entraînées, dans le même sens que la
plateforme, par le frottement des différentes zones de
celle-ci qui sont animées de vitesses de plus en plus
grandes en allant du centre à la périphérie. Des contrepoids placés latéralement permettent de régler la
pression des férasses sur les glaces.

Enfin un conduit oscillant distribue sur les glaces
un courant d'eau et de sable. A Jeumont, les plateformes ont de 6 à 9 mètres de diamètre; elles permettent de doucir mensuellement plus de 20,000 mètres de glace avec un personnel qui serait insuffisant
pour en polir 800 si les anciennes méthodes étaient

encore employées. Les plaques de fer des férasses
sont usées en 15 jours.

Le débrutissage est commencé avec du gros sable
et le doucissage est continué avec du sable de plus
en plus fin. Ces produits doivent être soigneusement
gradués ; la moindre négligence de ce fait compro-
mettrait le succès de l'opération.

APPAREILS A SAVONNER

Lorsque les glaces sont doucies sur les deux faces,
on les soumet au *savonnage* en employant successivement quatre numéros d'émeris de plus en plus
fins.

Cette opération, qui se faisait autrefois à la main,
est exécutée maintenant par des appareils agissant de
la manière suivante :

Deux glaces doucies sont posées l'une sur l'autre
à plat : l'une est placée sur une table fixe, avec interposition d'un linge humide qui l'empêche de
glisser ; sur l'autre glace, qui est mobile, repose une
lourde caisse en bois, servant de moyen d'entraînement. Cette caisse est animée, par un dispositif à un
ou deux bras de leviers, suivant les systèmes, d'un
mouvement de va-et-vient dont la trajectoire a la
forme d'un 8 allongé. Grâce à ce mouvement, imi-
tant celui de la main dans l'ancien procédé, et à l'interposition de l'émeri, les surfaces des glaces en contact s'usent réciproquement.

APPAREILS A POLIR

La dernière opération est le *polissage* proprement
dit. La machine chargée de ce travail consiste en une
table au-dessus de laquelle sont disposés des tam-

pons de feutre ou polissoirs, dont les arbres verticaux sont montés sur une charpente horizontale
en fonte, reposant sur des manivelles de façon à
en recevoir un mouvement de translation circulaire. Ces tampons, qui sont animés en même temps
d'un mouvement de rotation sur eux-mêmes, sont
chargés de manière à s'appuyer légèrement sur
la surface du verre à polir. La table reçoit, d'autre
part, un mouvement de va-et-vient qui fait
passer sous les tampons toute la surface des glaces
à polir.

Chaque table, selon sa grandeur, porte 12, 18 ou
même 24 polissoirs, faisant environ 80 tours par minute ; il faut environ huit heures pour polir une
glace sur une face.

Ces appareils ont été partout substitués aux anciens, dans lesquels les polissoirs étaient soumis à
un simple mouvement de va-et-vient rectiligne, perpendiculaire à celui de la table ; il fallait alors des
ouvriers exercés pour obtenir un bon polissage, et le
rendement atteignait à peine le quart de celui des
machines que nous venons de décrire.

Le rouge à polir employé dans cette opération est
du peroxyde de fer rouge provenant de la calcination
des pyrites dans la fabrication de l'acide sulfurique
anhydre. Cette matière est encore connue sous le
nom de colcotar, de potée rouge, de rouge de Paris,
de rouge d'Angleterre, etc.

APPAREILS A SCELLER LES GLACES

Lorsque plusieurs glaces doivent être polies à la
fois, il faut les fixer sur la table à polir de manière
à ce que leur surface supérieure forme un plan

exact, parfaitement uni, malgré les différences d'épaisseur qu'elles peuvent présenter.

Ce scellement, qui se fait au plâtre fin, donne lieu à d'assez grandes difficultés quand les tables ont de fortes dimensions.

On se sert, à cet effet, de différents appareils dont nous emprunterons la description à *M. Henrivaux* (1).

L'appareil ordinaire, usité en Belgique, se compose d'un châssis mobile dans lequel sont assujetties deux ou trois glaces épaisses formant une surface unie. Ce châssis à glaces se meut au moyen de chaînes et de cabestans, comme un couvercle à charnière ; il s'ouvre pour recevoir les glaces à sceller et se referme pour les déposer sur une table à polir.

Mais dans ce mouvement les glaces s'échappent facilement, tombent à terre, se brisent et blessent parfois les ouvriers scelleurs.

C'est pour parer à ce danger, à ces casses et en même temps pour arriver au scellage mécanique des grandes glaces que l'appareil allemand a été conçu.

Il se compose d'une charpente de cinq mètres de hauteur, portant un arbre horizontal en fer ; un cabestan imprime un mouvement de rotation à cet arbre qui, par l'enroulement de deux chaînes, fait monter ou descendre à volonté deux forts disques en fonte ; ceux-ci sont percés chacun de six trous dans lesquels on enfonce des broches attachées aux extrémités des tables à polir.

Dans cette position, l'appareil permet d'élever ou d'abaisser ensemble une couple de tables à polir

(1) Henrivaux. — *Le Verre.*

entre lesquelles se trouvent intercalées les glaces à
sceller ; au moment où ces deux tables sont élevées,
on leur imprime un mouvement de rotation, en sorte
que celle du dessous revient au-dessus ; les glaces
posées sur la première table se trouvent sur la
seconde et s'y scellent au moyen d'une couche de
plâtre versée d'avance. On redescend les deux tables,
on enlève celle qui était primitivement au-dessous
et l'autre va au poli avec ses glaces scellées.

On conçoit que les glaces emprisonnées entre les
deux tables, pendant le mouvement de rotation, ne
peuvent plus s'échapper.

Sous le rapport de l'économie de casse, cet appareil est excellent ; les manœuvres seules étaient plus
pénibles qu'avec l'appareil ordinaire ; aussi pour
parer à cet inconvénient, a-t-on appliqué la vapeur
au cabestan, de sorte que tous les mouvements se
font mécaniquement avec moins de peine qu'autrefois.

Construit dans de telles conditions, ce système
permet de sceller plus de 4.000 mètres par mois.

PROCÉDÉ PRATIQUE POUR EXÉCUTER DES GLACES MINCES PARALLÈLES

M. Laurent emploie un plateau en verre de 25 millimètres d'épaisseur et de 13 centimètres de diamètre (fig. 212). La face *a* est polie et porte une
molette en liège *b* percée d'un trou *c* de 10 millimètres pour le passage de la lumière. L'autre face *d*
dépolie, est plane et parallèle à *a*. Elle est sillonnée
de rigoles *e*, communiquant entre elles et avec un
trou latéral. La glace à polir *f*, est préparée à l'émeri
le mieux possible ; ce plateau étant retourné, on appli-

que bien la glace sur *d*, on ajoute un poids, on colle
les bords, soit à l'arcanson, soit au papier ; ce léger
collage ne suffit pas du tout à retenir la glace, il

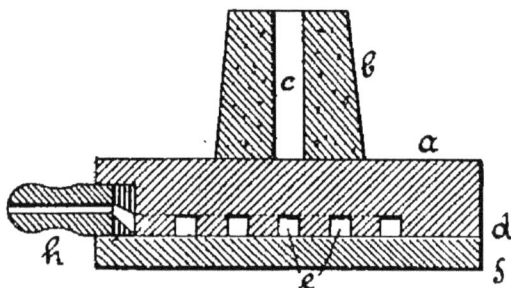

Fig. 212. — Polissage de glaces minces pour l'optique.

sert seulement à empêcher l'air d'entrer dans les
rainures *e*. On fait le vide en *h*, en aspirant avec la
bouche par l'intermédiaire d'un tube en caoutchouc
qui s'adapte en *h* au moyen d'une tubulure ; quand
le vide est fait, et tout en aspirant, on appuie vivement la tubulure qui écrase la cire à mouler placée au
fond du trou et percée aussi ; la cire en s'aplatissant
bouche le trou ; on retire alors la tubulure ; c'est un
moyen simple et rapide de faire le vide. La glace ne
fait plus qu'un avec le plateau et on travaille le tout
comme s'il s'agissait d'un seul bloc épais. Une fois
polie, on retourne la glace, pour faire la deuxième
face. Ce procédé donne d'assez bons résultats. On
peut ensuite découper la glace en petits morceaux
pour optique.

II. MOYENS PROPRES A RECONNAITRE L'ÉPAISSEUR DES GLACES

La beauté et la valeur des glaces, exemptes de
défauts, dépendent de leur grandeur, de leur blan-

cheur, de leur épaisseur et de leur transparence. On juge de leur blancheur en approchant de leur surface un corps très blanc, comme du papier, et examinant la nuance qu'a dans la glace ce corps réfléchi. Quant à l'épaisseur, lorsque les glaces sont encadrées, il est fort difficile de l'apprécier bien exactement.

Tout le monde a remarqué qu'on pouvait estimer l'épaisseur d'une glace en observant l'intervalle qui sépare un objet placé contre la surface, de l'image réfléchie par le tain. C'est aussi de cette manière que les miroitiers jugent de l'épaisseur des glaces qui sont montées ; mais, quelque justesse de coup-d'œil que l'habitude leur ait donnée, on conçoit qu'ils ne peuvent obtenir que des évaluations inexactes.

La solidité des grandes glaces, et la résistance qu'elles doivent opposer aux légères flexions qui déforment les images, assignent une limite inférieure à l'épaisseur de ce produit ; de sorte que, toutes choses égales d'ailleurs, une grande glace a nécessairement d'autant plus de prix qu'elle est épaisse. Quand les glaces sont *nues*, rien n'est si simple que de mesurer leurs dimensions ; mais lorsqu'elles sont *montées*, leur épaisseur ne peut plus être soumise aux instruments ordinaires et est difficilement estimée.

C'est dans le but d'obvier à cet inconvénient, que *M. Benoist* a imaginé le *pachomètre*, à l'aide duquel on découvre sur-le-champ, et sans aucun calcul, l'épaisseur d'une glace, en un quelconque de ses points. Le pachomètre donne donc le moyen de s'assurer avec promptitude si une glace est d'égale

épaisseur partout; vérification qui serait peu commode à faire sur une glace nue, et impraticable, par
les moyens ordinaires, sur une glace montée.

Description du pachomètre

Le *pachomètre* ordinaire à *angle fixe* se compose,
comme celui à *angle mobile* (fig. 213), d'un secteur

Pachomètre à angle mobile.

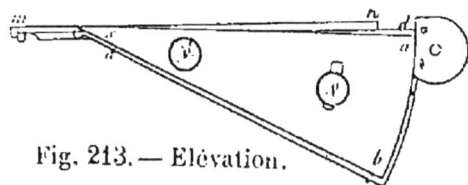

Fig. 213. — Elévation.

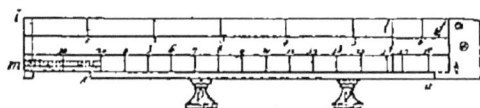

Fig. 214. — Plan.

en cuivre *s a b* garni d'acier à son sommet *s*, d'une
amplitude de 27 grades, 828944 (1), et d'un rayon
s a, égal à 14 ou 15 centimètres, plus ou moins. Ce
secteur est fixé contre une des faces latérales d'une
espèce de pyramide de bois *cd*, aplatie. Dans la base
de cette pyramide, est creusée une rainure *s* destinée à recevoir le dos à ressort d'une languette de
cuivre, dont la large face *llmn* affleure un des côtés
sa du secteur, et dont le bout est garni d'une traverse *lm* d'acier, ayant une saillie latérale vers *m*,
égale à l'épaisseur de la plaque de cuivre dont le
secteur est formé. Cette traverse termine la languette

_____

(1) Angle correspondant à 25° 2' 45" 78.

par une arête vive, perpendiculaire à sa longueur. La languette, dans toutes les positions qu'il est possible de lui donner, ne cesse pas de rencontrer d'équerre les faces du secteur ; et celui de ses bords *mn*, qui en est touché, est divisé en petites portions égales entre elles, et aux trois quarts d'un millimètre. Cette division existe sur une longueur de 3 centimètres, à partir de l'arête extrême de la traverse *tm*, où est l'origine de la graduation qui s'étend jusqu'à 20, parce que les petites divisions mentionnées sont réunies deux à deux, pour former des unités égales en longueur à 1,5 mill., mais qui ne doivent être comptées que pour 1 mill., dans les mesures fournies par l'instrument.

Si, pour des raisons particulières, on ne faisait diviser la languette qu'en millimètres et fractions, comme est celle du *pachomètre à angle mobile* que M. Benoist a fait construire pour son usage, l'épaisseur de la glace, en millimètres, ne vaudrait que les deux tiers du nombre de millimètres fourni par l'instrument, dans le cas où le côté supérieur du secteur ferait un angle de 27 grades, 828944 avec la face divisée de la languette. Le rapport entre l'épaisseur de la glace et la saillie de la languette, pour tout autre angle d'ouverture donné au pachomètre, se calcule par une formule dans laquelle *i* (fig. 213) est le complément de l'angle d'ouverture de l'instrument.

Le pachomètre à angle mobile, représenté par les figures 213 et 214, diffère du pachomètre à angle fixe, en ce que le secteur est sillonné par deux ouvertures en arc de cercle, ayant pour centre commun le sommet *s* du secteur. Deux vis de pression *v*, *v'*, passant au travers de ces ouvertures,

servent à fixer ce secteur contre la face latérale du
corps pyramidal de l'instrument, qui est muni en
outre d'un *talon* de cuivre 0z, sur lequel on peut
repérer les diverses positions qu'il est ainsi possible

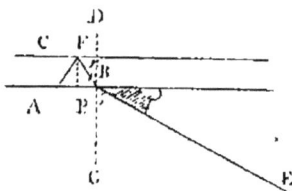

Fig. 215. — Marche des rayons lumineux
dans le pachomètre.

de donner au secteur, relativement à la languette,
laquelle n'est d'ailleurs divisée qu'en demi-milli-
mètres, ainsi qu'il a été dit. Il est bon aussi de donner au secteur de cuivre une amplitude moindre
que celle qui convient au pachomètre ordinaire.

Manière de se servir du pachomètre

Quand on veut se servir des deux sortes de pachomètre, on applique la large face *llmn* de la languette, contre la glace à examiner, de sorte que la
surface de celle-ci est rencontrée d'équerre par le
secteur *abs* ; et, comme alors le bord *as* de ce secteur s'appuie sur la glace, tout rayon visuel conduit
le long de son autre bord *bs*, entrera dans le verre
sous une incidence de (100 gr. — angle *bsa*), ou de
(100 gr. — 27 gr., 228944), c'est-à-dire de 72 gr.,
171036, pour le pachomètre à angle fixe. D'où il
suit qu'après avoir été réfléchi par la face étamée,
ce rayon sortira en un point de la glace distant de
celui par lequel il y était entré, d'une quantité
égale à une fois et demie l'épaisseur du verre.

Si donc, la languette ayant été primitivement ouverte, comme le montre la figure, on fait glisser le secteur le long de la languette, pour ramener la saillie *sm* de cette dernière à une valeur telle que l'image de l'arête extrême *ml* de la traverse d'acier soit vue dans la direction du rayon visuel mentionné *bs*, le nombre porté par la division qui se trouvera à côté du sommet *s* du secteur, sera, en millimètres, la valeur de l'épaisseur de la glace examinée.

Remarques diverses

Pour rendre le pachomètre propre à mesurer surabondamment la largeur et la hauteur des glaces, il faut continuer la division du bord *mn* de la languette, voisin du secteur, en centimètres, et faire suivre cette division et la graduation sur la base de la pyramide de bois, à côté de la rainure *r* jusqu'à 25 centim. Le bord opposé *ll* de la languette et celui de la rainure *r* qui lui correspond, peuvent être divisés en pouces au nombre de 10 ; de sorte qu'on lit la valeur des longueurs mesurées, en mètres ou en pouces.

Lorsque le pachomètre est à angle mobile, on peut le régler par expérience, pour une qualité de glace quelconque donnée. Je suppose, par exemple, que l'on se propose d'avoir des saillies de languette égales à l'épaisseur des glaces de même nature : on prendra l'une de ces glaces pour la mettre à nu et on fera saillir la languette du pachomètre d'une quantité égale à l'épaisseur de cette glace, sur la face antérieure de laquelle on appliquera ensuite l'instrument, comme si on se proposait d'en mesurer l'épaisseur. Cela étant, au lieu de faire glisser le

27.

secteur le long de la languette, on fera varier l'angle que forme avec la glace celui de ses côtés qui sert d'alidade, jusqu'à ce que l'image de l'arête extrême de la languette soit vue dans la direction de ce côté ; et alors l'instrument sera réglé. On serrera les vis dont on avait diminué la pression et on fera une coche sur la face de la pyramide contre laquelle s'appuie le secteur, ou le talon de cuivre dont elle est munie pour cet objet. Les données de la rectification actuelle seront ainsi conservées, et on pourra remettre les parties de l'instrument dans les positions qu'elles viennent de prendre, si on les avait dérangées pour chercher leurs positions relatives à des glaces d'autre nature.

Le pachomètre pourrait, comme on voit, être employé au mesurage du pouvoir réfringent des glaces, etc.

On pourrait donner plus d'exactitude au pachomètre, en garnissant le secteur d'une lunette pour conduire le rayon visuel.

III. TAILLE DES CRISTAUX

Toutes les pièces de gobeleterie ont besoin de passer par les mains du tailleur de cristaux ; le travail du verrier y laisse toujours, en effet, la trace du pontil et souvent quelques imperfections qu'il est nécessaire de faire disparaître ; beaucoup de pièces doivent, en outre, être décorées de facettes qui, réfractant et réfléchissant la lumière en tous sens, augmentent les qualités de blancheur et d'éclat du cristal.

La taille du cristal comporte trois opérations distinctes : l'ébauchage, le taillage ou douci, et le polissage.

Nous croyons utile de reproduire ici une intéressante description que *M. H. Havard* a faite de ces différents travaux (1) :

« Ils s'exécutent à l'aide de roues montées sur un tour, et dont les dimensions ainsi que la matière varient suivant la nature du résultat qu'on entend obtenir.

Contrairement à ce qui se passe dans les autres branches de la verrerie, ici, c'est l'ouvrier le plus expérimenté, le plus adroit, qui commence l'ouvrage. C'est l'ouvrier le moins habile qui le finit. Cette particularité est facile à expliquer.

De la correction de l'ébauche dépendent la régularité et la beauté du travail, et pour obtenir cette correction, une main exceptionnellement sûre et un œil particulièrement exercé sont d'autant plus indispensables que le plus ordinairement les tailles sont exécutées au jugé.

Pour les pièces de grand luxe, pour les objets de haut prix, ou encore pour ceux qui exigent dans la confection de certaines de leurs parties une régularité en quelque sorte mathématique, l'ébaucheur, il est vrai, recourt à son compas. Après en avoir enduit les pointes avec du minium, il compasse ses distances et indique ses principales divisions. Mais pour les ouvrages courants, il s'en rapporte à l'appréciation de son œil, et l'on voit des ouvriers habiles tailler sur la roue, sans la moindre hésitation, les vingt-quatre tables qui transforment un cube de cristal en pende-

(1) H. Havard. — *La Verrerie.*

loque de lustre, ou les cent cinquante facettes qui
donneront à un bouchon de carafe l'aspect d'un gros
diamant. Et ce travail singulièrement délicat, attaqué sans établissement préalable de points de repère,
se continue jusqu'à la fin de l'ébauche, c'est-à-dire
jusqu'à ce que la pièce ait revêtu sa forme définitive,
sans autre guide que la précision du coup d'œil et
la rectitude d'estimation que donne une longue habitude. Voilà pourquoi, dans chaque équipe, l'ébaucheur est toujours le chef de place (1).

C'est en présentant successivement les diverses
faces de la pièce qu'il décore, à la roue disposée
devant lui, en usant ces faces à leur contact, que cet
artisan entame le verre et taille ses facettes.

La roue dont on fait usage pour ce genre de travail est en acier ou en fonte. Elle est continuellement
humectée par une coulée d'eau chargée de sable. Sa
largeur est proportionnée à l'étendue de la pièce à
tailler : elle varie de 0ᵐ 30 à 0ᵐ 01.

Quand le chef de place a terminé son travail, et
qu'il a fait tomber les parties appelées à disparaître,
il passe la pièce au second ouvrier, qui perfectionne
l'ébauche, régularise les tailles, avive les arêtes, et
donne un premier poli, qui ramène la transparence.

La roue dont se sert le nouvel opérateur est en
grès lisse ; elle est également humectée d'eau, mais
cette fois limpide et sans poussière.

Quand cette partie du travail est terminée, le po-

(1) On donne le nom de place au groupe de trois ouvriers qui
travaillent ensemble à l'exécution d'une pièce. Pour plus de régularité et de rapidité dans l'ouvrage, ces ouvriers sont autant que
possible toujours les mêmes, et leur subordination à l'ébaucheur
n'est jamais mise en discussion.

lisseur n'a plus qu'à rendre au verre ou au cristal, son éclat caractéristique, ce qu'il fait en passant l'objet d'abord sur une meule de bois chargée de pierre ponce, et ensuite sur une meule de liège chargée de potée d'étain.

Ce mode de décoration, surtout quand il présente certaines complications (comme dans les verreries à très nombreuses et très saillantes facettes taillées en étoiles, dont le genre fut en honneur au commencement de ce siècle) ne laisse pas que d'exiger une dépense considérable de soins, de temps et subséquemment d'argent.

Aussi s'est-on appliqué à faciliter le travail des chefs de place, à le rendre à la fois moins fatigant et plus rapide.

Autrefois les divers tours dont les tailleurs font usage, étaient construits à pédales.

Ils étaient par conséquent mis en mouvement par l'ouvrier lui-même, qui, assis sur un banc élevé et le pied droit posé sur la pédale, ajoutait à la fatigue de ses mains celle de sa jambe continuellement en mouvement.

Les verriers de Bohême songèrent les premiers à utiliser la force motrice de leurs chutes d'eau pour délivrer leurs tailleurs de cette pénible sujétion. Chez nous, dans les cristalleries importantes, c'est la vapeur qui, aujourd'hui, fait tourner les roues du chef de place et de ses subordonnés.

Ce n'est point, au surplus, la seule amélioration qu'on ait apportée dans la taille du cristal. Dans quelques verreries étrangères, en Saxe, à Chemnitz notamment, pour l'ébauche des pièces importantes, on a substitué aux roues ordinaires des disques

d'acier anglais très fortement trempé, mesurant de
0m015 à 0m025 de diamètre, et dont la tranche,
couverte de poussière de diamant, entame le cristal
au lieu de l'user, et permet d'activer le travail d'une
façon singulière.

Mais que l'ébauche soit faite à la meule humectée
de grès, ou à l'aide de disques enduits de poussière
de diamant, la quantité de matière à enlever reste
la même, et dans certains ouvrages elle est considérable.

Aussi pour les articles qu'on tient à produire à
bon marché et à établir commercialement, s'efforce-
t-on de donner de suite aux pièces une forme se
rapprochant, autant que possible, de celle qu'elles
sont appelées à revêtir une fois taillées.

Cette préparation s'obtient à l'aide de moules en
cuivre, dans lesquels la matière est comprimée par
une pompe à pression qui, du nom de son inventeur, a pris le nom de pompe Robinet.

On confectionne ainsi des pièces ébauchées, sur
les diverses faces desquelles il suffit de revenir par
une taille rapide, qui corrige les profils demeurés
trop mous, avive les arêtes, enlève les bavures et
donne aux surfaces leur poli final. Dans la verrerie
très commune, pour éviter toute dépense nouvelle,
on laisse même les facettes telles que le moule les a
formées.

Enfin, depuis une vingtaine d'années, un méca-
nicien éminent, *M. Jaubert* s'est efforcé de substituer au travail direct du tailleur de verres et de
cristaux, des machines automatiques remplissant le
même rôle. Ces machines peuvent assurément rendre
de réels services à l'industrie verrière, quand il

s'agit uniquement de tailles simples, de celles qu'on appelle côtes plates. Mais pour les pièces soignées ou pour les ouvrages de forme exceptionnelle, elles ne sauraient remplacer le tailleur habile, qui souvent se double d'un artiste très méritant. »

Dans l'opération du polissage, les mains de l'ouvrier sont constamment en contact avec la potée d'étain; toute sa personne en reçoit par projection; enfin la chaleur développée par le frottement contre la roue est assez grande pour en dessécher une partie qui se répand dans l'air et pénètre dans la bouche et les voies respiratoires.

Or la potée d'étain est un sel toxique :

C'est un stannate de plomb, obtenu en oxydant dans des fours spéciaux environ 3 parties de plomb et 1 partie d'étain. Aussi les accidents causés par le plomb sont fréquents chez les tailleurs de cristaux. A Baccarat, sur 200 ouvriers, un cinquième environ fut atteint dans l'espace de sept ans. Parmi les 39 malades, 4 ont vu leur travail arrêté respectivement sept mois, un an, deux ans et quatre ans, par suite de paralysies saturnines.

1 a succombé à l'encéphalopathie.

Les 34 autres ont présenté ensemble 1,333 jours de maladie, soit 17,5 jours par mois.

17 ont dû quitter le métier pour fuir une intoxication à laquelle ils étaient par trop sensibles.

Pour éviter les accidents, M. *Guéroult* a cherché à remplacer à la cristallerie de Baccarat la potée par une substance inoffensive : de toutes celles qu'il a essayées, c'est l'acide métastannique qui remplit le mieux les conditions voulues; ce corps est obtenu par l'action au bain-marie de l'acide nitrique concentré sur la grenaille d'étain (1). Toutefois on ne peut l'employer seul, car il adhère trop fortement au cristal après le polissage; on lui adjoint de la potée d'étain. Le mélange employé est le suivant:

Potée d'étain. . . . . 1 kilog.
Acide métastannique. . . . . 2 —

L'ancienne potée contenait 61,5 0/0 de plomb, la nouvelle en contient seulement 20 0/0.

Depuis que ce mélange est employé, on n'a plus de cas d'empoisonnement par le plomb; chez ceux mêmes qui avaient eu autrefois des accidents, il ne s'est pas produit de rechute.

CHAPITRE XVIII

FABRICATION DES VERRES D'OPTIQUE

SOMMAIRE. — I. Taille. — II. Propriétés optiques des lentilles. — III. Lunettes. — IV. Moyen de contrôler les lentilles en cristal de roche. — V. Nouveau procédé pour enchâsser les verres. — VI. Vernis transparent pour instruments d'optique.

I. TAILLE

La préparation des verres d'optique consiste à tailler dans des blocs de crown ou de flint-glass des disques que l'on use par frottement, de manière à les amener à la forme de lentilles convexes ou concaves.

(1) L'acide stannique ordinaire raye le cristal sans le polir.

Nous nous aiderons pour la description des procédés en usage dans cette industrie, des renseignements donnés sur ce sujet par *M. Arthur Chevalier*, l'habile opticien bien connu (1).

CHOIX DU VERRE

Avant d'être travaillé, le verre est choisi ; chaque morceau est regardé à la loupe ; si l'on y découvre des *bulles* et *stries*, il est rejeté.

Les bulles que l'on ne peut éviter dans la fabrication des grands verres, ne doivent pas exister dans les petits et en particulier dans les verres pour lunettes. Cependant une petite bulle serait encore moins nuisible que les stries ou fils qui proviennent d'un mauvais mélange des matières entre elles. Ces défauts donnent aux verres différents pouvoirs réfringents, et il est facile de comprendre les fâcheux effets des verres produits avec une substance non homogène.

Si la substance première est mal faite, on peut aussi y découvrir des défauts ayant l'apparence de flocons de neige, et appelés pour cette raison des neiges. On peut aussi y voir des particules terreuses ou métalliques, des taches de différentes formes, etc.

Une autre qualité que doit présenter le verre, c'est qu'il soit dur et non décomposable à l'air. Lorsqu'il remplit les conditions précédentes, l'opticien le juge bon à être travaillé.

Les verres destinés aux télescopes, aux grands instruments, viennent de verreries spéciales, sous forme de disques de différents diamètres et d'épais-

(1) Arthur Chevalier. — *Hygiène de la vue.*

seurs variées ; sur les côtés de ces disques on fait des facettes polies, ce qui permet d'examiner la qualité de ces verres.

Pour les petits verres, on emploie aussi de petits disques en tranches que l'on découpe alors à la grandeur voulue. Ayant un morceau de verre d'une épaisseur trop grande pour l'objet auquel il est destiné, il arrive souvent qu'on enlève à la pièce, sur une des surfaces, et par écailles, une bonne quantité de verre afin d'abréger le travail ; cela se nomme *fioner* en terme de métier.

Le verre employé en optique est tantôt du crown-glass, tantôt du flint-glass. Nous verrons plus loin la composition de ces sortes de verre. Le cristal de roche se travaille comme les verres déjà nommés.

Pour les verres de lunettes, on emploie le crown-glass et le cristal de roche ; le crown est le verre par excellence, surtout s'il est pur et fabriqué spécialement pour l'optique.

C'est avec le beau crown que l'on fait les meilleurs verres de lunettes, et avec le verre à vitres dit verre double que l'on fabrique ceux dits ordinaires.

Que l'on se serve d'un disque épais ondulé ou d'une plaque de verre, il faut donner une courbure au verre pour le transformer en lentille optique.

OUTILLAGE

La courbure s'obtient en usant le verre avec de l'émeri mouillé sur des calottes ou dans des bassins en cuivre. L'outil représenté à la figure 216 se nomme le bassin, celui de la figure 217 la balle. On comprend

que le bassin sert à faire les verres bombés ou convexes, et la balle les verres creux ou concaves.

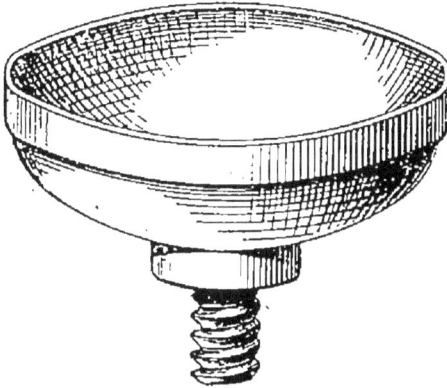

Fig. 216. — Bassin.

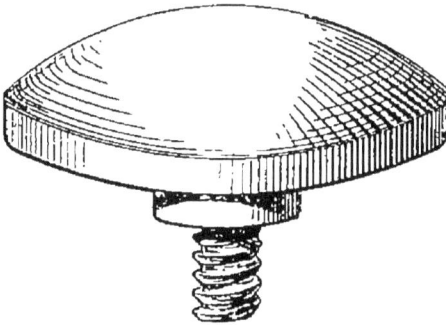

Fig. 217. — Balle.

Chaque outil représente un rayon de courbure.
Pour faire l'outil, on fait d'abord un calibre en traçant sur une planche de cuivre une courbure d'un
rayon donné. On découpe ensuite et on obtient deux
calibres, l'un concave, l'autre convexe, qui servent
à fabriquer le bassin et la balle. Dans les ateliers
d'optique, on a trois ou quatre cents paires d'outils

ayant des courbures depuis 20 pieds jusqu'à 1/5 de ligne.

Les outils sont généralement numérotés en pouces ou en lignes ; dans quelques ateliers on les marque en centimètres et millimètres.

L'outil, muni d'une tige à vis, se fixe sur le tour de l'opticien soit dans un écrou fixe, soit dans un arbre mobile.

Le travail à l'outil fixe se pratique pour les verres d'un certain diamètre. Pour les petits verres, on les travaille sur le tour.

Le tour d'opticien (fig. 218) se compose d'une table solide que l'on construit ordinairement en noyer ; sur la gauche se trouve un arbre vertical maintenu dans des collets et terminé par une pointe qui pivote dans une pièce *ad hoc*. A cet arbre se trouve fixé un volant et à son extrémité supérieure une manivelle placée horizontalement reçoit une poignée en bois.

Sur la droite du tour se trouve un arbre semblable au précédent et muni d'une poulie. Le volant et la poulie sont réunis par une corde en cuir. L'arbre à poulie reçoit l'outil. En faisant mouvoir l'arbre de gauche sur son pivot on obtient nécessairement un mouvement circulaire qui entraîne l'outil. L'ouvrier use le verre en le présentant au-dessus de l'outil enduit préalablement d'émeri.

Nous avons dit que l'émeri était le corps usant employé pour travailler les verres. On sait que l'émeri est du corindon granulaire ferrifère ou, en d'autres termes, de l'alumine à l'état de corindon mêlé d'oxyde de fer. C'est un corps d'une ténacité excessive. Après le diamant c'est un des corps les plus durs.

Les propriétés de l'émeri sont connues depuis longtemps; on l'exploitait à Naxos, et il était porté comme lest par les vaisseaux qui le transportaient à Venise et à Jersey.

Fig. 218. — Tour d'opticien.

On trouve l'émeri en France, en Suède, en Suisse, etc.

L'optique se sert de l'émeri à différents degrés de finesse ; on obtient ces divers états en le lavant. On met de l'émeri dans de grands baquets munis de robinets, on ajoute de l'eau, on remue le mélange. On cesse d'agiter, puis on reçoit le liquide à l'aide d'un robinet, on laisse déposer et on obtient un émeri d'un degré de finesse en rapport avec le temps qui s'est passé avant de laisser écouler le liquide.

Naturellement, plus il se sera écoulé de temps plus l'émeri sera fin.

On se sert en optique de l'émeri 1/2 minute ou gros, de l'émeri 1, 2, 5, 10, 30, et 60 minutes. Ces derniers sont excessivement fins et servent à doucir les verres, comme nous l'expliquerons plus loin.

TRAVAIL DES LENTILLES

Abordons la question du travail, mais disons auparavant que la première opération que l'on fait subir au verre consiste à lui donner une courbure grossière se rapprochant de celle qu'il doit avoir, et cela en l'usant sur une balle ou dans un bassin de fonte de fer avec du grès tamisé et mouillé. Le verre ainsi ébauché est dit dégrossi.

L'opération du dégrossissage se fait en dehors de l'atelier, car son voisinage peut être pernicieux pour le travail des verres.

Le verre dégrossi et qui n'a pas la courbure désirée est passé dans un outil en fer d'une courbure se rapprochant le plus possible de celle qu'il doit avoir. Cette opération se fait sur le tour et on emploie pour cela les émeris 1 et 2. Le verre est alors apprêté. On se sert maintenant de l'outil précis en cuivre et on y passe le verre avec l'émeri n° 5.

Pour employer l'émeri, il suffit d'en mettre une petite quantité sur l'outil, de jeter quelques gouttes d'eau, puis d'étaler à l'aide du verre; on frotte ensuite circulairement et régulièrement. L'effet obtenu, on lave le verre et l'outil à l'aide d'une éponge imbibée d'eau et on passe à d'autres opérations.

Le verre apprêté est fixé sur un petit manche de liège appelé *molette*. La molette est fixée au verre à l'aide de mastic de poix et de cendre ramolli par la chaleur. De cette façon on le tient aisément pour lui faire subir les dernières opérations qui sont les plus délicates.

Dès le commencement des opérations ci-dessus désignées, on a eu soin de centrer le verre, c'est-à-dire que l'on a fait correspondre le centre de chaque courbure à l'axe principal. A l'aide du compas on a conservé l'égalité d'épaisseur.

Pour les verres très précis, on emploie même à cet effet des machines à niveau d'une construction tout à fait mathématique.

Le verre tenu à l'aide de sa molette est passé circulairement sur l'outil avec l'émeri n° 10. Ces opérations finies, on procède au douci, c'est-à-dire à l'application du dernier émeri, soit celui 30 ou 60. L'outil étant réuni, c'est-à-dire la balle et le bassin étant rodés l'un sur l'autre, pour éviter les déformations on met une très petite quantité d'émeri sur l'outil, on ajoute quelques gouttes d'eau, puis on étale à l'aide d'un morceau de glace mis à la courbure de l'outil et qu'on nomme verre d'épreuve.

Ce verre d'épreuve permet d'apprécier s'il y a un corps étranger dans le mélange.

L'émeri étant étalé, on dépose le verre sur l'outil,

on frotte circulairement ; au bout de quelque temps
le mélange devient pâteux, sec et on a de la peine à
mouvoir le verre ; on arrête, on lave le verre, on
passe une éponge humide sur la circonférence de
l'outil, on mouille légèrement l'émeri, on repasse le
verre comme ci-dessus et il est alors douci et raffiné.

Afin d'enlever l'émeri et le métal de l'outil qui se
sont attachés au verre, on y passe une petite quantité
d'eau acidulée d'acide sulfurique ; on voit alors le résultat de son labeur. On observe la surface à la loupe,
et si l'on découvre la moindre raie, la moindre fi-
landre, il faut tout recommencer.

Le douci est une opération très délicate ; le moindre grain de poussière forme une raie et il faut
souvent repasser à l'émeri n° 10.

Le verre douci est regardé en faisant réfléchir à sa
surface les objets environnants ; il présente une dou-
ceur de grain telle que la surface semble presque
polie.

Le polissage, qui est la dernière opération, donne
au verre le poli vif dont tout le monde connaît
l'éclat.

L'outil étant parfaitement nettoyé, on y colle à l'aide
d'empois un morceau de papier mince ; cela fait, on
prend une éponge propre que l'on passe sur le papier
afin de l'amincir, pour qu'il ne diffère que fort peu
de la courbure de l'outil ; on laisse ensuite sécher le
papier. Ceci terminé, il faut poncer le papier, c'est-
à-dire y passer de la ponce pour enlever les grains et
préparer le papier désencollé à recevoir le tripoli qui
sert à polir.

Le papier est observé à la loupe, les moindres

grains en sont détachés, puis il est parfaitement brossé et recouvert de tripoli très fin, étalé avec un morceau spécial à cet effet.

Le verre douci est alors mis en contact avec le tripoli ; puis le tour est mis en mouvement et au bout de quelques heures pour les petites pièces, le verre est poli, on le lave avec de l'alcool et l'on procède de même pour l'autre surface.

Si le verre doit être poli à l'outil fixe, on colle une bande de papier sur ce dernier et on obtient le brillant par un mouvement de va-et-vient ; cela s'appelle *le polissage à la bande.*

Pour les verres achromatiques et autres, on a souvent besoin d'unir les verres sur les bords ; on obtient cela à l'aide d'instruments spéciaux nommés barrettes.

Dans les verres achromatiques, le crown-glass et le flint-glass se collent ensemble à chaud avec du baume de Canada, sorte de térébenthine incolore et d'une limpidité parfaite, extraite de *l'abies balsamea.*

Suivant l'usage auquel on les destine, les verres peuvent être polis avec du rouge anglais très fin ou de la potée d'étain lavée et pulvérisée qui donne un poli plus vif.

Les très petits verres se polissent sur des polissoirs en poix collés sur l'outil et avec de la potée d'étain mouillée, mais pour les grandes pièces ce moyen est mauvais, car la poix fléchit et les courbures se déforment :

Certaines substances se polissent sur de la soie et avec de la potée d'étain, tel, par exemple, le spath d'Islande.

Verrier. Tome I. 28

Les verres plans se travaillent comme les verres convexes et concaves sur des plans en cuivre.

Les verres ordinaires se font en verre à vitres ou en glace commune ; ils sont aussi fabriqués *au bloc*, c'est-à-dire en masse. Pour les faire, on colle à l'aide du mastic 50 ou 100 morceaux sur le bassin ou sur la balle, puis on place par dessus l'outil inverse avant que le mastic soit refroidi ; cela fait, on n'a plus qu'à saisir l'outil armé de verres et à le frotter avec le corps usant dans l'outil opposé. Cette méthode est fort mauvaise, car tous les verres placés près de la périphérie n'ont pas des courbures régulières et leur poli est ondulé. Tous les verres *au bloc* sont polis sur du drap épais enduit de rouge anglais, les outils étant mus par une machine à vapeur.

II. PROPRIÉTÉS OPTIQUES DES LENTILLES

On donne le nom de *lentilles* à des corps diaphanes, terminés par deux portions de sphère, ou par une portion de sphère combinée avec une surface plane.

Dans les lentilles *bi-sphériques*, l'axe est la ligne droite qui passe par les centres des deux sphères ; dans les lentilles *plan-sphériques*, c'est la ligne droite qui passe par le centre de la sphère et qui est perpendiculaire à la face plane.

Les lentilles le plus ordinairement employées sont en verre. On les divise en deux classes, en lentilles *convergentes* et en lentilles *divergentes*, selon qu'elles rapprochent ou qu'elles éloignent les uns des autres les rayons de lumière qui les traversent.

On comprend, parmi les lentilles convergentes, les lentilles *bi-convexes*, les lentilles *plan-convexes* et les *ménisques convergents* (fig. 219). Les premières 1

sont formées de deux surfaces sphériques convexes
vers les objets extérieurs ; les secondes II d'une surface plane et d'une surface convexe ; les troisièmes III
de deux surfaces sphériques, l'une convexe, l'autre
concave, le rayon de la surface concave étant plus

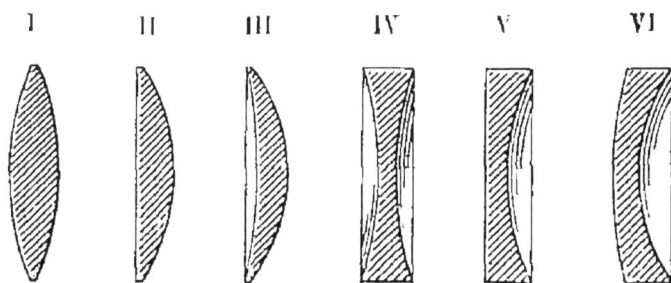

Fig. 219. — Section de diverses lentilles.

I. — Lentille bi-convexe.   IV. — Lentille bi-concave.
II. — Lentille plan-convexe.   V. — Lentille plan-concave.
III. — Ménisque convergent.   VI. — Ménisque divergent.

grand que celui de la surface convexe. La figure 219
représente une section de ces lentilles par un plan
quelconque mené suivant l'axe ; il est à remarquer
qu'elles sont plus épaisses au milieu que sur les
bords.

On comprend, parmi les lentilles divergentes, les
lentilles *bi-concaves* IV, les lentilles *plan-concaves* V
et les *ménisques divergents* VI. Les premières sont
formées de deux surfaces concaves ; les secondes
d'une surface concave et d'une surface plane ; les
troisièmes enfin d'une surface concave et d'une surface convexe, le rayon de la première étant plus
petit que celui de la dernière. Ces trois espèces de
lentilles sont plus épaisses à leurs bords qu'à leurs

milieux ; elles sont représentées en sections dans
notre figure 219.

Foyer des lentilles convergentes. — Si l'on expose une
lentille (fig. 220) aux rayons solaires, de telle sorte

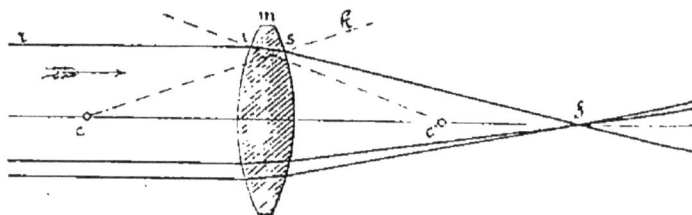

Fig. 220. — Foyer des lentilles convergentes.

qu'ils tombent parallèlement à l'axe, ils formeront,
à la sortie de la lentille, un double cône dont le
sommet sera en *f*, sur l'axe. Ce sommet du cône est
le foyer principal.

Soient *mn* la lentille, *c* et *c'* les centres des deux
sphères qui la terminent, *cc'* son axe et *ri* un rayon
lumineux parallèle à cet axe. Le rayon *ri* passant
de l'air dans un milieu plus réfringent s'approche de
la normale *ic'* au point d'incidence et prend la
direction *is*. Arrivé au point *s*, il s'éloigne de la normale *ck*, puisqu'il passe dans un milieu moins réfringent et il se dirige suivant *sf*. Les autres rayons
parallèles à l'axe de la lentille éprouvent des dévia-
tions analogues ; ils passent exactement au même
point *f* s'ils sont à la même distance de l'axe ; ils y
passent aussi s'ils sont à des distances différentes,
pourvu que les arcs *mn* ne dépassent pas 15 ou 20
degrés. Le point *f* se nomme le *foyer principal* de la
lentille, et sa distance à la lentille est la *distance focale
principale*.

Lorsque le point lumineux p est situé sur l'axe, à une distance finie mais assez grande comparativement aux rayons, les rayons émergents se coupent encore sensiblement en un même point p' (fig. 221). Le rayon pi prend la direction is en pénétrant dans la lentille et la direction sp' en en sortant. Les points p et p' sont dits des *foyers conjugués*.

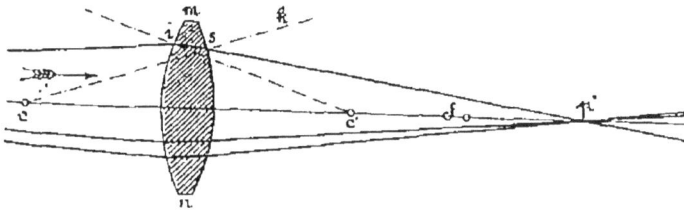

Fig. 221. — Image d'un point donné par une lentille convergente.

On détermine le foyer principal d'une lentille biconvexe en l'exposant aux rayons solaires, et en l'inclinant de manière que le centre du soleil soit sur son axe. Le point où l'image solaire est la plus nette et la plus brillante est le foyer. — On peut déterminer le foyer qui correspond à un point lumineux situé sur l'axe à une distance finie, en plaçant à ce point la flamme d'une bougie et en recevant les rayons émergents sur un écran qu'on éloigne ou qu'on approche de la lentille, jusqu'à ce que l'image de la bougie reçue sur cet écran offre le plus de netteté. On trouve ainsi que le foyer s'éloigne de la lentille quand le point lumineux s'en approche; qu'il est à une distance double de la distance focale principale, quand le point lumineux est lui-même à une distance de la lentille double de cette distance; et que le foyer s'éloigne ensuite rapidement quand

28.

le point s'approche jusqu'à une distance égale à la distance focale principale. Plus près, la bougie ne donne plus d'image sur l'écran, ce qui indique que les rayons émergents ne se rencontrent plus, et, par suite, que les foyers cessent d'être réels.

Les lentilles plan-convexes et les ménisques convergents conduisent aux mêmes résultats que les lentilles bi-convexes.

Lentilles divergentes. — Si l'on reçoit les rayons solaires parallèles à l'axe sur une lentille bi-concave a (fig. 222), ils divergeront, à la sortie, en un cône dont le sommet serait situé du côté du soleil, et qui n'a pas d'existence réelle ; il est donné par les prolongements géométriques des rayons. La lentille est divergente.

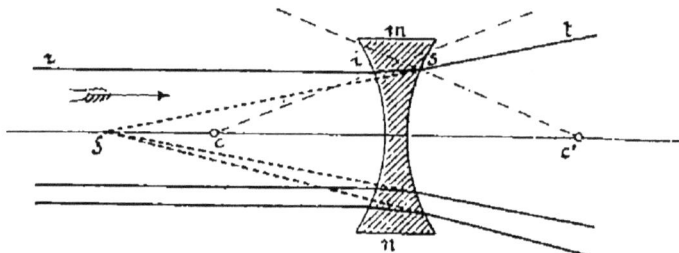

Fig. 222. — Foyer d'une lentille divergente.

Soient $m n$ (fig. 222) une lentille bi-concave, c et c' les centres des deux sphères qui la terminent, et $r i$ un rayon incident parallèle à l'axe cc'. Le rayon $r i$ se rapproche de la normale $i c$ au point d'incidence et prend la direction $i s$; il s'éloigne au contraire de la normale $s c'$ au point d'émergence et suit la ligne $s t$. Le rayon lumineux se trouve ainsi éloigné de l'axe à son incidence et à son émergence ; il ne rencontre donc pas l'axe si ce n'est par son prolongement géométrique. Il en est de même pour les autres rayons parallèles à l'axe ; leurs prolongements seuls peuvent rencontrer l'axe, et le point de rencontre est sensiblement unique. Ce point f s'appelle le *foyer virtuel principal*.

Du centre optique. — Il existe, sur l'axe de toutes les lentilles, un point doué d'une propriété particulière ; c'est que tous les rayons de lumière qui y passent, sortent dans une direction parallèle à la direction qu'ils avaient avant leur incidence. Ce point se nomme le *centre optique* de la lentille.

Le centre optique s'obtient géométriquement en menant par les centres de courbure des faces de la lentille, deux rayons $c s$, $c' s'$ (fig. 223), parallèles, et

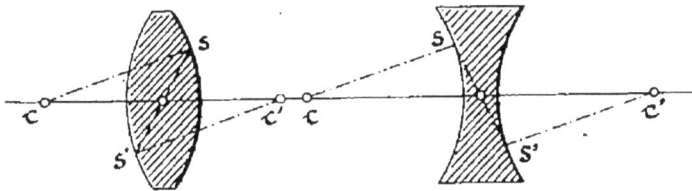

Fig. 223. — Centre optique des lentilles convergentes et divergentes.

en joignant $s s'$; le point cherché o est à l'intersection de cette ligne avec l'axe principal.

Les rayons peu éloignés de l'axe qui passent par le centre optique peuvent être regardés comme ne subissant pas de déviation sensible pendant leur trajet au travers de la lentille. On les appelle des *axes secondaires*.

Des images. — Nous prendrons une petite flèche

pour objet et nous la supposerons perpendiculaire à l'axe de la lentille.

Chaque point lumineux *a* (fig. 224) a une image

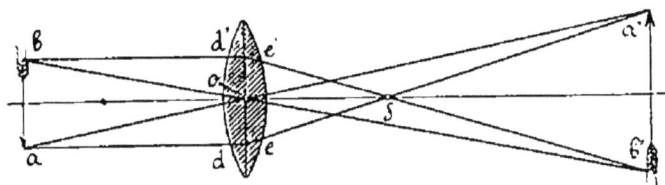

Fig. 224. — Image réelle d'un objet donnée par une lentille convergente.

a', c'est-à-dire qu'un faisceau de lumière *aod* qui part de ce point *a* se transforme par la réfraction au travers de la lentille en un second faisceau *eoa'* dont le sommet est en *a'*. Pour un œil situé plus loin et qui reçoit ce faisceau, le point lumineux paraît en *a'*. Ce point *a'* est sur l'axe secondaire *ao*. On le trouverait facilement en menant par le point *a* un rayon *ad* parallèle à l'axe. Ce rayon ira, après sa réfraction passer par le foyer *f*, et il coupera l'axe *oa* au point *a'* cherché.

Considérons d'abord une lentille convergente et supposons l'objet *a b* situé bien au-delà du foyer principal. Les rayons qui partent du point iront concourir, après leur émergence, en *a'* ; ceux qui partent de *b* concourront en *b'*, et ceux qui partent des points intermédiaires concourront en des points placés entre *a'* et *b'*.

L'image se forme donc en *a' b'* dans une position renversée. Elle est plus petite que l'objet, et on peut la recevoir sur un écran convenablement placé ; elle est *réelle*. — A mesure que l'objet se rapproche de la lentille, son image s'en éloigne et grandit. A un certain moment, elle est aussi grande que l'objet, et la lentille est alors distante de l'objet et de l'image du double de la distance focale. Puis, l'objet se rapprochant encore, l'image grandit et dépasse la dimension de l'objet.

L'objet atteint-il le foyer principal? l'image cesse d'exister; les rayons émis par chaque point de l'objet deviennent parallèles en traversant la lentille.

Enfin, si l'objet est entre le foyer et la lentille, on a une image que l'on ne peut plus recevoir sur un écran. On ne peut la voir qu'en recevant dans l'œil les rayons qui ont traversé la lentille.

La construction géométrique qui convient à ce cas est indiquée à la figure 225; l'axe secondaire *a o* et le

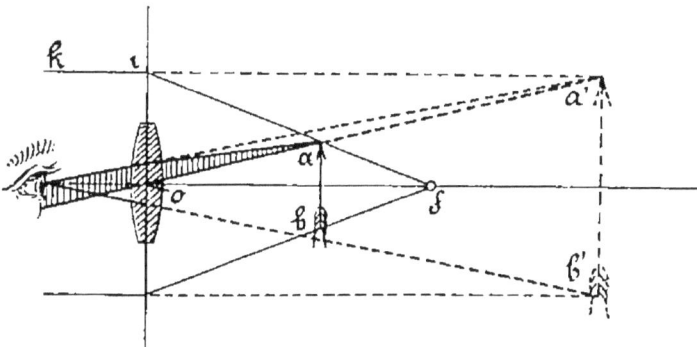

Fig. 225. — Image virtuelle donnée par une lentille convergente.

rayon *k i* parallèle à l'axe correspondant au rayon réfracté *i f* passant par *a*, se rencontrent en *a'*. On verra là l'image du point *a*; l'image de *b* sera en *b'*; l'image *a' b'* est donc *virtuelle*, droite et plus grande que l'objet.

Ainsi, comme dans les miroirs concaves, l'image

est réelle, renversée, tant que l'objet est au-delà du
foyer ; virtuelle et droite dans le cas contraire.
L'image est plus petite que l'objet si sa distance à la
lentille dépasse le double de la distance focale ;
sinon elle est plus grande.

Considérons maintenant une lentille divergente et
supposons l'objet en *ab* (fig. 226). Son image *a' b'*

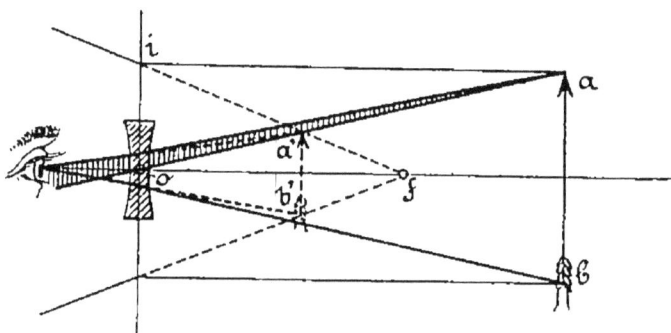

Fig. 226. — Image virtuelle donnée par une lentille
divergente.

sera virtuelle, droite et plus petite que l'objet ; on
l'obtient par la même construction que dans le cas
des lentilles convergentes. — On ne peut voir les
images produites dans les lentilles divergentes qu'en
se plaçant dans la direction des rayons émergents
comme dans la figure 226. On ne peut jamais les
recevoir sur un écran, comme on reçoit les images
réelles des lentilles convergentes.

III. LUNETTES

La distance à laquelle de bons yeux distinguent
les objets avec le plus de netteté et le moins de
fatigue en même temps varie de 0^m20 à 0^m30.

Les personnes qui ont besoin, pour voir distinctement, d'une plus grande distance, sont affectées d'un défaut de la vue appelé presbytisme; celles qui ne voient bien qu'à une distance moindre sont atteintes de myopie.

L'emploi des lunettes ou bésicles a pour but de permettre aux myopes et aux presbytes de voir les objets à la distance normale, sans qu'il soit nécessaire de les rapprocher ou de les éloigner.

Les lunettes destinées aux presbytes sont des lentilles convergentes qui, placées une devant chaque œil, ont la propriété de concentrer en un même point de chaque rétine les rayons émanés d'un objet situé à la distance normale, absolument comme si cet objet était à la distance de la vision nette pour le presbyte; en d'autres termes, si la distance normale est de 0^m20 et que le presbyte ait besoin d'une distance de 0^m50, il faut que les rayons venus de la distance normale suivent, en sortant de la lentille et au moment d'entrer dans l'œil, la même direction que s'ils venaient directement d'un point situé à 0^m50.

On doit donc savoir calculer la distance focale f que doit avoir une lentille pour rendre la vue distincte à la distance normale d, sachant que le presbyte ne voit nettement qu'à la distance d', plus grande que d.

Soient a (fig. 225) le point lumineux considéré avec la lentille à la distance d, et a' le même point vu nettement sans lentille, mais à la distance d'. Le point a' est le foyer conjugué virtuel du point a, et l'on a :

$$\frac{1}{d} - \frac{1}{d'} = \frac{1}{f}$$

d'où
$$f = \frac{d \times d'}{d' - d}$$

Chez les myopes, l'image d'un point situé à la distance normale tend à se former en avant de la rétine. Il faut donc, pour le reculer, se servir d'une lentille divergente, au sortir de laquelle les rayons suivent la même direction que s'ils venaient d'un point placé à la distance de la vision nette du myope. La distance focale des lentilles destinées à former les lunettes d'une personne atteinte de myopie se calculera donc comme tout à l'heure, en tenant compte de la forme particulière de ces lentilles. On a :

$$\frac{1}{d} - \frac{1}{d'} = \frac{1}{f}$$

d'où
$$f' = \frac{d \times d'}{d - d'}$$

Lorsqu'on regarde avec des lunettes ordinaires, les rayons qui arrivent à l'œil en suivant une direction autre que l'axe de la lentille, éprouvent une aberration de sphéricité qui trouble notablement la perception des images.

Wollaston a remédié à cet inconvénient par l'emploi de verres qui permettent de voir autour de leur axe, et que pour cette raison il a appelés verres périscopiques. Ce sont des ménisques, convergents pour les presbytes, divergents pour les myopes, dont la face tournée du côté de l'œil est concave.

L'aberration produite à l'une des faces est en partie détruite par celle qui se fait en sens contraire à l'autre face.

Dans le public, on désigne les lunettes par des numéros qui expriment en pouces la longueur du rayon de la calotte sphérique représentée par la surface du verre.

Ainsi des lunettes nº 48 sont formées avec des verres appartenant à une sphère de 48 pouces de rayon. D'après cela, les lunettes qui réfractent le plus, ou, comme on dit, les plus fortes, sont celles qui sont désignées par les plus bas numéros, parce que ce sont celles dont les verres ont la plus forte courbure.

On fait aussi un fréquent usage des *dioptries* pour exprimer la puissance des verres de lunettes. On obtient la mesure en dioptries en divisant l'unité de longueur, c'est-à-dire un mètre, par la longueur focale de la lentille, exprimée en mètres ou en fraction de mètre.

Ainsi une lentille ayant une longueur focale de vingt centimètres correspondra à $1,00 : 0,20 = 5$ dioptries.

Par qui, où, à quelle époque furent inventées les bésicles ? Autant de questions auxquelles l'histoire n'a pas encore répondu. Les premiers missionnaires qui visitèrent la Chine y trouvèrent déjà très répandu l'usage des lunettes. Les verres des bésicles chinoises étaient assez mal façonnés, de qualité médiocre, démesurément grands. Enchâssés, comme les nôtres, dans des montures de métal ou d'ivoire, quelquefois de bois, ils tenaient aux oreilles au moyen de cordons de soie.

En Europe, on trouve les lunettes en usage pour la première fois en 1150, d'après un texte de *Du Cange*. Elles n'ont donc été inventées, comme le prétendent quelques personnes, ni par le moine *Roger Bacon*, ni par le dominicain *Al de Spina*, ni par le banquier *Salvino'degli Armati*, ni par le physicien *Porta*. Quelques manuscrits de la fin du XIIIe siècle et du commencement du XIVe placent l'invention des bésicles aux environs de l'année 1280.

« Il est à remarquer, dit *M. Daguin*, que dans tous les écrits où il est question de bésicles on ne parle que des presbytes. Il paraîtrait donc qu'on ne serait venu que plus tard au secours des myopes, au moyen de verres divergents. Il est vrai que Pline parle d'émeraudes concaves, à travers lesquelles Néron regardait les combats de gladiateurs ; mais, comme on attribuait les propriétés de ces émeraudes à leur substance et non à leur forme, ainsi que l'atteste la défense faite aux graveurs d'employer des émeraudes concaves, on ne peut regarder les anciens comme ayant connu l'usage des lentilles pour aider la vue, d'autant plus qu'ils croyaient que ces émeraudes convenaient indifféremment à tous les yeux. »

IV. MOYENS DE CONTROLER LES LENTILLES EN CRISTAL DE ROCHE

C'est au moyen de la polarisation que l'on peut vérifier si les verres sont bien taillés. La polarisation est une modification particulière des rayons lumineux, en vertu de laquelle une fois réfléchis et réfractés, ils ne peuvent plus se réfléchir ou se réfracter suivant certaines directions. La polarisation a été découverte par *Malus*, en 1810.

Par double réfraction, la lumière se polarise également.

Ainsi, si l'on fait tourner devant une plaque de tourmaline brune ou verte, taillée parallèlement à son axe de cristallisation, une tourmaline semblable, en regardant au travers et dirigeant la vision vers le ciel ou un objet éclairé, on remarque que tantôt la lumière s'éteint ou se polarise, et que tantôt la lumière apparaît.

Pour rendre commode cette expérience on se sert de l'instrument appelé *pince à tourmaline* et qui consiste en une lame de cuivre recourbée faisant pince et portant à sa partie supérieure les deux plaques de tourmaline, dont l'une peut se mouvoir circulairement.

Chaque opticien doit posséder cette pince afin de faire vérifier ses verres.

Le moyen d'éprouver un verre en cristal de roche est fort simple : on croise les tourmalines de façon à éteindre la lumière, puis on place entre elles le cristal, ce qui est facile en écartant les branches de la pince ; on dirige ensuite l'instrument vers le ciel, et si le morceau est taillé perpendiculairement à l'axe du cristal, on voit apparaître de magnifiques anneaux circulaires colorés ; dans le cas contraire, c'est-à-dire si le cristal est mal taillé, rien ne se montre.

Il est très important d'observer que les anneaux doivent occuper le centre du verre ; s'ils se trouvent sur le côté, le verre doit être considéré comme mauvais.

Quelquefois on observe des anneaux hyperboliques, alors la taille est mauvaise, car elle est légèrement oblique à l'axe du cristal.

La pince à tourmaline fournit encore le moyen de

savoir si le verre de lunettes est en verre ordinaire ou en cristal de roche ; on opère de la manière suivante : on croise les tourmalines de manière à avoir le champ sombre, puis on place le morceau à éprouver et on le tourne entre les plaques de tourmaline.

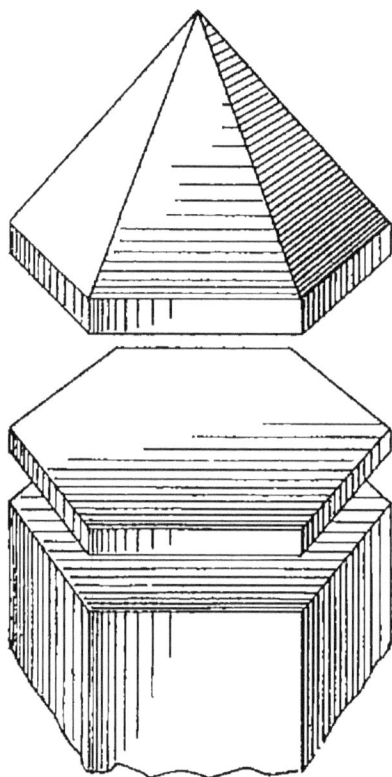

Fig. 227. Découpage d'un disque dans un cristal de roche.

Si c'est du cristal de roche, la lumière se dépolarise et la lumière apparaît ; si c'est du verre, le champ reste sombre, bien que l'on tourne le morceau dans tous les sens entre les plaques.

La double réfraction que possède le cristal de roche lorsqu'il n'est pas parfaitement taillé, le rend impropre aux usages de l'optique et en particulier pour la fabrication des lunettes, car si les images ne paraissent pas doubles à travers de tels verres, à cause de leur peu d'épaisseur et de leur mode d'emploi, il n'en est pas moins vrai que la double réfraction existe et qu'elle peut occasionner un trouble visuel très considérable, *émousser la rétine* et déterminer de la *fatigue d'accommodation* et même de *l'amblyopie*.

Cependant on peut, en taillant convenablement le cristal de roche, éviter la double réfraction ; pour cela il faut que chaque morceau destiné à un verre de lunettes soit coupé perpendiculairement à l'axe du cristal comme le représente la figure 227. On conçoit qu'il faut pour cette opération agir sur du cristal parfaitement cristallisé ; car sur des masses amorphes on peut tailler des morceaux puissants, mais doués de la double réfraction.

Il faut signaler que tous les verres en cristal de roche, livrés au public, sont doués de la double réfraction, et que les verres les plus ordinaires sont moins funestes à la vue que les mauvais verres en cristal de roche.

V. PROCÉDÉ POUR ENCHASSER
LES VERRES

Jusqu'ici, pour fixer une lentille de dimension quelconque à un support en métal, on avait invariablement recours au sertissage, et cette main-d'œuvre augmentait considérablement les frais de fabrication, surtout pour les lentilles de qualité ordinaire et d'un prix peu élevé.

Le nouveau procédé de fabrication de *M. A. Decaix* est des plus intéressants, car il consiste à couler directement le métal sur le verre, à l'enchâsser par le moulage. Cette méthode est très rationnelle, car on sait que le moulage est la méthode la plus économique et la plus expéditive pour contraindre un métal à prendre une forme, un contour déterminés.

Mais la difficulté était de ne pas détériorer la lentille en la mettant subitement en contact avec un métal à la température de fusion.

M. A. Decaix y est cependant arrivé par un chauffage préalable et convenable du verre. L'alliage qu'il coule est d'ailleurs convenablement déterminé pour fondre à une température assez basse, tout en conservant une force égale à celle des métaux sertis. Il supprime du même coup que le sertissage toutes les autres mains-d'œuvre. Si nous prenons pour exemple une loupe, la douille vient de fonte avec la châsse, avec son filet de vis intérieur. Un léger ébarbage termine la pièce qui se trouve prête à être vissée sur son manche.

Le même procédé s'applique avantageusement pour les enchâssements avec pas de vis dénommés lunettes ou barillets vissés. Ici encore les filets de vis viennent de fonte avec le reste.

Enfin, la méthode de M. A. Decaix est précieuse pour cercler ou enchâsser des verres pour hublots de navires, ainsi que les verres de formes diverses formant couvercles fermants pour boîtes de toutes formes ou pour boîtiers de montres ou pendules de toutes dimensions.

VI. VERNIS TRANSPARENT POUR INSTRUMENTS D'OPTIQUE

Faire dissoudre 65 grammes de gomme laque dans un litre d'eau-de-vie rectifiée, ajouter 125 grammes de noir animal bien calciné et préalablement chauffé. Faire bouillir le tout pendant quelques minutes.

Si, en filtrant une petite partie du mélange sur du papier, on ne le trouve pas suffisamment incolore, on ajoute une nouvelle dose de noir.

Ce n'est que lorsque le mélange est d'une transparence parfaite que l'on filtre d'abord sur un morceau de soie, puis sur du papier Joseph.

CHAPITRE XIX

CIMENTS ET SOUDURES POUR LE VERRE

—

I. COLLE AU SILICATE

L'un des meilleurs ciments utilisés pour réparer les objets de verre, de porcelaine, de marbre, etc., est celui que l'on prépare avec le silicate de potasse ou verre soluble (1). Pour s'en servir on verse un peu de ce liquide épais et visqueux dans un godet profond, on l'additionne de deux fois son volume d'eau, puis on y incorpore de la craie pilée menu, jusqu'à consistance de bouillie.

Ce ciment est d'une solidité remarquable ; il résiste à l'eau froide, mais non à un liquide chaud.

II. MUCILAGE A BASE DE GÉLATINE

Verser sur de la gélatine bien claire du vinaigre très fort ou de l'acide acétique, puis chauffer lentement jusqu'à formation d'une masse épaisse et collante.

Pour recoller le verre ou la porcelaine à l'aide de ce mélange, on commence par bien nettoyer et sécher les bords qu'il s'agit de joindre, puis on les chauffe ; il ne reste plus qu'à les enduire uniformément du ciment ramolli au bain-marie et à les rapprocher.

III. MUCILAGE A BASE DE GOMME ARABIQUE

L'addition de sulfate d'alumine cristallisé au mucilage de gomme arabique est très recommandable ; la propriété adhésive du mucilage en est tellement accrue qu'il devient capable de coller le verre et la porcelaine. Voici la formule à employer :

Sulfate d'alumine. . . .	2 grammes
Eau distillée	20 —
Solution de gomme ara-	
bique.	250 —

(1) Les propriétés du verre soluble sont exposées au chapitre XXXIII.

La solution de gomme se prépare en faisant dissoudre 400 grammes de gomme arabique dans 1 litre d'eau distillée.

Dissoudre le sulfate d'alumine dans l'eau et l'ajouter à la gomme. Il est avantageux de porter le mélange à l'ébullition avant d'en remplir les bouteilles où on le laisse déposer.

Une petite proportion de glycérine (2 0/0 environ) rend ce mucilage moins dur et moins cassant quand il est sec ; s'il est destiné à coller des étiquettes, on peut même en mettre 10 0/0.

IV. CIMENT TRANSPARENT

On obtient un bon ciment pour fixer dans leur monture les verres de montres ou d'autres articles analogues en faisant dissoudre dans de l'eau distillée :

Gomme arabique pure. . . . 7 parties
Sucre candi. . . . . 3 —

La bouteille qui contient ce mélange est alors soumise au bain-marie jusqu'à ce que le liquide prenne la consistance d'un sirop.

Il faut ensuite avoir soin de tenir la bouteille constamment bouchée.

V. CIMENT A BASE DE GÉLATINE ET DE BICHROMATE DE CHAUX

Pour raccommoder le verre et la porcelaine, on peut encore se servir d'un ciment composé de cinq parties de gélatine et de une partie de solution saturée de chromate acide de chaux ou bichromate de chaux.

On couvre les bords cassés avec le ciment, on presse les morceaux ensemble et on expose au soleil ; la lumière durcit le ciment et le rend capable de résister à l'eau bouillante.

VI. CIMENT DES CHINOIS

Les Chinois possèdent un ciment qu'ils appellent *schiolao* et qui remplace avantageusement la colle forte pour recoller les pierres, le marbre et la porcelaine. En voici la recette.

On mélange :

Chaux éteinte en poudre.	110 grammes
Sang frais bien battu. . .	10 —
Alun en poudre	12 —

On remue énergiquement le tout jusqu'à ce que le mélange ait pris la consistance d'une crème pâteuse, on enduit avec ce ciment les parties à réunir et on les tient serrées l'une contre l'autre pendant quarante-huit heures ; la réparation est effectuée.

Ce même ciment, dans lequel on pourrait remplacer le sang frais par du blanc d'œuf ou de la colle en dissolution dans l'essence de pétrole, peut s'appliquer à l'état plus liquide comme peinture à trois couches sur les objets que l'on veut imperméabiliser et solidifier à la surface.

Une autre composition analogue, appelée mastic chinois, possède une grande ténacité. Elle consiste en un mélange d'albumine et de verre pilé.

On pile du verre dans un mortier de marbre, on le passe au tamis fin et on gâche, toujours dans le mortier, la poudre de verre avec du blanc d'œuf.

La caséine du fromage blanc possède également des propriétés adhésives très grandes. On l'utilise souvent pour constituer un mastic éminemment propre à coller le verre :

Prendre une certaine quantité de fromage blanc et le battre dans de l'eau pendant une quinzaine de minutes ; ou bien, mettre du fromage blanc dans de l'eau bouillante et l'agiter en le pressant quelques moments ; verser ensuite sur une pierre ; lorsqu'il sera réduit en une espèce de bouillie, mélanger avec 25 0/0 de chaux vive.

On obtient encore un ciment excellent en procédant de la façon suivante :

Verser dans un vase un demi-litre de lait et un demi-litre de vinaigre. Lorsque le lait est parfaitement caillé, on enlève toutes ses parties solides et dans le liquide qui reste on jette 8 à 10 blancs d'œufs, qu'on fouette jusqu'à ce que leur mixtion avec le liquide soit complète.

On place ensuite au-dessus du vase un tamis garni de chaux vive réduite en poussière très fine, qu'on fait tomber lentement dans le vase, jusqu'à ce que le liquide, qu'on a soin de remuer, ait pris la consistance d'une pâte. Ce mastic sèche très promptement.

VII. CIMENT POUR TUBES DE VERRE ET DE CUIVRE

On prend du plâtre en poudre impalpable que l'on délaie dans de l'huile bien fine (huile à machine) ; lorsque la pâte est bien liée et qu'elle commence à devenir assez épaisse, on y ajoute du blanc d'œuf, dans les proportions de 100 grammes de blanc d'œuf pour 50 grammes d'huile à peu près, et on fait ce mélange dans un mortier avec un pilon pour éviter la mousse ou la neige que produirait le blanc d'œuf battu. Cette pâte doit être employée aussitôt après, car elle durcit assez vite. Le tube une fois scellé dans la douille, il faut attendre quelques heures pour pouvoir se servir de l'objet. Selon le *Cosmos*, ce ciment acquiert à l'air et à la chaleur surtout, une dureté telle que pour enlever le verre il faudrait le briser.

VIII. CIMENT PROPRE A LA FABRICATION DES AQUARIUMS

Mélanger 6 parties de carbonate de chaux, 3 parties de plâtre de Paris, 3 parties de sable blanc fin, 3 parties de litharge et 1 partie de résine en poudre.

Une fois ces poudres mélangées, ajouter assez de bon vernis à voiture pour faire une pâte.

Il est bon de ne faire à la fois que ce qu'il faut de ciment pour fixer un verre, car il durcit très vite, assez pour ne plus pouvoir être façonné.

Le verre doit reposer sur une bonne couche de ciment, puis on laisse sécher une semaine et on peint les joints jusqu'au verre avec un vernis à l'asphalte. Un aquarium ainsi monté ne coulera jamais et tiendra l'eau pour un temps indéfini.

IX. CIMENT AU CAOUTCHOUC

Pour fixer sur le verre des lettres ou ornements en verre ou en métal, ainsi qu'on le fait souvent pour des vitrines de magasin, le mieux est d'employer un ciment au caoutchouc qui résiste même à une humidité d'une certaine durée.

Le meilleur ciment pour cet emploi se compose de 1 partie de caoutchouc *non vulcanisé*, 3 parties de gomme mastic et 50 parties de chloroforme. Laissez de côté pendant plusieurs jours, à une basse température et dans un flacon bien bouché, jusqu'à ce que le ciment soit dissous. Il doit être appliqué rapidement, car exposé à l'air il s'épaissit très vite et devient bientôt dur.

Voici une autre formule pour cette composition :

Caoutchouc non vulcanisé, coupé en petits morceaux	50 grammes
Chloroforme. . . . . :	40 —
Mastic	10 —

On obtient ainsi un ciment parfaitement blanc et doué d'une grande résistance.

X. SOUDURE DU VERRE AVEC LES MÉTAUX

Dans un grand nombre de circonstances on se trouve dans la nécessité de souder le verre avec les métaux. Cette opération, qui ne peut se faire que dans certaines conditions particulières et avec des verres de nature spéciale, assez difficile à rencontrer, est toujours une opération délicate et donnant des résultats incertains.

Quelques recherches intéressantes ont été faites dans ce but et ont donné des résultats qu'il est utile de faire connaître.

M. *Cailletet*, bien connu par ses remarquables études sur la compression et la liquéfaction des gaz, a communiqué à l'Académie des sciences, un procédé de soudure du verre et de la porcelaine avec les métaux.

Ce procédé de soudure, employé par lui pour ses expériences, est des plus simples :

On recouvre d'abord la partie du verre ou de la porcelaine qui doit être soudée d'une mince couche de platine métallique.

Il suffit pour obtenir ce dépôt, d'enduire au moyen d'un pinceau la pièce légèrement chauffée, de chlorure de platine bien neutre, mélangé à de l'huile essentielle de camomille.

On chauffe lentement de façon à évaporer l'essence, et lorsque les vapeurs blanches et odorantes ont disparu, on élève la température jusqu'au voisinage du rouge sombre.

Le platine se réduit alors et recouvre la pièce d'un enduit métallique parfaitement adhérent.

En fixant au pôle négatif d'une pile d'une énergie convenable, la pièce ainsi métallisée et placée dans un bain de sulfate de cuivre, on dépose sur le platine un anneau de cuivre qui doit être malléable et bien adhérent, si l'opération a été conduite avec soin.

Dans cet état, la pièce ainsi cuivrée peut être traitée comme un véritable tube métallurgique et soudée au moyen de l'étain, au fer, au cuivre, au bronze, au platine et à tous les métaux qui s'allient à la soudure d'étain.

La solidité et la résistance de cette soudure sont très grandes ; M. Cailletet a constaté qu'un tube de son appareil à liquéfier les gaz, dont l'extrémité supérieure avait été fermée au moyen d'un ajutage métallique, ainsi soudé, a résisté à des pressions de 900 atmosphères.

On peut remplacer le platinage par l'argenture

qu'on obtient en chauffant, dans le voisinage du rouge, le verre recouvert de nitrate d'argent ; l'argent, ainsi réduit, adhère parfaitement au verre, mais des essais assez nombreux ont fait préférer le platinage à l'argenture.

MM. *Felr* frères, maîtres-verriers à Albrechtsdorf (Autriche), ont employé un procédé analogue pour la décoration des pièces en verre.

Ces pièces recouvertes d'un réseau artistement dessiné et formé de réseaux et d'entrelacs obtenus par le dépôt de cuivre électrolytique, subissent un travail supplémentaire de ciselure, après quoi elles sont plongées dans un bain galvanoplastique qui y dépose une légère couche d'or et en rehausse l'éclat.

Ces industriels n'ont pas fait connaître la nature du métal employé comme conducteur.

M. *Walter* a trouvé qu'un alliage composé de 95 0/0 d'étain et de 5 0/0 de cuivre pourrait être employé pour souder des métaux avec du verre, pour fermer hermétiquement des tubes de verre, et à l'usage de l'industrie électrique.

On prépare cet alliage en versant la proportion convenable de cuivre fondu dans l'étain également fondu, remuant avec un morceau de bois, puis coulant le métal et fondant de nouveau.

Cet alliage, qui fond à 360°, adhère très fortement sur les surfaces *bien nettoyées* du verre et possède à peu près le même coefficient de dilatation que ce corps.

En ajoutant à l'alliage 1/2 à 1 0/0 de plomb ou de zinc, on peut le rendre plus ou moins fusible et plus ou moins dur. On s'est aussi servi de cette

composition pour recouvrir certains métaux auxquels il donne une apparence argentée.

Il existe un autre alliage très fusible et relativement tendre qui adhère si fortement aux surfaces
métalliques, au verre et à la porcelaine, que l'on
peut très bien s'en servir comme d'une soudure,
quand les objets à souder sont de telle nature qu'ils
ne peuvent supporter une certaine température.

On commence par préparer du cuivre en poudre,
en agitant une solution concentrée de sulfate de
cuivre avec du zinc granulé ; la température de la
solution s'élève et le cuivre se précipite sous forme
d'une poudre brune.

On mélange 20, 30 ou 35 parties de cette poudre,
suivant le degré de dureté à obtenir, dans un mortier de porcelaine, avec un peu d'acide sulfurique à
1,85 de densité, puis à la pâte ainsi formée on ajoute
70 parties de mercure en remuant vigoureusement.

Lorsque l'amalgame est bien mélangé, on le rince
à l'eau chaude pour enlever l'acide et on le laisse
refroidir ; en dix ou douze heures il devient dur.

Pour s'en servir, on le chauffe à 375° environ, puis
on le pétrit dans un mortier en fer; il devient alors
mou comme la cire et peut être dans cet état étendu
sur une surface quelconque, à laquelle il adhère
avec une grande ténacité en se refroidissant.

CHAPITRE XX

EMBALLAGE ET ENCADREMENT
DU VERRE

—

Sommaire.— I. Emballage. — II. Encadrement des glaces argentées. — III. Pose des glaces de devanture.

I. EMBALLAGE

Le transport de la verrerie exige un emballage soigneusement fait ; il existe certains tours de mains grâce auxquels les ouvriers exécutent ce travail très rapidement et dans de bonnes conditions.

S'agit-il de transporter des verres à vitres : « L'emballeur choisit une caisse de la dimension voulue, qui est presque toujours à claire-voie, et l'incline légèrement ; après avoir jeté au fond un peu de paille et déposé en travers de l'ouverture une poignée de paille peignée, il saisit une pile de six feuilles de verre, séparées entre elles par quelques brins de regain et la fait glisser ensuite dans la caisse. Le verre entraîne la paille, et la plie de manière que les bouts sortent verticalement de la caisse ; après avoir posé une seconde pile de six feuilles dans la caisse, il prépare une nouvelle poignée de paille en travers de l'ouverture et pose dessus la troisième pile de verre ; il continue ainsi jusqu'à ce que la caisse soit remplie.

Ceci étant fait, l'emballeur glisse le verre d'un côté au moyen d'une règle en bois ; il introduit des tampons de paille dans le vide ainsi produit en les bourrant modérément. Après, il pousse le verre vers les tampons, pour produire un vide à la tête opposée de la caisse, qu'il bourre avec plus de force ; ensuite il replie en travers tous les bouts de paille ; il pose dessus deux tampons de paille pour retenir les feuilles, et il ferme la caisse au moyen du couvercle.

Le transport des caisses doit se faire toujours de champ, il résulterait infailliblement de la casse si l'on couchait les caisses à plat.

L'emballage des glaces exige beaucoup plus de précautions que celui du verre à vitres, car le moindre frottement d'un corps dur laisserait des égratignures sur les surfaces polies.

On emploie, par conséquent, des caisses très solides et parfaitement closes ; chaque feuille est enveloppée de papier de soie, et séparée par des bandes d'un feutre mou, que l'on fabrique pour cet usage dans les manufactures de glaces.

Ces feuilles de verre sont, en outre, arrêtées par des liteaux en bois vissés contre les parois ou contre le fond de la caisse ; enfin l'emballage doit être tellement solide et soigné que la chute d'une caisse ne produise point de vibration nuisible sur les glaces.

L'emballage de la gobeleterie est beaucoup plus compliqué, puisqu'il varie suivant la diversité de forme des objets.

Les pièces communes sont reliées ensemble par une tresse de paille ou de foin et chargées dans de grands paniers ou sur des chariots à échelles

Les pièces fines ou taillées sont enveloppées de papier de soie et emballées dans du foin (1). »

(1) Flamm. — *Le Verrier du XIXe siècle.*

II. ENCADREMENT DES GLACES ARGENTÉES

Les cadres dorés étaient autrefois en bois sculpté ; par raison d'économie, on fait maintenant des moulures, de dessins très variés, avec une composition spéciale, formée d'un mélange de papier, blanc de Troyes, colle forte et colle de peau de lapin.

On malaxe ce mélange de manière à en faire une pâte homogène, que l'on moule ensuite dans des moules en soufre ou mieux en gélatine. Ceux-ci sont placés dans un support en plâtre qui empêche leur déformation sous l'effet de la pression. Pour éviter l'adhérence de la pâte au moule, on enduit celui-ci avec de l'essence avant chaque opération. Quand la pâte a été pressée dans le moule, on l'y laisse sécher un peu. En écartant légèrement les parois du moule, la pièce s'en détache facilement.

On fixe ces moulures sur un cadre en bois uni, pourvu d'une simple feuillure, et que l'on enduit de la composition dont nous avons parlé précédemment, mais plus claire.

Une fois sec, le cadre est retouché, les bavures sont enlevées par grattage, les défauts sont corrigés, et il ne reste plus qu'à appliquer la dorure.

Pour exécuter cette dernière opération, l'ouvrier passe d'abord sur le cadre une couche de *mordant*, sorte de vernis destiné à faire adhérer les feuilles d'or. Il mouille au moyen d'un pinceau la surface à dorer, puis il prend le calepin d'or en feuilles et le place dans un instrument (fig. 228), destiné à le garantir contre les courants d'air. Cet instrument, qu'il tient à la main, consiste en une planchette *a*, garnie de flanelle, et en un paravent en papier *b*, fixé sur le bord antérieur de la planchette.

L'ouvrier doreur prend les feuilles d'or à l'aide d'un blaireau, à poils peu serrés, qu'il passe de temps en temps dans ses cheveux pour l'entretenir légèrement gras ; il fait glisser chaque feuille d'or sur la planchette, après l'y avoir étendue, et l'applique immédiatement sur la surface à dorer.

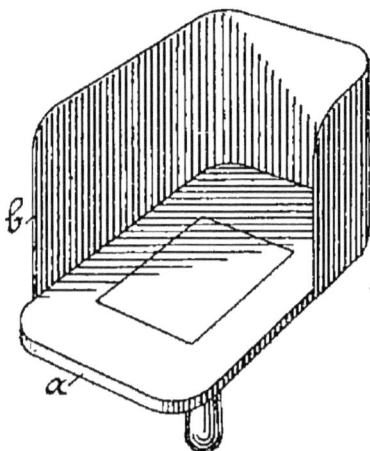

Fig. 228. — Ecran de doreur.

Lorsque la surface du cadre est entièrement recouverte d'or, il reste encore à en frotter certaines parties, qui doivent être brillantes, au moyen d'un brunissoir en corne, tandis que les parties qui doivent rester mates sont enduites, à l'aide d'un pinceau, d'huile de lin cuite très siccative.

Les glaces, encore plus que les tableaux, ont besoin d'un encadrement en rapport avec l'ameublement des chambres qu'elles doivent orner ; mais jusqu'ici les modèles de cadres ont été rarement bien conçus dans ce sens ; de la plus grande banalité pour la plupart, ils écrasent les glaces par leur volume ou par l'éclat de leurs dorures.

Une belle glace sans défaut est, par elle-même, un objet d'art assez appréciable pour qu'il ne soit pas nécessaire d'en distraire la vue par le voisinage d'un cadre à effet.

« La glace a besoin, dit M. *Henrivaux*, d'un encadrement spécial qui souvent l'assimile à une fenêtre, à une porte dont elle remplit l'office, il est donc naturel de l'entourer comme on entoure une porte ou une fenêtre. Souvent les glaces sont entourées d'étoffes semblables aux tentures de l'appartement, ou en velours de même couleur mais de teinte un peu plus foncée, ce qui la distingue ainsi des tableaux, des gravures qui l'entourent.

Si le cadre doré est admis, il doit être en rapport avec le style décoratif de l'appartement, ne pas amoindrir la surface de la glace par une apparence trop en relief, trop accusée, en un mot l'accessoire ne doit point effacer le principal. »

III. POSE DES GLACES DE DEVANTURES

Les glaces, en raison des éléments qui entrent dans leur composition, sont des objets fragiles ; et les différents emplois auxquels on les destine les exposent à de nombreux accidents.

Sans vouloir nous étendre sur les accidents qui atteignent si fréquemment les glaces placées aux devantures des magasins, soit par le fait des passants ou des voitures qui circulent nombreuses dans les rues et sur les boulevards, soit par le fait même des commerçants ou de leurs employés, nous esti-

mons qu'il n'est pas sans intérêt de signaler à nos
lecteurs quelques passages d'une intéressante étude
de M. *Steckel* (1), ayant trait spécialement à certains
bris de glaces, dont les causes sont souvent fort difficiles à déterminer, ou dont les conséquences offrent
des particularités qui méritent de fixer l'attention.

« Les glaces sont très sensibles aux variations de
la température et sont en même temps mauvaises
conductrices de la chaleur.

« Lorsque les becs de gaz sont placés dans une
vitrine de magasin, à une distance trop rapprochée
d'une glace, la chaleur ne se communiquant pas
également à toutes les parties qui la composent, il
en résulte que les parties fortement chauffées subissent une dilatation à laquelle n'obéissent pas les
parties plus éloignées, et la glace ne tarde pas à
éclater. Il peut arriver, plus rarement cependant,
que, sous l'action prolongée d'une forte chaleur, la
glace subisse une sorte de recuit, qui l'empêche de
se briser, elle se trouve alors dévitrifiée.

« Les fentes qui se produisent dans les glaces
sous l'action de la chaleur se distinguent absolument
de celles résultant d'un choc.

« Elles affectent presque toujours la forme ondu-
lée, et serpentent d'un bout à l'autre des glaces.

« Quelquefois aussi, leur extrémité offre l'aspect
d'une triple fêlure, assez semblable à une pointe de
flèche.

« D'un autre côté, si on examine de près la cassure d'une glace ainsi surchauffée, on constate
qu'elle présente, dans certains endroits, une surface
terne et dépolie, et, dans d'autres parties, une teinte

(1) Steckel. — *Emploi des glaces et des verres.*

irisée rappelant les couleurs du prisme, alors qu'une glace cassée dans toute autre condition offre toujours une cassure nette, brillante et polie.

« Ces différents aspects particuliers aux glaces brisées par l'action de la chaleur, constituent, pour les personnes un peu expérimentées, un critérium d'une grande valeur, lorsque la cause de l'accident échappe aux investigations ordinaires.

« Il est aussi arrivé que des commerçants, le soir, en dînant dans leur arrière-magasin, ont entendu soudain, une détonation se produire à leur devanture.

« Cette dernière étant complètement fermée par d'épais volets de fer, la glace n'a pu recevoir aucun choc de l'extérieur.

« D'où donc peut provenir ce bris ?...

« Ce phénomène peut s'expliquer ainsi :

« Lorsqu'un poêle ou de nombreux becs de gaz ont, pendant plusieurs heures, maintenu dans le magasin une haute température, et qu'au moment de la fermeture dudit magasin, on éteint presque instantanément tous les becs de gaz, le changement brusque de température produit une modification anormale dans les molécules qui composent la glace, et après un temps plus ou moins long, cette dernière éclate comme le ferait un verre de lampe.

« Pendant une nuit d'hiver, un effet identique peut se produire sur une glace, sous l'action d'une forte gelée.

« Des commerçants font quelquefois placer dans certaines parties de leurs devantures des glaces recouvertes, au lieu d'argenture, d'un vernis noir; or tout le monde sait que la couleur noire, au point de vue du calorique, possède à un haut degré un pouvoir absorbant.

« Si les rayons solaires donnent donc avec trop de force sur ces glaces, il se produira infailliblement une rupture.

« S'il s'agit d'une glace étamée, exposée long-temps à l'action du soleil, le bris n'aura pas lieu, mais il en résultera une désagrégation dans l'amalgame du mercure, qui s'accumulera dans la partie inférieure de la glace ou formera des taches d'un effet désagréable.

« Quelquefois aussi l'action solaire déterminera dans l'amalgame une sorte de cristallisation qui produira sur la glace l'apparence d'un fond sablé, et nuira, par conséquent, à son pouvoir réfléchissant.

« Enfin, sur une glace argentée, le soleil pourra, à la longue, faire soulever par endroits la couche d'argent sous forme de minces écailles.

« En ouvrant leurs magasins, le matin, des commerçants sont quelquefois très surpris de trouver fendue une de leurs glaces de devanture.

» L'examen de cette glace, fait avec le plus grand soin, ne permet cependant de découvrir aucune trace de choc. Il existe seulement, dans la partie supérieure, une ou plusieurs fentes qui se dirigent dans un sens à peu près perpendiculaire au châssis servant d'encadrement.

« En faisant appel à l'expérience d'un architecte, ce dernier, après avoir fait enlever les baguettes qui recouvrent les feuillures dans lesquelles la glace est enchâssée, pourra reconnaître facilement que l'accident est le résultat du tassement, surtout si l'immeuble est de construction récente.

« Nous devons ajouter qu'un accident analogue peut survenir dans une maison bâtie depuis longtemps, et pour laquelle il ne saurait être question de tassement. Mais alors l'accident peut s'expliquer ainsi : Un changement de locataire a nécessité une modification très importante dans l'agencement d'un magasin. Le vitrage de l'ancienne devanture, qui se composait d'un grand nombre de verres, a été remplacé par quelques glaces de grandes dimensions ; il a fallu, par conséquent, construire de nouveaux châssis pour encadrer les glaces. Si ces châssis sont construits d'une façon défectueuse, et que leurs montants ne soient pas parallèles, le jeu des boiseries exercera en peu de temps sur la glace une pression très forte qui en déterminera infailliblement la rupture.

« C'est pour ce motif qu'il est très important que les miroitiers apportent le plus grand soin à la pose des glaces ; qu'ils laissent à ces dernières un jeu suffisant pour leur permettre de se dilater dans les feuillures.

« Cette précaution est d'autant plus nécessaire que l'emploi des châssis de fer tend maintenant à se généraliser. Or si, dans certains cas, le bois peut céder, il n'en est pas de même du fer.

« Les châssis en fer peuvent amener également une rupture de la glace pour les motifs suivants :

« Lorsque ces châssis ont fait un assez long usage et que le magasin où ils se trouvent est exposé à l'air humide, il se dépose peu à peu dans les feuillures une couche de rouille. Cette rouille, en s'épaississant, finit par produire l'effet d'un corps étranger, qui, en forçant de plus en plus sur la glace arrive à la faire éclater.

« Les effets produits par certains accidents peuvent attirer, à juste titre, notre attention.

« Une glace qui a reçu le choc d'une pierre lancée avec force ou d'une balle de revolver, offre à ce point de vue, une particularité assez intéressante. Le trou qui la traverse de part en part présente exactement la forme d'un cône, dont la base se trouve du côté du magasin et le sommet du côté placé à l'extérieur, du côté de la rue.

« Le morceau qui s'est détaché de la glace présente, naturellement, la même forme.

« Nous croyons devoir mentionner aussi, ne serait-ce qu'à titre de curiosité, l'effet produit sur une glace, en 1871, par l'explosion de l'Hôtel-de-Ville.

« Cette glace, qui se trouvait à la devanture d'un magasin de coutellerie, a éclaté sous l'action de la chaleur. Les fentes qui la sillonnaient avaient la forme de gerbes ayant leur base dans la partie supérieure de la devanture et s'épanouissant à droite et à gauche, comme pourraient le faire les gerbes lumineuses d'un feu d'artifice renversé.

« Ces ramifications avaient une forme si régulière qu'on les aurait cru produites par la main habile d'un artiste.

« Cette glace se trouve maintenant exposée dans une galerie du Conservatoire des arts et métiers. »

FIN DU TOME PREMIER.

TABLE DES MATIÈRES

CONTENUES

DANS LE PREMIER VOLUME

PREMIÈRE PARTIE

Généralités. — Propriétés du verre

DEUXIÈME PARTIE

Fabrication du verre brut

CINQUIÈME PARTIE

Travail du verre solidifié

FIN DE LA TABLE DES MATIÈRES

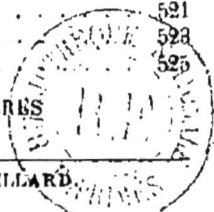

BAR-SUR-SEINE. — IMP. Vᶜ C. SAILLARD.

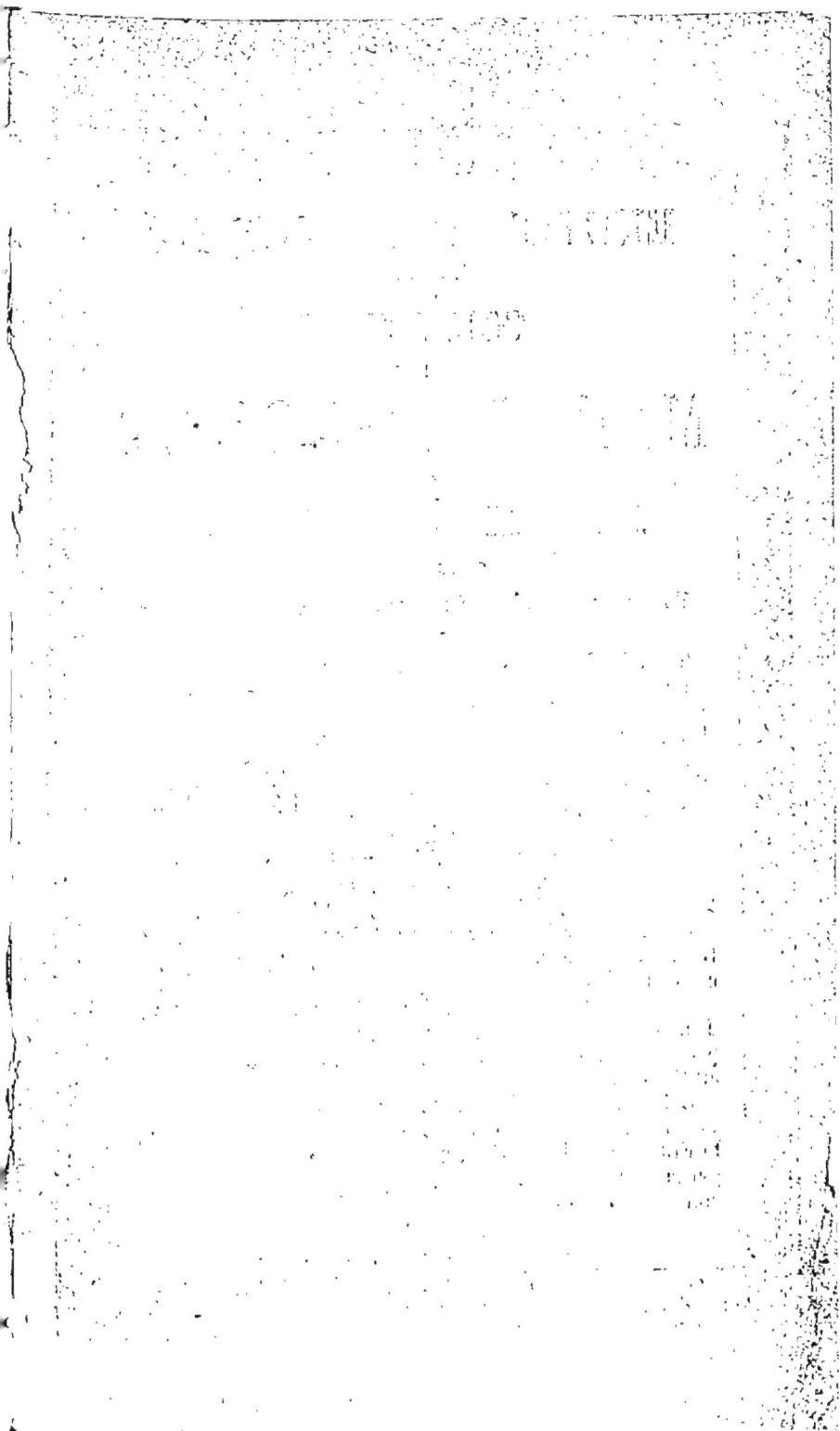

ENCYCLOPÉDIE-RORET

COLLECTION

DES

MANUELS - RORET

FORMANT UNE

ENCYCLOPÉDIE DES SCIENCES & DES ARTS

FORMAT IN-18

Par une réunion de Savants et d'Industriels

Tous les Traités se vendent séparément

La plupart des volumes, de 300 à 400 pages, renferment des planches parfaitement dessinées et gravées, et des vignettes intercalées dans le texte.

Les Manuels épuisés sont revus avec soin et mis au niveau de la science à chaque édition. Aucun Manuel n'est cliché, afin de permettre d'y introduire les modifications et les additions indispensables.

Cette mesure, qui met l'Éditeur dans la nécessité de renouveler à chaque édition les frais de composition typographique, doit empêcher le Public de comparer le prix des *Manuels-Roret* avec celui des autres ouvrages, tirés sur cliché à chaque édition, et ne bénéficiant d'aucune amélioration.

Pour recevoir chaque volume franc de port, on joindra, à la lettre de demande, un mandat sur la poste (de préférence aux timbres-poste) équivalant au prix porté au Catalogue.

Cette franchise de port ne concerne que la **Collection des Manuels-Roret** et n'est applicable qu'à la France et à l'Algérie. Les volumes expédiés à l'Étranger seront grevés des frais de poste établis d'après les conventions internationales.

Bar-sur-Seine. — Imp. Ve C. Saillard.

www.ingramcontent.com/pod-product-compliance
Lightning Source LLC
Chambersburg PA
CBHW031359210326
41599CB00019B/2819